俄罗斯数学精品译丛
"十二五"国家重点图书

U0329266

斯米尔诺夫高等数学

Smirnov Advanced Mathematics (Volume III(3))

（第三卷·第三分册）

● [俄罗斯]斯米尔诺夫 著
● 斯米尔诺夫高等数学编译组 译

哈爾濱工業大學出版社
HARBIN INSTITUTE OF TECHNOLOGY PRESS

黑版贸审字 08－2016－040 号

内 容 简 介

本书为斯米尔诺夫高等数学第三卷第三分册. 包括多变数函数和方阵函数、线性微分方程、特殊函数三章内容，及附录等部分.

本书适合高等院校数学专业及相关领域人员使用.

图书在版编目(CIP)数据

斯米尔诺夫高等数学. 第三卷. 第三分册/(俄罗斯)斯米尔诺夫著；斯米尔诺夫高等数学编译组译. —哈尔滨：哈尔滨工业大学出版社，2018.3(2024.8 重印)
ISBN 978－7－5603－6526－8

Ⅰ.①斯…　Ⅱ.①斯…　②斯…　Ⅲ.①高等数学－高等学校－教材　Ⅳ.①O13

中国版本图书馆 CIP 数据核字(2017)第 050792 号

书名：Курс высшей математики
作者：В. И. Смирнов
В. И. Смирнов《Курс высшей математики》
Copyright © Издательство БХВ，2015
本作品中文专有出版权由中华版权代理总公司取得，由哈尔滨工业大学出版社独家出版

策划编辑　刘培杰　张永芹
责任编辑　张永芹　李　欣
封面设计　孙茵艾
出版发行　哈尔滨工业大学出版社
社　　址　哈尔滨市南岗区复华四道街 10 号　邮编 150006
传　　真　0451－86414749
网　　址　http://hitpress.hit.edu.cn
印　　刷　黑龙江艺德印刷有限责任公司
开　　本　787mm×1092mm　1/16　印张 21.75　字数 410 千字
版　　次　2018 年 3 月第 1 版　2024 年 8 月第 4 次印刷
书　　号　ISBN 978－7－5603－6526－8
定　　价　68.00 元

(如因印装质量问题影响阅读，我社负责调换)

目录

第4章 多变数函数和方阵函数

81. 正则多变数函数

就基本概念而论，多变数的解析函数论和单变数函数论很相似. 但是进一步发展下去，它就有了一些特异之点. 在这一章里我们只说些基本概念，并且对多变数的幂级数做较详细的研究. 为简单计，我们只看两个自变数的情形. 当自变数多于两个时，所有的定义和证明完全有效.

假设 z_1 和 z_2 是两个复变数，则

$$f(z_1, z_2) \tag{1}$$

是这两个变数的函数. 假设变数 z_1 在一区域 B_1 中变动，变数 z_2 在一区域 B_2 中变动. 如果函数(1) 是 z_1 和 z_2 的单值连续函数，并且对于在上述区域中的自变数的任何值，比率

$$\frac{f(z_1+\Delta z_1, z_2)-f(z_1, z_2)}{\Delta z_1} \text{和} \frac{f(z_1, z_2+\Delta z_2)-f(z_1, z_2)}{\Delta z_2}$$

当复改变量 Δz_1 和 Δz_2 趋于零时常有一定的极限，则称函数(1) 为 z_1 和 z_2 在区域 B_1 和 B_2 中的正则函数或全纯函数. 这两个比率的极限即函数(1) 关于 z_1 和 z_2 的偏导数

$$\frac{\partial f(z_1, z_2)}{\partial z_1} \text{和} \frac{\partial f(z_1, z_2)}{\partial z_2}$$

82. 二重积分和柯西公式

假设 l_1 和 l_2 依次为区域 B_1 和 B_2 中的两条线路. 将函数 $f(z_1,z_2)$ 先沿 l_1 作路积分,再沿 l_2 作路积分,即得二重积分

$$I_1=\int_{l_2}\mathrm{d}z_2\int_{l_1}f(z_1,z_2)\mathrm{d}z_1$$

如果交换积分的次序,则可得另一个二重积分

$$I_2=\int_{l_1}\mathrm{d}z_1\int_{l_2}f(z_1,z_2)\mathrm{d}z_2$$

首先,我们证明 I_1 和 I_2 相等. 假设曲线 l_1 的参数方程为

$$z_1(t)=x_1(t)+\mathrm{i}y_1(t)\quad(a\leqslant t\leqslant b)$$

曲线 l_2 的参数方程为

$$z_2(\tau)=x_2(\tau)+\mathrm{i}y_2(\tau)\quad(c\leqslant \tau\leqslant d)$$

以

$$z_1=z_1(t)\text{ 和 }z_2=z_2(\tau)$$

代入函数 $f(z_1,z_2)$ 中,可以把积分 I_1 变成一个关于两变数 t 和 τ 的二重积分,其中第一次关于 t 的积分以常数 a 和 b 为积分限,第二次关于 τ 的积分以常数 c 和 d 为积分限

$$I_1=\int_c^d[x'_2(\tau)+\mathrm{i}y'_2(\tau)]\mathrm{d}\tau\int_a^b f[z_1(t),z_2(\tau)][x'_1(t)+\mathrm{i}y'_1(t)]\mathrm{d}t$$

这个积分显然就相当于在 (t,τ) 平面上的长方形

$$a\leqslant t\leqslant b;c\leqslant\tau\leqslant d$$

中的二重积分. 故由[Ⅱ,78]可以不改变积分的极限而将次序交换,即 I_1 可改写为

$$I_1=\int_a^b[x'_1(t)+\mathrm{i}y'_1(t)]\mathrm{d}t\int_c^d f[z_1(t),z_2(\tau)][x'_2(\tau)+\mathrm{i}y'_2(\tau)]\mathrm{d}\tau$$

而这个积分显然就相当于积分 I_2,因此知道 I_1 和 I_2 相等. 它们的共同数值称为函数 $f(z_1,z_2)$ 沿线路 l_1 和 l_2 的二重积分.

我们也可以直接用和的极限来定义二重积分. 以分点

$$z_1^{(0)},z_1^{(1)},z_1^{(2)},\cdots,z_1^{(m)}$$

将曲线 l_1 分成 m 段,又以分点

$$z_2^{(0)},z_2^{(1)},z_2^{(2)},\cdots,z_2^{(n)}$$

将曲线 l_2 分成 n 段. 再作二重和

$$\sum_{p=0}^{m-1}\sum_{q=0}^{n-1}f(\xi_1^{(p)},\xi_2^{(q)})(z_1^{(p+1)}-z_1^{(p)})(z_2^{(q+1)}-z_2^{(q)})$$

其中 $\xi_1^{(p)}$ 是曲线 l_1 上弧 $z_1^{(p)}z_1^{(p+1)}$ 中的一点,$\xi_2^{(q)}$ 是曲线 l_2 上弧 $z_2^{(q)}z_2^{(q+1)}$ 中的一

点.当两曲线上的分点无限增多,并且诸小段的弧长都趋于零时,上面二重和的极限即二重积分 I_1 或 I_2.

假设 l_1 和 l_2 是两条简单闭线路,其所围之区域为 B_1 和 B_2.又设函数 $f(z_1, z_2)$ 在闭区域 B_1 和 B_2 中为正则,就是说,这个函数在两个更大一些的,包含 B_1 和 B_2 以及它们的境界线在其内部的区域中为正则.考察二重积分

$$I=\int_{l_1}\mathrm{d}z'_1\int_{l_2}\frac{f(z'_1,z'_2)}{(z'_1-z_1)(z'_2-z_2)}\mathrm{d}z'_2$$

或

$$I=\int_{l_2}\mathrm{d}z'_2\int_{l_1}\frac{f(z'_1,z'_2)}{(z'_1-z_1)(z'_2-z_2)}\mathrm{d}z'_1$$

其中 z_1 和 z_2 是 B_1 和 B_2 内部的两个定点.

当先沿线路 l_2 积分时,z'_1 可视为一参数,表示 l_1 上一定点.这时 $f(z'_1, z'_2)$ 是一个复变数 z'_2 的函数,它在闭区域 B_2 中为正则.故应用通常的柯西公式可得

$$I=2\pi\mathrm{i}\int_{l_1}\frac{f(z'_1,z_2)}{z'_1-z_1}\mathrm{d}z'_1$$

这时 $f(z'_1,z_2)$ 是 z'_1 在闭区域 B_1 中的正则函数.再用一次柯西公式即得

$$I=-4\pi^2f(z_1,z_2)$$

因此得到和柯西公式类似的公式

$$f(z_1,z_2)=-\frac{1}{4\pi^2}\int_{l_1}\mathrm{d}z'_1\int_{l_2}\frac{f(z'_1,z'_2)}{(z'_1-z_1)(z'_2-z_2)}\mathrm{d}z'_2 \tag{2}$$

变数 z_1 和 z_2 在积分符号之内以参数的形式出现.关于这些参数微分后,可知 $f(z_1,z_2)$ 有任何阶的导数,并且这些导数可以表示为二重积分的形式

$$\frac{\partial^{p+q}f(z_1,z_2)}{\partial z_1^p\partial z_2^q}=-\frac{p!\ q!}{4\pi^2}\int_{l_1}\mathrm{d}z'_1\int_{l_2}\frac{f(z'_1,z'_2)}{(z'_1-z_1)^{p+1}(z'_2-z_2)^{q+1}}\mathrm{d}z'_2 \tag{3}$$

所有以上的论断和结果很容易推广到含有两个以上的自变数的函数上去.

和单变数函数的情形一样,由柯西公式可以导出模数原理:若函数 $f(z_1, z_2)$ 在闭区域 B_1 和 B_2 中为正则,又当 z'_1 在 l_1 上,z'_2 在 l_2 上时,$|f(z'_1, z'_2)|\leqslant M$,则对闭区域 B_1 和 B_2 中的任意两点 z_1 和 z_2,常有 $|f(z_1,z_2)|\leqslant M$.

完全和单变数函数的情形一样,可证魏尔斯特拉斯定理成立:若级数

$$\sum_{k=1}^{+\infty}\varphi_k(z_1,z_2)$$

的项都是闭区域 B_1 和 B_2 中的正则函数,并且级数在这两区域中一致收敛,则其和为两区域内部的正则函数,且当 z_1 和 z_2 为 B_1 和 B_2 的内点时,级数可以关于 z_1 和 z_2 逐项微分任何次之多.微分后所得到的级数在 B_1 和 B_2 内部的任意闭区域 B'_1 和 B'_2 中为一致收敛.所有以上的论断和结果不难推广到含有两个

以上自变数的函数上去.我们以下专门来研究幂级数.

83. 幂级数

含两个自变数 z_1 和 z_2 且以 b_1 和 b_2 为中心的幂级数具有如下的形式

$$\sum_{p=0}^{+\infty}\sum_{q=0}^{+\infty}a_{pq}(z_1-b_1)^p(z_2-b_2)^q \tag{4}$$

其中 p 和 q 互相独立地各自从零开始跑过正整数的全体.级数(4) 是个二重级数.这种级数我们早在[Ⅰ,142] 中已经研究过,那时级数的项都是实数.现在假设由这级数的项的模所成的级数

$$\sum_{p=0}^{+\infty}\sum_{q=0}^{+\infty}|a_{pq}||z_1-b_1|^p|z_2-b_2|^q \tag{5}$$

也收敛.那么,如[11] 中一般,可知由级数(4) 的项的实数部分和虚数部分所成的级数皆为绝对收敛,并且这两个实二重级数的和不因项的次序的变更而改变.故知当级数(5) 收敛时级数(4) 也收敛,并且不论项的次序如何变更,级数(4) 的和常为一定值.以后我们只看级数(5) 为收敛,即级数(4) 为绝对收敛的情形.

和[13] 中完全一样,不难写出与亚贝尔定理类似的定理来.假设级数(4) 当 $z_1=\alpha_1$ 且 $z_2=\alpha_2$ 时为绝对收敛.由此可知当 $z_1=\alpha_1$ 且 $z_2=\alpha_2$ 时级数(4) 的一般项的模为有界,就是说,存在一个数 M,使对任意的 p 和 q,不等式

$$|a_{pq}||\alpha_1-b_1|^p|\alpha_2-b_2|^q<M$$

常常成立.上式即

$$|a_{pq}|<\frac{M}{|\alpha_1-b_1|^p|\alpha_2-b_2|^q} \tag{6}$$

现在来看两个圆 K_1 和 K_2

$$|z_1-b_1|<|\alpha_1-b_1|;\ |z_2-b_2|<|\alpha_2-b_2| \tag{7}$$

第一个圆包含所有和 b_1 相距较 α_1 和 b_1 相距更近的点 z_1,第二个圆包含所有和 b_2 相距较 α_2 和 b_2 相距更近的点 z_2.

今于 K_1 中任取一点 z_1,K_2 中任取一点 z_2,即

$$|z_1-b_1|=q_1|\alpha_1-b_1|,\ |z_2-b_2|=q_2|\alpha_2-b_2|$$

其中 $0<q_1,q_2<1$.应用(6) 可以估计级数(4) 的一般项

$$|a_{pq}||z_1-b_1|^p|z_2-b_2|^q<Mq_1^pq_2^q \tag{8}$$

但是易见正项二重级数

$$\sum_{p=0}^{+\infty}\sum_{q=0}^{+\infty}Mq_1^pq_2^q$$

为收敛.实际上,这个级数可由两个正项级数

$$M(1+q_1+q_1^2+\cdots) \text{ 和 } (1+q_2+q_2^2+\cdots)$$

相乘而得[Ⅰ,138],故可知其和为

$$\frac{M}{(1-q_1)(1-q_2)}$$

因此,这时级数(5)收敛,从而级数(4)为绝对收敛.由式(8)还可以知道在任何以 b_1 和 b_2 为中心,半径 ρ_1 和 ρ_2 依次小于 K_1 和 K_2 的半径的圆 K'_1 和 K'_2 中,级数(4)为一致收敛.在以上的证明中我们并没有用到级数(4)在 $z_1=\alpha_1$ 和 $z_2=\alpha_2$ 的绝对收敛性,而只用到不等式

$$|a_{pq}(\alpha_1-b_1)^p(\alpha_2-b_2)^q|\leqslant M$$

即这个级数的一般项当 $z_1=\alpha_1$ 和 $z_2=\alpha_2$ 时为有界.

总括起来,可得下面的结果:若当 $z_1=\alpha_1, z_2=\alpha_2$ 时级数(4)的项的模都小于同一数 M,则此级数在圆(7)的内部为绝对收敛,在圆

$$|z_1-b_1|\leqslant(1-\varepsilon)|\alpha_1-b_1|;\ |z_2-b_2|\leqslant(1-\varepsilon)|\alpha_2-b_2|$$

中为一致收敛,其中 ε 是任何一个小的固定正数.

注意:只要当 $z_1=\alpha_1$ 和 $z_2=\alpha_2$ 时级数(4)在某种顺序之下相加为收敛(不必绝对收敛),它的一般项就按与原点距离的远近而趋于零,因此它们的绝对值必皆小于同一数 M.从而级数就在圆(7)内部绝对收敛.

由以上的结果,和[13]中完全一样,可以导入级数(4)的收敛半径这个概念.

不过现在我们有了两个正数 R_1 和 R_2,使当 $|z_1-b_1|<R_1$ 和 $|z_2-b_2|<R_2$ 时级数(4)绝对收敛,当 $|z_1-b_1|>R_1$ 和 $|z_2-b_2|>R_2$ 时级数(4)发散.

注意:现在级数(4)的绝对收敛区域必须由两个收敛半径 R_1 和 R_2 同时决定,而这两半径的大小一般不能各自独立地决定,因为一半径的值常要受另一半径的值的影响.当 R_1 减小时,R_2 有时可以增大.换句话说,现在我们只能说联合收敛半径 R_1 和 R_2,或联合收敛圆.试以下面幂级数为例

$$\sum_{p=0}^{+\infty}\sum_{q=0}^{+\infty}\frac{(p+q)!}{p!\ q!}z_1^p z_2^q \tag{9}$$

级数(5)现在变成为

$$\sum_{p=0}^{+\infty}\sum_{q=0}^{+\infty}\frac{(p+q)!}{p!\ q!}|z_1|^p|z_2|^q \tag{10}$$

在这级数中先把那些 $p+q$ 等于同一数 s 的项分别加在一起.由牛顿二项式公式知道这种项的和是

$$(|z_1|+|z_2|)^s$$

从而式(10)可以改写为

$$\sum_{s=0}^{+\infty}(|z_1|+|z_2|)^s$$

由此立刻可知当且仅当 $|z_1|+|z_2|<1$ 时这个级数为收敛. 这样,级数(9) 的联合收敛半径 R_1 和 R_2 就由等式 $R_1+R_2=1$ 来决定. 若取 $R_1=\theta, 0<\theta<1$, 则有 $R_2=1-\theta$. 再看第二个例子

$$\sum_{p=0}^{+\infty}\sum_{q=0}^{+\infty} z_1^p z_2^q$$

于此易见 $|z_1|<1$ 和 $|z_2|<1$ 是绝对收敛的充要条件,就是说,现在 $R_1=1, R_2=1$,两收敛半径可以各自独立地决定.

由一致收敛性和魏尔斯特拉斯定理知道级数(4) 在联合收敛圆的内部表示两变数 z_1 和 z_2 的正则函数 $f(z_1,z_2)$. 和[13] 中一样,可知级数(4) 在收敛圆内部可以关于任一变数微分任何次之多,并且这个微分不改变收敛圆.

和[14] 中一样,微分几次以后再令 $z_1=b_1$ 和 $z_2=b_2$,可得级数的系数的表示式

$$a_{pq}=\frac{1}{p!\ q!}\ \frac{\partial^{p+q} f(z_1,z_2)}{\partial z_1^p \partial z_2^q}\bigg|_{z_1=b_1;z_2=b_2} \tag{11}$$

即级数(4) 是函数 $f(z_1,z_2)$ 的泰勒级数.

若 R_1 和 R_2 是级数(4) 的联合收敛半径,则当 $|z_1-b_1|\leqslant R_1-\varepsilon$ 及 $|z_2-b_2|\leqslant R_2-\varepsilon$ 时,这个级数绝对且一致收敛,其中 ε 是任何一个小的固定正数. 由(3) 及(11) 可得级数的系数的估值如下

$$|a_{pq}|<\frac{M}{(R_1-\varepsilon)^p(R_2-\varepsilon)^q} \tag{12}$$

其中 M 是个正常数,其值显然和 ε 的选取有关.

用式(12) 右边的数替代级数(4) 的系数 a_{pq},则得幂级数

$$\sum_{p=0}^{+\infty}\sum_{q=0}^{+\infty}\frac{M}{R'^p_1 R'^q_2}(z_1-b_1)^p(z_2-b_2)^q \quad (R'_1=R_1-\varepsilon;R'_2=R_2-\varepsilon) \tag{13}$$

通常称为级数(4) 的优级数或强级数. 易见级数(13) 的和等于

$$\frac{M}{\left(1-\frac{z_1-b_1}{R'_1}\right)\left(1-\frac{z_2-b_2}{R'_2}\right)} \tag{14}$$

这个函数称为级数(4) 的优函数或强函数. 当它依 z_1-b_1 和 z_2-b_2 的幂展开为幂级数时,系数常为正,且大于 $|a_{pq}|$.

[14] 的结果也不难拓广到两个自变数的情形上来. 设有两个以 b_1 和 b_2 为中心的圆 $|z_1-b_1|\leqslant R_1$ 和 $|z_2-b_2|\leqslant R_2$,其圆周为 l_1 和 l_2. 函数 $f(z_1,z_2)$ 在这两闭圆中为正则. 又设 z_1 和 z_2 依次为两圆内部的任意两固定点,则由柯西公式有

$$f(z_1,z_2)=-\frac{1}{4\pi^2}\int_{l_1}\mathrm{d}z'_1\int_{l_2}\frac{f(z'_1,z'_2)}{(z'_1-z_1)(z'_2-z_2)}\mathrm{d}z'_2 \tag{15}$$

和[14] 中一样,我们可以将有理分式

$$\frac{1}{(z'_1-z_1)(z'_2-z_2)}$$

依 z_1-b_1 和 z_2-b_2 的幂展开为级数

$$\frac{1}{(z'_1-z_1)(z'_2-z_2)}=\sum_{p=0}^{+\infty}\sum_{q=0}^{+\infty}\frac{(z_1-b_1)^p(z_2-b_2)^q}{(z'_1-b_1)^{p+1}(z'_2-b_2)^{q+1}}$$

此级数关于圆周 l_1 和 l_2 上的点 z'_1 和 z'_2 为一致收敛.将上式代入式(15)右边,然后逐项积分,即得函数 $f(z_1,z_2)$ 在两圆内部的幂级数展开式

$$f(z_1,z_2)=\sum_{p=0}^{+\infty}\sum_{q=0}^{+\infty}a_{pq}(z_1-b_1)^p(z_2-b_2)^q \tag{16}$$

这级数的系数由下面的公式决定

$$a_{pq}=-\frac{1}{4\pi^2}\int_{l_1}\mathrm{d}z'_1\int_{l_2}\frac{f(z'_1,z'_2)}{(z'_1-b_1)^{p+1}(z'_2-b_2)^{q+1}}\mathrm{d}z'_2=$$

$$\frac{1}{p!\ q!}\left.\frac{\partial^{p+q}f(z_1,z_2)}{\partial z_1^p\partial z_2^q}\right|_{z_1=b_1;z_2=b_2} \tag{17}$$

因此得证任何在两圆内部为正则的函数可以在这两圆内部展开为幂级数①.

和[14] 中一样,易见这个展开式是唯一的,因为它的系数必定由式(11) 所决定.

我们可以把级数(4) 中的项按照 z_1-b_1 和 z_2-b_2 的齐次式归并起来,即将它写成下面的形式

$$\sum_{s=0}^{+\infty}\sum_{p+q=s}a_{pq}(z_1-b_1)^p(z_2-b_2)^q \tag{18}$$

其中内部的有限和展布于所有那些满足 $p+q=s$ 的项之上.公式(18) 将函数 $f(z_1,z_2)$ 在收敛圆内部表示为 z_1-b_1 和 z_2-b_2 的齐次多项式的级数.现在反过来,假设由 z_1-b_1 和 z_2-b_2 的齐次多项式所组成的级数(18) 在两圆 $|z_1-b_1|\leqslant R_1$ 和 $|z_2-b_2|\leqslant R_2$ 中为一致收敛.则由魏尔斯特拉斯定理可知,这个级数的和 $f(z_1,z_2)$ 是这两圆中的正则函数.

并且我们还可以将级数(18) 关于任一变数逐项微分任何次之多.微分以后再令 $z_1=b_1$ 和 $z_2=b_2$,即得系数 a_{pq} 所满足的式(11).这表明诸系数 a_{pq} 就是函数 $f(z_1,z_2)$ 的泰勒系数,于是我们可以把级数(18) 改写成二重级数(4) 的形

---

① 前面假设 $f(z_1,z_2)$ 在两闭圆中为正则只是为叙述证明时方便一些,读者易见当 $f(z_1,z_2)$ 只在两圆内部为正则时结果依然成立(译者).

式，这个级数在两圆内部绝对且一致收敛．因此得证：若齐次多项式所成的级数在某两圆内部为一致收敛，则此级数必可改写为具有普通形式的二重幂级数，在两圆内部为绝对收敛．

若将 z_1 和 z_2 分开为实数和虚数部分

$$z_1 = x_1 + \mathrm{i}y_1, z_2 = x_2 + \mathrm{i}y_2$$

则在以 (x_1, y_1, x_2, y_2) 为坐标的四维空间中级数(18) 的一致收敛区域有时可以比级数(4) 的一致收敛区域更大一些．

设以级数(9) 为例．这时(18) 取下面的形式

$$\sum_{s=0}^{+\infty} (z_1 + z_2)^s$$

它的一致收敛区域由下面的不等式决定

$$| z_1 + z_2 | < 1$$

亦即

$$(x_1 + x_2)^2 + (y_1 + y_2)^2 < 1 \tag{19}$$

对于级数(9) 前面已证应有 $R_1 + R_2 = 1$，故其收敛区域由不等式

$$| z_1 | + | z_2 | < 1$$

决定，此即

$$\sqrt{x_1^2 + y_1^2} + \sqrt{x_2^2 + y_2^2} < 1$$

或

$$x_1^2 + y_1^2 + x_2^2 + y_2^2 + 2\sqrt{x_1^2 + y_1^2}\sqrt{x_2^2 + y_2^2} < 1 \tag{20}$$

不等式(19) 所定义的区域比不等式(20) 所定义的更大，即若 x_k 与 y_k 满足(20) 时必定也满足(19)，其逆不成立．实际上，由不等式

$$(x_1x_2 + y_1y_2)^2 \leqslant (x_1^2 + y_1^2)(x_2^2 + y_2^2)$$

立刻可知(19) 的左边小于或等于(20) 的左边．

所有以上的论断和结果都可拓广到 n 个变数的幂级数上去，那时我们所得到的幂级数的绝对且均匀收敛区域将是 n 个圆的联合体．

84. 解析延拓

由形式如(4) 的幂级数在其收敛圆内部所定义的两个变数的函数 $f(z_1, z_2)$ 有时可在更大的区域中为正则，于是和单变数函数的情形一样又产生了函数解析延拓的问题．和单变数函数的情形一样，有基本定理成立，依据这个定理若在同一对区域中为正则的两函数在每一区域中的一点 $z_1 = b_1$ 和 $z_2 = b_2$ 有相同的函数值，并且它们任何阶的导数在这两点的数值也都相同，则这两函数在

这一对区域中全同.

现在来研究由幂级数所定义的函数 $f(z_1,z_2)$,假设 $z_1=c_1$ 和 $z_2=c_2$ 是收敛圆中的两点.应用级数(4) 我们可以决定导数

$$\left.\frac{\partial^{p+q} f(z_1,z_2)}{\partial z_1^p \partial z_2^q}\right|_{z_1=c_1;z_2=c_2}$$

的值,然后再作函数 $f(z_1,z_2)$ 依 z_1-c_1 和 z_2-c_2 的幂展开时的泰勒级数

$$\sum_{p=0}^{+\infty}\sum_{q=0}^{+\infty} a'_{pq}(z_1-c_1)^p(z_2-c_2)^q \tag{21}$$

易见这种幂级数的改造就相当于以

$$(z_1-b_1)^p=[(z_1-c_1)+(c_1-b_1)]^p$$
$$(z_2-b_2)^q=[(z_2-c_2)+(c_2-b_2)]^q$$

代入级数(4),用二项式公式展开方括号,然后再把所有含 z_1-c_1 和 z_2-c_2 的幂次相同的项归并在一起.级数(21) 在任何以 c_1 和 c_2 为中心而分别含于级数(4) 的两收敛圆内部的两圆之中显然为收敛,并且它的和等于 $f(z_1,z_2)$.但有时级数(21) 的收敛圆也可以越出级数(4) 的收敛圆之外.这时我们就得到函数 $f(z_1,z_2)$ 在更大的区域中的值,即扩大了正则函数 $f(z_1,z_2)$ 的定义域.在有些场合之下,我们可以一次次地应用上述这种借助于收敛圆的解析延拓来扩大正则函数的存在域以及它的全部可能值,于是也就定义了一个解析函数,这个解析函数是由级数(4) 所决定的元素经解析延拓而得到的.至于解析延拓和奇异点之间的关系我们不准备在此详细去研究了.以上所说的一切也适用于自变数多于两个的情形.只是有一点要注意,就是当 $f(z_1,z_2)$ 作解析延拓时,如果只知道 z_1 和 z_2 所经过的路线 L_1 和 L_2 的话,我们并不能决定这个解析延拓的结果.更要紧的是要知道 z_1 和 z_2 沿着 L_1 和 L_2 变动时彼此间的关系如何.关于多变数函数论的一般理论我们就讲到这里为止.目前函数论在这方面进展甚速.关于多变数函数论的基本事实在古刹的《数学分析》一书中可以找到更详细的叙述.至于专门的书籍则有富克斯的《解析多变数函数论》(1948),其中附载有丰富的文献.

85.方阵函数,预备知识

现在让我们来研究以一个或几个方阵为变数的函数.先看一个方阵的函数.在[Ⅲ$_1$,44] 中我们已经研究过最简单的情形,即一个方阵的多项式和有理函数.在深入研究更复杂的方阵函数之前,要说几个基本概念.以后用 n 来记方阵的阶数.

设有方阵的无限序列

$$X_1, X_2, \cdots$$

我们称这序列以方阵 X 为极限，若对任意足号 i 和 k 常有

$$\lim_{m\to+\infty}\{X_m\}_{ik}=\{X\}_{ik} \tag{22}$$

即方阵 X_m 的元素常以 X 中对应的元素为其极限. 这时我们假设无限序列中的方阵都是同阶的.

再引进几个以后要用的新的记号. $\|a\|$ 表示一个方阵，它的每一个元素都等于 a. $|X|$ 表示一个方阵，其元素为方阵 X 的元素的模，即

$$\{|X|\}_{ik}=|\{X\}_{ik}| \tag{23}$$

若一方阵 Y 的元素常为正，且皆大于 $|X|$ 的元素，则以不等式

$$|X|<Y$$

记之. 换言之，这个不等式和下面 n^2 个不等式相抵

$$|\{X\}_{ik}|<\{Y\}_{ik}\quad (i,k=1,2,\cdots,n)$$

再看以方阵为项的无穷级数

$$Z_1+Z_2+\cdots$$

若这个级数前面 n 项之和当 n 无限增加时有一定的极限方阵 Z，则称它为收敛. Z 称为这个级数的和，有

$$Z=Z_1+Z_2+\cdots \tag{24}$$

式(24) 显然相当于下面 n^2 个等式

$$\{Z\}_{ik}=\{Z_1\}_{ik}+\{Z_2\}_{ik}+\cdots\quad (i,k=1,2,\cdots,n) \tag{25}$$

所有满足条件

$$|X-A|<\|\rho\| \tag{26}$$

的方阵 X 称为方阵 A 的一个邻域，这里 ρ 是个已给正数. 不等式(26) 和下面 n^2 个不等式相抵

$$|\{X-A\}_{ik}|<\rho$$

方阵的幂级数是定义方阵函数的一种基本工具，所以先来研究一下这样的级数.

86. 一个方阵的幂级数

一个方阵的幂级数形式如下

$$a_0+a_1(X-\alpha)+a_2(X-\alpha)^2+\cdots \tag{27}$$

其中 a_k 和 α 是已知数. 为简单起见，以后常设 $\alpha=0$. 于是级数(27) 就有下面的形式

$$a_0 + a_1 X + a_2 X^2 + \cdots \tag{28}$$

由方阵的乘法规则有

$$\{X^2\}_{ik} = \sum_{s=1}^{n} \{X\}_{is} \{X\}_{sk}$$

一般地

$$\{X^m\}_{ik} = \sum_{j_1, j_2, \cdots, j_{m-1}} \{X\}_{ij_1} \{X\}_{j_1 j_2} \cdots \{X\}_{j_{m-2} j_{m-1}} \{X\}_{j_{m-1} k}$$

上式右边表示各自独立地从1到n,关于$j_1, j_2, \cdots, j_{m-1}$相加.因此表示级数(28)的和的方阵的元素可以表示成级数的形式

$$a_0 \delta_{ik} + \sum_{m=1}^{+\infty} a_m \sum_{j_1, \cdots, j_m} \{X\}_{ij_1} \{X\}_{j_1 j_2} \cdots \{X\}_{j_{m-1} k} \tag{29}$$

其中δ_{ik}的意义如下

$$\delta_{ik} = \begin{cases} 0 & (当\ i \neq k\ 时) \\ 1 & (当\ i = k\ 时) \end{cases} \tag{30}$$

最后一个事实乃是因为级数(28)的常数项是a_0,这里的a_0表示一个对角方阵,其对角线上的元素都等于a_0.式(29)表示级数(28)和n^2个普通的幂级数相抵,每一幂级数中都含有n^2个变数$\{X\}_{ik}$.注意:式(29)中对应于$m=1$的项是$a_1\{X\}_{ik}$,而内部求和符号不存在.

现在再谈级数(28)的收敛问题.先看绝对收敛.为此,除级数(28)外还要看下面的级数

$$|a_0| + |a_1||X| + |a_2||X|^2 + \cdots \tag{31}$$

或是和它对应的n^2个级数

$$|a_0|\delta_{ik} + \sum_{m=1}^{\infty} |a_m| \sum_{j_1, j_2, \cdots, j_{m-1}} \{|X|\}_{ij_1} \{|X|\}_{j_1 j_2} \cdots \{|X|\}_{j_{m-1} k} \tag{32}$$

如果这些级数收敛,那么级数(29)当然收敛,就是说,级数(31)的收敛性保证级数(28)的收敛性,这时级数(28)称为绝对收敛.由$|X|$的定义知

$$\{|X|\}_{ik} = |\{X\}_{ik}|$$

故式(32)可由式(29)中每一数以其模替代而得.

其次,研究级数(28)为绝对收敛的充分条件.先看一个普通的复变数z的幂级数

$$a_0 + a_1 z + a_2 z^2 + \cdots \tag{33}$$

假设它的收敛半径为$n\rho$,其中n是方阵的阶数,ρ是个正数.如[14]中所已知,对于级数(33)的系数有如下的估值

$$|a_m| \leqslant \frac{M}{(n\rho - \varepsilon)^m} \tag{34}$$

其中ε是任何一个小的固定正数,M是个正数,和ε的选取有关.设b是某一数,

试看方阵 $\| b \|$ 的正整数幂

$$\{ \| b \|^2 \}_{ik} = bb + bb + \cdots + bb = nb^2$$

即

$$\| b \|^2 = \| nb^2 \|$$

一般有

$$\| b \|^m = \| n^{m-1} b^m \| \tag{35}$$

现在假设 $b = \rho_1 > 0$，再取一方阵 X，满足条件

$$| X | < \| \rho_1 \|$$

那么显见有

$$| X |^m < \| \rho_1 \|^m$$

即

$$| X |^m < \| n^{m-1} \rho_1^m \|$$

由(34)有

$$| a_m | | X |^m < \frac{M}{n} \left\| \left(\frac{n\rho_1}{n\rho - \varepsilon} \right)^m \right\|$$

若 $\rho_1 < \rho$，则取 ε 很小时可使

$$0 < \frac{n\rho_1}{n\rho - \varepsilon} < 1$$

这时级数(31)显然收敛，从而级数(28)绝对收敛. 若级数(33)的收敛半径等于 $+\infty$，则称这个级数的和为 z 的整函数. 由以上的证明可知这时级数(28)对任何方阵 X 皆为绝对收敛. 因此得到下面的定理：

定理 1 若级数(33)的收敛半径等于 $n\rho$，则对所有在原点的邻域

$$| X | < \| \rho \| \tag{36}$$

中的方阵 X，级数(28)为绝对收敛. 若级数(33)定义一整函数，则级数(28)对任何方阵皆为绝对收敛.

当级数(28)在区域(36)中绝对收敛时，我们称这个级数的和 $f(X)$ 为该区域中的正则函数.

试以方阵的指数函数为例

$$\mathrm{e}^X = 1 + \frac{X}{1!} + \frac{X^2}{2!} + \cdots \tag{37_1}$$

这时，和它对应的幂级数(33)的收敛半径等于 $+\infty$，故知(37_1)对任何方阵 X 常为绝对收敛，或者说，(37_1)是方阵 X 的整函数.

再看以任一复数 a 为底的指数函数

$$a^X = \mathrm{e}^{X\ln a} = 1 + \frac{X\ln a}{1!} + \frac{X^2 \ln^2 a}{2!} + \cdots \tag{37_2}$$

其中 $\ln a$ 取复数 a 的某一固定对数值. 函数(37_2)也是方阵 X 的整函数. 现在证明幂级数展开的唯一性. 设有两个幂级数

$$\sum_{m=0}^{+\infty} a_m X^m \text{ 和 } \sum_{m=0}^{+\infty} a'_m X^m$$

皆在邻域(36)中绝对收敛,且在这个邻域中两级数有相同的和,即

$$\sum_{m=0}^{+\infty} a_m X^m = \sum_{m=0}^{+\infty} a'_m X^m$$

现在要证明对于所有的 m,$a'_m = a_m$.为此,注意对角方阵

$$X = z = [z, z, \cdots, z] \quad (|z| < \rho)$$

满足条件(36).代入前式得

$$\sum_{m=0}^{+\infty} a_m z^m = \sum_{m=0}^{+\infty} a'_m z^m \quad (|z| < \rho)$$

但是我们早知道复变数函数在任一圆中的幂级数展开式是唯一的,故有 $a'_m = a_m$ 对于所有的 m 成立.于是得下面的定理:

唯一性定理 若两幂级数在邻域(36)中绝对收敛,且在这个邻域中两级数有相同的和,则这两个级数的全部系数相同.

若再应用公式

$$(SXS^{-1})^k = SX^kS^{-1}$$

则仿[Ⅲ$_1$,44]对于由幂级数(28)或(27)所定义的函数 $f(X)$ 可证下面的等式

$$f(SXS^{-1}) = Sf(X)S^{-1}$$

87.幂级数的乘法,幂级数的反演

设有两幂级数

$$f_1(X) = \sum_{m=0}^{+\infty} a_m X^m \text{ 和 } f_2(X) = \sum_{m=0}^{+\infty} b_m X^m$$

在区域(36)中绝对收敛.将这两级数的和相乘,得到另一方阵

$$Y = f_2(X) \cdot f_1(X)$$

这个方阵的元素由下面的式子决定

$$\{Y\}_{ik} = \sum_{s=1}^{n} \{f_2(X)\}_{is} \{f_1(X)\}_{sk} \tag{38}$$

其中

$$\{f_1(X)\}_{sk} = a_0\delta_{sk} + \sum_{m=1}^{+\infty} a_m \sum_{j_1,\cdots,j_{m-1}} \{X\}_{sj_1}\{X\}_{j_1j_2}\cdots\{X\}_{j_{m-1}k}$$

$$\{f_2(X)\}_{is} = b_0\delta_{is} + \sum_{m=1}^{+\infty} b_m \sum_{j_1,\cdots,j_{m-1}} \{X\}_{ij_1}\{X\}_{j_1j_2}\cdots\{X\}_{j_{m-1}s}$$

这些级数都是绝对收敛的,故可逐项相乘,从而方阵 Y 的元素可写为

$$\{Y\}_{ik} = a_0b_0\delta_{ik} + \sum_{m=1}^{+\infty} (a_0b_m + a_1b_{m-1} + \cdots + a_mb_0) \cdot$$

$$\sum_{j_1,\cdots,j_{m-1}} \{X\}_{ij_1}\{X\}_{j_1j_2}\cdots\{X\}_{j_{m-1}k}$$

而 Y 自己就可写成

$$Y=a_0b_0+\sum_{m=1}^{+\infty}(a_0b_m+a_1b_{m-1}+\cdots+a_mb_0)X^m$$

由此得证:绝对收敛的方阵幂级数可以像通常复数的幂级数一样相乘,并且乘积和因子的次序无关.

已给一个由幂级数所定义的方阵函数

$$Y=f(X)=a_0+a_1X+a_2X^2+\cdots \tag{39}$$

其中 $a_1\neq 0$,现在要讨论 $f(X)$ 的反函数的存在问题.

考察通常的复变数 z 的幂级数

$$w=a_0+a_1z+a_2z^2+\cdots \tag{40}$$

如我们所知,当 $a_1\neq 0$ 时存在唯一的由幂级数

$$z=c_1(w-a_0)+c_2(w-a_0)^2+\cdots \tag{41}$$

所定义的函数,在某一邻域 $|w-a_0|<n\rho$ 中它是(40)的反函数.若将级数(41)代入式(40)的右边

$$w=a_0+a_1\sum_{k=1}^{+\infty}c_k(w-a_0)^k+a_2\left[\sum_{k=1}^{+\infty}c_k(w-a_0)^k\right]^2+\cdots$$

依级数相乘的规则求出各级数的自乘,然后将 $w-a_0$ 的幂次相同的各项归并在一起,应该得到恒等式 $w=w$.如果在以上的计算中以方阵 X 代替 z,方阵 Y 代替 w,则关于依 $Y-a_0$ 之幂的方阵幂级数的全部计算与关于变数 $w-a_0$ 的幂级数的运算是同样的,故结果亦同,就是说,当 $a_1\neq 0$ 时,在 $X=0$ 的邻域中所定义的幂级数(39)有唯一的反函数

$$X=\sum_{k=1}^{+\infty}c_k(Y-a_0)^k \tag{42}$$

这个级数在邻域

$$|Y-a_0|<\|\rho\| \tag{43}$$

中绝对收敛.

邻域(43)显见可由级数(41)的收敛半径决定.

以上所说含 $(Y-a_0)^k$ 的方阵级数的形式运算和含 $(w-a_0)^k$ 的普通级数的运算一致的结论,乃是因为该方阵级数只含常数和唯一的方阵 $Y-a_0$ 及其乘幂.实际上,常数和任何方阵可交换,同一方阵的两个乘幂也可交换(即二者相乘时与次序无关),所以两种运算完全一致.例如,对正整数 k 我们可以应用牛顿二项式公式将

$$(Y-a_0)^k$$

展开为 Y 的多项式.但是如果 U_1 和 U_2 是两个不同的方阵,一般而论,我们就不

能借二项式公式来展开

$$(U_1+U_2)^k$$

现在应用前面的论断于指数函数

$$w=e^z=1+\frac{z}{1!}+\frac{z^2}{2!}+\cdots$$

的特别情形. 这个函数的反函数是 $\ln w$,它可以展开为

$$\ln w=\ln[1+(w-1)]=\frac{w-1}{1}-\frac{(w-1)^2}{2}+\cdots$$

右边的级数在圆 $|w-1|<1$ 中为收敛.

这样,将方阵指数函数

$$Y=e^X=1+\frac{X}{1!}+\frac{X^2}{2!}+\cdots$$

反演即得方阵对数的幂级数形式

$$\ln Y=\frac{Y-1}{1}-\frac{(Y-1)^2}{2}+\cdots \tag{44}$$

它在区域

$$|Y-1|<\left\|\frac{1}{n}\right\| \tag{45}$$

中为绝对收敛.

当方阵 X 已给时,方阵方程

$$e^X=Y \tag{46}$$

关于 X 有无数多个解. (44) 表示这方程的一个解,它在单位方阵的邻域中是 Y 的正则函数,且当 $Y=1$ 时成为零方阵. 至于方程(46) 的其他解,在单位方阵的邻域中,或在这邻域之外应该如何求得的问题,实际上系于级数(44) 的解析延拓的问题,亦即系于和级数(44) 相抵的 n^2 个普通幂级数的解析延拓. 这个问题我们以后还要谈到.

借助于方阵对数我们可以定义方阵幂函数如下

$$X^a=e^{a\ln X} \tag{47}$$

若 z 为复变数,则

$$z^a=e^{a\ln z}$$

代入 $a\ln z$ 到指数函数的展开式中

$$e^{a\ln z}=1+\frac{a\ln z}{1}+\frac{a^2\ln^2 z}{2!}+\cdots$$

再以

$$\ln z=\ln[1+(z-1)]=\frac{z-1}{1}-\frac{(z-1)^2}{2}+\frac{(z-1)^3}{3}-\cdots$$

代入,整理以后可得

$$z^a=[1+(z-1)]^a=1+\frac{a}{1!}(z-1)+\frac{a(a-1)}{2!}(z-1)^2+\cdots$$

这个级数当 $|z-1|<1$ 时收敛. 回忆前面说过两种运算一致的事实,可知

$$X^a=\mathrm{e}^{a\ln X}=1+\frac{a}{1!}(X-1)+\frac{a(a-1)}{2!}(X-1)^2+\cdots \tag{48}$$

这个展开式在区域

$$|X-1|<\left\|\frac{1}{n}\right\| \tag{49}$$

中为绝对收敛.

88. 收敛性的深入研究

前面说过幂级数(28) 和 n^2 个变数 $\{X\}_{ik}$ 的 n^2 个级数(29) 相抵. 现在来看级数(29) 中的内部和

$$\sum_{j_1,\cdots,j_{m-1}}\{X\}_{ij_1}\{X\}_{j_1j_2}\cdots\{X\}_{j_{m-1}k} \tag{50}$$

将这和中所有相同的项归并在一起,我们就可以把级数(29) 看作 n^2 个变数 $\{X\}_{ik}$ 的 n^2 个普通幂级数. 将式(50) 中的各数值以其模替代,又以 $|a_m|$ 替代 a_m,其结果就等于把刚才所得 n^2 个普通幂级数的每一项以其模替代. 因此得证:若将级数(29) 改写成变数 $\{X\}_{ik}$ 的普通幂级数形式,则其绝对收敛性相当于级数(32) 的收敛性,即相当于级数(28) 的绝对收敛性.

一般地,级数(28) 为收敛的意义就是当正整数 $l\to+\infty$ 时方阵序列

$$a_0+\sum_{m=1}^{l}a_mX^m \tag{51}$$

的极限存在. 在式(51) 上再加一个对应于 $m=l+1$ 的项,其意义就是在

$$a_0\delta_{ik}+\sum_{m=1}^{l}a_m\sum_{j_1,\cdots,j_{m-1}}\{X\}_{ij_1}\{X\}_{j_1j_2}\cdots\{X\}_{j_{m-1}k} \tag{52}$$

上再加一个 $l+1$ 次的 $\{X\}_{ik}$ 的齐次多项式

$$a_{l+1}\sum_{j_1,\cdots,j_l}\{X\}_{ij_1}\{X\}_{j_1j_2}\cdots\{X\}_{j_lk} \tag{53}$$

因此,在刚才所说的一般意义之下,级数(28) 的收敛性就和 n^2 个级数(29) 的收敛性相抵,而在这些级数中每一项是一个形式如(53) 的齐次多项式. 我们先研究级数(28) 在一种特殊区域中的收敛性,即在由不等式

$$|X|<A \tag{54}$$

所定义的区域中,这里 A 是个已给具有正元素的方阵. 不等式(54) 和下面 n^2 个不等式

$$|\{X\}_{ik}|<\{A\}_{ik} \tag{55}$$

相抵,后者定义关于复变数$\{X\}_{ik}$的以原点为中心的n^2个联合圆.现在假设级数(28)在区域(54)中收敛,又设θ为任一小于1的正数,则级数(28)当$X=\theta A$时应收敛,即n^2个级数

$$a_0\delta_{ik}+\sum_{m=1}^{+\infty}\theta^m a_m\sum_{j_1,\cdots,j_{m-1}}\{A\}_{ij_1}\{A\}_{j_1j_2}\cdots\{A\}_{j_{m-1}k}$$

都应收敛.这些级数可以看成θ的幂级数,因此它们必定为绝对收敛,即n^2个正项级数

$$|a_0\delta_{ik}|+\sum_{m=1}^{+\infty}\theta^m|a_m|\sum_{j_1,\cdots,j_{m-1}}\{A\}_{ij_1}\{A\}_{j_1j_2}\cdots\{A\}_{j_{m-1}k}$$

皆为收敛.因此知道级数(29)对于方阵θA为绝对收敛.对于所有的满足条件$|X|<\theta A$的方阵X,级数(29)当然也为绝对收敛.因θ可以任意接近于1,故对于属于区域(54)中所有的方阵,级数(29)绝对收敛.从而级数(28)亦在区域(54)中绝对收敛.故得下面这个定理:

定理 2　若级数(28)在区域(54)中为收敛,则必为绝对收敛,换言之,n^2个幂级数(29)在联合圆(55)中为绝对收敛.

直到现在我们只研究了在不等式(54)或不等式(36)中所定义的区域中幂级数的收敛问题,而不等式(36)是不等式(54)的特殊情形.以下将要转到幂级数收敛性的一般研究,但设方阵X可以化成纯对角线方阵的形式.如我们所知,所有的U方阵,H方阵以及特征数都互不相同的方阵常可化成对角线方阵.上述条件也可以这样说:我们只研究具有单重初等因子的方阵.这种方阵可以表示成

$$X=S[\lambda_1,\lambda_2,\cdots,\lambda_n]S^{-1} \tag{56}$$

其中S为一行列式不等于零的方阵,λ_i是X的特征数.为简捷计,把级数的部分和记成

$$f_l(X)=a_0+\sum_{m=1}^{l}a_mX^m;f_l(z)=a_0+\sum_{m=1}^{l}a_mz^m$$

又记级数的和为

$$f(X)\text{ 和 }f(z)$$

将式(56)代入$f_l(X)$可得

$$f_l(X)=a_0+S\left(\sum_{m=1}^{l}a_m[\lambda_1^m,\lambda_2^m,\cdots,\lambda_n^m]\right)S^{-1}$$

或

$$f_l(X)=S[f_l(\lambda_1),f_l(\lambda_2),\cdots,f_l(\lambda_n)]S^{-1} \tag{57}$$

如果所有的特征数λ_i都在级数(33)的收敛圆内部,则式(57)当$l\to+\infty$时

有一定的极限值,即

$$f(X)=S[f(\lambda_1),f(\lambda_2),\cdots,f(\lambda_n)]S^{-1} \tag{58}$$

因此这时级数(28)收敛.再设有一个特征数,如 λ_1,位于级数(33)的收敛圆外部,则可证(57)不趋于一定的极限值.实际上,我们可将等式(57)改写成下面的形式

$$[f_l(\lambda_1),f_l(\lambda_2),\cdots,f_l(\lambda_n)]=S^{-1}f_l(X)S$$

若 $f_l(X)$ 有极限值,则等式左边也应该有极限,即对角线方阵的每一元素都有极限.但已假设 λ_1 位于级数(33)的收敛圆外部,元素 $f_l(\lambda_1)$ 当然没有极限.因此得证下面这个定理:

定理 3　若方阵 X 所有的特征数皆在级数(33)的收敛圆内部,则幂级数(28)收敛,但只要有一个特征数在这圆外部时,级数(28)就发散.

上述定理是对于有单重初等因子的,即具有形式(56)的方阵 X 证明的.这个证明可以推广到一般的情形,但我们不想在此多讲了.

现在再转到绝对收敛性,即关于级数(31)的收敛性的研究.

回忆通常复变数的幂级数在其收敛圆内部为绝对收敛的事实,可知级数

$$\sum_{m=0}^{+\infty}|a_m|z^m$$

有和级数(33)相同的收敛半径.应用刚才证明的定理于级数(31),我们得到下面的关于绝对收敛性的定理:

定理 4　若方阵 $|X|$ 所有的特征数都在级数(33)的收敛圆内部,则级数(28)绝对收敛,但只要有一个特征数在这圆外部时,级数(28)就不绝对收敛.

由本节开始时所述知道,级数(28)的绝对收敛性包含其在一般意义下的收敛性.应用这个事实不难证明方阵 $|X|$ 的特征数的模的最大值不小于方阵 X 的特征数的模的最大值.实际上,设这两最大值依次为 ρ_1 和 ρ_2.若 $\rho_2>\rho_1$,则可引出矛盾来.适当选取级数(33)的系数 a_m 使其收敛半径为 ρ,且 ρ 满足条件 $\rho_2>\rho>\rho_1$.例如由公式

$$\frac{1}{1-\dfrac{z}{\rho}}$$

展开所得的幂级数就是以 ρ 为收敛半径的.

由刚才所证的定理知道这时级数(31)为收敛,而级数(28)为发散,这和绝对收敛性包含普通的收敛性一事相矛盾.

式(58)表明若方阵 X 的特征数为 λ_i,并且所有的初等因子都是单重的,则由收敛幂级数所定义的方阵 $f(X)$ 以 $f(\lambda_i)$ 为特征数,并且所有的初等因子也都是单重的.这一性质在某种附加条件之下可以拓广到非单重初等因子的情形上去,即成立下面的定理:

定理 5　若方阵 X 的初等因子为

$$(\lambda-\lambda_1)^{p_1},(\lambda-\lambda_2)^{p_2},\cdots,(\lambda-\lambda_s)^{p_s}$$

则由幂级数所定义的方阵 $f(X)$ 以

$$[\lambda-f(\lambda_1)]^{p_1},[\lambda-f(\lambda_2)]^{p_2},\cdots,[\lambda-f(\lambda_s)]^{p_s}$$

为初等因子,只要 $f'(\lambda_k)$ 都不等于零.

我们也可以借助于式(58)来研究由幂级数所定义的函数 $f(X)$ 的解析延拓.假设级数在区域(54)中为绝对收敛,X_0 是这区域中的一个方阵.将 X_0 的元素按照某种一定的规律连续地变动.这时 X_0 的特征数 λ_i 也将连续地变动.又假设在式(56)中出现的方阵 S 的元素也连续地变动.则由式(58)知,方阵 $f(X)$ 的解析延拓问题就还原为一个复变数函数 $f(\lambda)$ 的解析延拓问题了.

上记的解析延拓有一种非常不便利之处,就是当 X 已给时,式(58)中所含的方阵 S 没有一定的值.实际上,例如对 H 方阵而言,我们已经看到方阵 S 有各种不同的选取方法了.在一些特别情形之下,上述的解析延拓可以不符合于 n^2 个级数(29)的解析延拓.以后我们要比较详细地解释关于解析延拓的问题.为此,需要一个重要的公式.作为这个公式的预备,我们先讲关于插值法的几个简单的公式.

89. 插值多项式

插值法的最简单而基本的问题如下:找一个次数不高于 $n-1$ 的多项式,它在复平面上 n 个点取已给数值.假设这个多项式在 n 个点 $z_k(k=1,2,\cdots,n)$ 之值为 w_k.首先注意,这种多项式只能有一个.事实上,我们知道[Ⅰ,185],两个次数不高于 $n-1$ 的多项式若在 n 个点有相同的数值则必为恒等.这个插值问题的解可以用下面的简单式子表示

$$P_{n-1}(z)=\sum_{k=1}^{n}\frac{(z-z_1)(z-z_2)\cdots(z-z_{k-1})(z-z_{k+1})\cdots(z-z_n)}{(z_k-z_1)(z_k-z_2)\cdots(z_k-z_{k-1})(z_k-z_{k+1})\cdots(z_k-z_n)}w_k \tag{59}$$

易见上式右边确为次数不高于 $n-1$ 的 z 的多项式.若令 $z=z_1$,则右边除第一项外都等于零,而第一项中的分数等于 1,即 $P_{n-1}(z_1)=w_1$.同样可证 $P_{n-1}(z_k)=w_k$.

若 $f(z)$ 为某区域中的正则函数,又 z_k 是该区域中的点,则公式

$$P_{n-1}(z)=\sum_{k=1}^{n}\frac{(z-z_1)\cdots(z-z_{k-1})(z-z_{k+1})\cdots(z-z_n)}{(z_k-z_1)\cdots(z_k-z_{k-1})(z_k-z_{k+1})\cdots(z_k-z_n)}f(z_k) \tag{60}$$

决定唯一的次数不高于 $n-1$ 的多项式,它在各点 z_k 的数值等于 $f(z_k)$.这个多

项式通常称为诸点 z_k 的拉格朗日插值多项式. 式(60) 称为拉格朗日的插值公式.

一般的 $n-1$ 次多项式

$$\alpha_0+\alpha_1 z+\cdots+\alpha_{n-1}z^{n-1}$$

包含 n 个参数 α_s. 在拉格朗日公式中这些参数由 n 个条件所决定,即在各点 z_k 多项式的值应该等于 $f(z_k)$. 现在我们来讨论一个更一般的问题. 假设 $f(z)$ 在某一区域中为正则,$z_1,z_2,\cdots,z_j$ 为该区域内部已给的 j 个点,问题是要选一个次数不高于 $n-1$ 的多项式,使在各点 z_k 多项式的数值以及它的导数直到 p_k-1 阶的数值都和函数 $f(z)$ 及其导数在对应点的数值相等,即此时多项式 $P(z)$ 应满足条件

$$P(z_k)=f(z_k);\cdots;P^{(p_k-1)}(z_k)=f^{(p_k-1)}(z_k)\quad(k=1,2,\cdots,j)$$

这时我们假设 $p_1+p_2+\cdots+p_j=n$,所以条件的个数还是 n. 如前易证这种多项式只可能有一个. 实际上,假如有两个的话,则它们的差将是一个次数不高于 $n-1$ 的多项式,而以 z_k 为 p_k 重零点,即此多项式有 n 个零点,这是不可能的事. 因此我们现在所讨论的更一般的插值问题仍旧只可能有一个解. 下面说明构造这种插值多项式的方法. 先构造 n 次多项式

$$p(z)=(z-z_1)^{p_1}(z-z_2)^{p_2}\cdots(z-z_j)^{p_j}$$

及函数

$$\varphi(z)=\frac{f(z)}{p(z)}\tag{61}$$

函数 $\varphi(z)$ 可能以 z_k 为极点,但其阶数不高于 p_k. 这个函数关于这些极点的无限部分的和是一个分子次数低于分母次数的分式,其分母的形式为

$$(z-z_1)^{q_1}(z-z_2)^{q_2}\cdots(z-z_j)^{q_j}$$

其中整数 q_k 不大于 p_k. 用相同的因子乘分子和分母,我们可以把函数 $\varphi(z)$ 的无限部分改写成

$$\frac{P_{n-1}(z)}{p(z)}$$

其中 $P_{n-1}(z)$ 为次数不高于 $n-1$ 的多项式. 于是式(61) 可以改写成下面的形式

$$\frac{f(z)}{p(z)}=\frac{P_{n-1}(z)}{p(z)}+\omega(z)$$

其中 $\omega(z)$ 为整个区域中的正则函数,且 z_k 也在内. 上式又可改写成

$$f(z)=P_{n-1}(z)+p(z)\omega(z)\tag{62}$$

这个式子右边第二项在 z_k 的邻域中可表示为 $(z-z_k)^{p_k}$ 和一个在 z_k 为正则函数的乘积,就是说,右边第二项和它的导数直到 p_k-1 阶在点 z_k 都等于零. 因此在各点 z_k 多项式 $P_{n-1}(z)$ 及其导数直到 p_k-1 阶的数值与函数 $f(z)$ 及其导数在对应点的数值全同,即 $P_{n-1}(z)$ 为所要求的插值多项式. 我们以后常用

$h(z;z_1,\cdots,z_n)$ 来记.当各 z_k 互不相同时,这就是拉格朗日多项式.如果诸数 z_k 中有相同的,例如设某一 z_k 出现 p_k 次,则在这点多项式及其导数直到 p_k-1 阶的数值与函数 $f(z)$ 及其对应各导数的数值全同,当 $n=2$ 及 $z_1\neq z_2$ 时有

$$h(z;z_1,z_2)=\frac{z-z_2}{z_1-z_2}f(z_1)+\frac{z-z_1}{z_2-z_1}f(z_2)$$

当 $z_1=z_2$ 时有

$$h(z;z_1,z_2)=f(z_1)+\frac{z-z_1}{1}f'(z_1)$$

90. 开雷恒等式和西尔维斯特公式

设 X 为一方阵,则

$$D(X-\lambda I)=0 \tag{63}$$

是它的特征方程,其中 $D(Y)$ 表示方阵 Y 的行列式.以 $\lambda_1,\lambda_2,\cdots,\lambda_n$ 记为这方程的根.上式右边可写为

$$(-1)^n(\lambda^n+a_1\lambda^{n-1}+\cdots+a_{n-1}\lambda+a_n)=(-1)^n\psi(\lambda) \tag{64}$$

其中 a_k 可用方阵 X 的元素来表示,也可用方程(63)的根来表示.例如

$$a_1=-(\lambda_1+\lambda_2+\cdots+\lambda_n);a_2=\lambda_1\lambda_2+\lambda_2\lambda_3+\cdots+\lambda_{n-1}\lambda_n$$

这些 a_k 都是方阵的数字函数,就是说,当方阵 X 已给时,它们就有一定的数值.我们以前在[Ⅲ$_1$,27]中早已看过这类函数了.注意:$(-1)^na_n$ 是方阵的行列式,$-a_1$ 是方阵的迹,即等于对角线上元素的和.

开雷恒等式告诉我们,如果以方阵 X 代入多项式 $\psi(\lambda)=\lambda^n+a_1\lambda^{n-1}+\cdots+a_n$,那么所得为零方阵,即下式成立

$$\psi(X)=X^n+a_1X^{n-1}+\cdots+a_n=0 \tag{65}$$

为此,假设特征数 λ_k 互不相同,或更一般,假设方阵 X 可表示为下面的形式

$$X=S[\lambda_1,\lambda_2,\cdots,\lambda_n]S^{-1}$$

这时,如[Ⅲ$_1$,44]中所已知,有

$$\psi(X)=S[\psi(\lambda_1),\psi(\lambda_2),\cdots,\psi(\lambda_n)]S^{-1}$$

但 λ_k 是多项式 $\psi(z)$ 的零点,故

$$\psi(X)=S[0,0,\cdots,0]S^{-1}$$

上式右边中间的对角线方阵的对角线元素都等于零,故必为零方阵,因此右边三个方阵之积也是零方阵,即式(65)成立.利用极限步骤,先考虑具有不同特征数的方阵,不难将这恒等式的证明推广到一般的情形上去.

现在假设函数 $f(X)$ 是由绝对收敛幂级数

$$f(X)=a_0+a_1X+a_2X^2+\cdots \tag{66}$$

在区域

$$|X|<A \tag{67}$$

中所定义的.任意取这区域中的一个方阵 X,假设其特征数 λ_k 互不相同.设在恒等式(62)中

$$p(z)=(z-\lambda_1)(z-\lambda_2)\cdots(z-\lambda_n)=\psi(z)$$

则成立恒等式

$$f(z)=P_{n-1}(z)+\psi(z)\omega(z) \tag{68}$$

其中 $P_{n-1}(z)$ 是诸点 λ_k 的拉格朗日插值多项式.显然,若以方阵 X 代替变数 z,式(68)依然恒等,因为这时右边的乘积将只含 X 和它的乘幂,所以用 X 代替 z 不致改变其相乘规则.但现在由式(65)知道多项式 $\psi(X)$ 恒等于零,故由开雷恒等式可以得到

$$f(X)=P_{n-1}(X)$$

将上式展开,即知对于区域(67)中任一具有互不相同之特征数的方阵 X 常成立

$$f(X)=\sum_{k=1}^{n}\frac{(X-\lambda_1)\cdots(X-\lambda_{k-1})(X-\lambda_{k+1})\cdots(X-\lambda_n)}{(\lambda_k-\lambda_1)\cdots(\lambda_k-\lambda_{k-1})(\lambda_k-\lambda_{k+1})\cdots(\lambda_k-\lambda_n)}f(\lambda_k) \tag{69}$$

这个式子通常称为西尔维斯特公式,它将无穷级数(66)表示为方阵的多项式,在这个多项式中只有普通复变数的幂级数 $f(\lambda_k)$ 出现.

如果方阵 X 的特征数中有相同的,那么式(69)右边将不是拉格朗日插值多项式,而是更一般的插值多项式,这个我们在上一小节中已经说过,并且我们同样可以把式(66)所定义的函数 $f(X)$ 写成方阵的多项式

$$f(X)=h(X;\lambda_1,\lambda_2,\cdots,\lambda_n) \tag{70}$$

对于二阶方阵,当 $\lambda_1\neq\lambda_2$ 时

$$f(X)=\frac{X-\lambda_2}{\lambda_1-\lambda_2}f(\lambda_1)+\frac{X-\lambda_1}{\lambda_2-\lambda_1}f(\lambda_2) \tag{71}$$

当 $\lambda_1=\lambda_2$ 时

$$f(X)=f(\lambda_1)+(X-\lambda_1)f'(\lambda_1) \tag{72}$$

例如,对二阶方阵的指数函数,当 $\lambda_1\neq\lambda_2$ 时有

$$e^X=\frac{X-\lambda_2}{\lambda_1-\lambda_2}e^{\lambda_1}+\frac{X-\lambda_1}{\lambda_2-\lambda_1}e^{\lambda_2} \tag{73}$$

注意:适用于特征数 λ_k 非互不相同时的一般公式(70)也可以由式(69)借极限法将其中某些 λ_k 趋于同一数值而得.

91. 解析延拓

在区域(67) 中定义正则函数 $f(X)$ 的公式(66) 实际上和在联合圆

$$|\{X\}_{ik}| < \{A\}_{ik}$$

中绝对收敛的 n^2 个幂级数(29) 相抵.

作这 n^2 个幂级数的解析延拓,我们就可以在一个更大的区域中来定义方阵 $f(X)$,而由这种解析延拓所得到的方阵全体就定义了解析函数 $f(X)$,它的始元素是区域(67) 中的级数(66).

回到西尔维斯特公式.当方阵 X 的元素按照一定的规则连续变动时,它的特征数 λ_k 也在一定的方式之下连续变动,由式(69) 知道 $f(X)$ 的解析延拓问题归结到复变数函数 $f(z)$ 的解析延拓问题上去了.若在解析延拓过程中某几个 λ_k 变为相等,则应以式(70) 代替式(69).如果经过解析延拓后复变数函数 $f(z)$ 为单值,那么依照西尔维斯特公式作 $f(X)$ 的解析延拓时所能遇到的唯一困难将是那一些方阵 X,它们的特征数中有些是函数 $f(z)$ 的奇异点.例如,对于原点的邻域中由级数

$$f(X) = 1 + X + X^2 + \cdots$$

所定义的函数 $f(X)$,我们要作它的解析延拓时,只要特征数有一个等于1的都是奇异方阵.可以证明在上述情形下借助于西尔维斯特公式的解析延拓完全和借助于 n^2 个幂级数的解析延拓相抵,所以用前一种方法亦可求得解析函数的所有数值.

现在再看经过延拓以后 $f(z)$ 是多值解析函数的情形.这时,如我们所已知,函数 $f(z)$ 不在普通的复变数平面上为单值,而是在某一象征它的多值性的多叶黎曼曲面 R 上为单值.当方阵 X 的元素连续变动时,它的特征数就在上述这黎曼曲面 R 上连续变动.如果我们要决定函数 $f(X)$ 对于某一特殊方阵 $X = X_0$ 的值,我们不仅要知道方阵 X_0,而且还需要指出从函数的最初定义域(67) 中的一个方阵如何将 $f(X)$ 解析延拓到 X_0 的过程.简单些说,我们不仅要知道方阵 X_0,而且还要知道到达 X_0 的解析延拓的道路.现在假设这道路是这样:解析延拓常借助于西尔维斯特公式而履行,但是当 X 趋向 X_0 时,有两个特征数 λ_1 和 λ_2 趋向重合,就是说,都趋向同一个复数 λ_0,不过这两个相同的复数 λ_0 却在黎曼曲面 R 的不同两叶之上.这时取极限,对于方阵 X_0 而言,它的两个特征数 λ_1 和 λ_2 是重合了,但是在它们的共同值 λ_0 的邻近函数 $f(z)$ 则由两个不同的泰勒级数来决定,因为它们所对应的点位于黎曼曲面 R 的不同两叶上.一般而论,取极限时常有 $f(\lambda_1) \neq f(\lambda_2)$,虽然 $\lambda_1 = \lambda_2$.在这种情形下,拉格朗日或西尔维

斯特公式就失去了它的意义,因此对这种解析延拓的道路我们视方阵 X_0 为函数 $f(X)$ 的奇异点. 当然,有时也可以遇到 $f(\lambda_1)=f(\lambda_2)$,且它们的某一导数不同的情形,即对某一 s,有 $f^{(s)}(\lambda_1)\neq f^{(s)}(\lambda_2)$,虽然 $\lambda_1=\lambda_2$. 这时我们可以把特征数 λ_1 和 λ_2 的共同极限值 λ_0 经过任意小的变动而得到另一数值 λ'_0,使得对于不同两叶上的 λ'_0,当 $\lambda_1=\lambda_2=\lambda'_0$ 时,又有 $f(\lambda_1)\neq f(\lambda_2)$. 和前面一样,这个方阵 X_0 也视为解析函数 $f(X)$ 的奇异点. 因此当 $f(z)$ 为多值函数时,如果由某一条解析延拓的道路到达了方阵 X,且它的同一特征数对应于函数 $f(z)$ 的不同解析元素时,那么此 X 也视为解析函数 $f(X)$ 的奇异方阵.

我们不准备在这里更详细地来解析以上所说的多值解析函数的特性了. 下面只看一个最简单的特别情形. 设

$$X=S[\lambda_1,\lambda_2,\cdots,\lambda_n]S^{-1}$$

其中 S 为固定的方阵,其行列式不等于零,又诸 λ_k 互不相同. 设这个 X 位于区域(67) 之中,函数 $f(X)$ 在这区域中由级数(66) 所定义. 现在将方阵 X 依照下面的规则连续变动,即将 S 固定,让各数 λ_k 如此变动,使得它们常为互不相同,且不等于函数 $f(z)$ 的奇异点,但是最后各自都趋于同一极限值 λ_0,不过这些 λ_0 是在 $f(z)$ 的黎曼曲面 R 的不同各叶上的. 为简单计,假设在任两叶上的同一点 λ_0,函数 $f(z)$ 的值常不相同,取极限时得一方阵

$$X_0=S[\lambda_0,\lambda_0,\cdots,\lambda_0]S^{-1}=\lambda_0$$

由[Ⅲ$_1$,44] 知在区域(67) 中定义的函数的值为

$$S[f(\lambda_1),f(\lambda_2),\cdots,f(\lambda_n)]S^{-1} \tag{74}$$

所以问题就归到当 S 固定时 $f(\lambda_k)$ 的解析延拓了. 显见在上面所说的情形,函数 $f(X)$ 有一定的极限值

$$S[\mu_1,\mu_2,\cdots,\mu_k]S^{-1} \tag{75}$$

其中 μ_k 表示在 λ_k 所趋的那一叶黎曼曲面上解析函数 $f(\lambda_0)$ 的值. 注意:最后的结果(75) 系于方阵 S 的选取. 因为当 $i\neq k$ 时 $\mu_i\neq\mu_k$,所以方阵 S 的元素无论怎样略微变动一下的时候,(75) 的值也必定有变动. 固定方阵 S,即固定方阵 X 在解析延拓中变动时的规律,这时在奇异点 $X=X_0$,函数 $f(X)$ 有一定的极限值. 将 S 的元素稍稍变动时函数 $f(X)$ 的极限值也变动. 由此可知级数(29) 不能被解析延拓过 $X=X_0$ 这点. 这种奇导点当然系于引到这点来的解析延拓的道路. 一般可证,当 $f(z)$ 为多值时,如上所定义的 $f(X)$ 的奇异点同时也是借助于 n^2 个幂级数(29) 的解析延拓的奇异点,其逆亦然. 换言之,借助于西尔维斯特公式的解析延拓和借助于 n^2 个数(29) 的解析延拓相抵. 所以这时解析延拓的奇异方阵有两种,一种是方阵的特征数中含有 $f(z)$ 的奇异点者,另一种是方阵的相同特征数位于函数 $f(z)$ 的不同叶黎曼曲面上者.

92. 多值函数的例子

按定义,方阵 X 的对数

$$Y=\ln X \tag{76}$$

是方程

$$e^Y=X \tag{77}$$

的解. 今设方阵 X 有单重初等因子

$$X=S[\lambda_1,\lambda_2,\cdots,\lambda_n]S^{-1} \tag{78}$$

其中没有一个 λ_k 等于零. 易见,若令

$$Y=S[\ln\lambda_1,\ln\lambda_2,\cdots,\ln\lambda_n]S^{-1} \tag{79}$$

则此 Y 是方程(77) 的解.

实际上,如我们所已知

$$e^Y=S[e^{\ln\lambda_1},e^{\ln\lambda_2},\cdots,e^{\ln\lambda_n}]S^{-1}=S[\lambda_1,\lambda_2,\cdots,\lambda_n]S^{-1}$$

即方阵(79) 满足方程(77). 式(79) 中 $\ln\lambda_k$ 的值可以任意取,故知

$$Y=S[\ln\lambda_1+2\pi r_1\mathrm{i},\cdots,\ln\lambda_n+2\pi r_n\mathrm{i}]S^{-1} \tag{80}$$

其中 $\ln\lambda_k$ 常表示对数的主值,即

$$-\pi<\arg\lambda_k\leqslant\pi$$

又 r_k 是任意的整数.

式(80) 中 Y 的多值性有两种起因. 第一是由于 r_k 可以任意选取,第二是当式(78) 中的 X 固定时,方阵 S 仍有相当的任意性. 若当 $\lambda_i=\lambda_k$ 时,常有 $r_i=r_k$,则对应的 $\ln X$ 的数值称为正则的. 现在证明对数的正则值可由整数 r_k 完全决定,而与方阵 S 的取法无关. 设方阵 X 有互不相同的特征数 $\mu_1,\mu_2,\cdots,\mu_j$,又 $r_1,r_2,\cdots,r_j$ 是式(80) 中对应的整数. 作一个次数不高于 $j-1$ 的拉格朗日插值多项式,使满足条件

$$P(\mu_k)=\ln\mu_k+2\pi r_k\mathrm{i}\quad(k=1,2,\cdots,j)$$

由式(78) 有

$$P(X)=S[P(\lambda_1),\cdots,P(\lambda_n)]S^{-1}$$

或 $$P(X)=S[\ln\lambda_1+2\pi r_1\mathrm{i},\cdots,\ln\lambda_n+2\pi r_n\mathrm{i}]S^{-1}$$

即 $P(X)=Y$,由此立刻可知对数的值与方阵 S 的取法无关,因为在作多项式 $P(X)$ 时方阵 S 完全是任意的,只要满足式(78) 就好了.

应用拉格朗日公式得

$$\ln X=\sum_{k=1}^{n}\frac{(X-\lambda_1)\cdots(X-\lambda_{k-1})(X-\lambda_{k+1})\cdots(X-\lambda_n)}{(\lambda_k-\lambda_1)\cdots(\lambda_k-\lambda_{k-1})(\lambda_k-\lambda_{k+1})\cdots(\lambda_k-\lambda_n)}\ln\lambda_k \tag{81}$$

但设所有的特征数皆互不相同.利用这个公式可以证明任一方阵,只要它的特征数中有一个等于零的,便是函数 $\ln X$ 的奇异方阵.

今设方阵 X 不能表示为(78)的形式,即有重复的初等因子.利用[88]中的结果可以证明:如果 X 的初等因子是

$$(\lambda-\lambda_1)^{p_1},\cdots,(\lambda-\lambda_m)^{p_m} \tag{82}$$

那么方程(77)的解 $\ln X$ 的初等因子是

$$(\lambda-\ln\lambda_1)^{p_1},\cdots,(\lambda-\ln\lambda_m)^{p_m} \tag{83}$$

如果对相同的 λ_k 取相同的值 $\ln\lambda_k$,那么对应的 $\ln X$ 的值称为正则.我们还可以证明式(81)经过解析延拓后可以而且只能得到 $\ln X$ 的全部正则值.

现在看一个对数的非正则值的最简单的例子.设取方阵 X 为一个数 λ,就是说,X 是一个以 λ 为元素的对角线方阵,X 可以写成下面的形式

$$X=S[\lambda,\lambda,\cdots,\lambda]S^{-1}=S\lambda S^{-1}=\lambda I$$

其中 S 是任意的行列式不等于零的方阵.固定一组 r_k,我们得到

$$\ln X=S[\ln\lambda+2\pi r_1\mathrm{i},\ln\lambda+2\pi r_2\mathrm{i},\cdots,\ln\lambda+2\pi r_n\mathrm{i}]S^{-1}$$

或

$$\ln X=S[\ln\lambda,\ln\lambda,\cdots,\ln\lambda]S^{-1}+S[2\pi r_1\mathrm{i},2\pi r_2\mathrm{i},\cdots,2\pi r_n\mathrm{i}]S^{-1}$$

或即

$$\ln X=\ln\lambda\, I+2\pi\mathrm{i}S[r_1,r_2,\cdots,r_n]S^{-1}$$

如果诸数 r_k 不尽相同,那么上式右边第二项的值与 S 的选取有关,而 S 的选取则是完全任意的.

上面我们看到当 X 具有式(78)的形式时,公式(79)表示方程(77)的解.可以证明这时方程(77)的所有解都可由公式(79)得到(S 取所有可能的取法).

再看一方阵的平方根

$$Y=X^{\frac{1}{2}}$$

它是方程

$$Y^2=X \tag{84}$$

的解.当 X 在单位方阵的某一邻域中时,这个多值函数的一支可用下面的幂级数来表示

$$Y=[I+(X-I)]^{\frac{1}{2}}=I+\frac{1}{2}(X-I)+\frac{\frac{1}{2}\left(\frac{1}{2}-1\right)}{2!}(X-I)^2+\cdots \tag{85}$$

如果方阵 X 的特征数都不相同,那么此级数可借西尔维斯特公式改写为

$$Y=X^{\frac{1}{2}}=\sum_{k=1}^{n}\frac{(X-\lambda_1)\cdots(X-\lambda_{k-1})(X-\lambda_{k+1})\cdots(X-\lambda_n)}{(\lambda_k-\lambda_1)\cdots(\lambda_k-\lambda_{k-1})(\lambda_k-\lambda_{k+1})\cdots(\lambda_k-\lambda_n)}\sqrt{\lambda_k} \tag{86}$$

为简单计,假设方阵是二阶的.设 X 具形式

$$X=S[\lambda_1,\lambda_2]S^{-1}\quad(\lambda_1,\lambda_2\neq 0)$$

易证方程(84)的解为

$$S[\pm\sqrt{\lambda_1},\pm\sqrt{\lambda_2}]S^{-1} \tag{87}$$

其中根数可取正值或负值.

和公式(79)一样,当 S 取到所有可能的取法时,由式(87)可以得到方程(84)的所有的解.

如果我们在公式(87)中只取正则值,即当 λ_1 和 λ_2 相等时根数也应取相同的符号,那么和对数的情形一样,可以证明,公式(87)所决定的解和根数有关,但和 S 的选取无关.

一般地,当 $\lambda_1\neq\lambda_2$ 时公式(87)决定方程(84)的四个不相同的解.今设 $\lambda_1=\lambda_2$,这时

$$X=S[\lambda_1,\lambda_1]S^{-1}=\lambda_1 I$$

其中 S 是行列式不等于零的任意方阵.

由公式(87)有

$$X^{\frac{1}{2}}=S[\pm\sqrt{\lambda_1},\pm\sqrt{\lambda_1}]S^{-1}$$

或上式中根数取相同的值,则得

$$X^{\frac{1}{2}}=\pm\sqrt{\lambda_1}I \tag{88}$$

现在再看根数取不同值的情形.此时

$$X^{\frac{1}{2}}=\sqrt{\lambda_1}S[1,-1]S^{-1} \tag{89}$$

或

$$X^{\frac{1}{2}}=-\sqrt{\lambda_1}S[1,-1]S^{-1} \tag{90}$$

其中 S 是行列式不等于零的任意方阵.写出方阵 S 和 S^{-1} 的展开式

$$S=\begin{Vmatrix} s_{11} & s_{12}\\ s_{21} & s_{22}\end{Vmatrix};S^{-1}=\begin{Vmatrix} s_{22}D^{-1} & -s_{12}D^{-1}\\ -s_{21}D^{-1} & s_{11}D^{-1}\end{Vmatrix}=D^{-1}\begin{Vmatrix} s_{22} & -s_{12}\\ -s_{21} & s_{11}\end{Vmatrix}$$

其中

$$D=D(S)=\begin{vmatrix} s_{11} & s_{12}\\ s_{21} & s_{22}\end{vmatrix}=s_{11}s_{22}-s_{12}s_{21}$$

公式(89)可改写如下

$$X^{\frac{1}{2}}=\sqrt{\lambda_1}D^{-1}\begin{Vmatrix} s_{11} & s_{12}\\ s_{21} & s_{22}\end{Vmatrix}[1,-1]\begin{Vmatrix} s_{22} & -s_{12}\\ -s_{21} & s_{11}\end{Vmatrix}$$

或

$$X^{\frac{1}{2}}=\sqrt{\lambda_1}(s_{11}s_{22}-s_{12}s_{21})^{-1}\begin{Vmatrix} s_{11}s_{22}+s_{12}s_{21} & -2s_{11}s_{12}\\ 2s_{21}s_{22} & -(s_{11}s_{22}+s_{12}s_{21})\end{Vmatrix} \tag{91}$$

这样,我们看到,平方根 $X^{\frac{1}{2}}$ 有无限多个数值,因为其中所含方阵 S 的元素 s_{ik} 是相当任意的.

若 X 的初等因子为(82) 中各项,则 $X^{\frac{1}{2}}$ 的初等因子为

$$(\lambda-\sqrt{\lambda_1})^{p_1},\cdots,(\lambda-\sqrt{\lambda_m})^{p_m}$$

又若当 λ_k 取相同数值时,$\sqrt{\lambda_k}$ 亦取相同数值,则所得 $X^{\frac{1}{2}}$ 的值称为正则.

公式(86) 经过解析延拓后可以得到 $X^{\frac{1}{2}}$ 的所有正则值.但此时须设诸数 λ_k 无一为零,因为 $z=0$ 是函数$\sqrt{z}$ 的奇异点.

93. 系数为常数的线性方程组

设有系数为常数的线性微分方程组

$$\begin{cases}x'_1=a_{11}x_1+a_{12}x_2+\cdots+a_{1n}x_n\\x'_2=a_{21}x_1+a_{22}x_2+\cdots+a_{2n}x_n\\\vdots\\x'_n=a_{n1}x_1+a_{n2}x_2+\cdots+a_{nn}x_n\end{cases}\tag{92}$$

其中 x_n 是自变数 t 的函数,x'_k 是 x_k 的导数.

假设所求诸函数$(x_1,x_2,\cdots,x_n)$ 是某一向量

$$\boldsymbol{x}(x_1,x_2,\cdots,x_n)$$

的分量.因为诸 x_k 是 t 的函数,我们定义向量 $\boldsymbol{x}$ 关于 t 的微分为一个以$(x'_1,x'_2,\cdots,x'_n)$ 为分量的向量

$$\frac{\mathrm{d}\boldsymbol{x}}{\mathrm{d}t}(x'_1,x'_2,\cdots,x'_n)$$

再设诸 a_{ik} 所成的方阵为 A.于是方程组(92) 可以改写为

$$\frac{\mathrm{d}\boldsymbol{x}}{\mathrm{d}t}=A\boldsymbol{x}\tag{93}$$

假设这方程的解满足初始条件

$$x_k\mid_{t=0}=x_k^{(0)}\quad(k=1,2,\cdots,n)\tag{94}$$

这些 $x_k^{(0)}$ 构成某一向量,记为

$$\boldsymbol{x}^{(0)}(x_1^{(0)},\cdots,x_n^{(0)})$$

易见在初始条件(94) 之下(93) 的解为

$$\boldsymbol{x}=\left(I+\frac{At}{1!}+\frac{A^2t^2}{2!}+\cdots\right)\boldsymbol{x}^{(0)}\tag{95}$$

或引进方阵

$$\mathrm{e}^{At}=I+\frac{At}{1!}+\frac{A^2t^2}{2!}+\cdots$$

式(95) 可以写成

$$\boldsymbol{x}=\mathrm{e}^{At}\boldsymbol{x}^{(0)} \tag{96}$$

实际上,由式(95)有

$$\boldsymbol{x}=\boldsymbol{x}^{(0)}+\frac{t}{1!}A\boldsymbol{x}^{(0)}+\frac{t^2}{2!}A^2\boldsymbol{x}^{(0)}+\cdots$$

关于 t 微分得

$$\frac{\mathrm{d}\boldsymbol{x}}{\mathrm{d}t}=A\boldsymbol{x}^{(0)}+\frac{t}{1!}A^2\boldsymbol{x}^{(0)}+\frac{t^2}{2!}A^3\boldsymbol{x}^{(0)}+\cdots$$

或

$$\frac{\mathrm{d}\boldsymbol{x}}{\mathrm{d}t}=A\left(I+\frac{t}{1!}A+\frac{t^2}{2!}A^2+\cdots\right)\boldsymbol{x}^{(0)}$$

与(95)比较,得

$$\frac{\mathrm{d}\boldsymbol{x}}{\mathrm{d}t}=A\boldsymbol{x}$$

除此以外,初始条件(94)显然也满足,因为当 $t=0$ 时,式(95)告诉我们 $\boldsymbol{x}\mid_{t=0}=\boldsymbol{x}^{(0)}$.

应用方阵表示法我们也可以将方程组(92)改写成另外的形式. 首先说明方阵的微分的基本规则. 假设方阵 X 的元素都是自变数 t 的函数. 定义 $\frac{\mathrm{d}X}{\mathrm{d}t}$ 为一方阵,它的元素是由 X 的元素关于 t 微分而得,即[Ⅲ$_1$,74]

$$\left\{\frac{\mathrm{d}X}{\mathrm{d}t}\right\}_{ik}=\frac{\mathrm{d}\{X\}_{ik}}{\mathrm{d}t}$$

由此定义立刻可得方阵的和的微分规则,即若 X 和 Y 为两方阵,其元素皆为 t 的函数,则

$$\frac{\mathrm{d}(X+Y)}{\mathrm{d}t}=\frac{\mathrm{d}X}{\mathrm{d}t}+\frac{\mathrm{d}Y}{\mathrm{d}t} \tag{97}$$

与此相仿可证积的微分公式是

$$\frac{\mathrm{d}}{\mathrm{d}t}(XY)=\frac{\mathrm{d}X}{\mathrm{d}t}Y+X\frac{\mathrm{d}Y}{\mathrm{d}t} \tag{98}$$

注意:一般在式(98)中因子的先后次序不能任意更动. 实际上,由方阵乘法的定义有

$$\{XY\}_{ik}=\sum_{s=1}^{n}\{X\}_{is}\{Y\}_{sk}$$

从而

$$\frac{\mathrm{d}(XY)_{ik}}{\mathrm{d}t}=\sum_{s=1}^{n}\frac{\mathrm{d}(X)_{is}}{\mathrm{d}t}\{Y\}_{sk}+\sum_{s=1}^{n}\{X\}_{is}\frac{\mathrm{d}(Y)_{sk}}{\mathrm{d}t}$$

由此立刻得到式(98). 这个公式可以推广到任意几个因子相乘的时候上去. 例如对三个因子的乘积有

$$\frac{\mathrm{d}}{\mathrm{d}t}(XYZ)=\frac{\mathrm{d}X}{\mathrm{d}t}YZ+X\frac{\mathrm{d}Y}{\mathrm{d}t}Z+XY\frac{\mathrm{d}Z}{\mathrm{d}t} \tag{99}$$

现在再引进逆方阵的微分公式.假设方阵 X 的行列式不等于零,于是逆方阵 X^{-1} 存在,且满足

$$XX^{-1}=1$$

关于 t 微分这个恒等式,得

$$\frac{\mathrm{d}X}{\mathrm{d}t}X^{-1}+X\frac{\mathrm{d}X^{-1}}{\mathrm{d}t}=0$$

由此即得逆方阵的微分公式

$$\frac{\mathrm{d}X^{-1}}{\mathrm{d}t}=-X^{-1}\frac{\mathrm{d}X}{\mathrm{d}t}X^{-1} \tag{100}$$

现在回到方程组(92)上来.我们看这方程组的 n 组解,它们显然构成一个含有 n^2 个函数的正方表

$$\begin{Vmatrix} x_{11}(t), x_{12}(t), \cdots, x_{1n}(t) \\ x_{21}(t), x_{22}(t), \cdots, x_{2n}(t) \\ \vdots \quad\quad \vdots \quad\quad\quad \vdots \\ x_{n1}(t), x_{n2}(t), \cdots, x_{nn}(t) \end{Vmatrix} \tag{101}$$

我们规定每一函数中的第一个足号表示这函数在它所属的那一组中的次第,第二个足号表示它所属的那一组的次第.例如 $x_{23}(t)$ 表示第三组解中的第二个函数 x_2.这样我们就有

$$\frac{\mathrm{d}x_{ik}(t)}{\mathrm{d}t}=a_{i1}x_{1k}(t)+\cdots+a_{in}x_{nk}(t)\quad (i,k=1,2,\cdots,n)$$

从而方程组(92)就可改以方阵形式表示为

$$\frac{\mathrm{d}X}{\mathrm{d}t}=AX \tag{102}$$

其中 X 即方阵(101).记住在这种写法之下,方阵 X 给了方程组(93)的 n 组解,X 中每一行的元素表示方程组(93)的一组解.这时初始条件是方阵 X 当 $t=0$ 时所应满足的条件,设为

$$X\mid_{t=0}=X^{(0)} \tag{103}$$

其中 $X^{(0)}$ 是个以常数为元素的任意已给方阵.如前可证在初始条件(103)之下方程组(102)的解为

$$X=\mathrm{e}^{At}X^{(0)} \tag{104}$$

现在假设 $X^{(0)}$ 的行列式不等于零,我们要证明对于所有的 t,方阵 X 的行列式也不等于零.由公式(104)看出,为此只须证明方阵 e^{At} 的行列式不等于零即可,因为两方阵之积的行列式等于两方阵的行列式之积.

一般我们容易证明方阵的指数函数 e^{Y} 的行列式常不等于零.实际上,与方

阵

$$e^Y = I + \frac{Y}{1!} + \frac{Y^2}{2!} + \cdots + \frac{Y^n}{n!} + \cdots \tag{105}$$

同时可作方阵

$$e^{-Y} = I - \frac{Y}{1!} + \frac{Y^2}{2!} - \cdots + (-1)^n \frac{Y^n}{n!} + \cdots \tag{106}$$

将以上两级数相乘时我们只遇到数字和同一方阵 Y 的诸乘幂,即所有的因子都是可以互相交换次序的.因此,我们要得到这两个方阵级数的乘积时可以把 Y 和变数 z 同样看待.但由恒等式 $e^z e^{-z} = 1$ 可知,式(105) 和式(106) 的右边两级数相乘之积为单位方阵,因此得到下面的恒等式

$$e^Y e^{-Y} = I$$

该式对于任一方阵 Y 皆成立.由此恒等式可知方阵 e^{-Y} 是 e^Y 的逆方阵,从而方阵 e^Y 的行列式必不等于零.注意:若 Y 和 Z 是两个不可交换的不同方阵,则一般 $e^Y e^Z \neq e^{Y+Z}$.

由式(104) 和刚才证明的方阵指数函数的性质可知当 $X^{(0)}$ 的行列式不等于零时,方阵 X 的行列式对于所有的 t 常不等于零.这时方阵 X 决定(102) 的 n 组线性独立的解.下面要证明:如果方阵 Y 决定(102) 的 n 组解,那么 Y 可借下式以 X 来表示

$$Y = XB \tag{107}$$

其中 B 是个以常数为元素的方阵.式(107) 说明方程组(102) 的任何一组解常可借 n 组线性独立的解线性地表示出来.要证明式(107),首先注意 Y 也应满足式(102),即

$$\frac{dY}{dt} = AY \tag{108}$$

又已知方阵 X 的行列式不等于零,故逆方阵 X^{-1} 存在.由逆方阵的微分规则得

$$\frac{dX^{-1}}{dt} = -X^{-1}\frac{dX}{dt}X^{-1}$$

因 X 也满足式(102),故

$$\frac{dX^{-1}}{dt} = -X^{-1}AXX^{-1} = -X^{-1}A \tag{109}$$

又由乘积的微分规则有

$$\frac{d}{dt}(X^{-1}Y) = \frac{dX^{-1}}{dt}Y + X^{-1}\frac{dY}{dt}$$

由(108) 和(109) 得

$$\frac{d}{dt}(X^{-1}Y) = -X^{-1}AY + X^{-1}AY$$

即
$$\frac{\mathrm{d}}{\mathrm{d}t}(X^{-1}Y)=0$$

由此知道乘积 $X^{-1}Y$ 是一个方阵 B,其元素和 t 无关,式(107) 遂得证明.

94. 几个方阵的函数

现在讲一点关于几个方阵的函数的基本概念的事实.由于方阵的不可交换性,几个变方阵的函数的理论远较一个变方阵的函数的理论更为复杂,因此我们现在只看一些最基本的东西.

先从多项式开始.两个方阵的一般二次齐次式为

$$aX_1^2+bX_1X_2+cX_2X_1+dX_2^2$$

l 个方阵的二次齐次多项式为

$$\sum_{i,k=1}^{l}a_{ik}X_iX_k$$

其中足号 i 和 k 各自独立地跑过从 1 到 l 的所有正整数.

l 个方阵的 m 次齐次多项式的一般形式为

$$\sum_{j_1,\cdots,j_m=1}^{l}a_{j_1\cdots j_m}X_{j_1}\cdots X_{j_m} \tag{110}$$

如前 $a_{j_1\cdots j_m}$ 是数字系数,又每一 j_k 都跑过从 1 到 l 的所有正整数.因此在式(110) 中一共包含 l^m 项.现在看一个特别情形,即当所有的 $a_{j_1\cdots j_m}$ 都等于 1 的情形

$$\sum_{j_1,\cdots,j_m=1}^{l}X_{j_1}\cdots X_{j_m} \tag{111}$$

易见式(111) 中的和可以表示为诸方阵 X_{jb} 的和的乘幂

$$(X_1+\cdots+X_l)^m=\sum_{j_1,\cdots,j_m=1}^{l}X_{j_1}\cdots X_{j_m} \tag{112}$$

例如

$$(X_1+X_2)^2=(X_1+X_2)(X_1+X_2)=X_1^2+X_1X_2+X_2X_1+X_2^2$$

现在考察 l 个方阵的幂级数.这种级数的形式如下

$$a_0+\sum_{m=1}^{+\infty}\sum_{j_1,\cdots,j_m=1}^{l}a_{j_1\cdots j_m}X_{j_1}\cdots X_{j_m} \tag{113}$$

关于这种级数的收敛性的详细研究远较一个方阵的幂级数时更难,现在我们只证明级数(113) 为绝对收敛的一个充分条件.和一个方阵的级数一样,当级数

$$|a_0|+\sum_{m=1}^{+\infty}\sum_{j_1,\cdots,j_m=1}^{l}|a_{j_1\cdots j_m}||X_{j_1}|\cdots|X_{j_m}| \tag{114}$$

收敛时,级数(113)称为绝对收敛,此时级数(113)的和与各项的顺序无关.固定正整数 m,记 $a^{(m)}$ 为 $|a_{j_1\cdots j_m}|$ 的最大值,即

$$|a_{j_1\cdots j_m}|\leqslant a^{(m)} \tag{115}$$

作一个普通复变数 z 的级数

$$\sum_{m=1}^{+\infty}a^{(m)}z^m \tag{116}$$

设其收敛半径为 $n\rho$,这里 n 是方阵的阶数.在级数(114)中所有的系数 $|a_{j_1\cdots j_m}|$ 都以 $a^{(m)}$ 代替,则得级数

$$|a_0|+\sum_{m=1}^{+\infty}a^{(m)}\sum_{j_1,\cdots,j_m=1}^{l}|X_{j_1}|\cdots|X_{j_m}|$$

这个级数显然可以改写为

$$|a_0|+\sum_{m=1}^{+\infty}a^{(m)}(|X_1|+\cdots+|X_l|)^m \tag{117}$$

级数(117)可视为方阵

$$Z=|X_1|+\cdots+|X_l|$$

的幂级数.因级数(116)的收敛半径等于 $n\rho$,故知[86]级数(117)当

$$|X_1|+\cdots+|X_l|<\|\rho\| \tag{118}$$

时为收敛.此时级数(114)自然也收敛.故得如下定理:

定理 6　设正数 $a^{(m)}$ 由条件(115)决定,又级数(116)的收敛半径为 $n\rho$,则当条件(118)满足时,级数(113)绝对收敛.

特别当级数(116)的收敛半径等于无限大时,级数(113)对于任意的 X_k 常为绝对收敛.

注意:由收敛级数(113)所决定的函数 $f(X_1,\cdots,X_l)$ 显然满足下面的关系

$$f(SX_1S^{-1},\cdots,SX_lS^{-1})=Sf(X_1,\cdots,X_l)S^{-1}$$

其中 S 是任一行列式不等于零的方阵.我们前面早知道一个方阵的解析函数也有与此完全相似的性质.

最后再说一说几个方阵的幂级数的唯一性定理,这个定理和一个方阵的情形不同,证明从略.定理是这样的:如果等式

$$a_0+\sum_{m=1}^{+\infty}\sum_{j_1,\cdots,j_m=1}^{l}a_{j_1\cdots j_m}X_{j_1}\cdots X_{j_m}=b_0+\sum_{m=1}^{+\infty}\sum_{j_1,\cdots,j_m=1}^{l}b_{j_1,\cdots,j_m}X_{j_1}\cdots X_{j_m}$$

对于所有任何阶的和零方阵相当邻近的方阵

$$X_1,\cdots,X_l$$

常常成立,则 $b_0=a_0$,$b_{j_1\cdots j_m}=a_{j_1\cdots j_m}$.

若在这个定理中除去任何阶数的要求，则定理不一定成立．特别地，我们可以作一个系数不全为零的齐次多项式

$$\sum_{j_1,\cdots,j_m=1}^{l} c_{j_1\cdots j_m} X_{j_1}\cdots X_{j_m}$$

它对于某一定阶数的所有方阵 X_s 是恒等于零的．

方阵的解析函数的一般理论及其对于线性微分方程组的理论的应用可以在已故的 И. А. 拉坡－达尼列夫斯基的著作中找到．И. А. 拉坡－达尼列夫斯基去世后遗留下的全部材料，已经在科学院数学研究所汇报中发表了．

线性微分方程

第5章

95. 解的幂级数展开式

在第二卷中我们曾经研究过系数非常数的二阶线性微分方程以及这类方程的幂级数解法. 那时我们只指出某种幂级数可以在形式上满足我们的微分方程,但却没有证明级数的收敛性. 现在我们要有系统地来详细研究二阶线性微分方程,其系数为复变数的解析函数. 因此,微分方程中的自变数也假定是复变数,而所求的解和方程的系数则是这复变数的解析函数.

假设有一个二阶线性方程

$$w'' + p(z)w' + q(z)w = 0 \tag{1}$$

其中 w' 和 w'' 是所求的函数 w 关于复变数 z 的导数.

又设有如下的初始条件

$$w\big|_{z=z_0} = c_0;\ w'\big|_{z=z_0} = c_1 \tag{2}$$

再设系数 $p(z)$ 和 $q(z)$ 是圆 $|z - z_0| < R$ 中的正则函数. 现在要证明存在这个圆内的一个正则函数,它是方程(1)的解,并且满足条件(2). 引进另一函数 $u = w'$ 可将方程(1)改写成两个联立的一阶微分方程组

$$\frac{\mathrm{d}u}{\mathrm{d}z} = -p(z)u - q(z)w;\ \frac{\mathrm{d}w}{\mathrm{d}z} = u$$

为了以后书写式子整齐起见,我们考察有两个未知函数的一般联立线性方程组

$$\frac{\mathrm{d}u}{\mathrm{d}z}=a(z)u+b(z)v;\frac{\mathrm{d}v}{\mathrm{d}z}=c(z)u+d(z)v \tag{3}$$

并且要证明这联立方程组有在圆 $|z-z_0|<R$ 内为正则的解，它满足任意已给的初始条件

$$u|_{z=z_0}=\alpha;v|_{z=z_0}=\beta \tag{4}$$

但须假设(3) 中诸系数都是圆 $|z-z_0|<R$ 内部的正则函数.

为此，我们又要应用第二卷中已经用过的逐步逼近法了. 全部证明的过程也是和那里完全一样的. 代替联立方程组(3) 和初始条件(4)，我们可将方程组写成如下的积分形式

$$u=\alpha+\int_{z_0}^{z}[a(z)u+b(z)v]\mathrm{d}z;v=\beta+\int_{z_0}^{z}[c(z)u+d(z)v]\mathrm{d}z \tag{5}$$

设以 K 代表圆 $|z-z_0|<R_1$，其中 R_1 是个小于 R 的正数. 方程的诸系数是这圆内部直到境界线上的正则函数，因此成立不等式

$$|a(z)|<M;\ |b(z)|<M;\ |c(z)|<M;\ |d(z)|<M \tag{6}$$

其中 M 是个一定的正数. 应用逐步逼近法，假设

$$u_0(z)=\alpha;v_0(z)=\beta \tag{7}$$

一般地

$$\begin{cases}u_{n+1}(z)=\alpha+\int_{z_0}^{z}[a(z)u_n+b(z)v_n]\mathrm{d}z\\ v_{n+1}(z)=\beta+\int_{z_0}^{z}[c(z)u_n+d(z)v_n]\mathrm{d}z\end{cases} \tag{8}$$

在上式每一积分中被积分函数常为 z 的正则函数，又每一积分的数值皆与圆 K 内部的积分路线无关. 再设 m 为一正数，由下面两不等式决定

$$|\alpha|\leqslant m;\ |\beta|\leqslant m \tag{9}$$

为简单起见，以后假设 $z_0=0$，又积分常沿从 0 到 z 的直线. 此时

$$z=\rho\mathrm{e}^{\mathrm{i}\varphi};\ \mathrm{d}z=\mathrm{e}^{\mathrm{i}\varphi}\mathrm{d}\rho\quad(0\leqslant\rho\leqslant R_1) \tag{10}$$

式(8) 中第一个式子当 $n=0$ 时为

$$u_1(z)-\alpha=\int_0^{\rho}[a(z)\alpha+b(z)\beta]\mathrm{e}^{\mathrm{i}\varphi}\mathrm{d}\rho$$

将积分符号下每一项以其模代替，然后应用式(6) 和式(7)，即得

$$|u_1(z)-u_0(z)|\leqslant 2Mm\rho \tag{11$_1$}$$

同样可得另一不等式

$$|v_1(z)-v_0(z)|\leqslant 2Mm\rho \tag{11$_2$}$$

式(8) 中第一个式子当 $n=1$ 时为

$$u_2(z)=\alpha+\int_0^{z}[a(z)u_1+b(z)v_1]\mathrm{d}z$$

由此式减去对应于 $n=0$ 时的一式即得

$$u_2(z)-u_1(z)=\int_0^z[a(z)(u_1-u_0)+b(z)(v_1-v_0)]\mathrm{d}z$$

再将积分符号下每一项以其模代替，然后应用不等式(11_1)和(11_2)即得

$$|u_2(z)-u_1(z)|\leqslant(2M)^2m\int_0^\rho\rho\mathrm{d}\rho$$

或

$$|u_2(z)-u_1(z)|\leqslant m\frac{(2M\rho)^2}{2!}$$

同样可得另一不等式

$$|v_2(z)-v_1(z)|\leqslant m\frac{(2M\rho)^2}{2!}$$

这样继续做下去，可得

$$|u_{n+1}(z)-u_n(z)|\leqslant m\frac{(2M\rho)^{n+1}}{(n+1)!}$$

$$|v_{n+1}(z)-v_n(z)|\leqslant m\frac{(2M\rho)^{n+1}}{(n+1)!}$$

由此立刻可知在圆 $|z-z_0|<R_1$ 中，级数

$$u_0+[u_1(z)-u_0]+[u_2(z)-u_1(z)]+\cdots \tag{12}$$

的一般项的模小于正数

$$m\frac{(2M\rho)^{n+1}}{(n+1)!}$$

但是以此数为一般项的级数是收敛的，故知级数(12)在圆 $|z-z_0|<R_1$ 中绝对且一致收敛. 这个级数最先 $n+1$ 项之和恰为 $u_n(z)$，故知 $u_n(z)$ 在圆 $|z-z_0|<R_1$ 中一致趋向一函数 $u(z)$. 同样 $v_n(z)$ 亦一致趋向一函数 $v(z)$. 由魏尔斯特拉斯关于一致收敛级数的定理知道这两个极限函数也是圆 K 内部的正则函数. 回到公式(8)知道第一式中的被积分函数一致地趋向极限

$$a(z)u+b(z)v$$

但是如[Ⅰ,146]中所知，一致收敛级数可以逐项积分，亦即：一致收敛函数列的积分取极限时可以将极限移到积分符号里面去. 因此将(8)中两式取极限，可知极限函数 u 和 v 确能满足方程(5). 在(5)中令 $z=z_0$，可知 u 和 v 也满足初始条件(4). 又将(5)微分，可知 u 和 v 确是联立方程(3)的解.

回到方程(1)，我们知道它是方程组(3)的特别情形. 因此我们已证，在圆 $|z-z_0|<R$ 的内部任何以 z_0 为中心的圆中存在这个方程的解，满足对于任意的 c_0 和 c_1 的初始条件(2). 函数 $p(z)$ 和 $q(z)$ 在圆 $|z-z_0|<R$ 内部可以展开为幂级数

$$p(z)=a_0+a_1(z-z_0)+\cdots;q(z)=b_0+b_1(z-z_0)+\cdots$$

由前面知方程的解也是正则函数，所以也应该可以展开为幂级数，由式(2)

知展开式中前面两个系数等于 c_0 和 c_1

$$w = c_0 + c_1(z - z_0) + c_2(z - z_0)^2 + \cdots \tag{13}$$

将该级数代入方程(1)，$z - z_0$ 的所有不同幂次的系数均应等于零，这样，就和我们在[Ⅱ,45] 中所已知一样，得到许多方程

$$2 \cdot 1 \cdot c_2 + a_0 c_1 + b_0 c_0 = 0$$
$$3 \cdot 2c_3 + 2a_0 c_2 + a_1 c_1 + b_0 c_1 + b_1 c_0 = 0$$
$$\vdots$$

由这些方程可以逐步的决定诸系数 c_k. 因此，首先我们就知道，所求的解只可能有一个，不能多于一个. 但是由前面的证明，我们也知道这个解确实存在，就是说，将这样求得的系数 c_k 代入式(13) 时级数在圆 $|z - z_0| < R$ 内部任何一圆中必为收敛，简单些说，即级数在圆 $|z - z_0| < R$ 的内部收敛. 因此我们得到下面的基本定理：

定理 1　若方程(1) 的系数为圆 $|z - z_0| < R$ 中的正则函数，c_0 和 c_1 为任意常数，则在这圆中存在方程(1) 的唯一的解，满足初始条件(2).

给 c_0 和 c_1 以一定的数值，我们可以求得方程的两个解 w_1 和 w_2，满足下面的初始条件

$$w_1 |_{z=z_0} = \alpha_1; w'_1 |_{z=z_0} = \beta_1$$
$$w_2 |_{z=z_0} = \alpha_2; w'_2 |_{z=z_0} = \beta_2$$

若

$$\alpha_1\beta_2 - \alpha_2\beta_1 \neq 0 \tag{14}$$

则任何在圆 $|z - z_0| < R$ 中为正则的解常可借 w_1 和 w_2 来表示

$$w = A_1 w_1 + A_2 w_2 \tag{15}$$

实际上，如果解 w 满足初始条件(2)，那么对常数 A_1 和 A_2 应有下面的联立方程组

$$A_1\alpha_1 + A_2\alpha_2 = c_0; A_1\beta_1 + A_2\beta_2 = c_1$$

由式(14) 知 A_1 和 A_2 的数值可由上面两方程唯一决定. 以上所得的两解 w_1 和 w_2 显然是方程(1) 的两个互为线性独立的解[Ⅱ,24].

注意：对方程组(3) 应用逐步逼近法我们得到一个无穷级数(12)，它决定了函数 u. 当然，这级数并非幂级数，但是它在圆 $|z - z_0| < R_1$ 中的一致收敛性却保证在这圆中存在正则的，可展开为幂级数的解. 我们可以在任意的区域中作出函数 $u_n(z)$ 和级数(12) 来，只要方程组(3) 的系数是该区域中的正则函数. 如前可证在这区域中级数(12) 以及收敛于 v 的另一级数都是一致收敛，并且决定方程组(3) 在这区域中的解. 这些级数我们以后还会研究.

96. 解的解析延拓

现在假设方程(1)的系数 $p(z)$ 和 $q(z)$ 是复变数平面上区域 B 中的正则函数. 取这方程的一个解来,假设在 B 内部 z_0 这点它满足一定的初始条件(2). 由上节的证明知道在一个以 z_0 为中心而全部位于 B 内部的圆中这解可以用收敛的幂级数来表示(但亦可能在一个更大的圆中). 这个级数具有式(13)的形式. 今在这级数的收敛圆内部另取一点 z_1,再将级数改为依 $z-z_1$ 的幂展开,如我们以前作一个函数的解析延拓时一样的办法. 这样,我们就得到另一级数

$$\sum_{k=0}^{+\infty} d_k (z-z_1)^k \tag{16}$$

在级数(13)的收敛圆和级数(16)的收敛圆的公共部分里,级数(16)的和应与 w 全同. 因此在这公共部分中级数(16)的和 $f(z)$ 是方程(1)的解,就是说,以 $w=f(z)$ 代入方程(1)的左边时,常使它在级数(16)的收敛圆的一部分中等于零. 但是由解析延拓的基本原理,它就应在收敛圆和 B 的公共部分中处处等于零. 所以级数(16)也是方程(1)的解. 这个解由它在 z_1 这点所满足的初始条件

$$f(z_1)=w\mid_{z=z_1};f'(z_1)=w'\mid_{z=z_1}$$

完全决定,其中 w 是由始级数(13)所定义的.

由上节已证明的定理可知:若 $p(z)$ 和 $q(z)$ 在区域 B 中为正则,那么级数(16)在一个以 z_1 为中心而全部属于 B 的圆中必收敛. 因此我们得到下面的定理:

定理 2 若方程(1)的系数 $p(z)$ 和 $q(z)$ 是区域 B 中的正则函数,则凡可借以 B 的内点为中心的幂级数来表示的解常可沿 B 内任意线路被解析延拓出去,由解析延拓所得到的仍是方程(1)的解.

对于这定理有几点重要的补充:当 B 为单通区域时,由解析延拓的基本性质知 w 在区域 B 中为单值正则函数[18],这单值正则函数是方程(1)的解. 当 B 为复通区域时,一般地,w 并非 B 中的单值函数.

若 w_1 和 w_2 是方程(1)的两个解,则有下面的公式[Ⅱ,24]

$$\frac{\mathrm{d}}{\mathrm{d}z}\left(\frac{w_2}{w_1}\right)=\frac{C}{w_1^2}\mathrm{e}^{-\int_{z_0}^{z_1} p(z)\mathrm{d}z} \tag{17}$$

其中 C 为一常数. 若 $C\neq 0$,则上式左边在解析延拓的过程中常不等于零,故知线性独立的解经过解析延拓后仍为线性独立:依靠公式(15),由两个线性独立解的解析延拓就可得到任一解的解析延拓.

例如,若系数 $p(z)$ 和 $q(z)$ 是有理函数,则方程的任一解常可沿平面上任一不经过 $p(z)$ 和 $q(z)$ 的极点的路线被解析延拓出去.

97. 奇异点的邻域

现在研究方程(1) 的解在系数 $p(z)$ 和 $q(z)$ 的奇异点邻域中的行为. 假设 $z=z_0$ 是系数 $p(z)$ 和 $q(z)$ 的极点或本性奇异点,则在以 z_0 为中心,内半径等于零的某一环域 K 中这两系数可展开为洛朗级数

$$p(z)=\sum_{k=-\infty}^{+\infty} a_k(z-z_0)^k \tag{18}$$

$$q(z)=\sum_{k=-\infty}^{+\infty} b_k(z-z_0)^k \quad (0<|z-z_0|<R)$$

方程(1) 的任一解可以在 K 的内部以任意方法被解析延拓,但当绕过 $z=z_0$ 一周后,这个解 w 的数值可能已经变过,就是说,一般而论,$z=z_0$ 是 w 的支点. 现在我们更详细地来研究这种支点的特性. 取方程的任意两个线性独立的解 w_1 和 w_2,若从环的中心沿任一半径引一割线,则得一单通区域,解 w_1 和 w_2 在这单通区域中为单值正则,但在割线的两岸它们将取不同的数值. 换言之,绕过 $z=z_0$ 一周以后,函数 w_1 和 w_2 将变成另外两个函数 w_1^+ 和 w_2^+. 这两个函数仍应是方程的解,因此它们必可表示为 w_1 和 w_2 的线性组合,故得下面两式

$$\begin{cases} w_1^+=a_{11}w_1+a_{12}w_2 \\ w_2^+=a_{21}w_1+a_{22}w_2 \end{cases} \tag{19}$$

其中 a_{ik} 是常数. 换言之,绕过奇异点一周后线性独立的两解经过一次线性变换. 易见

$$a_{11}a_{22}-a_{12}a_{21}\neq 0 \tag{20}$$

实际上,若有 $a_{11}a_{22}-a_{12}a_{21}=0$,则 w_1^+ 和 w_2^+ 只差一个常数因子,故必非线性独立,但这是不可能的,因为我们早已知道线性独立的解经过解析延拓后仍旧得到线性独立的解. 线性变换(19) 当然系于 w_1 和 w_2 的选取.

现在要找这种解,它绕过奇异点一周后其结果只是乘上一个常数,就是说,它所受到的线性变换有最简单的形状

$$w^+=\lambda w \tag{21}$$

这种解,如果存在的话,应该是 w_1 和 w_2 的线性组合,即

$$w=b_1w_1+b_2w_2$$

我们现在要求出系数 b_1 和 b_2. 由式(21) 应有

$$b_1w_1^++b_2w_2^+=\lambda(b_1w_1+b_2w_2)$$

以(19)的两式代入上式,得

$$b_1(a_{11}w_1+a_{12}w_2)+b_2(a_{21}w_1+a_{22}w_2)=\lambda(b_1w_1+b_2w_2)$$

因 w_1 和 w_2 是线性独立,比较等式两边 w_1 和 w_2 的系数,我们得到关于 b_1 和 b_2 的一组齐次方程

$$\begin{aligned}(a_{11}-\lambda)b_1+a_{21}b_2&=0\\a_{12}b_1+(a_{22}-\lambda)b_2&=0\end{aligned}\tag{22}$$

要得到不恒等于零的解,式(22)的行列式必须要等于零

$$\begin{vmatrix}a_{11}-\lambda & a_{21}\\ a_{12} & a_{22}-\lambda\end{vmatrix}=0\tag{23}$$

这是 λ 的二次方程.取这方程的一个根 $\lambda=\lambda_1$ 代入式(22),求出 b_1 和 b_2,即得方程(1)的一个非零的解.这样,方程(23)的根就是式(21)中因子 λ 的可能值,就是说,假如方程(1)的解以正方向绕过奇异点 z_0 一周后,其结果只是乘上一个常数因子,则这个常数因子必为二次方程(23)的根.如果我们改从另外一对线性独立的解出发,那么线性变换(19)当然也要变过,但方程(23)的根却不应改变,因为它们具有如上所述的完全确定的意义,和基本解 w_1 与 w_2 的选取无关.

现在我们先看二次方程(23)有两个不同的根

$$\lambda=\lambda_1 \text{ 和 } \lambda=\lambda_2$$

的情形.这时我们得到方程(1)的两个解,满足条件

$$w_1^+=\lambda_1w_1;w_2^+=\lambda_2w_2\tag{24}$$

这两个解应为线性独立.实际上,如非线性独立,则 $\frac{w_2}{w_1}$ 必为常数值,绕过奇异点后其值不变,但由式(24)知道当绕过奇异点后 $\frac{u_2}{u_1}$ 获得一个乘数 $\frac{\lambda_2}{\lambda_1}$,矛盾.注意:由式(20)可知 λ_1 和 λ_2 都不等于零.

现在引进两数

$$\rho_1=\frac{1}{2\pi\mathrm{i}}\ln\lambda_1;\rho_2=\frac{1}{2\pi\mathrm{i}}\ln\lambda_2\tag{25}$$

其中对数值可任意取.作两个函数

$$(z-z_0)^{\rho_1}=\mathrm{e}^{\rho_1\ln(z-z_0)};(z-z_0)^{\rho_2}=\mathrm{e}^{\rho_2\ln(z-z_0)}$$

绕过奇异点后,它们各自获得乘数

$$\mathrm{e}^{\rho_1 2\pi\mathrm{i}}=\mathrm{e}^{\ln\lambda_1}=\lambda_1;\mathrm{e}^{\rho_2 2\pi\mathrm{i}}=\mathrm{e}^{\ln\lambda_2}=\lambda_2$$

于是比

$$\frac{w_1}{(z-z_0)^{\rho_1}}\text{ 和 }\frac{w_2}{(z-z_0)^{\rho_2}}$$

绕过奇异点后保持单值,就是说,它们是 $z=z_0$ 邻近的正则单值函数,因此在这

点的邻域中可依洛朗级数展开.这样,我们所求的解在奇异点邻域中就有如下的展开式

$$\begin{cases} w_1=(z-z_0)^{\rho_1}\sum\limits_{k=-\infty}^{+\infty}c'_k(z-z_0)^k \\ w_2=(z-z_0)^{\rho_2}\sum\limits_{k=-\infty}^{+\infty}c''_k(z-z_0)^k \end{cases} \tag{26}$$

注意:决定 $\ln\lambda$ 的数值时可以相差一项 $2m\pi i$, m 是任意整数.因此由式(25)知道,决定 ρ_1 和 ρ_2 的数值时可能相差一个整数.这和公式(26)完全无冲突,因为以 $(z-z_0)^m$ 乘一个洛朗级数, m 是任意整数,结果仍旧得到一个洛朗级数.这事实说明,在公式(26)中,指数 ρ_1 和 ρ_2 的数值除了一个整数以外是可以完全决定的.

再看方程(23)两根相等的情形,即 $\lambda_1=\lambda_2$.这时如前面可求得一解满足条件

$$w_1^+=\lambda_1 w_1 \tag{27}$$

任取另一与 w_1 线性独立的解 w_2.绕过奇异点一周后它受到线性变换

$$w_2^+=a_{21}w_1+a_{22}w_2 \tag{28}$$

对于这两个解,二次方程(23)成为

$$\begin{vmatrix} \lambda_1-\lambda & a_{21} \\ 0 & a_{22}-\lambda \end{vmatrix}=0$$

由假设这个二次方程应有重根 $\lambda=\lambda_1$,由此立刻得到 $a_{22}=\lambda_1$,即式(28)应取如下的形式

$$w_2^+=\lambda_1 w_2+a_{21}w_1 \tag{29}$$

由式(27)和式(29)知,比 $\frac{w_2}{w_1}$ 绕过奇异点一周后只获得一个常数项的增加

$$\left(\frac{w_2}{w_1}\right)^+=\left(\frac{w_2}{w_1}\right)+\frac{a_{21}}{\lambda_1}$$

因此 $$\frac{w_2}{w_1}-\frac{a_{21}}{2\pi i\lambda_1}\ln(z-z_0)=\frac{w_2}{w_1}-a\ln(z-z_0)$$

绕奇异点一周后数值不变,故可展开为洛朗级数.因 w_1 可以照式(26)展开,又任一洛朗级数与 w_1 之乘积仍具 w_1 之形式,所以现在我们所求的两解在奇异点邻近有如下的表示式

$$\begin{cases} w_1=(z-z_0)^{\rho_1}\sum\limits_{k=-\infty}^{+\infty}c'_k(z-z_0)^k \\ w_2=(z-z_0)^{\rho_1}\sum\limits_{k=-\infty}^{+\infty}c''_k(z-z_0)^k+aw_1\ln(z-z_0) \end{cases} \tag{30}$$

这样,我们就得到下面的定理:

定理 3　若 $z=z_0$ 为系数 $p(z)$ 和 $q(z)$ 的极点或本性奇异点,则存在两个线性独立的解,它们在这点的邻近可表示成(26) 或(30) 的形式.

注意:在第二种情形,即当方程(23) 有重根时,常数 a_{21} 以及和它有关的常数

$$a=\frac{a_{21}}{2\pi i\lambda_1}$$

仍可能等于零,这时在 z_0 邻近的表示式仍是(26) 的形式.

以上所讲的都是 z_0 为有限远点的情形.要研究 z_0 为平面上的无限远点时的情形,我们应由

$$z=\frac{1}{t};t=\frac{1}{z}$$

引进另一自变数 t 以替代 z,再将关于 z 的微分改为关于 t 的微分,即

$$\frac{\mathrm{d}}{\mathrm{d}z}=-t^2\frac{\mathrm{d}}{\mathrm{d}t};\frac{\mathrm{d}^2}{\mathrm{d}z^2}=t^4\frac{\mathrm{d}^2}{\mathrm{d}t^2}+2t^3\frac{\mathrm{d}}{\mathrm{d}t}$$

这时方程(1) 亦变为以 t 作自变数的方程

$$t^4\frac{\mathrm{d}^2w}{\mathrm{d}t^2}+\left[2t^3-t^2p\left(\frac{1}{t}\right)\right]\frac{\mathrm{d}w}{\mathrm{d}t}+q\left(\frac{1}{t}\right)w=0 \tag{31}$$

对这个方程而言,从前的无限远点现在变成 $t=0$ 这点了,因此我们又可以像以前一样来研究方程的解在这点邻域中的性质.

注意:以上所讲的完全是抽象的理论,它并没有告诉我们任何具体的方法来决定方程(23) 以及式(26) 和式(30) 中的系数.下面我们立刻就要研究决定式(26) 和式(30) 中诸系数以及指数 ρ 的实际问题.但是我们只能在一种情形下研究这个问题,就是当各展开式中只有有限个含负数幂的项的时候.

这时奇异点 $z=z_0$ 称为正则奇异点,就是说,如果洛朗展开式(26) 和(30) 中只有有限个含负幂的项,则方程(1) 中系数的极点或本性奇异点称为这方程的正则奇异点.在正则奇异点的情形将 ρ_1 和 ρ_2 增减一个整数,我们常可使式(26) 或式(30) 中的幂级数完全不含负数幂的项,而以常数项开始.就是说在正则奇异点的情形下,例如,代替式(26) 我们可以有

$$\begin{cases}w_1=(z-z_0)^{\rho_1}\sum\limits_{k=0}^{+\infty}c'_k(z-z_0)^k\\ w_2=(z-z_0)^{\rho_2}\sum\limits_{k=0}^{+\infty}c''_k(z-z_0)^k\end{cases}\quad(c'_0,c''_0\neq 0) \tag{26$_1$}$$

另一方面,只要(26) 或(30) 中任一展开式有无限个含负幂的项,奇异点即称为非正则.我们首先必须要找出一个准则来,借此可以由方程的系数来判定奇异点是否为正则.

98. 正则奇异点

假设 w_1 和 w_2 是两个互为线性独立的解析函数.不难作出一个以 w_1 和 w_2 为解的线性方程来.实际上,我们应有

$$w''_1+p(z)w'_1+q(z)w_1=0;w''_2+p(z)w''_2+q(z)w_2=0$$

由此即可决定方程的系数[Ⅱ,24]

$$p(z)=-\frac{w''_2w_1-w''_1w_2}{w'_2w_1-w'_1w_2} \tag{32}$$

$$q(z)=-\frac{w''_1}{w_1}-p(z)\frac{w'_1}{w_1} \tag{33}$$

假设 $z=z_0$ 是正则奇异点.我们只看 $\rho_1\neq\rho_2$ 的情形,因为对式(30)的情形我们可以用完全同样的方法去研究它.以后我们用 $P_k(z-z_0)$ 表示一个依 $z-z_0$ 的正整数幂展开,而且常数项不等于零的级数.由 $z=z_0$ 是正则奇异点的条件可将两解写成下面的形式

$$w_1=(z-z_0)^{\rho_1}P_1(z-z_0);w_2=(z-z_0)^{\rho_2}P_2(z-z_0)$$

于是

$$\frac{w_2}{w_1}=(z-z_0)^{\rho_2-\rho_1}P_3(z-z_0)$$

因为两个常数项不等于零的幂级数的商仍为一常数项不等于零的幂级数.其次,我们有

$$\Delta(z)=w'_2w_1-w'_1w_2=w_1^2\frac{\mathrm{d}}{\mathrm{d}z}\left(\frac{w_2}{w_1}\right)=$$

$$(z-z_0)^{2\rho_1}P_4(z-z_0)[(z-z_0)^{\rho_2-\rho_1}P_3(z-z_0)]'$$

或将乘积的导数算出来,再从方括号内分出一个因子 $(z-z_0)^{\rho_2-\rho_1-1}$.现

$$\Delta(z)=(z-z_0)^{\rho_1+\rho_2-1}P_5(z-z_0)$$

再关于 z 微分,得

$$\Delta'(z)=(\rho_1+\rho_2-1)(z-z_0)^{\rho_1+\rho_2-2}P_5(z-z_0)+(z-z_0)^{\rho_1+\rho_2-1}P'_5(z-z_0)$$

于是 $$p(z)=-\frac{\Delta'(z)}{\Delta(z)}=\frac{1-\rho_1-\rho_2}{z-z_0}+\frac{P'_5(z-z_0)}{P_5(z-z_0)}$$

即 $\rho(z)$ 可能以 $z=z_0$ 为极点,但不高于一阶.

由微分 w_1 的展开式立刻可知 $\frac{w'_1}{w_1}$ 可能以 z_0 为不高于一阶的极点,而 $\frac{w''_1}{w_1}$ 可能以 z_0 为不高于二阶的极点.由式(33)知 $q(z)$ 可能以 z_0 为不高于二阶的极点.

因此我们得到下面的定理：

定理 4　z_0 是正则奇异点的必要条件是：系数 $p(z)$ 以 z_0 为不高于一阶的极点，$q(z)$ 以 z_0 为不高于二阶的极点，就是说，方程(1) 应具如下的形式

$$w''+\frac{p_1(z)}{z-z_0}w'+\frac{q_1(z)}{(z-z_0)^2}w=0 \tag{34}$$

其中 $p_1(z)$ 和 $q_1(z)$ 都是在 z_0 为正则的函数.

现在证明对于奇异点的正则性这个条件，不仅是必要的而且也是充分的. 回忆我们在[Ⅱ,47] 中就已考察过形式如(34) 的方程，并且作出了它的广义幂级数的形式上的解. 不过那时我们并没有研究过这样作出来的级数的收敛问题. 现在我们就要来解决这个问题，证明这个形式上作起来的级数确为收敛，并且是方程的解. 为简单起见假设 $z_0=0$.

以 z^2 乘方程(34)，并改写成

$$z^2w''+z(a_0+a_1z+\cdots)w'+(b_0+b_1z+\cdots)w=0 \tag{35}$$

现在要求这个方程的形式如

$$w=z^\rho\sum_{k=0}^{+\infty}c_kz^k \tag{36}$$

的解.

将式(36) 代入式(35) 的左边，再令各个不同幂次的 z 的系数为零，即得决定系数 c_k 的许多方程. 这些方程是

$$\begin{cases}c_0f_0(\rho)=0\\ c_1f_0(\rho+1)+c_0f_1(\rho)=0\\ c_2f_0(\rho+2)+c_1f_1(\rho+1)+c_0f_2(\rho)=0\\ \vdots\\ c_nf_0(\rho+n)+c_{n-1}f_1(\rho+n-1)+\cdots+c_0f_n(\rho)=0\\ \vdots\end{cases} \tag{37}$$

其中为简单计，我们引用了下列的记号

$$\begin{cases}f_0(\lambda)=\lambda(\lambda-1)+\lambda a_0+b_0\\ f_k(\lambda)=\lambda a_k+b_k\end{cases}\quad(k=1,2,\cdots) \tag{38}$$

如前已述，我们可设 $c_0\neq0$，于是(37) 的第一式给我们一个决定指数 ρ 的二次方程

$$f_0(\rho)=\rho(\rho-1)+\rho a_0+b_0=0 \tag{39}$$

这个方程通常称为在这奇异点的判定方程. 今设 ρ_1 是方程的一根，使得对于所有的正整数 n 成立条件

$$f_0(\rho_1+n)\neq0\quad(n=1,2,\cdots) \tag{40}$$

这时(37) 中从第二式开始的各方程就可利用来决定 $c_1,c_2,\cdots$. 第一个系数

c_0 是任意的，显然，它是处在一个任意常数因子的地位，故不妨设 $c_0=1$. 我们现在还须证明这样得出的级数(36) 在 $z=0$ 的某一邻域中为收敛.

假设 R 是方程(35) 中两级数的收敛圆半径. 若 R_1 为一小于 R 的正数，则对这两级数的系数 a_k 和 b_k 有如下的估计[14]

$$|a_k|<\frac{m_1}{R_1^k};\ |b_k|<\frac{m_2}{R_1^k}$$

其中 m_1 和 m_2 是常数. 于是

$$|a_k|+|b_k|<\frac{m_1+m_2}{R_1^k}$$

因此取 M 甚大，可得

$$|a_k|+|b_k|<\frac{M}{R_1^k} \tag{41}$$

又比率

$$\frac{|\rho|+n}{f_0(\rho+n)}=\frac{|\rho|+n}{(\rho+n)(\rho+n-1)+(\rho+n)a_0+b_0}$$

当正整数 n 无限增加时其极限为零，因为分子是 n 的一次多项式，而分母是 n 的二次多项式. 于是，可固定一正整数 N，使当 $n\geqslant N$ 时

$$|f_0(\rho+n)|>|\rho|+n \tag{42}$$

由式(37) 有

$$c_n=-\frac{f_1(\rho+n-1)}{f_0(\rho+n)}c_{n-1}-\frac{f_2(\rho+n-2)}{f_0(\rho+n)}c_{n-2}-\cdots-\frac{f_n(\rho)}{f_0(\rho+n)}c_0$$

从而

$$|c_n|\leqslant\frac{|f_1(\rho+n-1)|}{|f_0(\rho+n)|}|c_{n-1}|+\frac{|f_2(\rho+n-2)|}{|f_0(\rho+n)|}|c_{n-2}|+\cdots+\frac{|f_n(\rho)|}{|f_0(\rho+n)|}|c_0| \tag{43}$$

其次，我们有

$$f_k(\rho+n-k)=b_k+(\rho+n-k)a_k$$

$$|f_k(\rho+n-k)|<|b_k|+(|\rho|+n)|a_k|\quad(k=1,2,\cdots,u)$$

因此更有

$$|f_k(\rho+n-k)|<(|\rho|+n)(|a_k|+|b_k|) \tag{44}$$

我们常可取足够大的正数 P，使得前面 N 个系数满足不等式

$$|c_k|\leqslant\frac{P^k}{R_1^k}\quad(k=0,1,\cdots,N-1) \tag{45}$$

回忆我们以前曾设 $c_0=1$. 此外，我们又可设在任何情形下皆取 P 使满足

$$P>1+M \tag{46}$$

对于其他系数，从 c_N 开始，我们可以应用不等式(42). 利用这些不等式我们下

面要证明:如果式(45)的估计对于所有的 c_k 从 c_0 到 c_{n-1} 为止都成立的话,那么它对 c_n 也一样成立.实际上,由(42)(43)和(44)有

$$|c_n|<(|a_1|+|b_1|)|c_{n-1}|+(|a_2|+|b_2|)|c_{n-2}|+\cdots+(|a_n|+|b_n|)|c_0|$$

再用式(41)得

$$|c_n|<\frac{M}{R_1}|c_{n-1}|+\frac{M}{R_1^2}|c_{n-2}|+\cdots+\frac{M}{R_1^n}|c_0|$$

由假设,式(45)的估计对于 $c_0,c_1,\cdots,c_{n-1}$ 都成立,故得

$$|c_n|<\frac{M}{R_1^n}(P^{n-1}+P^{n-2}+\cdots+1)=\frac{M(P^n-1)}{P-1}\frac{1}{R_1^n}\tag{47}$$

现在证明

$$\frac{M(P^n-1)}{P-1}<P^n\tag{48}$$

实际上,这不等式相当于

$$P^{n+1}-(1+M)P^n+M>0$$

或

$$P^n[P-(1+M)]+M>0$$

最后一式由式(46)立刻可得.由(47)和(48)两不等式可得

$$|c_n|\leqslant\frac{P^n}{R_1^n}$$

就是我们所要证明的.

总括起来说,我们的结果是这样:首先取 P 很大,使得式(45)对所有的 k 从 0 到 $N-1$ 为止都成立.对于其他的指数不等式(42)成立,应用这个不等式我们证明了:如果(45)的估值到某一足数成立时,则它对于后一足数也成立.这样我们就证明了式(45)对于所有的足数皆成立,即对任何的 n 成立

$$|c_n|\leqslant\frac{P^n}{R_1^n}$$

但是级数

$$\sum_{n=0}^{+\infty}\frac{P^n}{R_1^n}z^n$$

在圆 $|z|<\frac{R_1}{P}$ 中确为绝对收敛.因式(36)中级数的一般项的模不大于上面这级数的一般项的模,故亦必在此圆中绝对收敛,当然亦可逐项微分,像所有的收敛幂级数一样.这样我们就证明了式(36)确是方程(34)的解,在 $z=0$ 的某一邻域之中.现在证明在方程(35)的系数级数的收敛圆 $|z|<R$ 中,每一点级数(36)皆为收敛.实际上,如果不然,则由级数(36)在 $z=0$ 的邻域中所定义的函数经过解析延拓以后在圆 $|z|<R$ 内部必有一奇异点[18](不是 $z=0$),但这是不可能的,因为方程(35)的系数是圆 $|z|<R$ 内的正则函数,除了在点 $z=0$ 以

外,由[97]的结果,它的解经过解析延拓后不可能在其中有奇异点.

如果二次方程(39)的两根之差不是整数,则每一根皆满足条件(40),故可如前作出两个形式如(36)的解来,这两个解显然互为线性独立($\rho_1 \neq \rho_2$).

现在再来研究当二次方程(39)有重根或是两根之差为一整数的情形.

在第一种情形,应用方程(39)的唯一的根我们可以如前作出一个形式如(36)的解,但还须找出第二个解.在第二种情形,假设 ρ_1 和 ρ_2 是方程(39)的两根,$\rho_1 = \rho_2 + m$,m 是正整数,就是说,ρ_1 的实数部分比 ρ_2 的实数部分要大.ρ_1 显然满足条件(40),故用这根可以如前作出一个解来.如果我们企图利用 ρ_2 来求方程的解,则将遭遇如下的困难.因为 $\rho_2 + m$ 是方程(39)的根,故若取方程组(37)的第 $m+1$ 个方程

$$c_m f_0(\rho_2 + m) + c_{m-1} f_1(\rho_2 + m - 1) + \cdots + c_0 f_m(\rho_2) = 0$$

则在此方程中未知数 c_m 的系数 $f_0(\rho_2 + m)$ 等于零.但是一般而论,其余各项的和并不等于零,因此就得到矛盾.所以在这种情形我们仍须用别的方法去求第二个解.注意:若在上述方程中其余各项之和确系等于零,则我们可取 c_m 为任意数,并可继续计算其余的系数 $c_{m+1}, \cdots$.以前的估计告诉我们这样得到的级数仍为收敛.故在此特别情形下可如此求得第二个形式如(36)的解.

现在看在一般情形下第二个解应如何求得,假设一般

$$\rho_1 = \rho_2 + m \tag{49}$$

其中 m 是正整数或零.回忆对于线性方程

$$w'' + p(z)w' + q(z)w = 0$$

我们曾经有过一个公式,它可以从方程的一个解 w_1 得到方程的第二个解 w_2[Ⅱ,24]

$$w_2 = Cw_1 \int \mathrm{e}^{-\int p(z)\mathrm{d}z} \frac{\mathrm{d}z}{w_1^2} \tag{50}$$

其中 C 是任意常数.现在

$$p(z) = \frac{a_0}{z} + a_1 + a_2 z + \cdots$$

又
$$\int p(z)\mathrm{d}z = \ln z^{a_0} + C_1 + a_1 z + \frac{1}{2} a_2 z^2 + \cdots$$

由此
$$\mathrm{e}^{-\int p(z)\mathrm{d}z} = z^{-a_0} P_1(z)$$

如前,上式中 $P_1(z)$ 是一个依 z 的幂次展开的泰勒级数,其常数项不等于零.我们已知的解 w_1 具有形式

$$w_1 = z^{\rho_1} P_2(z) \tag{51}$$

由此
$$w_1^2 = z^{2\rho_1} P_3(z)$$

其中 $P_s(z)$ 皆为常数项不等于零的泰勒级数.因此式(50)中的被积分函数是

$$e^{-\int p(z)dz}\frac{1}{w_1^2}=z^{-a_0-2\rho_1}P_4(z)$$

ρ_1 和 ρ_2 是二次方程(39) 的两根,因此

$$\rho_1+\rho_2=1-a_0$$

故由(49) 得

$$-a_0-2\rho_1=\rho_2-\rho_1-1=-(1+m)$$

即式(50) 中的被积分函数可展开为

$$e^{-\int p(z)dz}\frac{1}{w_1^2}=z^{-(1+m)}P_4(z)=\frac{\gamma-(1+m)}{z^{1+m}}+\cdots+=$$

$$\frac{\gamma-1}{z}+\gamma_0+\gamma_1 z+\cdots\quad(\gamma-(1+m)\neq 0)$$

把这展开式积分,我们得到一项 $\gamma_{-1}\ln z$,另外还有一个幂级数从含 z^{-m} 的项开始.再以式(51) 所定义的 w_1 乘之,即得 w_2 的表示式

$$w_2=z^{-m}P_5(z)\cdot z^{\rho_1}P_2(z)+\gamma_{-1}w_1\ln z$$

或由式(49) 有

$$w_2=z^{\rho_2}P_6(z)+\gamma_{-1}w_1\ln z\tag{52}$$

其中 $P_6(z)$ 是常数项不等于零的泰勒级数.式(52) 在形式上是和(30) 的第二式一致的,但式(52) 中的洛朗级数没有含负幂的项.注意:一般地,常数 $\gamma_{-1}\neq 0$,但有时亦可等于零,这就是我们前面已经说过的特别情形.这样,我们又得到了第二个解.我们已经证明了下面的定理:

定理 5 $z=z_0$ 是正则奇异点的充分条件是:方程式(1) 的系数 $p(z)$ 以 z_0 为不高于一阶的极点,$q(z)$ 以 z_0 为不高于二阶的极点.

这个条件的必要性已在前面说过了.

注意:有时可能两个解都不以正则奇异点为奇异点,这是当 ρ_1 和 ρ_2 都是非负的整数,并且第二个解不含对数的时候.例如方程

$$w''-\frac{2}{z}w'+\frac{2}{z^2}w=0$$

有如下两个互为线性独立的解

$$w_1=z;w_2=z^2$$

注意:若 $\rho_1=\rho_2$,则 $m=0$,由前面的演算立刻可知式(52) 中的常数 γ_{-1} 必不等于零.

99.富克斯型的微分方程

19 世纪中叶,德国数学家富克斯首先对于正则奇异点做了系统的研究.我

们现在要从事研究的是通常所谓富克斯型的微分方程，就是所有的奇异点都是正则奇异点的微分方程.设微分方程为

$$w'' + p(z)w' + q(z)w = 0 \tag{53}$$

作自变数的变换

$$z = \frac{1}{t}$$

我们得到下面的方程

$$t^4 \frac{\mathrm{d}^2 w}{\mathrm{d}t^2} + \left[2t^3 - t^2 p\left(\frac{1}{t}\right)\right]\frac{\mathrm{d}w}{\mathrm{d}t} + q\left(\frac{1}{t}\right)w = 0 \tag{53_1}$$

由假设，$t=0$ 应该是这方程的正则奇异点.故上式被除于 t^4 以后 $\frac{\mathrm{d}w}{\mathrm{d}t}$ 的系数不能以 $t=0$ 为高于一阶的极点，因此 $p\left(\frac{1}{t}\right)$ 的展开式应具如下的形式

$$p\left(\frac{1}{t}\right) = d_1 t + d_2 t^2 + \cdots$$

即 $p(z)$ 在 $z=\infty$ 的邻近应有形式如下的展开式

$$p(z) = d_1 \frac{1}{z} + d_2 \frac{1}{z^2} + \cdots \tag{54}$$

同样 $\frac{1}{t^4} q\left(\frac{1}{t}\right)$ 不能以 $t=0$ 为高于二阶的极点，故得

$$q\left(\frac{1}{t}\right) = d'_2 t^2 + d'_3 t^3 + \cdots$$

从而 $q(z)$ 在 $z=\infty$ 的邻近应有形式如下的展开式

$$q(z) = d'_2 \frac{1}{z^2} + d'_3 \frac{1}{z^3} + \cdots \tag{55}$$

就是说，无限远点 $z=\infty$ 是方程(53)的正则奇异点的充要条件是：$p(z)$ 以 $z=\infty$ 为零点，$q(z)$ 以 $z=\infty$ 为不低于二阶的零点.注意：若在展开式(54)中 $d_1=2$，在展开式(55)中 $d'_2=d'_3=0$，则 $t=0$ 不是方程(53_1)的奇异点.这时在 $z=\infty$ 的邻域中方程有一解

$$w = c_0 + \frac{c_1}{z} + \frac{c_2}{z^2} + \cdots + \frac{c_n}{z^n} + \cdots$$

其中系数 c_0 和 c_1 是任意的.

假设 $\alpha_1, \cdots, \alpha_n$ 是方程的有限远奇异点.函数 $p(z)$ 可能以这些点为一阶极点，又由(54)，$p(z)$ 在无限远点之值为零，故必为有理分式

$$p(z) = \frac{p_1(z)}{(z-\alpha_1)\cdots(z-\alpha_n)}$$

其中分子至少比分母低一次.同样由式(55)知 $q(z)$ 应具有形式

$$q(z)=\frac{q_1(z)}{(z-\alpha_1)^2\cdots(z-\alpha_n)^2}$$

其中分子至少比分母低两次.将有理分式分解为最简分式即得富克斯型微分方程的系数的一般表示式

$$p(z)=\sum_{k=1}^{n}\frac{A_k}{z-\alpha_k}$$

$$q(z)=\sum_{k=1}^{n}\left[\frac{B_k}{(z-\alpha_k)^2}+\frac{C_k}{z-\alpha_k}\right] \tag{56}$$

由式(55)我们应有

$$zq(z)\to 0\quad(\text{当 } z\to\infty \text{ 时})$$

从而(56)的第二式告诉我们诸常数 C_k 应满足条件

$$C_1+C_2+\cdots+C_n=0 \tag{57}$$

易知(56)和(57)是方程(53)属于富克斯型的充要条件.

现在要求在奇异点 $z=\alpha_k$ 和 $z=\infty$ 的判定方程.因 $p(z)$ 的表示式中 $(z-\alpha_k)^{-1}$ 的系数为 A_k,$q(z)$ 的表示式中 $(z-\alpha_k)^{-2}$ 的系数为 B_k,故在 α_k 这点的判定方程为

$$\rho(\rho-1)+A_k\rho+B_k=0\quad(k=1,2,\cdots,n) \tag{58}$$

现在再看无限远点 $z=\infty$.对于方程(53_1)而言,即看 $t=0$ 这点.在

$$\frac{1}{t^4}\left[2t^3-t^2p\left(\frac{1}{t}\right)\right]$$

中 t^{-1} 的系数显然借

$$\lim_{t\to 0}\frac{1}{t^3}\left[2t^3-t^2p\left(\frac{1}{t}\right)\right]$$

或

$$\lim_{z\to\infty}z^3\left[\frac{2}{z^3}-\frac{1}{z^2}p(z)\right]=2-\lim_{z\to\infty}zp(z)$$

决定.由(56)的第一个方程知此系数是

$$2-\sum_{k=1}^{n}A_k$$

同样,在

$$\frac{1}{t^4}q\left(\frac{1}{t}\right)$$

中 t^{-2} 的系数是

$$\lim_{t\to 0}\frac{1}{t^2}q\left(\frac{1}{t}\right)=\lim_{z\to\infty}z^2q(z)$$

但是由(56)和(57)知

$$q(z)=\sum_{k=1}^{n}\frac{B_k}{(z-\alpha_k)^2}+\sum_{k=1}^{n}\frac{1}{z}\frac{C_k}{1-\frac{\alpha_k}{z}}=$$

$$\sum_{k=1}^{n}\frac{B_k}{(z-\alpha_k)^2}+\sum_{k=1}^{n}\left(\frac{\alpha_kC_k}{z^2}+\frac{\alpha_k^2C_k}{z^3}+\cdots\right)$$

从而

$$\lim_{z\to\infty}z^2q(z)=\sum_{k=1}^{n}(B_k+\alpha_kC_k)$$

最后,即得在 $z=\infty$ 的判定方程

$$\rho(\rho-1)+\rho\left(2-\sum_{k=1}^{n}A_k\right)+\sum_{k=1}^{n}(B_k+\alpha_kC_k)=0 \tag{59}$$

由(58) 和(59) 易知在所有奇异点的判定方程的根的总和等于

$$n-\sum_{k=1}^{n}A_k+\sum_{k=1}^{n}A_k-1=n-1$$

即有限远奇异点的个数减一.

如果我们要作一个富克斯型的方程,它只有一个奇异点,那么我们常常可以假设这奇异点就是无限远点,因此在有限距离内就没有奇异点了.这时在式(56) 中显然所有的系数 A_k,B_k,C_k 都要等于零,就是说,$p(z)$ 和 $q(z)$ 应该恒等于零,因此就得一个没有什么意义的方程 $w''=0$.

再看具有两个奇异点的富克斯型微分方程,其中一个奇异点常可假设是无限远点.这时式(56) 中的和实际上就只包含一项,由(57) 的条件,可知方程是

$$w''+\frac{A}{z-\alpha}w'+\frac{B}{(z-\alpha)^2}w=0$$

其中 α 是唯一的有限远奇异点.

上面的方程就是欧拉的线性方程[Ⅱ,42],如我们所知,经过一个简单的替换

$$\tau=\ln(z-\alpha)$$

以后即成为具有常系数的微分方程了.

在下一节中我们要详细研究具有三个奇异点的富克斯型微分方程.

回忆我们从前研究过的贝塞尔方程[Ⅱ,48]

$$z^2w''+zw'+(z^2-p^2)w=0$$

这个方程以 $z=0$ 为正则奇异点.但 w 的系数在无限远点邻域中不满足条件(55),故 $z=\infty$ 为贝塞尔方程的非正则奇异点,就是说,贝塞尔方程式有两个奇异点:正则奇异点 $z=0$ 和非正则奇异点 $z=\infty$.

100. 高斯方程

现在我们来考察具有三个奇异点的富克斯型微分方程.应用自变数的平面上的分式线性变换以后,我们可以,不失一般性,假定这些奇异点是

$$z=0;z=1 \text{ 和 } z=\infty$$

又设在这些点的判定方程的根是

$$\alpha_1,\alpha_2;\beta_1,\beta_2;\gamma_1,\gamma_2$$

则这个方程的系数的表示式如下

$$p(z)=\frac{A_1}{z}+\frac{A_2}{z-1}$$

$$q(z)=\frac{B_1}{z^2}+\frac{B_2}{(z-1)^2}+\frac{C_1}{z}+\frac{C_2}{z-1}$$

其中

$$C_1+C_2=0 \tag{60}$$

由条件,方程

$$\rho(\rho-1)+A_1\rho+B_1=0$$

应以 α_1 和 α_2 为根,故必有

$$A_1=1-(\alpha_1+\alpha_2),B_1=\alpha_1\alpha_2$$

同样,从 $z=1$ 这点的判定方程可得

$$A_2=1-(\beta_1+\beta_2),B_2=\beta_1\beta_2$$

在 $z=\infty$ 的判定方程是

$$\rho(\rho-1)+(\alpha_1+\alpha_2+\beta_1+\beta_2)\rho+\alpha_1\alpha_2+\beta_1\beta_2+C_2=0$$

以其一根 $\rho=\gamma_1$ 代入,可得 C_2 的表示式

$$C_2=-\gamma_1(\gamma_1-1)-(\alpha_1+\alpha_2+\beta_1+\beta_2)\gamma_1-(\alpha_1\alpha_2+\beta_1\beta_2)$$

再由式(60)的条件有 $C_1=-C_2$.这样,我们看到,在三个奇异点的场合,方程的系数可由在奇异点的判定方程的根完全决定.由以上的计算立刻可知,对于 $z=0$ 和 $z=1$ 两点,判定方程的根可以随意定之,而对 $z=\infty$ 这点,判定方程的根只有一个可以任意.另外一根则由下面的条件完全决定:判定方程的六个根的总和应等于一(有限远奇异点的个数减一).

这样作成的方程的任一解有时人们用下面的记号表示

$$P\begin{Bmatrix}0, & 1, & \infty & \\ \alpha_1, & \beta_1, & \gamma_1; & z\\ \alpha_2, & \beta_2, & \gamma_2 & \end{Bmatrix} \tag{61}$$

这个记号是黎曼所创.

现在引进函数 w 的一个初等变换，借以简化方程的形式. 注意：若依下式以另一未知函数 u 代替 w，则

$$w = z^{p}(z-1)^{q}u \,;\, u = z^{-p}(z-1)^{-q}w$$

则对 u 同样可得具有三个奇异点 $z=0$，$z=1$ 和 $z=\infty$ 的方程，但是由于乘数 $z^{-p}(z-1)^{-q}$ 的存在，对于函数 u 而言，在 $z=0$ 的判定方程的两根不是 α_1 和 α_2，而是 $\alpha_1 - p$ 和 $\alpha_2 - p$ 了. 同样，在 $z=1$ 的判定方程的两根变为 $\beta_1 - q$ 和 $\beta_2 - q$. 取 $p=\alpha_1$，$q=\beta_1$，可使在 $z=0$ 和 $z=1$ 的判定方程都有一根为零，这是我们以后要假定的.

现在再引进新的记号. 假设在 $z=\infty$ 的判定方程的两根是 α 和 β. 在 $z=0$ 判定方程的一根等于零，另一根记作 $1-\gamma$. 最后，在 $z=1$ 判定方程的一根等于零，第二根必为 $\gamma-\alpha-\beta$，因为六个根的和等于 1 的缘故. 这样，代替一般的情形 (61)，我们只要考察下面的特别情形

$$P\begin{Bmatrix} 0, & 1, & \infty & \\ 0, & 0, & \alpha; & z \\ 1-\gamma, & \gamma-\alpha-\beta, & \beta & \end{Bmatrix} \tag{61_1}$$

在本节前半部的计算中若令

$$\alpha_1 = 0;\alpha_2 = 1-\gamma;\beta_1 = 0;\beta_2 = \gamma-\alpha-\beta;\gamma_1 = \alpha;\gamma_2 = \beta$$

即可决定方程的系数. 于是得到下面形式的方程

$$w'' + \frac{-\gamma + (1+\alpha+\beta)z}{z(z-1)}w' + \frac{\alpha\beta}{z(z-1)}w = 0 \tag{62}$$

这个方程称为超几何微分方程或高斯方程. 在下节中我们要来求它的解在奇异点邻近的展开式.

101. 超越几何级数

先求方程(62) 在奇异点 $z=0$ 的邻域中的解. 这些解应有下面形式

$$P_1(z);z^{1-\gamma}P_2(z) \tag{63}$$

其中 $P_1(z)$ 和 $P_2(z)$ 都是有常数项的麦克劳林级数. 先求第一种解. 为此，将式 (62) 改写为

$$z(z-1)w'' + [-\gamma + (1+\alpha+\beta)z]w' + \alpha\beta w = 0$$

以

$$w_1 = 1 + c_1 z + c_2 z^2 + \cdots$$

代入等式的左边. 应用通常的未定系数法可得如下的解

$$w_1 = F(\alpha,\beta,\gamma;z) = 1 + \frac{\alpha\beta}{1!\ \gamma}z + \frac{\alpha(\alpha+1)\beta(\beta+1)}{2!\ \gamma(\gamma+1)}z^2 + \cdots +$$

$$\frac{\alpha(\alpha+1)\cdots(\alpha+n-1)\beta(\beta+1)\cdots(\beta+n-1)}{n!\ \gamma(\gamma+1)\cdots(\gamma+n-1)}z^n+\cdots \tag{64}$$

其中 $F(\alpha,\beta,\gamma;z)$ 即表示等式右边的无穷级数. 因为方程的奇异点和原点最近的是 $z=1$,我们可以知道上面这个级数在圆 $|z|<1$ 中必为收敛. 这就是通常所谓超越几何级数. 当 $\alpha=\beta=\gamma=1$ 时,它还原为几何级数. 我们在[Ⅰ,141]中早已研究过这个级数.

要决定(63)中的第二个解,我们可以利用上节讲过的函数 w 的初等变换. 现在借下式引进另一未知函数 u 以代替 w

$$w=z^{1-\gamma}u;u=z^{\gamma-1}w=\frac{1}{z^{1-\gamma}}w \tag{65}$$

对于函数 u,在 $z=0$ 的判定方程的根由 0 和$(1-\gamma)$变为$(\gamma-1)$和 0. 在 $z=1$ 判定方程的根仍为 0 和$(\gamma-\alpha-\beta)$,最后,由(65)的第二式知在 $z=\infty$ 判定方程的根由 α 和 β 变为$(\alpha+1-\gamma)$和$(\beta+1-\gamma)$.

实际上,在变换以前,解在 $z=\infty$ 邻近的展开式是具有如下形式的

$$w_1=\left(\frac{1}{z}\right)^{\alpha}P_1\left(\frac{1}{z}\right)\text{ 和 }w_2=\left(\frac{1}{z}\right)^{\beta}P_2\left(\frac{1}{z}\right)$$

经过变换以后它们变为

$$u_1=\left(\frac{1}{z}\right)^{\alpha+1-\gamma}P_1\left(\frac{1}{z}\right)\text{ 和 }u_2=\left(\frac{1}{z}\right)^{\beta+1-\gamma}P_2\left(\frac{1}{z}\right)$$

因此知道新的未知函数 u 可由下面的记号决定

$$P\begin{Bmatrix}0, & 1, & \infty & \\ 0, & 0, & \alpha+1-\gamma; & z\\ \gamma-1, & \gamma-\alpha-\beta, & \beta+1-\gamma & \end{Bmatrix}$$

现在改写(61_1)中的 α,β 和 γ 为 α_1,β_1 和 γ_1,易知要将上面这个黎曼记号改写成(61_1)的形式,必须有

$$1-\gamma_1=\gamma-1;\alpha_1=\alpha+1-\gamma;\beta_1=\beta+1-\gamma$$

即
$$\alpha_1=\alpha+1-\gamma;\beta_1=\beta+1-\gamma;\gamma_1=2-\gamma$$

由前可知,在原点 $z=0$ 为正则的新方程的解应该是

$$u=F(\alpha_1,\beta_1,\gamma_1;z)=F(\alpha+1-\gamma,\beta+1-\gamma,2-\gamma;z)$$

由此再用式(65),即得

$$w_2=z^{1-\gamma}F(\alpha+1-\gamma,\beta+1-\gamma,2-\gamma;z)$$

这就是(63)中的第二个解.

现在再来求方程(62)的在奇异点 $z=1$ 邻域中的解. 先借下式引进另一自变数

$$z'=1-z$$

在这变换下 $z=0$ 变成 $z'=1$,$z=1$ 变成 $z'=0$,$z=\infty$ 变成 $z'=\infty$. 这样,

在新的自变数下我们仍旧得到一个高斯方程，而函数 w 则由下面的记号决定

$$P\begin{Bmatrix} 0, & 1, & \infty & \\ 0, & 0, & \alpha; & z' \\ \gamma-\alpha-\beta, & 1-\gamma, & \beta & \end{Bmatrix}$$

于是参数 (α,β,γ) 的值为

$$\alpha_1=\alpha;\beta_1=\beta,\gamma_1=1+\alpha+\beta-\gamma$$

故在 $z'=0$ 的邻域中有两个解

$$F(\alpha,\beta,1+\alpha+\beta-\gamma;z')$$

$$z'^{\gamma-\alpha-\beta}F(\gamma-\beta,\gamma-\alpha,1+\gamma-\alpha-\beta;z')$$

回到原来的自变数，即得在 $z=1$ 邻域中的两个解

$$\begin{cases} w_3=F(\alpha,\beta,1+\alpha+\beta-\gamma;1-z) \\ w_4=(1-z)^{\gamma-\alpha-\beta}F(\gamma-\beta,\gamma-\alpha,1+\gamma-\alpha-\beta;1-z) \end{cases} \tag{64_2}$$

要求在 $z=\infty$ 邻域中的解可以作自变数的变换

$$z'=\frac{1}{z};z=\frac{1}{z'}$$

这个变换使 $z=1$ 这点不变，而将 $z=0$ 和 $z=\infty$ 互相交换. 在新的自变数下函数 w 由下面的记号决定

$$P\begin{Bmatrix} 0, & 1, & \infty & \\ \alpha, & 0, & 0; & z' \\ \beta, & \gamma-\alpha-\beta, & 1-\gamma & \end{Bmatrix}$$

再作一个函数的变换

$$w=z'^{\alpha}u;u=\frac{1}{z'^{\alpha}}w \tag{65_1}$$

我们得到在对应的高斯方程中函数 u 的记号

$$P\begin{Bmatrix} 0, & 1, & \infty & \\ 0, & 0, & \alpha; & z' \\ \beta-\alpha, & \gamma-\alpha-\beta, & 1+\alpha-\gamma & \end{Bmatrix}$$

这个高斯方程的参数的值是

$$\alpha_1=\alpha;\beta_1=1+\alpha-\gamma;\gamma_1=1+\alpha-\beta$$

因此我们得到函数 u 在 $z'=0$ 的邻域中的两个解

$$u_1=F(\alpha,1+\alpha-\gamma,1+\alpha-\beta;z')$$

$$u_2=z'^{\beta-\alpha}F(\beta,1+\beta-\gamma,1+\beta-\alpha;z')$$

再由 (65_1) 及 $z'=\dfrac{1}{z}$ 两关系回到原来的自变数 z 和函数 w，即得方程(62)在 $z=\infty$ 邻域中的两个解

$$\begin{cases} w_5 = \left(\frac{1}{z}\right)^{\alpha} F\left(\alpha, 1+\alpha-\gamma, 1+\alpha-\beta; \frac{1}{z}\right) \\ w_6 = \left(\frac{1}{z}\right)^{\beta} F\left(\beta, 1+\beta-\gamma, 1+\beta-\alpha; \frac{1}{z}\right) \end{cases} \tag{64_3}$$

这样我们看到在各奇异点邻域中所定义的六个解都可以用超越几何级数来表示. 注意:在以上的计算中我们都假设判定方程的两根之差不是整数. 由奇异点的位置可知公式(64_2) 当 $|z-1|<1$ 时成立,公式(64_3) 当 $|z|>1$ 时成立. 注意:解(64) 当 γ 为正整数时仍有意义.

在[Ⅰ,141] 中我们研究过当 $x=1$ 时超越几何级数的收敛性,并且证明若 α,β,γ 为实数,且满足条件

$$\gamma-\alpha-\beta>0 \tag{66}$$

则级数为收敛. 这时由亚贝尔第二定理[Ⅰ,149] 知 $F(\alpha,\beta,\gamma;x) \to F(\alpha,\beta,\gamma;1)$ 当 $x\to 1-0$ 时,有

$$F(\alpha,\beta,\gamma;1)=1+\frac{\alpha\beta}{1!\ \gamma}+\frac{\alpha(\alpha+1)\beta(\beta+1)}{2!\ \gamma(\gamma+1)}+\cdots$$

下面我们要证明公式

$$F(\alpha,\beta,\gamma;1)=\frac{\Gamma(\gamma)\Gamma(\gamma-\alpha-\beta)}{\Gamma(\gamma-\alpha)\Gamma(\gamma-\beta)} \tag{67}$$

比较 x^n 的系数易证下面的关系

$$\begin{aligned} &\gamma[\gamma-1-(2\gamma-\alpha-\beta-1)x]F(\alpha,\beta,\gamma;x)+ \\ &(\gamma-\alpha)(\gamma-\beta)xF(\alpha,\beta,\gamma+1;x)= \\ &\gamma(\gamma-1)(1-x)F(\alpha,\beta,\gamma-1;x) \quad (|x|<1) \end{aligned}$$

或

$$\begin{aligned} &\gamma[\gamma-1-(2\gamma-\alpha-\beta-1)x]F(\alpha,\beta,\gamma;x)+ \\ &(\gamma-\alpha)(\gamma-\beta)xF(\alpha,\beta,\gamma+1;x)= \\ &\gamma(\gamma-1)\left[1+\sum_{n=1}^{+\infty}(v_n-v_{n-1})x^n\right] \end{aligned} \tag{68}$$

其中 v_n 是 $F(\alpha,\beta,\gamma-1;x)$ 的展开式中 x^n 的系数. 现在证明在条件(66) 之下 $v_n\to 0$ 当 $n\to+\infty$.

我们有[Ⅰ,141]

$$\frac{|v_n|}{|v_{n+1}|}=1+\frac{\gamma-\alpha-\beta}{n}+\frac{\omega_n}{n^2}$$

其中 ω_n 的绝对值为有界,当 $n\to+\infty$. 假设 p 是一个正整数,满足 $p(\gamma-\alpha-\beta)>1$. 我们可以写

$$\frac{|v_n|^p}{|v_{n+1}|^p}=1+\frac{p(\gamma-\alpha-\beta)}{n}+\frac{\omega'_n}{n^2}$$

其中 ω'_n 的绝对值为有界. 由上面的等式和不等式 $p(\gamma-\alpha-\beta)>1$ 可知以

$|v_n|^p$ 为一般项的级数必收敛[Ⅰ,141],因此 $v_n \to 0$ 当 $n \to +\infty$. 将式(68) 中的 x 趋向极限 1 并应用亚贝尔第二定理,即得

$$\gamma(\alpha+\beta-\gamma)F(\alpha,\beta,\gamma;1)+(\gamma-\alpha)(\gamma-\beta)F(\alpha,\beta,\gamma+1;1)=0$$

即

$$F(\alpha,\beta,\gamma;1)=\frac{(\gamma-\alpha)(\gamma-\beta)}{\gamma(\gamma-\alpha-\beta)}F(\alpha,\beta,\gamma+1;1)$$

把这关系应用多次,可得

$$F(\alpha,\beta,\gamma;1)=\left[\prod_{k=1}^{m-1}\frac{(\gamma-\alpha+k)(\gamma-\beta+k)}{(\gamma+k)(\gamma-\alpha-\beta+k)}\right]F(\alpha,\beta,\gamma+m;1) \tag{69}$$

上式右边方括号中的乘积当 $m \to +\infty$ 时有极限[73]

$$\frac{\Gamma(\gamma)\Gamma(\gamma-\alpha-\beta)}{\Gamma(\gamma-\alpha)\Gamma(\gamma-\beta)}$$

现在再证明当 $m \to +\infty$ 时 $F(\alpha,\beta,\gamma+m;1) \to 1$. 以 $u_n(\alpha,\beta,\gamma)$ 记展开式 $F(\alpha,\beta,\gamma;1)$ 中 x^n 的系数,则知

$$|F(\alpha,\beta,\gamma+m;1)-1| \leqslant \sum_{n=1}^{+\infty}|u_n(\alpha,\beta,\gamma+m)|$$

在 $u_n(\alpha,\beta,\gamma+m)$ 的分子中以 $|\alpha|$ 及 $|\beta|$ 代替 α 和 β,在分母中以 $m-|\gamma|$ 代替 $\gamma+m$,但设 $m>|\gamma|$,我们得到

$$|F(\alpha,\beta,\gamma+m;1)-1| \leqslant \sum_{n=1}^{+\infty}u_n(|\alpha|,|\beta|,m-|\gamma|)$$

其中不等式右边为正项级数. 从括号中拿出因子 $\frac{|\alpha|\cdot|\beta|}{m-|\gamma|}$,并在分母中以 $(n-1)!$ 代替 $n!$,得

$$|F(\alpha,\beta,\gamma+m;1)-1| < \frac{|\alpha|\cdot|\beta|}{m-|\gamma|}\cdot\sum_{n=0}^{+\infty}u_n(|\alpha|+1,|\beta|+1,m-|\gamma|+1)$$

对于相当大的 m,参数 $\alpha_1=|\alpha|+1,\beta_1=|\beta|+1,\gamma_1=m-|\gamma|+1$ 满足条件(66),因此上述不等式右边的级数收敛,当 m 增加时这个级数的和及一般项均减少. 又级数前面的因子 $\frac{|\alpha|\cdot|\beta|}{m-|\gamma|} \to 0$ 当 $m \to +\infty$,故知当 $m \to +\infty$ 时 $F(\alpha,\beta,\gamma+m;1) \to 1$. 最后,由公式(69) 将 $m \to +\infty$ 即得式(67).

利用公式(67),可以将 w_1 用线性独立的解 w_3 和 w_4 来表示. 这三个解在以 $z=0$ 和 $z=1$ 为圆心,半径等于 1 的两圆的公共部分中同时存在. 我们应有

$$F(\alpha,\beta,\gamma;x)=C_1F(\alpha,\beta,1+\alpha+\beta-\gamma;1-x)+$$
$$C_2(1-x)^{\gamma-\alpha-\beta}F(\gamma-\alpha,\gamma-\beta,1+\gamma-\alpha-\beta;1-x)$$

假设 α,β 和 γ 满足不等式 $1>\gamma>\alpha+\beta$,我们可以在上面的等式中令 $x=1$ 和 $x=0$ 来决定 C_1 和 C_2 的数值. 利用公式(67),[71] 中的等式(122) 和下面的简单公式

$$\sin \pi\alpha \sin \pi\beta = \sin \pi(\gamma-\alpha)\sin \pi(\gamma-\beta) - \sin \pi\gamma \sin \pi(\gamma-\alpha-\beta)$$

我们得到下面的等式

$$\begin{aligned}&\Gamma(\gamma-\alpha)\Gamma(\gamma-\beta)\Gamma(\alpha)\Gamma(\beta)\Gamma(\alpha,\beta,\gamma;x)=\\&\Gamma(\alpha)\Gamma(\beta)\Gamma(\gamma)\Gamma(\gamma-\alpha-\beta)F(\alpha,\beta,1+\alpha+\beta-\gamma;1-x)+\\&\Gamma(\gamma)\Gamma(\gamma-\beta)\Gamma(\alpha+\beta-\gamma)(1-x)^{\gamma-\alpha-\beta}\\&F(\gamma-\alpha,\gamma-\beta,1+\gamma-\alpha-\beta;1-x)\end{aligned} \tag{70}$$

上式是在$1>\gamma>\alpha+\beta$的条件下证明的.可以证明:只要$\gamma-\alpha-\beta$不是整数,上面的等式便成立.

102.勒让德多项式

现在要研究超越几何级数的一个重要的特别情形.首先,对二阶线性方程作一个一般的变换.设有二阶方程

$$a(z)w''+b(z)w'+c(z)w=0 \tag{71}$$

我们要找一个乘数$f(z)$,使得式(71)左边前两项和$f(z)$相乘后成为某一乘积的导数,就是说,要使

$$a(z)f(z)w''+b(z)f(z)w'=\frac{\mathrm{d}}{\mathrm{d}z}[a(z)f(z)w']$$

那么我们就应该有

$$b(z)f(z)=\frac{\mathrm{d}}{\mathrm{d}z}[a(z)f(z)]$$

从而

$$a(z)f'(z)+[a'(z)-b(z)]f(z)=0$$

或

$$\frac{f'(z)}{f(z)}+\frac{a'(z)}{a(z)}-\frac{b(z)}{a(z)}=0$$

所以我们可以取

$$f(z)=\frac{1}{a(z)}\mathrm{e}^{\int\frac{b(z)}{a(z)}\mathrm{d}z} \tag{72}$$

经过这步骤以后我们有

$$p_1(z)=a(z)f(z)=\mathrm{e}^{\int\frac{b(z)}{a(z)}\mathrm{d}z};q_1(z)=c(z)f(z)=\frac{c(z)}{a(z)}\mathrm{e}^{\int\frac{b(z)}{a(z)}\mathrm{d}z} \tag{73}$$

而方程(71)变为

$$\frac{\mathrm{d}}{\mathrm{d}z}[p_1(z)w']+q_1(z)w=0 \tag{74}$$

例如,对于高斯方程(62)施行这个方法,可以得到

$$\frac{\mathrm{d}}{\mathrm{d}z}[z^{\gamma}(z-1)^{\alpha+\beta+1-\gamma}w']+\alpha\beta z^{\gamma-1}(z-1)^{\alpha+\beta-\gamma}w=0 \tag{75}$$

现在再导出关于超越几何级数的一个一般的公式. 微分级数(64)n 次,得

$$w_1^{(n)}=\frac{\alpha(\alpha+1)\cdots(\alpha+n-1)\beta(\beta+1)\cdots(\beta+n-1)}{\gamma(\gamma+1)\cdots(\gamma+n-1)}\cdot\left[1+\frac{(\alpha+n)(\beta+n)}{1!\ (\gamma+n)}z+\cdots\right]$$

或

$$w_1^{(n)}=\frac{\alpha(\alpha+1)\cdots(\alpha+n-1)\beta(\beta+1)\cdots(\beta+n-1)}{\gamma(\gamma+1)\cdots(\gamma+n-1)}\cdot F(\alpha+n,\beta+n,\gamma+n;z) \tag{76}$$

就是说,以 α,β,γ 为参数的超越几何级数(64) 微分 n 次后等于以 $\alpha+n,\beta+n,\gamma+n$ 为参数的超越几何级数乘一个常数. 因此函数 $w_1^{(n)}$ 也满足方程(75),如果把其中的 α,β 和 γ 改为 $\alpha+n,\beta+n$ 和 $\gamma+n$ 的话,即

$$\frac{\mathrm{d}}{\mathrm{d}z}\left[z^{\gamma+n}(z-1)^{\alpha+\beta+1-\gamma+n}\frac{\mathrm{d}w_1^{(n)}}{\mathrm{d}z}\right]=-(\alpha+n)(\beta+n)z^{\gamma-1+n}(z-1)^{\alpha+\beta-\gamma+n}w_1^{(n)}$$

把这恒等式微分 n 次,得到另一恒等式

$$\frac{\mathrm{d}^{n+1}}{\mathrm{d}z^{n+1}}\left[z^{\gamma+n}(z-1)^{\alpha+\beta+1-\gamma+n}\frac{\mathrm{d}w_1^{(n)}}{\mathrm{d}z}\right]=-(\alpha+n)(\beta+n)\frac{\mathrm{d}^n}{\mathrm{d}z^n}[z^{\gamma-1+n}(z-1)^{\alpha+\beta-\gamma+n}w_1^{(n)}]$$

以 $n=0,1,2,\cdots,k-1$ 代入,得到 k 个恒等式. 将这 k 个恒等式边边相乘,消去相同的因子以后,即得所要求的恒等式

$$\frac{\mathrm{d}^k}{\mathrm{d}z^k}[z^{\gamma+k-1}(z-1)^{\alpha+\beta-\gamma+k}w_1^{(k)}]=(-1)^k\alpha(\alpha+1)\cdots(\alpha+k-1)\beta(\beta+1)\cdots(\beta+k-1)z^{\gamma-1}(z-1)^{\alpha+\beta-\gamma}w_1\quad(k=1,2,3,\cdots) \tag{77}$$

记住在这个恒等式中 w_1 代表超越几何级数(64).

注意:一般地,若超越几何级数中的 α 或 β 等于负整数的话,则级数退化而成一多项式. 现在我们就看这样的一个特别情形,即取超越几何级数

$$F(k+1,-k,1;z)\quad(\alpha=k+1,\beta=-k,\gamma=1) \tag{78}$$

其中 k 是个正整数或零. 函数(78) 实际上只是一个 k 次的多项式,其最高次项 z^k 的系数是

$$\frac{(k+1)(k+2)\cdots 2k(-k)(-k+1)\cdots(-1)}{k!\ 1\cdot 2\cdot\cdots\cdot k}=(-1)^k\frac{2k!}{(k!)^2}$$

在公式(77) 中令 $w_1=F(k+1,-k,1;z)$,即 $\alpha=k+1,\beta=-k$ 和 $\gamma=1$,我们得到 $w_1^{(k)}=(-1)^k\dfrac{2k!}{k!}$,约去等式两边相同的因子,可得

$$F(k+1,-k,1;z)=\frac{(-1)^k}{k!}\frac{\mathrm{d}^k}{\mathrm{d}z^k}[z^k(z-1)^k] \tag{79}$$

现在引进另一自变数 x,它和 z 的关系是

$$z=\frac{1-x}{2} \tag{80}$$

这时 $z=0$ 和 $z=1$ 变为 $x=1$ 和 $x=-1$. 记

$$\mathrm{P}_k(x)=F\left(k+1,-k,1;\frac{1-x}{2}\right) \tag{81}$$

将式(80) 代入式(79),即得 $\mathrm{P}_k(x)$ 的表示式

$$\mathrm{P}_k(x)=\frac{1}{k!\ 2^k}\frac{\mathrm{d}^k}{\mathrm{d}x^k}[(x^2-1)^k] \tag{82}$$

这些多项式 $\mathrm{P}_k(x)$ 通常称为勒让德多项式. 以后我们在研究球函数的时候还要碰到它们.

现在说明它们的几个基本性质. 函数(79) 满足一个方程,它是由方程(75)经过

$$\alpha=k+1;\beta=-k,\gamma=1 \tag{83}$$

的替换而得到的,即函数(79) 满足方程

$$\frac{\mathrm{d}}{\mathrm{d}z}[z(z-1)w']-k(k+1)w=0$$

再在这个方程中依照式(80) 改自变数为 x,我们看到勒让德多项式 $\mathrm{P}_k(x)$ 是下列方程的解

$$\frac{\mathrm{d}}{\mathrm{d}x}\left[(1-x^2)\frac{\mathrm{dP}_k(x)}{\mathrm{d}x}\right]+k(k+1)\mathrm{P}_k(x)=0 \tag{84}$$

写一个更一般的方程

$$\frac{\mathrm{d}}{\mathrm{d}x}\left[(1-x^2)\frac{\mathrm{d}y}{\mathrm{d}x}\right]+\lambda y=0 \tag{85}$$

其中 λ 是个参数. 这个方程在两奇异点 $x=\pm1$ 的判定方程的两根都等于零. 这个由方程的形状不难知道,或由条件(83) 有

$$\gamma-1=0;\gamma-\alpha-\beta=0$$

因此也可知道在 $x=\pm1$ 的判定方程的两根都等于零.

这样,在 $x=\pm1$ 有一个是正则解,另外一个解则包含对数函数,例如,在 $x=1$ 时,后一解具有如下的形式

$$\mathrm{P}_1(x-1)+\mathrm{P}_2(x-1)\ln(x-1)$$

其中 $\mathrm{P}_1(x-1)$ 和 $\mathrm{P}_2(x-1)$ 是有常数项的泰勒级数. 由此事实立刻知道包含对数函数的解在对应的奇异点无论如何必趋于无限大. 注意:我们在[98] 中已经提到过,当判定方程的两根相等时系数 $\gamma-1$ 必不等于零,故此时必然存在含有对数函数的解.

回到方程(85),取其在 $x=-1$ 为正则的解 y_1. 将这个解沿着线段 $-1\leqslant x\leqslant+1$ 解析延拓到 $x=+1$ 时,一般地,所得为一含对数函数的解,它在这点的值为无限大. 但是对于参数 λ 的特别数值,方程式(85) 亦可有在 $x=-1$ 和 $x=+1$ 同时为正则的解,即在整个闭线段$[-1,+1]$上为有限的解. 这种特别的数值是

$$\lambda_k=k(k+1) \tag{86}$$

对 λ_k 方程(85) 就有形式如 $\mathrm{P}_k(x)$ 的解. 可以证明:使得方程(85) 在整个闭线段$[-1,+1]$上有有限解的 λ 的数值亦仅限于(86) 而已. 证明从略.

再讲一点勒让德多项式的性质. 写出对于两个不同的勒让德多项式的微分方程

$$\left.\begin{aligned}&\frac{\mathrm{d}}{\mathrm{d}x}[(1-x^2)\mathrm{P}'_m(x)]+\lambda_m\mathrm{P}_m(x)=0\\&\frac{\mathrm{d}}{\mathrm{d}x}[(1-x^2)\mathrm{P}'_n(x)]+\lambda_n\mathrm{P}_n(x)=0\end{aligned}\right.\quad(n\neq m)$$

以 $\mathrm{P}_n(x)$ 乘第一式,$\mathrm{P}_m(x)$ 乘第二式,相减,然后在区间$(-1,+1)$上积分,得

$$(\lambda_m-\lambda_n)\int_{-1}^{+1}\mathrm{P}_m(x)\mathrm{P}_n(x)\mathrm{d}x=$$

$$\int_{-1}^{+1}\left\{\mathrm{P}_m(x)\frac{\mathrm{d}}{\mathrm{d}x}[(1-x^2)\mathrm{P}'_n(x)]-\mathrm{P}_n(x)\frac{\mathrm{d}}{\mathrm{d}x}[(1-x^2)\mathrm{P}'_m(x)]\right\}\mathrm{d}x$$

将等式右边第一项施行分部积分,得

$$\int_{-1}^{+1}\mathrm{P}_m(x)\frac{\mathrm{d}}{\mathrm{d}x}[(1-x^2)\mathrm{P}'_n(x)]\mathrm{d}x=$$

$$(1-x^2)\mathrm{P}_m(x)\mathrm{P}'_n(x)\Big|_{x=-1}^{x=+1}-\int_{-1}^{+1}(1-x^2)\mathrm{P}'_m(x)\mathrm{P}'_n(x)\mathrm{d}x$$

或

$$\int_{-1}^{+1}\mathrm{P}_m(x)\frac{\mathrm{d}}{\mathrm{d}x}[(1-x^2)\mathrm{P}'_m(x)]\mathrm{d}x=-\int_{-1}^{+1}(1-x^2)\mathrm{P}'_m(x)\mathrm{P}'_n(x)\mathrm{d}x$$

同样可得

$$\int_{-1}^{+1}\mathrm{P}_n(x)\frac{\mathrm{d}}{\mathrm{d}x}[(1-x^2)\mathrm{P}'_m(x)]\mathrm{d}x=-\int_{-1}^{+1}(1-x^2)\mathrm{P}'_m(x)\mathrm{P}'_n(x)\mathrm{d}x$$

因此知道

$$(\lambda_m-\lambda_n)\int_{-1}^{+1}\mathrm{P}_m(x)\mathrm{P}_n(x)\mathrm{d}x=0$$

或

$$\int_{-1}^{+1}\mathrm{P}_m(x)\mathrm{P}_n(x)\mathrm{d}x=0\quad(m\neq n) \tag{87}$$

即勒让德多项式在区间$(-1,+1)$上有正交性质. 如果我们再计算勒让德多项

式的平方的积分

$$I_n=\int_{-1}^{+1}\mathrm{P}_n^2(x)\mathrm{d}x \tag{88}$$

即可知其值并不等于 1,故勒让德多项式虽为正交,但并非标准函数系. 由式(82),利用莱布尼兹公式,可写

$$\mathrm{P}_k(x)=\frac{1}{k!\ 2^k}\left\{(x+1)^k\frac{\mathrm{d}^k(x-1)^k}{\mathrm{d}x^k}+\frac{k}{1}\cdot\frac{\mathrm{d}(x+1)^k}{\mathrm{d}x}\cdot\frac{\mathrm{d}^{k-1}(x-1)^k}{\mathrm{d}x^{k-1}}+\cdots\right\}$$

显然易知

$$\frac{\mathrm{d}^k(x-1)^k}{\mathrm{d}x^k}=k!;\left.\frac{\mathrm{d}^{k-s}(x-1)^k}{\mathrm{d}x^{k-s}}\right|_{x=1}=0\quad(s=1,2,\cdots,k)$$

由此立刻可得下面的等式

$$\mathrm{P}_k(1)=1 \tag{89}$$

现在我们来计算积分 I_n. 利用式(82),可写

$$I_n=\frac{1}{(n!\ )^2 2^{2n}}\int_{-1}^{+1}\frac{\mathrm{d}^n(x^2-1)^n}{\mathrm{d}x^n}\cdot\frac{\mathrm{d}^n(x^2-1)^n}{\mathrm{d}x^n}\mathrm{d}x$$

施行分部积分,得

$$I_n=\frac{1}{(n!\ )^2 2^{2n}}\left[\left.\frac{\mathrm{d}^{n-1}(x^2-1)^n}{\mathrm{d}x^{n-1}}\cdot\frac{\mathrm{d}^n(x^2-1)^n}{\mathrm{d}x^n}\right|_{x=-1}^{x=+1}-\int_{-1}^{+1}\frac{\mathrm{d}^{n-1}(x^2-1)^n}{\mathrm{d}x^{n+1}}\cdot\frac{\mathrm{d}^{n+1}(x^2-1)^n}{\mathrm{d}x^{n+1}}\mathrm{d}x\right]$$

多项式 $(x^2-1)^n$ 以 $x=\pm1$ 为 n 重零点. 将它微分 $n-1$ 次以后所得到的多项式仍以 $x=\pm1$ 为零点(一重). 因此上式中积分出来的项数值为零. 继续施行分部积分,每次所得积分出来的项都等于零. 最后得到

$$\int_{-1}^{+1}\mathrm{P}_n^2(x)\mathrm{d}x=\frac{(-1)^n}{(n!\ )^2 2^{2n}}\int_{-1}^{+1}(x^2-1)^n\frac{\mathrm{d}^{2n}(x^2-1)^n}{\mathrm{d}x^{2n}}\mathrm{d}x$$

但是

$$\frac{\mathrm{d}^{2n}(x^2-1)^n}{\mathrm{d}x^{2n}}=\frac{\mathrm{d}^{2n}}{\mathrm{d}x^{2n}}(x^{2n}+\cdots)=1\cdot2\cdot\cdots\cdot2n=(2n)!$$

从而

$$\int_{-1}^{+1}\mathrm{P}_n^2(x)\mathrm{d}x=(-1)^n\frac{(n+1)(n+2)\cdots2n}{n!\ 2^{2n}}\int_{-1}^{+1}(x^2-1)^n\mathrm{d}x$$

令 $x=\cos\varphi$,得

$$\int_{-1}^{+1}(x^2-1)^n\mathrm{d}x=(-1)^n\int_0^{\pi}\sin^{2n+1}\varphi\mathrm{d}\varphi=(-1)^n2\int_0^{\frac{\pi}{2}}\sin^{2n+1}\varphi\mathrm{d}\varphi$$

由[Ⅰ,100]知

$$\int_{-1}^{+1}(x^2-1)^n\mathrm{d}x=(-1)^n2\frac{2\cdot4\cdot\cdots\cdot2n}{3\cdot5\cdot\cdots\cdot(2n+1)}$$

代入前式即得

$$\int_{-1}^{+1} \mathrm{P}_n^2(x)\mathrm{d}x = \frac{2}{2n+1} \tag{90}$$

利用式(82)并应用罗尔定理不难证明多项式 $\mathrm{P}_n(x)$ 的 n 个零点互不相同，而且都在区间 $-1 \leqslant x \leqslant +1$ 的内部. 实际上，多项式 $\frac{\mathrm{d}(x^2-1)^n}{\mathrm{d}x}$ 为 $2n-1$ 次，它以 $x=\pm 1$ 为 $n-1$ 重零点，由罗尔定理知它还有一零点 $x=\alpha$ 在区间 $(-1,+1)$ 的内部. 这些就是它的全部零点. 其次，$2n-2$ 次多项式 $\frac{\mathrm{d}^2(x^2-1)^n}{\mathrm{d}x^2}$ 以 $x=\pm 1$ 为 $n-2$ 重零点，此外，由罗尔定理知还有两个实零点，一个在区间 $(-1,\alpha)$ 内部，一个在 $(\alpha,+1)$ 内部. 继续作下去，可知 $\mathrm{P}_n(x)$ 有 n 个不同的零点在区间 $(-1,+1)$ 的内部.

103. 雅可比多项式

勒让德多项式不过是超越几何级数退化而成多项式的一个特殊情形. 现在我们要研究一般的情形. 引进下列记号

$$\gamma - 1 = p, \alpha + \beta - \gamma = q \tag{91}$$

并假设 p 和 q 都是固定的，大于 -1 的数，又参数 α,β 和 γ 都是实数. 要使超越几何级数退化成为 k 次多项式，我们应取 α 或 β 等于 $-k$. 不失普遍性，我们可设 $\beta=-k$，再由式(91)决定 α 和 γ 的数值. 这样得到的多项式记作

$$Q_k^{(p,q)}(z) = C_k F(p+q+k+1, -k, p+1; z) \tag{92}$$

其中 C_k 是任意常数.

将这个超越几何级数依式(64)展开时得到一个多项式，其中 z^k 的系数等于

$$(-1)^k \frac{(p+q+k+1)(p+q+k+2)\cdots(p+q+2k)}{(p+1)(p+2)\cdots(p+k)} C_k$$

再对多项式(92)应用式(77)，得

$$k!\,(p+q+k+1)(p+q+k+2)\cdots(p+q+2k) z^p (z-1)^q Q_k^{(p,q)}(z) =$$

$$(-1)^k \frac{(p+q+k+1)\cdots(p+q+2k)}{(p+1)(p+2)\cdots(p+k)} k!\, C_k \frac{\mathrm{d}^k}{\mathrm{d}z^k}[z^{p+k}(z-1)^{q+k}]$$

定义常数 C_k 为

$$C_k = \frac{(p+1)(p+2)\cdots(p+k)}{k!}$$

则对多项式 $Q_k^{(p,q)}(z)$ 成立下面的公式

$$z^p(z-1)^q Q_k^{(p,q)}(z) = \frac{(-1)^k}{k!} \frac{\mathrm{d}^k}{\mathrm{d}z^k}[z^{p+k}(z-1)^{q+k}]$$

若借式(80) 以 x 代替 z，则所得 x 的多项式 $P_k^{(p,q)}(x)$ 称为雅可比多项式，它满足方程

$$(1-x)^p(1+x)^q P_k^{(p,q)}(x)=\frac{(-1)^k}{k!\ 2^k}\frac{\mathrm{d}^k}{\mathrm{d}x^k}[(1-x)^{p+k}(1+x)^{q+k}] \quad (93)$$

当 $p=q=0$ 时这些多项式合于勒让德多项式，当 $k=0$ 时 $P_0^{(p,q)}(x)=1$.

由 C_k 的定义立刻知道在多项式(92) 中 z^k 的系数等于

$$(-1)^k\frac{(p+q+k+1)(p+q+k+2)\cdots(p+q+2k)}{k!}$$

而在多项式 $P_k^{(p,q)}(x)$ 中 x^k 的系数等于

$$\alpha_k=\frac{(p+q+k+1)(p+q+k+2)\cdots(p+q+2k)}{k!\ 2^k}$$

在我们现在的情形

$$\alpha=p+q+k+1,\beta=-k,\gamma=p+1$$

故函数(92) 是方程

$$\frac{\mathrm{d}}{\mathrm{d}z}[z^{p+1}(z-1)^{q+1}w']-k(p+q+k+1)z^p(z-1)^q w=0$$

的解. 借式(80) 将自变数变为 x，即得雅可比多项式所满足的方程

$$\frac{\mathrm{d}}{\mathrm{d}x}\left[(1-x)^{p+1}(1+x)^{q+1}\frac{\mathrm{d}P_k^{(p,q)}(x)}{\mathrm{d}x}\right]+$$
$$k(p+q+k+1)(1-x)^p(1+x)^q P_k^{(p,q)}(x)=0 \quad (94)$$

在目前的情形下雅可比多项式(93) 当 p 和 $q\geqslant 0$ 时是下列边值问题的解. 寻找参数 λ 的数值，使得微分方程

$$\frac{\mathrm{d}}{\mathrm{d}x}\left[(1-x)^{p+1}(1+x)^{q+1}\frac{\mathrm{d}y}{\mathrm{d}x}\right]+\lambda(1-x)^p(1+x)^q y=0 \quad (95)$$

有在闭线段[-1, +1] 中为有限的解. 我们所求的 λ 的数值是

$$\lambda_k=k(p+q+k+1) \quad (96)$$

而对应于 λ_k 的解即雅可比多项式.

和勒让德多项式的情形一样，我们利用雅可比多项式所满足的方程(94) 不难证明以下的等式

$$\int_{-1}^{+1}(1-x)^p(1+x)^q P_m^{(p,q)}(x)P_n^{(p,q)}(x)\mathrm{d}x=0 \quad (m\neq n) \quad (97)$$

因为雅可比多项式具此性质，我们说：雅可比多项式在区间(-1, +1) 上为正交，其权为

$$\gamma(x)=(1-x)^p(1+x)^q \quad (98)$$

和勒让德多项式一样，从式(93) 可得结论

$$P_k^{(p,q)}(1)=\frac{(p+k)(p+k-1)\cdots(p+1)}{k!} \quad (99)$$

现在我们要计算积分

$$I_k=\int_{-1}^{+1}(1-x)^p(1+x)^q[P_k^{(p,q)}(x)]^2\mathrm{d}x$$

利用式(93)可写

$$I_k=\frac{(-1)^k}{k!\ 2^k}\int_{-1}^{+1}P_k^{(p,q)}(x)\ \frac{\mathrm{d}^k}{\mathrm{d}x^k}[(1-x)^{p+k}(1+x)^{q+k}]\mathrm{d}x$$

和[102]中一般,施行分部积分,可得

$$I_k=\frac{1}{k!\ 2^k}\int_{-1}^{+1}(1-x)^{p+k}(1+x)^{q+k}\ \frac{\mathrm{d}^kP_k^{(p,q)}(x)}{\mathrm{d}x^k}\mathrm{d}x$$

因为 $p>-1$ 和 $q>-1$,所以积分出来的项都等于零.如前,记多项式 $P_k^{(p,q)}(x)$ 中 x^k 的系数为 α_k,则

$$I_k=\frac{\alpha_k}{2^k}\int_{-1}^{+1}(1-x)^{p+k}(1+x)^{q+k}\mathrm{d}x$$

引进另一积分变数 $t=\dfrac{1-x}{2}$,则

$$I_k=\alpha_k2^{p+q+k+1}\int_0^1t^{p+k}(1-t)^{q+k}\mathrm{d}t$$

由[72]知

$$I_k=\alpha_k2^{p+q+k+1}B(p+k+1,q+k+1)=$$
$$\alpha_k2^{p+q+k+1}\ \frac{\Gamma(p+k+1)\Gamma(q+k+1)}{\Gamma(p+q+2k+2)}$$

或以 α_k 的值代入,并利用[71]公式(120),可得

$$I_k=\frac{2^{p+q+1}}{p+q+2k+1}\cdot\frac{\Gamma(p+k+1)\Gamma(q+k+1)}{k!\ \Gamma(p+q+k+1)}$$

即成立下面的公式

$$\int_{-1}^{+1}(1-x)^p(1+x)^q[P_n^{(p,q)}(x)]^2\mathrm{d}x=$$
$$\frac{2^{p+q+1}}{2n+p+q+1}\cdot\frac{\Gamma(p+n+1)\Gamma(n+q+1)}{n!\ \Gamma(n+p+q+1)}\quad(n=1,2,\cdots)\tag{100}$$

当 $n=0$ 时,由 $\Gamma(x+1)=x\Gamma(x)$ 的关系知上式右边为

$$2^{p+q+1}\ \frac{\Gamma(p+1)\Gamma(q+1)}{\Gamma(p+q+2)}$$

还有一个特殊情形要注意的,就是 $p=q=-\dfrac{1}{2}$ 的时候.这时我们用下面的记号来记这些多项式

$$T_k(x)=C_kP_k^{\left(-\frac{1}{2},-\frac{1}{2}\right)}(x)\tag{101}$$

其中 C_k 是个常数.

由式(93)知 $T_k(x)$ 是由下面关系决定

$$(1-x^2)^{-\frac{1}{2}}T_k(x)=\frac{(-1)^k C_k}{k!\ 2^k}\frac{\mathrm{d}^k}{\mathrm{d}x^k}[(1-x^2)^{-\frac{1}{2}+k}] \tag{102}$$

现在我们要利用 $T_k(x)$ 所应满足的微分方程来导出这些多项式的另外的形式. 于方程(94) 中令 $p=q=-\frac{1}{2}$,即得 $T_k(x)$ 所应满足的微分方程

$$\sqrt{1-x^2}\frac{\mathrm{d}}{\mathrm{d}x}\left[\sqrt{1-x^2}\frac{\mathrm{d}T_k(x)}{\mathrm{d}x}\right]+k^2T_k(x)=0 \tag{103}$$

在奇异点 $x=1$ 的判定方程的两根是0和$\frac{1}{2}$. 和第一个根对应的解是个多项式,和第二个根对应的解则一定不是多项式. 要找一个形式合宜的满足方程(103) 的多项式,可借下式引进另一自变数 φ 以代替 x,即

$$x=\cos\varphi \tag{104}$$

由复合函数的微分规则知

$$\sqrt{1-x^2}\frac{\mathrm{d}}{\mathrm{d}x}=-\frac{\mathrm{d}}{\mathrm{d}\varphi}$$

代入方程(103),得

$$\frac{\mathrm{d}^2T_k(\cos\varphi)}{\mathrm{d}\varphi^2}+k^2T_k(\cos\varphi)=0$$

这个方程的解是

$$\cos k\varphi \text{ 和 } \sin k\varphi$$

或对方程(103) 而言,得到的解是

$$\cos(k\arccos x) \text{ 和 } \sin(k\arccos x)$$

利用已知的公式[Ⅰ,174]

$$\cos k\varphi=\cos^k\varphi-\binom{k}{2}\cos^{k-2}\varphi\sin^2\varphi+\cdots$$

可知第一个解是 x 的多项式,因此除了一个任意的常数因子外,方程的解可借多项式表示的是

$$T_k(x)=\cos(k\arccos x) \tag{105}$$

这个多项式称为切比雪夫多项式. 当 $\varphi=0$ 时 $x=1$,故知 $T_k(1)=1$,另一方面,由式(99)

$$P_k^{(-\frac{1}{2},-\frac{1}{2})}(1)=\frac{1\cdot 3\cdot\cdots\cdot(2k-1)}{2\cdot 4\cdot\cdots\cdot 2k}$$

由此可以决定式(101) 中的常数因子

$$T_k(x)=\frac{2\cdot 4\cdot\cdots\cdot 2k}{1\cdot 3\cdot\cdots\cdot(2k-1)}P_k^{(-\frac{1}{2},-\frac{1}{2})}(x) \tag{106}$$

104. 保角变换与高斯方程

现在我们要来解释高斯方程和一个保角变换的问题之间的关系，仍如前节假设α，β和γ都是实数. 首先，要证高斯方程(62)的解在复数平面上奇异点以外的地方不能有重零点. 实际上，若方程(62)的解以$z=z_0$为高于一重的零点，即

$$w(z_0)=w'(z_0)=0$$

则由方程(62)知$w''(z_0)=0$. 将这方程微分一次，再令$z=z_0$，即得$w'''(z_0)=0$，依此类推. 但是我们知道，如果一个解析函数在某点的所有各阶导数都等于零的话，这函数必恒等于零. 恒等于零的解不是我们所要讨论的. 以上的证明对于任何系数为解析函数的线性二阶微分方程都可适用. 刚才证明的结果由[95]的唯一存在定理也立刻可以导出.

现在考察高斯方程的两个解的商

$$\eta(z)=\frac{w_2(z)}{w_1(z)} \tag{107}$$

在解析延拓时这个函数可能以$z=0,1$及∞以及$w_1(z)$的零点为奇异点. 后面这种点必为函数(107)的单极点. 若$w_1(z_0)=0$，则可以肯定$w_2(z_0)\neq 0$. 实际上，如果

$$w_2(z_0)=0$$

则此两解可由下列初始条件决定

$$\begin{cases}w_1(z_0)=0;w'_1(z_0)=\alpha\\ w_2(z_0)=0;w'_2(z_0)=\beta\end{cases}\quad(\alpha\text{ 和 }\beta\neq 0)$$

由唯一存在定理有

$$w_2(z)=\frac{\beta}{\alpha}w_1(z)$$

即两解$w_1(z)$和$w_2(z)$非线性独立，但我们必须假设这两解是线性独立才有讨论的意义.

现在考察复数z的上半平面. 在这个单通区域B中解析函数$w_1(z)$和$w_2(z)$在解析延拓时没有奇异点，因此都是z的单值正则函数. 函数(107)在上半平面中亦为单值，但可能有单极点. 现在证明函数(107)的导数在奇异点以外的地方不能为零. 如[Ⅱ，24]所已知，这导数可以表示如下

$$\frac{\mathrm{d}}{\mathrm{d}z}\left(\frac{w_2(z)}{w_1(z)}\right)=\frac{C}{w_1^2(z)}\mathrm{e}^{-\int p(z)\mathrm{d}z} \tag{108}$$

其中C为常数，$p(z)$是方程(62)中w'的系数.

由式(108)立刻得到我们所要证明的事. 记住单极点并不破坏变换的保角

性的事实,我们可以肯定函数(107) 将区域 B 保角变换为另一个区域 B_1,其内部不含支点.现在要决定区域 B_1 的境界线.

当上半平面中的点 z 趋向实轴上的点 z_0,而 z_0 不是奇异点 0,1 或 ∞ 时,函数(107) 有一定的极限值,并且在 z_0 这点亦为正则.因此它在实轴上三线段

$$(-\infty,0);(0,1);(1,+\infty) \tag{109}$$

的内部均为正则.现在证明当 z 趋于某一奇异点时函数(107) 也有一定的极限值.试以 $z=0$ 这点为例.

首先,解释一件以后常要用的事实.设代替 $w_1(z)$ 和 $w_2(z)$ 我们另取方程的两个互相独立的解 $w_1^*(z)$ 和 $w_2^*(z)$.它们可以表示为从前两解的线性函数

$$w_1^*(z)=a_{11}w_1(z)+a_{12}w_2(z)$$
$$w_2^*(z)=a_{21}w_1(z)+a_{22}w_2(z)$$

其中

$$a_{11}a_{22}-a_{12}a_{21}\neq 0$$

由新的解作新的函数 $\eta^*(z)$,则

$$\eta^*(z)=\frac{w_2^*(z)}{w_1^*(z)}=\frac{a_{21}w_1(z)+a_{22}w_2(z)}{a_{11}w_1(z)+a_{12}w_2(z)}$$

或

$$\eta^*(z)=\frac{a_{21}+a_{22}\eta(z)}{a_{11}+a_{12}\eta(z)}$$

就是说,当式(107) 中两独立解的取法变更时,对应的函数 $\eta(z)$ 和 $\eta^*(z)$ 之间可借一行列式不等于零的分式线性变换互相关联.

现在回头来研究函数(107) 在 $z=0$ 的邻域中的情形.设取两互相独立的解为

$$w_1(z)=F(\alpha,\beta,\gamma;z)$$
$$w_2(z)=z^{1-\gamma}F(\alpha+1-\gamma,\beta+1-\gamma,2-\gamma;z) \tag{110}$$

于是

$$\eta(z)=z^{1-\gamma}\frac{F(\alpha+1-\gamma,\beta+1-\gamma,2-\gamma;z)}{F(\alpha,\beta,\gamma;z)} \tag{111}$$

上面的式子可以这样来了解它:函数 $\eta(z)$ 在 $z=0$ 的邻域中由式(111) 定义,然后借解析延拓在整个半平面 B 中单值地完全定义起来.由式(111) 立刻可知,例如

$$\eta(z)\to 0,\text{若 } z\to 0 \text{ 而 } \gamma<1$$

如果另外选取两个互相独立的解,则对应的 $\eta(z)$ 可借(111) 的函数分式线性地表示出来,因此当 $z\to 0$ 时也有一定的极限值.

现在证明函数(107) 将实轴上的线段(109) 变为圆弧.实际上,例如看线段 (0,1),在其内取一点 z_0.以在 z_0 的初始条件来决定两解 $w_1(z)$ 和 $w_2(z)$,但这些条件必须使 $w_i(z_0)$ 和 $w'_i(z_0)$ 都是实数($i=1,2$).因为高斯方程中的系数也

都是实的,所以 $w_1(z)$ 和 $w_2(z)$ 在 z_0 的邻域中可以表示为具实系数的泰勒级数.这两个解沿着线段(0,1)的解析延拓显然亦可表示为具实系数的泰勒级数,换言之,对于如此选取的解,函数 $\eta(z)$ 在线段(0,1)上取实数值,故将此线段变为实轴上的另一线段.对于所有其他的选取法,新的函数 $\eta(z)$ 可由此特选的 $\eta(z)$ 经过分式线性变换而得,但分式线性变换将实轴上的线段变为圆弧.因此知道函数(107)将(109)中每一线段变为一圆弧.

我们再看两解 $w_1(z)$ 和 $w_2(z)$ 在线段(0,1)中取实值的情形.应用式(108)可知函数 $\eta(z)$ 的导数在这条线段上不变号,即 $\eta(z)$ 在这条线段上是 z 的单调函数.换言之,当 z 以一定的方向跑过线段(0,1)时,$\eta(z)$ 亦以一定的方向跑过对应的线段.注意:这时 $\eta(z)$ 也可能跑过无限远点,因为和(0,1)对应的 $\eta(z)$ 的轨迹可能是无限线段.此外,有时这线段还可以自相重叠.一般地,若式(107)中的两独立解系任意选取,则当 z 以一定的方向沿线段(0,1)进行时,$\eta(z)$ 亦以一定的方向沿圆弧进行,有时线段(0,1)可能不是和圆周的一部分相对应,而是和自相重叠的全部圆周相对应.

由所有以上的论断可得下面的结果:函数(107),即高斯方程的两个独立解的商,将上半平面保角变换为三段圆弧所围成的区域,换言之,即一个弧三角形,且其内部不包含支点.现在要决定这个弧三角形的诸角.设此三角形的一顶点 A 与 $z=0$ 对应.取式(110)中两解为基本解,假设 $\gamma<1$.回到公式(111).在 $z=0$ 的邻域中,当 $z>0$ 时如果假设 $\arg z=0$,则 $\eta(z)>0$.绕着 $z=0$ 越过上半平面以后,我们有 $\arg z=\pi$,从而 $\arg z^{1-\gamma}=\pi(1-\gamma)$,这时式(111)中的分式当 z 与零甚近时取实值,且与1甚近.因此设 $\gamma<1$,则在 $\eta(z)$ 平面上得到两条直线,其一从原点沿正实轴方向前进,另一在原点与它成 $\pi(1-\gamma)$ 的角度.若 $\gamma>1$,则可不取式(111)的比值而取其倒数为 $\eta(z)$.因此,对于这样选取的基本解,我们的弧三角形中与 $z=0$ 对应的顶角为 $\pi|1-\gamma|$.当基本解的选取变更时,新得到的弧三角形可由前述的弧三角形经过一个分式线性变换而得到,因为这种变换是保角的,所以在一般的情形和 $z=0$ 对应的顶角 A 的大小也等于 $\pi|1-\gamma|$.同样,可以算出弧三角形的对应于 $z=1$ 和 $z=\infty$ 的其他两顶角的大小依次等于 $\pi|\gamma-\alpha-\beta|$ 和 $\pi|\beta-\alpha|$.如同所有的保角变换一样,诸角间的次序可由下面的事实决定:即当 z 沿实轴向正方向移动时,$\eta(z)$ 沿弧三角形境界上某一方向进行,常使得三角形的内部在其左边.

以上的结果可以用下面一句话来总结:$\eta(z)$ 平面中弧三角形的顶角角度等于方程(62)在对应的奇异点的判定方程的两根之差的绝对值用 π 来乘.注意:这个性质当判定方程的两根之差等于零(两圆弧相切)或整数时也成立,证明从略.

反过来,我们可以证明:任一由圆弧所围成的三角形,即使是多叶的也好,只要其内部及境界线上不含支点，便可以由适当选取参数 α,β,γ 以后的高斯方程的某两个独立解的商式将上半平面保角变换而得. 特别地，通常的直线三角形也是弧三角形的一个特例. 这时完成保角变换的函数可以取得特别简单，就是克里斯托弗积分.

105. 非正则奇异点

现在我们转到非正则奇异点邻域中解的表示的问题. 将自变数施行分式线性变换以后常可使这奇异点成为无限远点，以后我们就假设无限远点是非正则奇异点. 设方程为

$$w'' + p(z)w' + q(z)w = 0$$

如果 $p(z)$ 和 $q(z)$ 在无限远点的邻近有如下的展开式

$$p(z) = \sum_{k=1}^{+\infty} \frac{a_k}{z^k};q(z) = \sum_{k=2}^{+\infty} \frac{b_k}{z^k} \tag{112}$$

则由[99]知，这点是正则奇异点. 现在我们要假设系数 $p(z)$ 和 $q(z)$ 的展开式不是(112)的形式，但仍假设 $p(z)$ 和 $q(z)$ 在无限远点邻域中的展开式不含有 z 的正数幂，就是说，只考察下列形式的方程

$$w'' + \left(a_0 + \frac{a_1}{z} + \frac{a_2}{z^2} + \cdots\right) w' + \left(b_0 + \frac{b_1}{z} + \frac{b_2}{z^2} + \cdots\right) w = 0 \tag{113}$$

其中系数 a_0,b_0 和 b_1 至少有一个不等于零. 如果我们要想使式样为

$$w = z^{\rho}\left(c_0 + c_1 \frac{1}{z} + \cdots\right) \quad (c_0 \neq 0) \tag{114}$$

的函数成为方程(113)的形式上的解，那么以此代入(113)的左边，结果只有一项含 z^{ρ} 的，即 $b_0 c_0 z^{\rho}$. 由此可知，若 $b_0 \neq 0$，则方程(113)要以(114)为形式上的解亦属不可能. 要想办法去掉系数 b_0，可借下式引进另一未知函数 u 以代替 w，则

$$w = e^{\alpha z} u$$

从而

$$w' = e^{\alpha z}u' + \alpha e^{\alpha z}u;w'' = e^{\alpha z}u'' + 2\alpha e^{\alpha z}u' + \alpha^2 e^{\alpha z}u$$

代入(113)，得到另一方程

$$u'' + \left(2\alpha + a_0 + \frac{a_1}{z} + \frac{a_2}{z^2} + \cdots\right) u' +$$

$$\left(\alpha^2 + \alpha a_0 + b_0 + \frac{\alpha a_1 + b_1}{z} + \frac{\alpha a_2 + b_2}{z^2} + \cdots\right) u = 0$$

选取 α 使满足条件

$$\alpha^2 + \alpha a_0 + b_0 = 0 \tag{115}$$

则最后所得方程为

$$u'' + \left(2\alpha + a_0 + \frac{a_1}{z} + \frac{a_2}{z^2} + \cdots\right) u' +$$

$$\left(\frac{b'_1}{z} + \frac{b'_2}{z^2} + \cdots\right) u = 0 \quad (b'_k = \alpha a_k + b_k) \tag{116}$$

其中 α 是方程(115) 的一个根. 这个方程是可以形式上被(114) 所满足的. 再令

$$u = z^{\rho} v$$

则有

$$u' = z^{\rho} v' + \rho z^{\rho-1} v; u'' = z^{\rho} v'' + 2\rho z^{\rho-1} v' + \rho(\rho - 1) z^{\rho-2} v$$

代入式(116) 即得函数 v 的方程

$$v'' + p_1(z) v' + q_1(z) v = 0 \tag{117}$$

其中

$$\begin{cases} p_1(z) = 2\alpha + a_0 + \dfrac{2\rho + a_1}{z} + \dfrac{a_2}{z^2} + \dfrac{a_3}{z^3} + \cdots \\ q_1(z) = \dfrac{(2\alpha + a_0)\rho + b'_1}{z} + \dfrac{\rho(\rho - 1) + a_1\rho + b'_2}{z^2} + \\ \qquad \dfrac{a_2\rho + b'_3}{z^3} + \dfrac{a_3\rho + b'_4}{z^4} + \cdots \end{cases} \tag{118}$$

现在决定 ρ,使得系数 $q_1(z)$ 中不含 z^{-1} 的项,就是使 ρ 满足下面的条件

$$(2\alpha + a_0)\rho + b'_1 = 0; \ \rho = -\frac{\alpha a_1 + b_1}{2\alpha + a_0} \tag{119}$$

这里我们假设式(115) 的两根不相等,因此 $2\alpha + a_0 \neq 0$.

对于 v 我们现在得到的方程是

$$v'' + \left(2\alpha + a_0 + \frac{2\rho + a_1}{z} + \cdots\right) v' +$$

$$\left(\frac{\rho^2 + (a_1 - 1)\rho + b'_2}{z^2} + \frac{a_2\rho + b'_3}{z^3} + \cdots\right) v = 0 \tag{120}$$

这个方程是可以在形式上被下面形状的级数

$$v = c_0 + \frac{c_1}{z} + \frac{c_2}{z^2} + \cdots \tag{121}$$

所满足的.

将式(121) 微分,代入式(120) 的左边,利用未定系数法可得一系列的方程,由这些方程可以逐步的决定 $c_1, c_2, \cdots$,但 c_0 却是任意的常数因子. 这些方程的第一个是

$$-(2\alpha + a_0)c_1 + [\rho^2 + (a_1 - 1)\rho + b'_2]c_0 = 0$$

由此

$$c_1=\frac{\rho^2+(a_1-1)\rho+\alpha a_2+b_2}{2\alpha+a_0}c_0 \tag{122}$$

最后对于方程(113)得到函数 w 的展开式

$$w=\mathrm{e}^{\alpha z}z^{\rho}\left(c_0+\frac{c_1}{z}+\frac{c_2}{z^2}+\cdots\right) \tag{123}$$

这是方程(113)的形式上的解.如果二次方程(115)的两根不相等,那么利用每一个根我们可以借上述方法作出一个形式如(123)的级数来,但是,一般而论,这个级数对于任何的 z 都是发散的.

举一个特例,取方程

$$w''+\left(a_0+\frac{a_1}{z}\right)w'+\frac{b_2}{z^2}w=0 \tag{124}$$

现在可设 $\alpha=\rho=0$.以形式如(121)的级数代入方程(124)的左边,我们得到如下的决定系数的公式

$$[n(n+1)-na_1+b_2]c_n-(n+1)a_0c_{n+1}=0$$

作级数(121)中相邻两项的比,利用上式可得

$$\frac{c_{n+1}}{z^{n+1}}:\frac{c_n}{z^n}=\frac{n(n+1)-na_1+b_2}{(n+1)a_0}\cdot\frac{1}{z}$$

由此立刻知道对于任何的 z 值,上面的比值与 n 同时趋于无穷大,从而无穷级数(121)对任何的 z 皆为发散.

骤然看来,似乎式(123)中级数的发散性已剥夺了这个展开式的一切价值了.但是我们仍旧可以看到,它是可以用来表示方程(113)的解的.要说明这个事实,我们需要引进一个新的概念,即函数的渐近展开式.

再看方程(115)有重根的情形.这时 $2\alpha+a_0=0$,方程(116)变为

$$u''+\left(\frac{a_1}{z}+\frac{a_2}{z^2}+\cdots\right)u'+\left(\frac{b'_1}{z}+\frac{b'_2}{z^2}+\cdots\right)u=0$$

引进另一自变数 $t=\sqrt{z}$ 以代替 z,得到方程

$$\frac{\mathrm{d}^2u}{\mathrm{d}t^2}+\left(\frac{2a_1-1}{t}+\frac{2a_2}{t^3}+\frac{2a_3}{t^5}+\cdots\right)\frac{\mathrm{d}u}{\mathrm{d}t}+$$
$$\left(4b'_1+\frac{4b'_2}{t^2}+\frac{4b'_3}{t^3}+\cdots\right)u=0 \tag{125}$$

对这个微分方程而言,二次方程(115)变为:$\alpha^2+4b'_1=0$,如果 $b'_1\neq0$,那么对方程(125)有和从前一样的情形,即 α 的两根不相等.如果 $b'_1=0$,那么 $t=\infty$ 就是方程(125)的正则奇异点.

106.渐近展开式

设有无穷级数

$$c_0+\frac{c_1}{z}+\frac{c_2}{z^2}+\cdots \tag{126}$$

以 $S_n(z)$ 表示其前 n 项之和

$$S_n(z)=c_0+\frac{c_1}{z}+\cdots+\frac{c_{n-1}}{z^{n-1}}$$

级数收敛的意义就是当 n 无限增大时 $S_n(z)$ 有极限. 现在我们来做另一方面的研究:把 n 固定而令 z 沿一定半直线 L 趋于无限. 以后我们常取这条半直线为正实轴,即常设 $z>0$.

假设有一函数 $f(z)$ 定义在 L 上,且对任何固定的 n 当 $z\to\infty$ 时

$$f(z)-S_n(z)$$

是比 $\frac{1}{z^{n-1}}$ 阶数更高的无穷小,就是说,差 $f(z)-S_n(z)$ 是个比 $S_n(z)$ 中最后一项阶数更高的无穷小. 这个条件可以用下面的式子来表示

$$\lim_{z\to\infty}[f(z)-S_n(z)]z^{n-1}=0 \quad (\text{在 } L \text{ 上}) \tag{127}$$

当这个条件成立时我们称级数(126) 是函数 $f(z)$ 在 L 上的渐近展开式,记作

$$f(z)\sim c_0+\frac{c_1}{z}+\frac{c_2}{z^2}+\cdots \quad (\text{在 } L \text{ 上}) \tag{128}$$

因为$\frac{c_n}{z^n}\cdot z^{n-1}\to 0$ 当 $z\to\infty$ 时,条件(127) 与下式相抵

$$\lim_{z\to\infty}\left[f(z)-\left(c_0+\frac{c_1}{z}+\cdots+\frac{c_n}{z^n}\right)\right]z^{n-1}=0 \tag{129}$$

例如,当 $x>0$ 时,考察由下面积分所定义的函数

$$f(x)=\int_x^{+\infty}t^{-1}e^{x-t}dt \tag{130}$$

逐次施行分部积分,可得

$$f(x)=\frac{1}{x}-\frac{1}{x^2}+\frac{2!}{x^3}-\cdots+\frac{(-1)^{n-1}(n-1)!}{x^n}+(-1)^n n!\int_x^{+\infty}\frac{e^{x-t}}{t^{n+1}}dt$$

现在作一级数

$$\frac{1}{x}-\frac{1}{x^2}+\frac{2!}{x^3}-\frac{3!}{x^4}+\cdots \tag{131}$$

利用比率判定法易知这级数对于任何的 x 皆为发散. 现在要证明它就是函数(130) 的渐近展开式. 我们有

$$f(x)-S_{n+1}(x)=(-1)^n n!\int_x^{+\infty}\frac{e^{x-t}}{t^{n+1}}dt$$

因为 $t\geqslant x$,被积分函数中的 e^{x-t} 处于 0 与 1 之间,将这因子除去,即得

$$|f(x)-S_{n+1}(x)|<n!\int_x^{+\infty}\frac{dt}{t^{n+1}}=(n-1)!\ \frac{1}{x^n}$$

由此可知条件(129) 显然成立,从而

$$\int_x^{+\infty} t^{-1} e^{x-t} dt \sim \frac{1}{x} - \frac{1}{x^2} + \frac{2!}{x^3} - \frac{3!}{x^4} + \cdots \tag{132}$$

设有渐近展开式(128). 当 $n=1$ 时条件(127) 成为

$$\lim_{z \to \infty} [f(z) - c_0] = 0$$

即

$$c_0 = \lim_{z \to \infty} f(z)$$

其次,这个条件当 $n=2$ 时是

$$\lim_{z \to \infty} \left[f(z) - c_0 - \frac{c_1}{z} \right] z = 0$$

从而

$$c_1 = \lim_{z \to \infty} [f(z) - c_0] z$$

一般地,成立

$$c_n = \lim_{z \to \infty} \left[f(z) - \left(c_0 + \frac{c_1}{z} + \cdots + \frac{c_{n-1}}{z^{n-1}} \right) \right] z^n \tag{133}$$

如果渐近展开式存在的话,那么这些公式就唯一地决定了展开式中的系数. 因此知道一个函数的渐近展开式只可能有一个.

试在半直线 $x > 0$ 上面考察函数 e^{-x}. 如我们所知,对于任何的 n 有

$$\lim_{x \to +\infty} e^{-x} x^n = 0$$

就是说,函数 e^{-x} 在半直线 $x > 0$ 上的渐近展开式是 $e^{-x} \sim 0$. 因此,假如函数 $f(x)$ 在半直线 $x > 0$ 上有渐近展开式的话,那么函数 $f(x) + e^{-x}$ 就有和 $f(x)$ 同样的渐近展开式. 所以我们看到:在函数 $f(x)$ 上添加一项比 x 的任何负整数幂都减少得快的 e^{-x} 并不会变更 $f(x)$ 的渐近展开式.

利用渐近展开式的定义可以证明渐近展开式的逐项相乘和逐项积分的规则,即若

$$f(z) \sim \sum_{k=0}^{+\infty} \frac{c_k}{z^k} \text{ 和 } \varphi(z) = \sum_{k=0}^{+\infty} \frac{d_k}{z^k}$$

则

$$f(z)\varphi(z) \sim \sum_{k=0}^{+\infty} \frac{c_k d_0 + c_{k-1} d_1 + \cdots + c_0 d_k}{z^k}$$

同样,若

$$f(z) \sim \sum_{k=2}^{+\infty} \frac{c_k}{z^k}$$

则

$$\int_z^{\infty} f(z) dz \sim \sum_{k=2}^{+\infty} \frac{c_k}{(k-1) z^{k-1}}$$

证明从略,因为由渐近展开式的定义立刻可得.

可以证明式(123) 中的级数是某一函数的渐近展开式,即存在方程(113)

的解 $w(z)$，对于它的半直线 $z>0$ 上成立下面的渐近展开式

$$w(z)e^{-\alpha z}z^{-\rho}\sim c_0+\frac{c_1}{z}+\frac{c_2}{z^2}+\cdots$$

我们在下面几节中就要对于方程(113) 的一种特别情形，即当 $k\geqslant 2$ 时 a_k 和 b_k 都等于零的情形，证明这件事实. 为此，我们要用一种特别的办法求方程(113) 的解，即求这个方程的路积分形式的解. 首先我们要研究如何借助于路积分来解微分方程式的问题.

在所有以上的叙述中我们假设当 z 沿某一条半直线 L 趋于无限远时条件(127) 成立. 如果当 z 在某一扇形区域中趋向无限远时这个条件成立的话，则称在此扇形区域中成立渐近展开式(128).

107. 拉普拉斯变换

考察方程

$$w''+\left(a_0+\frac{a_1}{z}\right)w'+\left(b_0+\frac{b_1}{z}\right)w=0$$

或以 z 乘之，得

$$zw''+(a_0z+a_1)w'+(b_0z+b_1)w=0 \tag{134}$$

现在要找这方程的具有下面的形式的解

$$w(z)=\int_l v(z')e^{zz'}dz' \tag{135}$$

其中 $v(z')$ 是 z' 的未知函数，l 是与 z 无关的未知积分道路. 关于 z 微分，得

$$w'(z)=\int_l v(z')z'e^{zz'}dz';w''(z)=\int_l v(z')z'^2e^{zz'}dz' \tag{136}$$

以 z 乘式(135) 两边，再进行分部积分，得

$$zw(z)=\int_l v(z')de^{zz'}=[v(z')e^{zz'}]_l-\int_l\frac{dv(z')}{dz'}e^{zz'}dz$$

其中记号

$$[\varphi(z')]_l$$

表示当 z' 走完线路 l 以后函数 $\varphi(z')$ 所得到的改变量. 同样，我们有

$$zw'(z)=[v(z')z'e^{zz'}]_l-\int_l\frac{d[v(z')z']}{dz'}e^{zz'}dz'$$

和

$$zw''(z)=[v(z')z'^2e^{zz'}]_l-\int_l\frac{d[v(z')z'^2]}{dz'}e^{zz'}dz'$$

首先我们要求 $v(z')$ 满足下面的条件

$$[v(z')(z'^2+a_0z'+b_0)e^{zz'}]_l=0 \tag{137}$$

将以上所得诸结果代入方程(134)的左边,由式(137)知道积分出来的项等于零,因此得到下面的方程

$$\int_l \left\{ \frac{\mathrm{d}[v(z')z'^2]}{\mathrm{d}z'} + a_0 \frac{\mathrm{d}[v(z')z']}{\mathrm{d}z'} + b_0 \frac{\mathrm{d}v(z')}{\mathrm{d}z'} - a_1 z' v(z') - b_1 v(z') \right\} \mathrm{e}^{zz'} \mathrm{d}z' = 0$$

假如函数 $v(z')$ 满足方程

$$\frac{\mathrm{d}[v(z')z'^2]}{\mathrm{d}z'} + a_0 \frac{\mathrm{d}[v(z')z']}{\mathrm{d}z'} + b_0 \frac{\mathrm{d}v(z')}{\mathrm{d}z'} - a_1 z' v(z') - b_1 v(z') = 0 \tag{138}$$

的话,那么前面的微分方程自然也满足了.

考察二次方程

$$z'^2 + a_0 z' + b_0 = 0 \tag{139}$$

这就是方程(115),并假设它有两个不同的根 α_1 和 α_2. 由方程(138)有

$$\frac{1}{v}\frac{\mathrm{d}v}{\mathrm{d}z'} = \frac{(a_1 - 2)z' + (b_1 - a_0)}{(z' - \alpha_1)(z' - \alpha_2)}$$

或写成最简分式

$$\frac{1}{v}\frac{\mathrm{d}v}{\mathrm{d}z'} = \frac{p-1}{z' - \alpha_1} + \frac{q-1}{z' - \alpha_2} \tag{140}$$

其中

$$p = \frac{(a_1 - 2)\alpha_1 + (b_1 - a_0) + (\alpha_1 - \alpha_2)}{\alpha_1 - \alpha_2}$$

$$q = \frac{(a_1 - 2)\alpha_2 + (b_1 - a_0) + (\alpha_2 - \alpha_1)}{\alpha_2 - \alpha_1}$$

另一方面,由二次方程(139)得

$$\alpha_1 + \alpha_2 = -a_0$$

上列 p 和 q 的表示式遂可改写为

$$p = \frac{a_1\alpha_1 + b_1}{2\alpha_1 + a_0}; q = \frac{a_1\alpha_2 + b_1}{2\alpha_2 + a_0} \tag{141}$$

和式(119)比较,知道

$$p = -\rho_1; q = -\rho_2 \tag{142}$$

其中 ρ_1 和 ρ_2 是 ρ 的两个不同数值,是由方程(115)的不同两根 α_1 和 α_2 借式(119)而得到的.

将方程(140)积分,得到

$$v(z') = C(z' - \alpha_1)^{p-1}(z' - \alpha_2)^{q-1} \tag{143}$$

从而方程(134)的解是

$$w(z) = C\int_l (z' - \alpha_1)^{p-1}(z' - \alpha_2)^{q-1} \mathrm{e}^{zz'} \mathrm{d}z' \tag{144}$$

其中 C 是任意常数,又由(137)和(143)知线路 l 应该满足条件

$$[(z' - \alpha_1)^p (z' - \alpha_2)^q \mathrm{e}^{zz'}]_l = 0 \tag{145}$$

108. 解的不同选取法

用不同的方法选取满足条件(145)的线路 l,我们可以得到方程(134)的不同的解. 和贝塞尔方程一样,这个方程以 $z=0$ 为正则奇异点,以 $z=\infty$ 为非正则奇异点. 在 $z=0$ 的判定方程为

$$\rho(\rho-1)+a_1\rho=0$$

它的两根是 $\rho_1=0$ 和 $\rho_2=1-a_1$,为简单起见,假设 $1-a_1$ 不是正整数. 这样,方程(134)的一个解是在 $z=0$ 为正则的函数,这个解在全平面上可用形式为

$$1+c_1z+c_2z^2+\cdots \tag{146}$$

的级数来表示.

首先,说明如何选取积分线路 l,使得式(144)恰好就是这个在原点为正则的解.

式(144)的被积分函数以 $z'=\alpha_1$ 和 $z'=\alpha_2$ 为奇异点. 一般而论,这些奇异点同时也是支点,因为,一般 p 和 q 并非整数. 从正方向绕 $z'=\alpha_1$ 这点一周以后,被积分函数得到一个乘数 $e^{(p-1)2\pi i}=e^{p2\pi i}$,而绕 $z'=\alpha_2$ 一周后它得到一个乘数 $e^{(q-1)2\pi i}=e^{q2\pi i}$,以后我们常设 p 和 q 皆非整数.

在平面上取一有限点 z_0,而不是 α_1 和 α_2,从 z_0 出发分别绕过 α_1 和 α_2 的闭线路依次记为 l_1 和 l_2.

以记号 (l_1,l_2) 表示由下列环路构成的线路:先沿 l_1 的正方向走一周,再沿 l_2 的正方向走一周,再沿 l_1 的负方向走一周,最后又沿 l_2 的负方向走一周. 走完第一条环路以后函数(143)得到乘数 $e^{p2\pi i}$. 走完第二条环路以后它得到乘数 $e^{q2\pi i}$,走完第三条环路后得到乘数 $e^{-p2\pi i}$. 最后,走完第四条环路时得到乘数 $e^{-q2\pi i}$. 这样,最后回到 z_0 时函数(143)也回到从 z_0 出发时的同一支页,因此若取 l 为闭线路 (l_1,l_2),则 l 满足条件(145),从而式(144)中的 $w(z)$ 就是方程(134)的解. 注意:如果我们取 l 为不包含被积分函数的奇异点 α_1 和 α_2 在其内部的闭线路,那么被积分函数当然也回到它的始值,但由柯西定理知道沿着这种闭线路的积分(144)必等于零,故得不到方程式(134)的解. 我们现在所取的线路则是既绕过奇异点而函数又能回到原来支页的.

这样,我们的解就是

$$w_0(z)=C\int_{(l_1,l_2)}(z'-\alpha_1)^{p-1}(z'-\alpha_2)^{q-1}e^{zz'}dz' \tag{147}$$

变数 z' 位于全部在有限距离之内的线路上,故可将 $e^{zz'}$ 写成级数的形式

$$e^{zz'}=\sum_{k=0}^{+\infty}\frac{z^k}{k!}z'^k$$

这个级数的积分线路上为一致收敛.代入式(147) 然后逐项积分,即得

$$w_0(z)=C\sum_{k=0}^{+\infty}\frac{z^k}{k!}\int_{(l_1,l_2)}z'^k(z'-\alpha_1)^{p-1}(z'-\alpha_2)^{q-1}\mathrm{d}z' \tag{148}$$

其中 C 为任意常数,易知这样作出来的解恰好就是在原点为正则的解.我们只要注意下面的事实就好了:当 p 和 q 不都是正整数时这个解不会恒等于零.

易见式(148) 中的积分数值和出发点 z_0 的选取无关.这个事实可以借柯西定理证明之,因为走完线路(l_1,l_2)一周以后我们仍回到函数的原来支页,故可视(l_1,l_2)为闭线路,因此引用柯西定理也是完全合理的.

现在我们看一个特别情形,即当 p 和 q 的实数部分都大于零的情形.假设 z_0 位于直线段 $\alpha_1\alpha_2$ 上 α_1 这点的邻近,l_1 是个以 α_1 为中心的小圆,l_2 由直线段 z_0z_1 和一个以 α_2 为中心的小圆构成,其中直线段 z_0z_1 显然要经过两次.我们要证明当这两个圆的半径无限缩小时在圆周上的积分数值都趋于零.试以中心为 α_1 的圆周为例,为简单起见,假设 p 是实数,由条件它应该大于零.设圆的半径为 ε,在这个圆周上被积分函数可估计如下

$$|z'^k(z'-\alpha_1)^{p-1}(z'-\alpha_2)^{q-1}|=|z'-\alpha_1|^{p-1}\cdot|z'^k(z'-\alpha_2)^{q-1}|<\varepsilon^{p-1}M$$

其中 M 是个正常数.对于在这圆周上的整个积分可做如下的估计

$$\left|\int z'^k(z'-\alpha_1)^{p-1}(z'-\alpha_2)^{q-1}\mathrm{d}z'\right|<\varepsilon^{p-1}M2\pi\varepsilon=\varepsilon^p 2\pi M$$

由此立刻可知这积分与 ε 同时趋于零.对于复指数 $p=p_1+\mathrm{i}p_2$,$p_1>0$,我们有

$$|(z'-\alpha_1)^{p-1}|=|\mathrm{e}^{[(p_1-1)+\mathrm{i}p_2]\ln(z'-\alpha_1)}|=\mathrm{e}^{(p_1-1)\ln|z'-\alpha_1|-p_2\arg(z'-\alpha_1)}$$

或

$$|(z'-\alpha_1)^{p-1}|=\varepsilon^{p_1-1}\cdot\mathrm{e}^{-p_2\arg(z'-\alpha_2)}$$

同样可得所需的结果.

这样,就上述的积分路线而言,沿圆周的积分可以借取极限而略去,最后在 l_2 上的积分就变成从 α_1 沿直线段 $\alpha_1\alpha_2$ 积分到 α_2,绕过 α_2 这点,然后又沿原线段回到 α_1.

记住被积分函数绕过 α_1 和 α_2 所得到的乘数,对于解(147) 即得到下面这公式

$$w_0(z)=C\mathrm{e}^{p2\pi\mathrm{i}}(1-\mathrm{e}^{q2\pi\mathrm{i}})\int_{\alpha_1}^{\alpha_2}(z'-\alpha_1)^{p-1}(z'-\alpha_2)^{q-1}\mathrm{e}^{zz'}\mathrm{d}z'+$$

$$C(\mathrm{e}^{q2\pi\mathrm{i}}-1)\int_{\alpha_1}^{\alpha_2}(z'-\alpha_1)^{p-1}(z'-\alpha_2)^{q-1}\mathrm{e}^{zz'}\mathrm{d}z'$$

或

$$w_0(z)=-C(\mathrm{e}^{p2\pi\mathrm{i}}-1)(\mathrm{e}^{q2\pi\mathrm{i}}-1)\int_{\alpha_1}^{\alpha_2}(z'-\alpha_1)^{p-1}(z'-\alpha_2)^{q-1}\mathrm{e}^{zz'}\mathrm{d}z'$$

设 p 和 q 都非整数,将上式右边积分,前面两因子并入常数 C 中,我们现在就可将方程(134) 的正则(在原点) 解简单地用线段 $\alpha_1\alpha_2$ 上的积分来表示

$$w_0(z)=C\int_{\alpha_1}^{\alpha_2}(z'-\alpha_1)^{p-1}(z'-\alpha_2)^{q-1}e^{zz'}dz' \tag{149}$$

这一结果实际上是立刻就可以得到的.因为若 p 和 q 的实数部分都大于零,则当 $z'=\alpha_1$ 和 $z'=\alpha_2$ 时,式(145)方括号中的函数显然等于零,故可取 l 为线段 $\alpha_1\alpha_2$,这样就得到了式(149).且在这个论断中我们并没有用到 p 和 q 不是整数的事实.

现在再回到一般的情形.注意:如果积分路线只取一个环路 l_1 或 l_2,那么,一般而论,积分的数值就和出发点 z_0 有关,当然也不是方程(134)的解了.但是,我们可以适当的选取 z_0 和线路 l_1 或 l_2,使得积分仍旧是方程(134)的解.

以后常设 z 为正数.在这条件下,若 z' 如此地趋于无限远,使得它的实数部分趋于 $-\infty$,而虚数部分常为有界(这时我们称 z' 趋于 $-\infty$),则可知

$$(z'-\alpha_1)^p(z'-\alpha_2)^q e^{zz'} \tag{150}$$

必趋于零.因此若取 l'_1 为两端在 $-\infty$ 而环绕 α_1 的线路,则在这线路的两端式(150)中函数的值为零,于是条件(145)满足,而在这线路上的积分就是方程(134)的解.同样,若取 l'_2 为从 $-\infty$ 出发从正方向绕过 α_2 然后再回到 $-\infty$ 的线路,则可得方程(134)的第二个解.写出来就是

$$\begin{cases} w_1(z)=\int_{l'_1}(z'-\alpha_1)^{p-1}(z'-\alpha_2)^{q-1}e^{zz'}dz' \\ w_2(z)=\int_{l'_2}(z'-\alpha_1)^{p-1}(z'-\alpha_2)^{q-1}e^{zz'}dz' \end{cases} \tag{151}$$

被积分函数以 $z'=\alpha_1$ 和 $z'=\alpha_2$ 为支点.要使它成为单值,可以从这两点引平行于实轴的割线到 $-\infty$ 去,但设 α_1 和 α_2 两数的虚数部分不相等(图68).在这被割以后的平面上我们如此选取被积分函数的一支,使当 $z'-\alpha_1>0$ 时,即当 z' 在第一割线的延长线上的时候,$\arg(z'-\alpha_1)=0$;又当 $z'-\alpha_2>0$ 时 $\arg(z'-\alpha_2)=0$.线路 l'_1 和 l'_2 则如图68所示.在这些条件下,(151)中的两解对于 $z>0$ 就有完全确定的数值了.

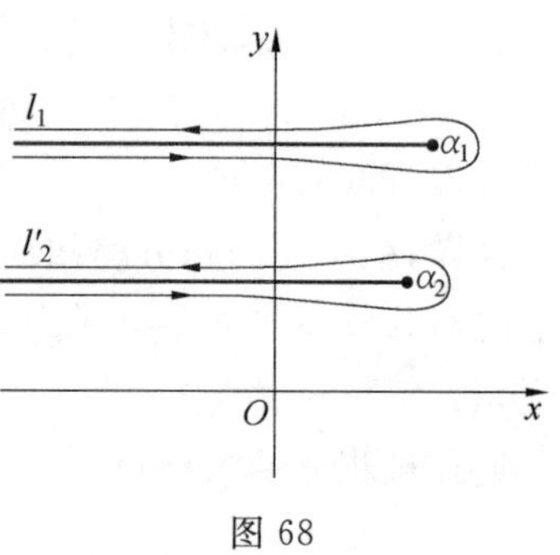

图 68

注意:当 $z'\to-\infty$ 时不仅对于 z 的正数值指数函数 $e^{zz'}\to 0$,并且对于所有的 z,满足条件

$$\frac{\pi}{2}>\arg z>-\frac{\pi}{2} \tag{152}$$

的,亦有 $e^{zz'}\to 0$.实际上,令 $z=x+iy$,我们有 $x>0$.此外,$z'=x'+iy'$,其中 $x'\to-\infty$,$|y'|$ 为有界.这样,乘积 zz' 的实数部分亦趋于 $-\infty$,而函数(150)在 l'_1 和 l'_2 的端点就等于零.因此,对于扇形区域(152)中所有 z 的数值式

(151) 亦唯一的决定两个解的数值.

现在要建立方程(134) 的在原点为正则的解和式(151) 中两个解的关系.为了以后应用于贝塞尔方程起见,我们只讨论 $p=q$ 的情形.这时我们要得到正则(在原点) 解可以不取从前的(l_1,l_2) 作积分线路,而取一个更简单的线路:即从一点 z_0 出发,以正方向绕 α_1 一周,回到 z_0,然后又以负方向绕 α_2 一周.被积分函数在第一次回到 z_0 时得到乘数 $e^{p2\pi i}$,而在第二次回到 z_0 时得到乘数 $e^{-q2\pi i}=e^{-p2\pi i}$,因此又和出发时的数值相等,从而条件(145) 满足.如前,这样作出来的解和 z_0 这点的选择无关.将 z_0 沿着经过α_1 的割线 γ_1 的下岸引向 $-\infty$ 去,但不与α_1 和α_2 相遇(图 69).

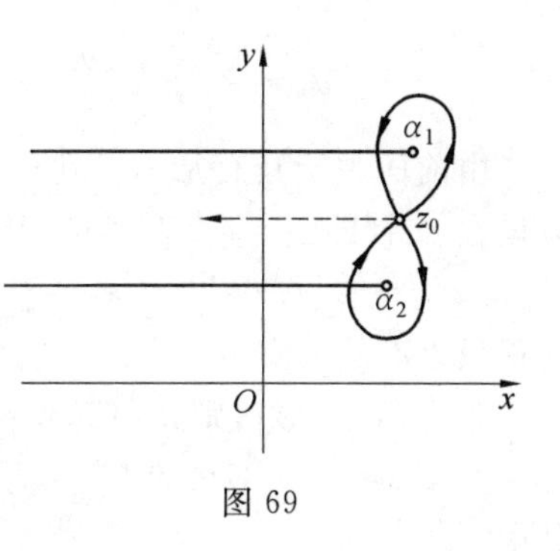

图 69

由绕 α_1 的环路我们得到解 w_1.走完这环路以后我们到达 γ_1 的上岸,此后就应从负方向绕过 α_2.如果从 γ_1 的下岸出发走完这环路的话,我们可以得到解 $-w_2$.但由 γ_1 的下岸到上岸,被积分函数得到一个乘数 $e^{2p\pi i}$.所以从 γ_1 的上岸沿负方向绕 α_2 一周时得到的是 $-e^{p2\pi i}w_2$.最后,我们得到下面的规则:当 $p=q$ 时沿着图 69 所示的线路积分而得到的正则解可借(151) 的两解表示为

$$w_1(z)-e^{2p\pi i}w_2(z) \tag{153}$$

109. 解的渐近表示式

我们现在要导出(151) 中两解的渐近展开式,当 z 取大的正数值时.记住这些解对于扇形区域(152) 中的 z 都已有定义.先从第一个解开始.由下式引进另一积分变数 t 以代替 z'

$$z'-\alpha_1=t \tag{154}$$

又记 $\beta=\alpha_1-\alpha_2$.经过这变换以后第一个解成为

$$w_1(z)=\int_{l_0} t^{p-1}(t+\beta)^{q-1}e^{z(\alpha_1+t)}\mathrm{d}t \tag{155}$$

其中 l_0 是从 $t=-\infty$ 出发绕过原点的闭线路.被积分函数以 $t=0$ 和 $t=-\beta$ 为支点.代替图 69 我们在 t 平面上也有两条割线,从 $-\infty$ 到 $t=0$ 和 $t=-\beta=\alpha_2-\alpha_1$,并且当 $t>0$ 和 $t+\beta>0$ 时,即当 t 在这两割线的延长线上的时候,有 $\arg t=0$ 和 $\arg(t+\beta)=0$.

当 $|t|<|\beta|$ 时,由牛顿二项式公式得

$$(t+\beta)^{q-1}=\beta^{q-1}\left(1+\frac{t}{\beta}\right)^{q-1}=\sum_{k=0}^{+\infty}d_k t^k \tag{156}$$

其中

$$d_k = \beta^{q-1}\beta^{-k}\frac{(q-1)(q-2)\cdots(q-k)}{k!} \quad (d_0 = \beta^{q-1}) \tag{157}$$

由前面关于具有从 $-\beta$ 到 $-\infty$ 的割线的 t 平面中 $\arg(t+\beta)$ 的条件，我们应设在 β^{q-1}（即当 $t=0$ 时函数(156) 的值）中 β 的辐角受到下面的限制

$$-\pi < \arg\beta < \pi \tag{158}$$

这里设 β 不是负实数.

若 $|t| \geqslant |\beta|$，则式(156) 不能用，这时我们就简单地记

$$(t+\beta)^{q-1} = d_0 + d_1 t + \cdots + d_n t^n + R_n(t)$$

其中

$$R_n(t) = (t+\beta)^{q-1} - (d_0 + d_1 t + \cdots + d_n t^n) \tag{159}$$

利用上列公式，可得

$$w_1(z) = e^{\alpha_1 z}\sum_{k=0}^{n} d_k \int_{l_0} e^{zt} t^{p+k-1}\,dt + e^{\alpha_1 z}\int_{l_0} e^{zt} t^{p-1} R_n(t)\,dt \tag{160}$$

考察等式右边的和. 由下式引进另一积分变数 τ 以代替 t，则

$$zt = -\tau = e^{\pi i}\tau$$

则

$$\int_{l_0} e^{zt} t^{p+k-1}\,dt = e^{-\pi p i}(-1)^k z^{-p-k}\int_{\lambda} e^{-\tau}\tau^{p+k-1}\,d\tau$$

其中积分道路 λ 是从 $\tau=+\infty$ 出发，由正方向绕过 $\tau=0$ 的割线. 由 $zt = e^{-\pi i}\tau$ 得 $\tau = ze^{\pi i}t$，但设 $z>0$，$\arg z = 0$，即平面 τ 可由平面 t 绕着原点旋转角度 π 而得，这时 t 平面上割线 l_0 的下岸，那里 $\arg t = -\pi$，变为 τ 平面上割线 λ 的上岸，由上面的变换式知道在这上岸应有 $\arg\tau = 0$.

由[74] 所证上述路积分和 $\Gamma(z)$ 的关系，我们有

$$\int_{l_0} e^{zt} t^{p+k-1}\,dt = e^{-\pi p i}(-1)^k z^{-p-k}(e^{(p+k)2\pi i} - 1)\Gamma(p+k)$$

代入式(160)，得

$$w_1(z) = e^{\alpha_1 z} z^{-p}(e^{2\pi p i} - 1)e^{-\pi p i}\sum_{k=0}^{n}(-1)^k d_k \Gamma(p+k) z^{-k} + e^{\alpha_1 z}\int_{l_0} e^{zt} t^{p-1} R_n(t)\,dt \tag{161}$$

或

$$e^{-\alpha_1 z} z^p w_1(z) = e^{-\pi p i}(e^{2\pi p i} - 1)\sum_{k=0}^{n}(-1)^k d_k \Gamma(p+k) z^{-k} + z^p \int_{l_0} e^{zt} t^{p-1} R_n(t)\,dt \tag{162}$$

现在证明当 $z>0$ 时无穷级数

$$e^{-\pi p i}(e^{2\pi p i} - 1)\sum_{k=0}^{+\infty}(-1)^k \frac{\Gamma(p+k) d_k}{z^k} \tag{163}$$

是函数 $e^{-\alpha_1 z}z^p w_1(z)$ 的渐近展开式.

为此,我们必须证明 z^n 与式(162) 右边第二项的积以零为极限,即

$$\lim_{z\to\infty} z^{n+p}\int_{l_0} e^{zt}t^{p-1}R_n(t)\mathrm{d}t=0$$

取积分道路 l_0 为下面的线路:实轴上的线段$(-\infty,-r)$,以 $t=0$ 为中心,半径等于 r 的圆周,和实轴上的线段$(-r,+\infty)$,其中 r 是个正数.

首先证明,当 $z\to+\infty$ 时

$$z^{n+p}\int_{-\infty}^{-r} e^{zt}t^{p-1}R_n(t)\mathrm{d}t \tag{164}$$

的极限为零.显然,对于绕过 $t=0$ 以后沿着线段$(-r,-\infty)$ 的积分也成立同样的结果,因为这个绕道只添加一个乘数 $e^{(p-1)2\pi i}$.

回到式(159),知可取正数 N 甚大,使当 $t\to-\infty$ 时

$$\left|\frac{R_n(t)}{t^N}\right|\to 0$$

因此在全部积分路线上商式$\frac{R_n(t)}{t^N}$ 的模为有界,故可得不等式

$$|R_n(t)|<m|t|^N \quad (-\infty<t\leqslant -r) \tag{165}$$

其中 m 是个固定的正数.假设 ε 是个很小的正数,回忆指数函数比任何幂函数都增加得更快的事实,由式(165) 可得

$\frac{i^{p-1}R_n(t)}{e^{-\varepsilon t}}\to 0$ (当 $t\to-\infty$ 时),或 $|t^{p-1}R_n(t)|<m_1 e^{-\varepsilon t}$ $(-\infty<t\leqslant -r)$

其中 m_1 为一正常数.

这样,对(164) 可做如下的估计

$$\left|z^{n+p}\int_{-\infty}^{-r} e^{z'}t^{p-1}R_n(t)\mathrm{d}t\right|<|z^{n+p}|\int_{-\infty}^{-r} m_1 e^{(z-\varepsilon)t}\mathrm{d}t \quad (z>0)$$

积分以后即得

$$\left|z^{n+p}\int_{-\infty}^{-r} e^{zt}t^{p-1}R_n(t)\mathrm{d}t\right|<\frac{|z^{n+p}|}{z-\varepsilon}m_1 e^{-(z-\varepsilon)r}$$

由此立刻可知当 $z\to+\infty$ 时,式(164) 的极限为零.这个事实对于任何固定正数 r 皆成立.剩下来要证明的是

$$z^{n+p}\int_C e^{zt}t^{p-1}R_n(t)\mathrm{d}t$$

的极限为零,其中积分道路 C 是以原点为中心,半径等于 r 的圆周.假设 r 甚小,使关系 $r<\frac{1}{2}|\beta|$ 成立.那么在圆周 $|t|=r$ 上我们就可利用展开式(156).

由柯西不等式,对展开式的系数 d_k 有如下的估计

$$|d_k|<\frac{m_2}{(|\beta|-s)^k}$$

其中 m_2 为一正数，而 $|\beta|-\varepsilon$ 可设等于 $\rho=\frac{1}{2}|\beta|$. 其次

$$R_n(t)=d_{n+1}t^{n+1}+d_{n+2}t^{n+2}+\cdots$$

由上面的不等式得

$$|d_k|<m_2\left(\frac{1}{2}|\beta|\right)^{-k};\ |t|=r<\frac{1}{2}|\beta|$$

从而

$$|R_n(t)|\leqslant|d_{n+1}||t|^{n+1}+|d_{n+2}||t|^{n+2}+\cdots<\frac{m_2|t|^{n+1}}{\rho^{n+1}(1-\theta)} \quad (166)$$

其中

$$\theta=\frac{r}{\rho}<1$$

这个 $R_n(t)$ 的估计当 $|t|<r$ 时当然也成立，即当 t 在 C 的内部时也成立. 再借变换 $zt=-\tau$ 引进另一积分变数 τ 以代替 t，即得

$$z^{n+p}\int_C e^{zt}t^{p-1}R_n(t)\mathrm{d}t=(-1)^p z^n\int_{C'} e^{-\tau}t^{p-1}R_n\left(-\frac{\tau}{z}\right)\mathrm{d}t \quad (167)$$

其中积分道路 C' 是以原点为中心，半径等于 rz 的圆周. 由柯西定理我们可以将这线路变形而取从实轴上的点 rz 出发，环绕原点一周的任何位于 C' 内部的闭线路作积分线路. 这时 t 平面中和它对应的线路必位于 C 的内部，故式(166)的估计成立. 例如，可取如下的道路 C'' 为积分道路：实轴上从 rz 到点 c 的线段，c 位于原点的右方，中心在原点而半径等于 c 的圆周，然后又是实轴上的线段 (c, rz)，我们取 c 为一固定的，和 z 无关的正数，先假设 p 为实数. 利用不等式(166)估计式(167)，可得

$$\left|(-1)^p z^n\int_{C''} e^{-\tau}t^{p-1}R_n\left(-\frac{\tau}{z}\right)\mathrm{d}\tau\right|<\frac{1}{z}\int_{C''}\frac{m_2|\tau|^{n+p}}{\rho^{n+1}(1-\theta)}|e^{-\tau}|\mathrm{d}s$$

其中 $\mathrm{d}s$ 为线路的弧的微分. 现在证明当 z 无限增大时，上式右边的积分为有界. 实际上，在半径为 c 的圆周上的积分与 z 无关. 再看沿着线段 (c, rz) 的积分，即

$$\frac{m_2}{\rho^{n+1}(1-\theta)}\int_0^{rz} e^{-\tau}\tau^{n+p}\mathrm{d}\tau$$

当 z 无限增加时，上式中的积分趋于有限极限值

$$\int_0^{\infty} e^{-\tau}\tau^{n+p}\mathrm{d}\tau$$

于此被积分函数中的因子 $e^{-\tau}$ 保证了这广义积分的存在. 这样，当 p 为实数时，我们已证明了所要的结果. 对于复数 $p=p_1+\mathrm{i}p_2$ 我们只要利用通常估计复数乘幂的方法，即

$$\tau^p=e^{(p_1+\mathrm{i}p_2)\ln\tau}=e^{(p_1+\mathrm{i}p_2)(\ln|\tau|+\mathrm{i}\arg\tau)}$$

从而

$$|\tau^p|=|\tau|^{p_1}e^{-p_2\arg\tau}$$

这样,我们就可肯定当 $z>0$ 时,级数(163) 是函数 $e^{-\alpha_1 z}z^p w_1(z)$ 的渐近展开式

$$e^{-\alpha_1 z}z^p w_1(z) \sim e^{-\pi p i}(e^{2\pi p i}-1)\sum_{k=0}^{+\infty}(-1)^k \frac{\Gamma(p+k)d_k}{z^k} \tag{168}$$

其中

$$d_k=(\alpha_1-\alpha_2)^{q-1-k}\frac{(q-1)(q-2)\cdots(q-k)}{k!}$$

$$(d_0=(\alpha_1-\alpha_2)^{q-1},\ -\pi<\arg(\alpha_1-\alpha_2)<\pi) \tag{169}$$

当式(168) 中 p 为整数的情形我们不再加以研究.

完全相似的,对式(151) 的第二个解可得如下的渐近展开式

$$e^{-\alpha_2 z}z^q w_2(z) \sim e^{-\pi q i}(e^{2\pi q i}-1)\sum_{k=0}^{+\infty}(-1)^k \frac{\Gamma(q+k)d'_k}{z^k} \tag{170}$$

其中

$$d'_k=(\alpha_2-\alpha_1)^{p-1-k}\frac{(p-1)(p-2)\cdots(p-k)}{k!}$$

$$(d'_0=(\alpha_2-\alpha_1)^{p-1},\ -\pi<\arg(\alpha_2-\alpha_1)<\pi) \tag{171}$$

对于 z^p 和 z^q 应设当 $z>0$ 时 $\arg z=0$.

110. 不同结果的比较

回忆我们在[105] 中曾作出一个形式上满足方程(113) 的级数

$$e^{\alpha z}z^{\rho}\left(c_0+c_1\frac{1}{z}+\cdots\right) \tag{172}$$

将这结果和式(168) 中的渐近展开式比较,即和

$$e^{\alpha_1 z}z^{-p}e^{-\pi p i}(e^{2\pi p i}-1)\sum_{k=0}^{+\infty}(-1)^k \frac{\Gamma(p+k)d_k}{z^k} \tag{173}$$

比较,我们要证明这两个式子除一常数因子外是全同的,这任意常数因子即式(172) 中的 c_0.

式(168) 中的 $w_1(z)$ 是方程(134) 的解,比较式(134) 和式(113),我们知道,首先应有 $a_k=b_k=0$ 当 $k\geqslant 2$. 式(172) 和式(173) 中的指数函数和幂函数因子是全同的,因为决定 α_1 的方程(139) 与方程(115) 全同,又由式(142)$p=-\rho_1$,而这 ρ_1 就是当 $\alpha=\alpha_1$ 时由式(119) 所决定的 ρ 的数值. 剩下来要证明(172) 和(173) 中两级数全同,为此,只须证明这两个级数中的系数满足同一个关系式,并由这关系式决定.

式(172) 中的级数是方程(120) 当 $a_k=b_k=0$,$k\geqslant 2$ 时的形式上的解,这方程就是

$$u'' + \left(2\alpha_1 + a_0 + \frac{2\rho_1 + a_1}{z}\right)u' + \frac{\rho_1^2 + (a_1 - 1)\rho_1}{z^2}u = 0 \tag{174}$$

由方程(115)知

$$\alpha_1 + \alpha_2 = -a_0; 2\alpha_1 + a_0 = \alpha_1 - \alpha_2; 2\alpha_2 + a_0 = \alpha_2 - \alpha_1$$

因此

$$\rho_1 = -\frac{\alpha_1 a_1 + b_1}{2\alpha_1 + a_0} = \frac{\alpha_1 a_1 + b_1}{\alpha_2 - \alpha_1}; \rho_2 = -\frac{\alpha_2 a_1 + b_1}{2\alpha_2 + a_0} = \frac{\alpha_2 a_1 + b_1}{\alpha_1 - \alpha_2}$$

从而

$$\rho_1 + a_1 = -\rho_2; \rho_1^2 + (a_1 - 1)\rho_1 = -\rho_1\rho_2 - \rho_1 \tag{175}$$

方程(174)具有(124)的形式,故系数 c_n 之间存在如下的关系

$$[n(n+1) - n(2\rho_1 + a_1) + \rho_1^2 + (a_1 - 1)\rho_1]c_n = (n+1)(2\alpha_1 + a_0)c_{n+1}$$

由 $\alpha_1 + \alpha_2 = -a_0$ 及式(175)得

$$[n(n+1) - n(\rho_1 - \rho_2) - \rho_1\rho_2 - \rho_1]c_n = (n+1)(\alpha_1 - \alpha_2)c_{n+1} \tag{176}$$

以 c_n 记式(173)中无穷级数的系数

$$c_n = (-1)^n d_n p(p+1)\cdots(p+n-1)\Gamma(p) = (-1)^n d_n \Gamma(p+n)$$

由此

$$\frac{c_{n+1}}{c_n} = -\frac{d_{n+1}(p+n)}{d_n}$$

由式(169)得

$$\frac{c_{n+1}}{c_n} = -\frac{(q-n-1)(p+n)}{(n+1)(\alpha_1 - \alpha_2)}$$

或

$$(n+1-q)(n+p)c_n = (n+1)(\alpha_1 - \alpha_2)c_{n+1}$$

由 $p = -\rho_1$ 和 $q = -\rho_2$ 知道上式和式(176)全同.这样,我们看到:用[105]中的方法作出来的方程(134)的形式上的解是式(151)中的解的渐近展开式(当 $z \to +\infty$ 时),除了一个常数因子以外.

111. 贝塞尔方程

现在我们要将上节的定理应用于贝塞尔方程[Ⅱ,48]

$$z^2 w'' + zw' + (z^2 - n^2)w = 0 \tag{177}$$

由下式引进另一未知函数 u 以代 w,则

$$w = z^n u$$

则方程(177)变为

$$zu'' + (2n+1)u' + zu = 0 \tag{178}$$

而这就是我们在以前几节中讨论过的那种类型的方程,现在和(113)比较,知

道

$$a_0=0;a_1=2n+1;b_0=1;b_1=0$$

二次方程(139) 成为 $z'^2+1=0$,故

$$\alpha_1=\mathrm{i};\alpha_2=-\mathrm{i}$$

和式(141) 一样,有

$$p=\frac{2n+1}{2};q=\frac{2n+1}{2}$$

最后,式(151) 的解在目前成为

$$u_1=\int_{l'_1}(z'^2+1)^{\frac{2n-1}{2}}\mathrm{e}^{zz'}\mathrm{d}z';u_2=\int_{l'_2}(z'^2+1)^{\frac{2n-1}{2}}\mathrm{e}^{zz'}\mathrm{d}z' \tag{179}$$

其中线路 l'_1 和 l'_2 从 $-\infty$ 出发分别环绕 $z'=\mathrm{i}$ 和 $z'=-\mathrm{i}$ 一周后重又回到 $-\infty$.

当 $-\frac{\pi}{2}+\varepsilon<\arg z<\frac{\pi}{2}-\varepsilon$ 时,这两解由式(179) 可决定.依照[108] 中所示的条件,$\arg(z'+\mathrm{i})=0$,当 $z'+\mathrm{i}>0$;$\arg(z'-\mathrm{i})=0$,当 $z'-\mathrm{i}>0$.由此立刻得出

$$\arg(z'^2+1)=\arg(z'+\mathrm{i})+\arg(z'-1)=0\quad(\text{当 } z' \text{ 为实数时})$$

对式(179) 中的第一个解,按照(168),我们有

$$\mathrm{e}^{-\mathrm{i}z}z^{n+\frac{1}{2}}u_1\sim\mathrm{e}^{-\pi(n+\frac{1}{2})\mathrm{i}}[\mathrm{e}^{\pi(2n+1)\mathrm{i}}-1]\sum_{k=0}^{+\infty}(-1)^k\frac{\Gamma\left(n+\frac{1}{2}+k\right)d_k}{z^k}$$

记住

$$\mathrm{e}^{\pi(2n+1)\mathrm{i}}-1=-(1+\mathrm{e}^{2\pi n\mathrm{i}})$$

以及式(157)

$$d_k=(2\mathrm{i})^{n-\frac{1}{2}-k}\binom{q-1}{k}=(2\mathrm{i})^{n-\frac{1}{2}-k}\begin{pmatrix}n-\frac{1}{2}\\k\end{pmatrix}$$

$$\left(-\pi<\arg 2\mathrm{i}<\pi,\text{或} \arg 2\mathrm{i}=\frac{\pi}{2}\right)$$

即

$$d_k=2^{n-\frac{1}{2}-k}\mathrm{e}^{\frac{\pi}{2}(n-\frac{1}{2})\mathrm{i}}\mathrm{i}^{-k}\begin{pmatrix}n-\frac{1}{2}\\k\end{pmatrix}$$

即得如下的渐近展开式

$$\mathrm{e}^{-\mathrm{i}z}z^{n+\frac{1}{2}}u_1\sim\mathrm{e}^{-\frac{\pi}{2}(n-\frac{1}{2})\mathrm{i}}(1+\mathrm{e}^{2\pi n\mathrm{i}})2^{n-\frac{1}{2}}\cdot$$
$$\sum_{k=0}^{+\infty}\begin{pmatrix}n-\frac{1}{2}\\k\end{pmatrix}\Gamma\left(n+\frac{1}{2}+k\right)\left(\frac{\mathrm{i}}{2z}\right)^k \tag{180}$$

完全类似的计算,对于式(179) 的第二个解可得

$$\mathrm{e}^{\mathrm{i}z}z^{n+\frac{1}{2}}u_2\sim\mathrm{e}^{-\frac{3\pi}{2}n\mathrm{i}+\frac{3\pi}{4}\mathrm{i}}(1+\mathrm{e}^{2\pi n\mathrm{i}})2^{n-\frac{1}{2}}\cdot$$

$$\sum_{k=0}^{+\infty}\begin{pmatrix}n-\dfrac{1}{2}\\k\end{pmatrix}\Gamma\left(n+\frac{1}{2}+k\right)\left(\frac{-\mathrm{i}}{2z}\right)^{k}\qquad(181)$$

该式和上式不同的地方只在于系数 d'_k，即

$$d'_k=(-2\mathrm{i})^{n-\frac{1}{2}-k}\begin{pmatrix}n-\dfrac{1}{2}\\k\end{pmatrix}\quad\left(\arg(-2\mathrm{i})=-\frac{\pi}{2}\right)$$

于此，记号 $\binom{a}{k}$ 对整数 $k\geqslant 0$ 的定义如下

$$\binom{a}{k}=\frac{a(a-1)\cdots(a-k+1)}{k!},\binom{a}{0}=1$$

回忆方程(178)的正则解(在原点)可用式(153)来表示，只是其中的 w 应改为 u，我们再引进另一解 u_2^* 以代替 u_2，则

$$u_2^*=\mathrm{e}^{p2\pi\mathrm{i}}u_2=\mathrm{e}^{(2n+1)\pi\mathrm{i}}u_2$$

对于 u_2^* 我们有下面的渐近表示式

$$\mathrm{e}^{\mathrm{i}z}z^{n+\frac{1}{2}}u_2^*\sim\mathrm{e}^{\frac{\pi}{2}(n-\frac{1}{2})\mathrm{i}}(1+\mathrm{e}^{2\pi n\mathrm{i}})2^{n-\frac{1}{2}}\cdot$$
$$\sum_{k=0}^{+\infty}\begin{pmatrix}n-\dfrac{1}{2}\\k\end{pmatrix}\Gamma\left(n+\frac{1}{2}+k\right)\left(\frac{-\mathrm{i}}{2z}\right)^{k}\qquad(182)$$

对应的方程(177)的两解可由 $w=z^n u$ 的关系得到.

有时我们也将(179)的两解写成另外的形式，即借变换 $z'=\mathrm{i}\tau=\mathrm{e}^{\frac{\pi}{2}\mathrm{i}}\tau$ 引进另一积分变数 τ 以代 z'，这个变换实际上就是将 z' 平面转一角度 $-\frac{\pi}{2}$，即

$$u_1=\mathrm{i}\int_{\lambda_1}(1-\tau^2)^{n-\frac{1}{2}}\mathrm{e}^{\mathrm{i}z\tau}\mathrm{d}\tau;u_2=\mathrm{i}\int_{\lambda_2}(1-\tau^2)^{n-\frac{1}{2}}\mathrm{e}^{\mathrm{i}z\tau}\mathrm{d}\tau\qquad(183)$$

其中 λ_1 和 λ_2 是从 $\tau=+\mathrm{i}\infty$ 出发，分别环绕 $\tau=+1$ 和 $\tau=-1$ 各一周的闭线路(图70)，又 $\arg(1-\tau^2)=0$ 当 τ 为纯虚数，即当 z' 为实数时；或是同样的，$\arg(1-\tau^2)=\pi$ 当 $\tau>1$. 令 $1-\tau^2=\mathrm{e}^{\pi\mathrm{i}}(\tau^2-1)$，则由式(183)得

$$\begin{cases}u_1=\mathrm{e}^{\pi(n-\frac{1}{2})\mathrm{i}}\mathrm{i}\displaystyle\int_{\lambda_1}(\tau^2-1)^{n-\frac{1}{2}}\mathrm{e}^{\mathrm{i}z\tau}\mathrm{d}\tau\\u_2=\mathrm{e}^{\pi(n-\frac{1}{2})\mathrm{i}}\mathrm{i}\displaystyle\int_{\lambda_2}(\tau^2-1)^{n-\frac{1}{2}}\mathrm{e}^{\mathrm{i}z\tau}\mathrm{d}\tau\end{cases}\qquad(184)$$

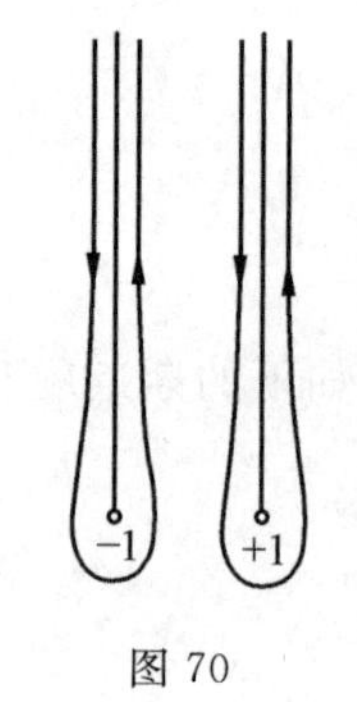

图 70

其中

$$\arg(\tau^2-1)=0\quad(\text{当 }\tau>1\text{ 时})\qquad(185)$$

对应的方程(177)的解是

$$\begin{cases} w_1 = e^{\pi(n-\frac{1}{2})i} i z^n \int_{\lambda_1} (\tau^2 - 1)^{n-\frac{1}{2}} e^{iz\tau} d\tau \\ w_2 = e^{\pi(n-\frac{1}{2})i} i z^n \int_{\lambda_2} (\tau^2 - 1)^{n-\frac{1}{2}} e^{iz\tau} d\tau \end{cases} \tag{186}$$

当 z 取甚大的正数值时这两解的渐近表示式可由以前的(180)和(181)两式的右边乘上 z^n 而得到. 现在引进 $w_2^* = e^{(2n+1)\pi i} w_2$ 代入 w_2,则

$$w_2^* = e^{\pi(3n+\frac{1}{2})i} i z^n \int_{\lambda_2} (\tau^2 - 1)^{n-\frac{1}{2}} e^{iz\tau} d\tau \tag{187}$$

两解之差 $u_1 - u_2^*$ 就是方程(178)的在原点 $z=0$ 为正则的解,同样,$w_1 - w_2^*$ 是贝塞尔方程的解,它在原点附近可展开为

$$z^n \sum_{k=0}^{+\infty} \beta_k z^k$$

形式的级数.

我们在[Ⅱ,48]中早已知道贝塞尔方程的这样的解系由下面的级数决定

$$Cz^n \left[1 - \frac{z^2}{2(2n+2)} + \frac{z^4}{2 \cdot 4 \cdot (2n+2) \cdot (2n+4)} - \cdots\right]$$

若 n 为正整数或零,则如我们早已指出过的一样,可取常数因子 C 为 $\frac{1}{2^n n!}$,其中 $0! =1$,对如此选取的常数因子我们得到了第一类的贝塞尔函数

$$J_n(z) = \sum_{k=0}^{+\infty} \frac{(-1)^k}{k!\ (n+k)!} \left(\frac{z}{2}\right)^{n+2k}$$

或利用函数 $\Gamma(z)$,则

$$J_n(z) = \sum_{k=0}^{+\infty} \frac{(-1)^k}{\Gamma(k+1)\Gamma(n+k+1)} \left(\frac{z}{2}\right)^{n+2k}$$

若 n 非整数,则取常数因子 C 为

$$C = \frac{1}{2^n \Gamma(n+1)}$$

这样得到的解是

$$\sum_{k=0}^{+\infty} \frac{(-1)^k}{k!\ (n+k)(n+k-1)\cdots(n+1)\Gamma(n+1)} \left(\frac{z}{2}\right)^{n+2k}$$

或由函数 $\Gamma(z)$ 的基本性质,得

$$J_n(z) = \sum_{k=0}^{+\infty} \frac{(-1)^k}{\Gamma(k+1)\Gamma(n+k+1)} \left(\frac{z}{2}\right)^{n+2k} \tag{188}$$

这样,对于任意的足号 n,贝塞尔函数都已定义好了. 差 $w_1 - w_2^*$ 并不就等于贝塞尔函数,而是和贝塞尔函数相差一个常数乘数,我们现在就要来决定这个乘数. 为此,我们应取两个和(186)中两解相差一个常数乘数的解,使得它们的差刚好等于贝塞尔函数 $J_n(z)$. 给第二个解加一个负号,我们现在要找一个常数 a,使得下列两解之和的一半等于贝塞尔函数

$$\begin{cases} \mathrm{H}_n^{(1)}(z)=bw_1=az^n\int_{\lambda_1}(\tau^2-1)^{n-\frac{1}{2}}\mathrm{e}^{\mathrm{i}z\tau}\mathrm{d}\tau \\ \mathrm{H}_n^{(2)}(z)=-bw_2^*=-a\mathrm{e}^{(2n+1)\pi\mathrm{i}}z^n\int_{\lambda_2}(\tau^2-1)^{n-\frac{1}{2}}\mathrm{e}^{\mathrm{i}z\tau}\mathrm{d}\tau \end{cases} \tag{189}$$

$$(a=b\mathrm{e}^{\pi(n-\frac{1}{2})\mathrm{i}}\mathrm{i})$$

在所有以上的计算中我们假设了 $n-\dfrac{1}{2}$ 不是正整数或零. 后面这种情形当在详细研究贝塞尔函数的时候再去讨论.

112. 汉开尔函数

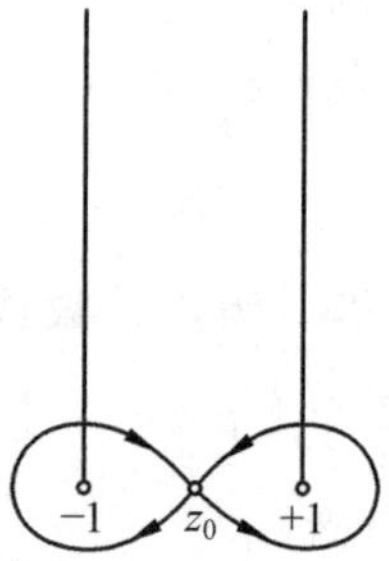

对于满足上节条件的常数 a，公式(189) 决定方程(177) 的两个解，称为汉开尔函数，记法亦如(189) 中所记一样. 如[108] 中所知，将(189) 中的两解相加可以得到一个沿积分路线 C 的积分，这路线呈"8" 字形，如图 71 所示. 实际上，图 69 当 $\alpha_1=\mathrm{i}$ 和 $\alpha_2=-\mathrm{i}$ 时绕着原点顺时针方向转一直角即得图 71.

图 71

因(189) 中两函数之和的一半应该等于贝塞尔函数(188)，故得

$$\frac{a}{2}z^n\int_C(\tau^2-1)^{n-\frac{1}{2}}\mathrm{e}^{\mathrm{i}z\tau}\mathrm{d}\tau=\sum_{k=0}^{+\infty}\frac{(-1)^k}{\Gamma(k+1)\Gamma(n+k+1)}\left(\frac{z}{2}\right)^{n+2k} \tag{190}$$

两边约去 z^n 以后再令 $z=0$，即得决定 a 的方程

$$\frac{1}{2}a\int_C(\tau^2-1)^{n-\frac{1}{2}}\mathrm{d}\tau=\frac{1}{2^n\Gamma(n+1)} \tag{191}$$

剩下来只要计算等式左边的积分. 假设 n 是实数，且 $n-\dfrac{1}{2}>-1$，和[108] 中一样，我们可以将 C 上的积分改为沿二重线段 $(-1,+1)$ 上的积分，但从 -1 到 $+1$ 应沿这线段的下岸，从 $+1$ 到 -1 应沿这线段的上岸. 如前，当 $\tau>1$ 时 $\arg(\tau^2-1)=0$，由此可知在线段 $(-1,+1)$ 的上岸 $\arg(\tau^2-1)=\pi$，在这线段的下岸 $\arg(\tau^2-1)=-\pi$，即

$$(\tau^2-1)^{n-\frac{1}{2}}=\mathrm{e}^{\mathrm{i}\pi(n-\frac{1}{2})}(1-\tau^2)^{n-\frac{1}{2}}\quad(\text{在上岸})$$

$$(\tau^2-1)^{n-\frac{1}{2}}=\mathrm{e}^{-\mathrm{i}\pi(n-\frac{1}{2})}(1-\tau^2)^{n-\frac{1}{2}}\quad(\text{在下岸})$$

最后将两积分相加，得

$$\int_C(\tau^2-1)^{n-\frac{1}{2}}\mathrm{d}\tau=-2\mathrm{i}\sin\left(n-\frac{1}{2}\right)\pi\int_{-1}^{+1}(1-\tau^2)^{n-\frac{1}{2}}\mathrm{d}\tau$$

其中 $$(1-\tau^2)^{n-\frac{1}{2}}=\mathrm{e}^{(n-\frac{1}{2})\ln(1-\tau^2)}\quad(1-\tau^2>0)$$

因被积分函数是偶函数,故有

$$\int_C(\tau^2-1)^{n-\frac{1}{2}}\mathrm{d}\tau=-4\mathrm{i}\sin\left(n-\frac{1}{2}\right)\pi\int_0^1(1-\tau^2)^{n-\frac{1}{2}}\mathrm{d}\tau$$

或由 $\tau^2=x$ 引进积分变数 x 以代 τ,则

$$\int_C(\tau^2-1)^{n-\frac{1}{2}}\mathrm{d}\tau=-2\mathrm{i}\sin\left(n-\frac{1}{2}\right)\pi\int_0^1x^{-\frac{1}{2}}(1-x)^{n-\frac{1}{2}}\mathrm{d}x$$

但是我们知道

$$\int_0^1x^{p-1}(1-x)^{q-1}\mathrm{d}x=\frac{\Gamma(p)\Gamma(q)}{\Gamma(p+q)}$$

因此等式(191)中的积分的值为

$$\int_C(\tau^2-1)^{n-\frac{1}{2}}\mathrm{d}\tau=-2\mathrm{i}\sin\left(n-\frac{1}{2}\right)\pi\frac{\Gamma\left(\frac{1}{2}\right)\Gamma\left(n+\frac{1}{2}\right)}{\Gamma(n+1)}=$$

$$2\mathrm{i}\sin\left(n+\frac{1}{2}\right)\pi\frac{\Gamma\left(\frac{1}{2}\right)\Gamma\left(n+\frac{1}{2}\right)}{\Gamma(n+1)}$$

但是我们知道

$$\Gamma(z)\Gamma(1-z)=\frac{\pi}{\sin\pi z}\text{ 和 }\Gamma\left(\frac{1}{2}\right)=\sqrt{\pi}$$

从而

$$\Gamma\left(n+\frac{1}{2}\right)\sin\left(n+\frac{1}{2}\right)\pi=\frac{\pi}{\Gamma\left(\frac{1}{2}-n\right)}\tag{192}$$

最后 $$\int_C(\tau^2-1)^{n-\frac{1}{2}}\mathrm{d}\tau=\frac{2\pi^{\frac{3}{2}}\mathrm{i}}{\Gamma\left(\frac{1}{2}-n\right)\Gamma(n+1)}$$

这个公式是在 n 为实数及 $n-\frac{1}{2}>-1$ 的假设之下导出的.但因等式两边都是 n 的解析函数,故可肯定这个公式对于任何的 n 都成立.这样,由式(191)即可决定常数 a 的数值为

$$a=\frac{\Gamma\left(\frac{1}{2}-n\right)}{2^n\pi^{\frac{3}{2}}\mathrm{i}}$$

将这个数值代入式(189),即得汉开尔函数的表示式

$$\left\{\begin{aligned}
H_n^{(1)}(z) &= \frac{\Gamma\left(\frac{1}{2}-n\right)}{\pi^{\frac{3}{2}}\mathrm{i}}\left(\frac{z}{2}\right)^n\int_{\lambda_1}(\tau^2-1)^{n-\frac{1}{2}}e^{\mathrm{i}z\tau}\,d\tau \\
H_n^{(2)}(z) &= -\frac{\Gamma\left(\frac{1}{2}-n\right)}{\pi^{\frac{3}{2}}\mathrm{i}}e^{(2n+1)\pi\mathrm{i}}\left(\frac{z}{2}\right)^n\int_{\lambda_2}(\tau^2-1)^{n-\frac{1}{2}}e^{\mathrm{i}z\tau}\,d\tau
\end{aligned}\right. \tag{193}$$

在两积分中均设当 $\tau>1$ 时 $\arg(\tau^2-1)=0$. 如果在第二个积分中设 $\arg(\tau^2-1)=2\pi$ 当 $\tau>1$ 时,则可写

$$\left\{\begin{aligned}
H_n^{(1)}(z) &= \frac{\Gamma\left(\frac{1}{2}-n\right)}{\pi^{\frac{3}{2}}\mathrm{i}}\left(\frac{z}{2}\right)^n\int_{\lambda_1}(\tau^2-1)^{n-\frac{1}{2}}e^{\mathrm{i}z\tau}\,d\tau \\
H_n^{(2)}(z) &= -\frac{\Gamma\left(\frac{1}{2}-n\right)}{\pi^{\frac{3}{2}}\mathrm{i}}\left(\frac{z}{2}\right)^n\int_{\lambda_2}(\tau^2-1)^{n-\frac{1}{2}}e^{\mathrm{i}z\tau}\,d\tau
\end{aligned}\right. \tag{193$_1$}$$

如果 z 的实数部分大于零,则当 $\tau\to+\mathrm{i}\infty$ 时 $\mathrm{i}z\tau\to-\infty$,因此式(193) 在虚轴的右边定义了汉开尔函数. 记住我们假设 $n-\frac{1}{2}$ 不等于负整数.

式(193) 中的汉开尔函数 $H_n^{(1)}(z)$ 和式(186) 中的第一个函数相差一个乘数

$$-\frac{e^{-\pi\left(n-\frac{1}{2}\right)\mathrm{i}}\Gamma\left(\frac{1}{2}-n\right)}{2^n\pi^{\frac{3}{2}}}$$

利用(180) 的渐近展开式和 $w=z^n u$ 的关系即得

$$e^{-\mathrm{i}z}z^{\frac{1}{2}}H_n^{(1)}(z)\sim-\frac{2^{\frac{1}{2}}e^{-\frac{\pi}{2}n\mathrm{i}+\frac{3\pi}{4}\mathrm{i}}\Gamma\left(\frac{1}{2}-n\right)\sin\left(n+\frac{1}{2}\right)\pi}{\pi^{\frac{3}{2}}}\cdot$$

$$\sum_{k=1}^{+\infty}\begin{bmatrix}n-\frac{1}{2}\\ k\end{bmatrix}\Gamma\left(n+\frac{1}{2}+k\right)\left(\frac{\mathrm{i}}{2z}\right)^k$$

或由(192) 的关系

$$e^{-\mathrm{i}z}z^{\frac{1}{2}}H_n^{(1)}(z)\sim\left(\frac{2}{\pi}\right)^{\frac{1}{2}}\frac{e^{-\mathrm{i}\left(\frac{\pi n}{2}+\frac{\pi}{4}\right)}}{\Gamma\left(n+\frac{1}{2}\right)}\cdot$$

$$\sum_{k=0}^{+\infty}\begin{bmatrix}n-\frac{1}{2}\\ k\end{bmatrix}\Gamma\left(n+\frac{1}{2}+k\right)\left(\frac{\mathrm{i}}{2z}\right)^k \tag{194}$$

上式也可写成

$$H_n^{(1)}(z) \sim \left(\frac{2}{\pi z}\right)^{\frac{1}{2}} \frac{e^{i\left(z-\frac{\pi n}{2}-\frac{\pi}{4}\right)}}{\Gamma\left(n+\frac{1}{2}\right)} \cdot$$

$$\sum_{k=0}^{+\infty} \binom{n-\frac{1}{2}}{k} \Gamma\left(n+\frac{1}{2}+k\right)\left(\frac{i}{2z}\right)^k \tag{195}$$

同样可得

$$H_n^{(2)}(z) \sim \left(\frac{2}{\pi z}\right)^{\frac{1}{2}} \frac{e^{-i\left(z-\frac{\pi n}{2}-\frac{\pi}{4}\right)}}{\Gamma\left(n+\frac{1}{2}\right)} \cdot$$

$$\sum_{k=0}^{+\infty} \binom{n-\frac{1}{2}}{k} \Gamma\left(n+\frac{1}{2}+k\right)\left(\frac{-i}{2z}\right)^k \tag{196}$$

上两式又可写成

$$H_n^{(1)}(z) = \left(\frac{2}{\pi z}\right)^{\frac{1}{2}} \frac{e^{i\left(z-\frac{\pi n}{2}+\frac{\pi}{4}\right)}}{\Gamma\left(n+\frac{1}{2}\right)} \cdot$$

$$\left[\sum_{k=0}^{p-1} \binom{n-\frac{1}{2}}{k} \Gamma\left(n+\frac{1}{2}+k\right)\left(\frac{i}{2z}\right)^k + O(|z|^{-p})\right] \tag{195_1}$$

$$H_n^{(2)}(z) = \left(\frac{2}{\pi z}\right)^{\frac{1}{2}} \frac{e^{-i\left(z-\frac{\pi n}{2}-\frac{\pi}{4}\right)}}{\Gamma\left(n+\frac{1}{2}\right)} \cdot$$

$$\left[\sum_{k=0}^{p-1} \binom{n-\frac{1}{2}}{k} \Gamma\left(n+\frac{1}{2}+k\right)\left(-\frac{i}{2z}\right)^k + O(|z|^{-p})\right] \tag{196_1}$$

其中 $O(|z|^{-k})$ 表示 z 的这样的函数，它和 $|z|^k$ 的乘积当 $|z| \to \infty$ 时仍为有界. 在 $\left(\frac{2}{\pi z}\right)^{\frac{1}{2}}$ 中应设 $\arg z = 0$，即取正根.

上列渐近公式只是对于半射线 $z > 0$ 证明了的. 可以证明它们在一个扇形区域中也成立，即式(195_1) 在扇形

$$-\pi + \varepsilon < \arg z < 2\pi - \varepsilon$$

中成立，式(196_1) 在扇形

$$-2\pi + \varepsilon < \arg z < \pi - \varepsilon$$

中成立，其中 ε 是任何的小的正数.

113. 贝塞尔函数

将上节中求到的 a 的数值代入式(190)，即得贝塞函数 $J_n(z)$ 的积分表示式

$$J_n(z)=\frac{\Gamma\left(\frac{1}{2}-n\right)}{2\pi^{\frac{3}{2}}\mathrm{i}}\left(\frac{z}{2}\right)^n\int_C(\tau^2-1)^{n-\frac{1}{2}}\mathrm{e}^{\mathrm{i}z\tau}\mathrm{d}\tau \tag{197}$$

和式(193)一样，这个公式对于所有不等于 $m+\frac{1}{2}$ 的 n 都有意义，其中 m 是正整数或零.

如果 n 的实数部分大于 $-\frac{1}{2}$，则可将上式中的积分化为沿二重线段 $(-1,+1)$ 的积分，和从前一样的论断可得

$$J_n(z)=\frac{1}{\sqrt{\pi}\,\Gamma\left(n+\frac{1}{2}\right)}\left(\frac{z}{2}\right)^n\int_{-1}^{+1}(1-\tau^2)^{n-\frac{1}{2}}\mathrm{e}^{\mathrm{i}z\tau}\mathrm{d}\tau \tag{198}$$

$$\left(R[n]>-\frac{1}{2}\right)$$

若令 $\tau=\sin\varphi$，则得

$$J_n(z)=\frac{1}{\sqrt{\pi}\,\Gamma\left(n+\frac{1}{2}\right)}\left(\frac{z}{2}\right)^n\int_{-\frac{\pi}{2}}^{+\frac{\pi}{2}}\cos^{2n}\varphi\cdot$$

$$[\cos(z\sin\varphi)+\mathrm{i}\sin(z\sin\varphi)]\mathrm{d}\varphi$$

因被积分函数中 i 的系数是 φ 的奇函数，故

$$J_n(z)=\frac{1}{\sqrt{\pi}\,\Gamma\left(n+\frac{1}{2}\right)}\left(\frac{z}{2}\right)^n\int_{-\frac{\pi}{2}}^{+\frac{\pi}{2}}\cos^{2n}\varphi\cdot$$

$$\cos(z\sin\varphi)\mathrm{d}\varphi\quad\left(R[n]>-\frac{1}{2}\right) \tag{199}$$

上式又可写成

$$J_n(z)=\frac{2}{\sqrt{\pi}\,\Gamma\left(n+\frac{1}{2}\right)}\left(\frac{z}{2}\right)^n\int_0^{\frac{\pi}{2}}\cos^{2n}\varphi$$

$$\cos(z\sin\varphi)\mathrm{d}\varphi\quad\left(R[n]>-\frac{1}{2}\right) \tag{200}$$

取渐近展开式(195)和(196)的和的一半，即得贝塞尔函数的渐近表示式.

为简单起见我们只看半射线 $z>0$. 这时 $\mathrm{e}^{\pm\mathrm{i}z}$ 的绝对值等于 1. 取(195_1)和(196_1)的和的一半，并注意

$$\left(\frac{2}{\pi z}\right)^{\frac{1}{2}}\frac{e^{\pm i\left(z-\frac{\pi n}{2}-\frac{\pi}{4}\right)}}{\Gamma\left(n+\frac{1}{2}\right)}O(z^{-p})=O(z^{-p-\frac{1}{2}})\quad(z>0)$$

即得

$$\mathrm{J}_n(z)=\frac{1}{2}[\mathrm{H}_n^{(1)}(z)+\mathrm{H}_n^{(2)}(z)]=$$

$$\frac{1}{\Gamma\left(n+\frac{1}{2}\right)}\left(\frac{2}{\pi z}\right)^{\frac{1}{2}}\sum_{k=0}^{p-1}\begin{bmatrix}n-\frac{1}{2}\\ k\end{bmatrix}\frac{\Gamma\left(n+\frac{1}{2}+k\right)}{(2z)^k}\cdot$$

$$\left\{\begin{matrix}(-1)^{\frac{k}{2}}\cos\left(z-\frac{n\pi}{2}-\frac{\pi}{4}\right)\\ (-1)^{\frac{k+1}{2}}\sin\left(z-\frac{n\pi}{2}-\frac{\pi}{4}\right)\end{matrix}\right\}+O(z^{-p-\frac{1}{2}})\tag{201}$$

当 k 为偶数时取花括号中的第一行，当 k 为奇数时取第二行.

只取(195_1)和(196_1)的渐近表示式中的第一项，得

$$\begin{cases}\mathrm{H}_n^{(1)}(z)=\left(\frac{2}{\pi z}\right)^{\frac{1}{2}}e^{i\left(z-\frac{n\pi}{2}-\frac{\pi}{4}\right)}[1+O(|z|^{-1})]\\ \mathrm{H}_n^{(2)}(z)=\left(\frac{2}{\pi z}\right)^{\frac{1}{2}}e^{-i\left(z-\frac{n\pi}{2}-\frac{\pi}{4}\right)}[1+O(|z|^{-1})]\end{cases}\tag{202}$$

而对贝塞尔函数则有

$$\mathrm{J}_n(z)=\left(\frac{2}{\pi z}\right)^{\frac{1}{2}}\cos\left(z-\frac{n\pi}{2}-\frac{\pi}{4}\right)+O(z^{-\frac{3}{2}})\quad(z>0)\tag{203}$$

汉开尔函数和贝塞尔函数的渐近表示式间的差别在有关包含无限远点的无限区域的理论物理学问题中占有非常的重要性，在以后还要谈到.

114. 在更一般场合中的拉普拉斯变换

拉普拉斯变换可以用来解比方程(134)更一般的微分方程. 试以系数为 z 的二次多项式的微分方程为例

$$(a_0z^2+a_1z+a_2)w''+(b_0z^2+b_1z+b_2)w'+(c_0z^2+c_1z+c_2)w=0\tag{204}$$

其中 $a_0\neq 0$. 若以 w'' 的系数除这方程，则 w' 和 w 的系数在 $z=\infty$ 的邻域中有和方程(113)同样的形式. 现在要找方程(204)的具有下面的形式的解

$$w(z)=\int_l v(z')e^{zz'}dz'\tag{205}$$

和[107]中一样的论断，知道 $v(z')$ 应满足一个二阶方程

$$(a_0 z'^2 + b_0 z' + c_0) \frac{\mathrm{d}^2 v}{\mathrm{d}z'^2} + p(z') \frac{\mathrm{d}v}{\mathrm{d}z'} + q(z') v = 0 \tag{206}$$

其中 $p(z')$ 和 $q(z')$ 是不高于二次的多项式. 作二次方程

$$a_0 \alpha^2 + b_0 \alpha + c_0 = 0 \tag{207}$$

并设这方程有两个不同的根 $\alpha = \alpha_1$ 和 $\alpha = \alpha_2$. 方程(206) 以 $z' = \alpha_1$ 和 $z' = \alpha_2$ 为正则奇异点,在其中每一点的判定方程必有一根等于零. 设以 $(p-1)$ 和 $(q-1)$ 分别表示这两判定方程的第二个根,且设 p 和 q 不是整数. 在每一奇异点有一正则解,而另一解则为

$$v_1(z') = (z' - \alpha_1)^{p-1} \varphi_1(z');\ v_2(z') = (z' - \alpha_2)^{q-1} \varphi_2(z') \tag{208}$$

其中 $\varphi_k(z')$ 在 $z' = \alpha_k (k = 1, 2)$ 为正则. 式(205) 中的线路 l 应如此取法,使得施行分部积分后所添加的各项沿 l 所得的改变量为零. 如果

$$\left[\frac{\mathrm{d}^n (v z'^m)}{\mathrm{d}z'^n} \mathrm{e}^{zz'} \right]_l = 0 \quad (n = 0, 1, m = 0, 1, 2) \tag{209}$$

的话,那么这目的显然就可以达到了. 现在取 $v(z')$ 为 $v_k(z')$, l 为[108] 中的线路 l'_k. 则和[108] 一样,可得方程(204) 的两个线性独立的解

$$w_k(z) = \int_{l'_k} v_k(z') \mathrm{e}^{zz'} \mathrm{d}z' \quad (z > 0, k = 1, 2)$$

当 $z \to +\infty$ 时,这两解有如下的渐近展开式

$$w_1(z) = \mathrm{e}^{\alpha_1 z} z^{-p} \left(c_0 + \frac{c_1}{z} + \cdots \right)$$

$$w_2(z) = \mathrm{e}^{\alpha_2 z} z^{-q} \left(d_0 + \frac{d_1}{z} + \cdots \right)$$

除了一个常数因子外,这个结果和[109] 中所得到的展开式全同. 拉普拉斯变换还可以用来解更一般的,系数为任意 m 次多项式的微分方程. 这时 $v(z')$ 应满足一个 m 阶微分方程,其系数为二次多项式. 如前,这方程在奇异点 $z' = \alpha_1$ 和 $z' = \alpha_2 \left(\frac{\mathrm{d}^m v}{\mathrm{d}z'^m}\ 的系数的零点 \right)$ 有唯一的形式如(208) 的解. 剩下来是在奇异点为正则的解. 其余的可如前一样可推出来,不再多说了.

115. 广义拉盖尔多项式

关于一个电子在库仑电场中的状况的研究以及其他近代物理学上的问题常导出如下形式的二阶线性微分方程

$$w'' + \frac{1}{z} w' + \left(2\varepsilon + \frac{2}{z} - \frac{s^2}{4z^2} \right) w = 0 \tag{210}$$

这里 s 是已给非负实数, ε 是实参数. 问题是要决定参数 ε 的值,使得方程

(210) 有在正实轴 $0 \leqslant z < +\infty$ 上为有界的解.

首先考察参数 ε 为负的情形,这时可借

$$x = z\sqrt{-8\varepsilon} \tag{211}$$

引进另一自变数 x 以代 z,又可借

$$\lambda = \frac{1}{\sqrt{-2\varepsilon}} \tag{212}$$

引进另一正参数 λ 以代 ε. 易见经过这些变换以后,方程(210) 变为

$$x\frac{\mathrm{d}^2 w}{\mathrm{d}x^2} + \frac{\mathrm{d}w}{\mathrm{d}x} + \left(-\frac{x}{4} + \lambda - \frac{s^2}{4x}\right)w = 0 \tag{213}$$

$x=0$ 是这个方程的正则奇异点,在这点的判定方程是

$$\sigma(\sigma-1) + \sigma - \frac{s^2}{4} = 0$$

这个方程的两根是 $\sigma = \pm\frac{s}{2}$. 方程的解应在原点为有界,故应取正根 $\sigma = \frac{s}{2}$,即方程的解中有一因子为 $x^{\frac{s}{2}}$,而这个解在原点附近应可展开为

$$w = x^{\frac{s}{2}}\sum_{k=0}^{+\infty} b_k x^k \quad (b_0 \neq 0) \tag{214}$$

依照[105],在无限远点的邻域中我们将企图使如下的级数在形式上满足方程(213)

$$\mathrm{e}^{\alpha x} x^{\rho} \sum_{k=0}^{+\infty} \frac{c_k}{x^k} \quad (c_0 \neq 0)$$

这时 α 应满足二次方程

$$\alpha^2 - \frac{1}{4} = 0$$

所以得到两个数值 $\alpha = \pm\frac{1}{2}$,由式(119) 知对应的常数 ρ 的数值为

$$\rho_1 = -\left(\lambda + \frac{1}{2}\right);\rho_2 = \lambda - \frac{1}{2}$$

由假设,方程的解应在无限远点为有界,故应取和 $\alpha = -\frac{1}{2}$ 对应的解,即这解在无限远点应有如下的渐近表示式

$$\mathrm{e}^{-\frac{x}{2}} x^{\lambda-\frac{1}{2}} \sum_{k=0}^{+\infty} \frac{c_k}{x^k} \tag{215}$$

这样,问题就归结到:决定 λ 的数值,使得形式如(214) 的解沿线段$(0, +\infty)$ 解析延拓到无限远点时有形式如(215) 的表示式.

以上的考虑自然地使我们引进另一未知函数 y 以代 w

$$w = \mathrm{e}^{-\frac{x}{2}} x^{\frac{s}{2}} y \tag{216}$$

将上式代入(212)，得到 y 所应满足的方程

$$x\frac{\mathrm{d}^2y}{\mathrm{d}x^2}+(s+1-x)\frac{\mathrm{d}y}{\mathrm{d}x}+\left(\lambda-\frac{s+1}{2}\right)y=0 \tag{217}$$

这个方程和我们从前研究过的方程(134)形式相同.记住前面说过的话，我们知道现在应该找方程(217)的一个解，它在原点为正则而在无限远点与 $x^{\lambda-\frac{s+1}{2}}$ 同阶.

令

$$\frac{s+1}{2}-\lambda=p \tag{218}$$

则方程(217)变为

$$x\frac{\mathrm{d}^2y}{\mathrm{d}x^2}+(s+1-x)\frac{\mathrm{d}y}{\mathrm{d}x}-py=0 \tag{219}$$

我们要找这个方程的解，它在原点为正则，且具普通幂级数的形式

$$y=1+b_1x+b_2x^2+\cdots$$

将 y 代入方程(219)，利用通常的未定系数法，可以得到一个和超越几何级数非常类似的解，即若记

$$\mathrm{F}(\alpha,\gamma;x)=1+\frac{\alpha}{\gamma}\frac{x}{1!}+\frac{\alpha(\alpha+1)}{\gamma(\gamma+1)}\frac{x^2}{2!}+\cdots \tag{220}$$

则在原点为正则的方程(219)的解就是

$$y=C\mathrm{F}(p,s+1;x) \tag{221}$$

其中 C 为任意常数.注意：由方程(219)的形式，或用达朗贝尔判定法易知级数(220)对任何 x 为收敛.显然，当 α 等于零或负整数时，级数(220)退化为多项式，这时我们的解就可能满足在无限远点的条件了.由(218)可得决定参数 λ 的方程

$$\frac{s+1}{2}-\lambda_n=-n\quad(n=0,1,2,\cdots)$$

从而

$$\lambda_n=\frac{s+1}{2}+n\quad(n=0,1,2,\cdots) \tag{222}$$

对这样的参数的值所求方程(219)的解是

$$Q_n(x)=C_n\mathrm{F}(-n,s+1;x)=C_n\left[1-\frac{n}{1!}\frac{x}{s+1}+\frac{n(n-1)}{2!}\frac{x^2}{(s+1)(s+2)}-\cdots+(-1)^n\frac{x^n}{(s+1)(s+2)\cdots(s+n)}\right]$$

要取消分母中所含的 s，可取常数

$$C_n=(s+1)(s+2)\cdots(s+n)=\frac{\Gamma(s+n+1)}{\Gamma(s+1)}$$

由此即得方程(217)的解,它是 x 和 s 的多项式

$$Q_n^{(s)}(x)=\frac{\Gamma(s+n+1)}{\Gamma(s+1)}\mathrm{F}(-n,s+1;x) \tag{223}$$

或

$$Q_n^{(s)}(x)=(-1)^n\left[x^n-\frac{n}{1!}(s+n)x^{n-1}+\frac{n(n-1)}{2!}(s+n)(s+n-1)x^{n-2}+\cdots+(-1)^n(s+n)(s+n-1)\cdots(s+1)\right] \tag{224}$$

这些多项式都称为广义拉盖尔多项式.我们以后还要更详细地讨论它们.

可以证明:使得我们的问题有在 $x=0$ 和 $x=+\infty$ 满足已给条件的解的所有参数 λ 的值都包含在式(222)之中.

利用和式[102]完全类似的方法我们可以给出广义拉盖尔多项式的一个简单的表示式.级数(220)是方程

$$x\frac{\mathrm{d}^2y}{\mathrm{d}x^2}+(\gamma-x)\frac{\mathrm{d}y}{\mathrm{d}x}-\alpha y=0 \tag{225}$$

的解.

将级数(220)微分 m 次,得另一级数

$$\frac{\alpha(\alpha+1)\cdots(\alpha+m-1)}{\gamma(\gamma+1)\cdots(\gamma+m-1)}F(\alpha+m;\gamma+m;x)$$

如果记 $F(\alpha,\gamma;x)=y_1$,则知 y_1 的 m 阶导数

$$y_1^{(m)}=F^{(m)}(\alpha,\gamma;x) \tag{226}$$

是方程(225)的解,但其中 α 和 γ 应改为 $\alpha+m$ 和 $\gamma+m$,即

$$x\frac{\mathrm{d}^2y_1^{(m)}}{\mathrm{d}x^2}+(\gamma+m-x)\frac{\mathrm{d}y_1^{(m)}}{\mathrm{d}x}-(\alpha+m)y_1^{(m)}=0$$

以 $x^{\gamma+m-1}\mathrm{e}^{-x}$ 乘这个方程的两边,我们可以将它改写成下面的形式[102]

$$\frac{\mathrm{d}}{\mathrm{d}x}\left[x^{\gamma+m}\mathrm{e}^{-x}\frac{\mathrm{d}y_1^{(m)}}{\mathrm{d}x}\right]-(\alpha+m)x^{\gamma+m-1}\mathrm{e}^{-x}y_1^{(m)}=0$$

将这恒等式微分 m 次,得

$$\frac{\mathrm{d}^{m+1}}{\mathrm{d}x^{m+1}}\left[x^{\gamma+m}\mathrm{e}^{-x}\frac{\mathrm{d}y_1^{(m)}}{\mathrm{d}x}\right]=(\alpha+m)\frac{\mathrm{d}^m}{\mathrm{d}x^m}[x^{\gamma+m-1}\mathrm{e}^{-x}y_1^{(m)}]$$

以 $m=0,1,\cdots,k-1$ 代入,得到 k 个恒等式,边边相乘,再约去相同的因子,可得

$$\frac{\mathrm{d}^k}{\mathrm{d}x^k}[x^{\gamma+k-1}\mathrm{e}^{-x}y_1^{(k)}]=\alpha(\alpha+1)\cdots(\alpha+k-1)x^{\gamma-1}\mathrm{e}^{-x}y_1 \tag{227}$$

设 α 为负整数，$\alpha=-k$，则(220) 退化为 k 次多项式，而 $y_1^{(k)}$ 则成为常数

$$\mathrm{F}^{(k)}(-k,\gamma;x)=\frac{-k(-k+1)(-k+2)\cdots(-k+k-1)}{\gamma(\gamma+1)\cdots(\gamma+k-1)}=$$

$$(-1)^k\frac{k!}{\gamma(\gamma+1)\cdots(\gamma+k-1)}$$

这时式(227) 变为

$$(-1)^k\frac{k!}{\gamma(\gamma+1)\cdots(\gamma+k-1)}\frac{\mathrm{d}^k}{\mathrm{d}x^k}(x^{\gamma+k-1}\mathrm{e}^{-x})=$$

$$(-1)^k k!\ x^{\gamma-1}\mathrm{e}^{-x}\mathrm{F}(-k,\gamma;x)$$

最后即得

$$\mathrm{F}(-k,\gamma;x)=\frac{x^{1-\gamma}\mathrm{e}^x}{\gamma(\gamma+1)\cdots(\gamma+k-1)}\frac{\mathrm{d}^k}{\mathrm{d}x^k}(x^{\gamma+k-1}\mathrm{e}^{-x}) \tag{228}$$

由(223) 即得到广义拉盖尔多项式的另一简单表示式($\gamma=s+1;k=n$)

$$Q_n^{(s)}(x)=x^{-s}\mathrm{e}^x\frac{\mathrm{d}^n}{\mathrm{d}x^n}(x^{s+n}\mathrm{e}^{-x}) \tag{229}$$

116. 参数的正值

现在我们考察方程(210)，当参数 ε 取正值时，这时可借公式

$$x_1=z\sqrt{8\varepsilon}$$

引进新的自变数 x_1 以代 z，借

$$\lambda_1=\frac{1}{\sqrt{2\varepsilon}}$$

引进新的参数 λ_1 以代 ε.

经过这些变换以后，方程(210) 变为

$$x_1\frac{\mathrm{d}^2w}{\mathrm{d}x_1^2}+\frac{\mathrm{d}w}{\mathrm{d}x_1}+\left(\frac{x_1}{4}+\lambda_1-\frac{s^2}{4x_1}\right)w=0 \tag{230}$$

上式亦可由(213) 经过如下的自变数和参数的变换而得到

$$x=\mathrm{i}x_1;\lambda=-\mathrm{i}\lambda_1$$

因此现在我们再借下式引进另一未知函数 y_1 以代 w

$$w=\mathrm{e}^{-\frac{\mathrm{i}x_1}{2}}x_1^{\frac{s}{2}}y_1 \tag{231}$$

即得 y_1 所应满足的方程

$$x_1\frac{\mathrm{d}^2y_1}{\mathrm{d}x_1^2}+(s+1-\mathrm{i}x_1)\frac{\mathrm{d}y_1}{\mathrm{d}x_1}+\left[\lambda_1-\frac{\mathrm{i}}{2}(s+1)\right]y_1=0 \tag{232}$$

将它和方程(134) 比较，知道现在

$$a_0=-\mathrm{i};a_1=s+1;b_0=0;b_1=\lambda_1-\frac{\mathrm{i}}{2}(s+1)$$

α 的二次方程是

$$\alpha^2-\mathrm{i}\alpha=0$$

故得两根

$$\alpha_1=0;\alpha_2=\mathrm{i}$$

而对应的 p 和 q 的数值[107]是

$$p=\frac{b_1}{a_0}=\frac{1}{2}(s+1)+\mathrm{i}\lambda_1$$

$$q=\frac{\mathrm{i}(s+1)+\lambda_1-\frac{\mathrm{i}}{2}(s+1)}{2\mathrm{i}-\mathrm{i}}=\frac{1}{2}(s+1)-\mathrm{i}\lambda_1$$

这样,我们就得到方程(232)的两个解

$$\begin{aligned}y_1^{(1)}&=C_1\int_{l'_1}z'^{\frac{1}{2}(s-1)+\mathrm{i}\lambda_1}(z'-\mathrm{i})^{\frac{1}{2}(s-1)-\mathrm{i}\lambda_1}\mathrm{e}^{x_1z'}\mathrm{d}z'\\y_1^{(2)}&=C_2\int_{l'_2}z'^{\frac{1}{2}(s-1)+\mathrm{i}\lambda_1}(z'-\mathrm{i})^{\frac{1}{2}(s-1)-\mathrm{i}\lambda_1}\mathrm{e}^{x_1z'}\mathrm{d}z'\end{aligned}\tag{233}$$

其中 l'_1 和 l'_2 是两端在 $z'=-\infty$,分别环绕 $z'=0$ 和 $z'=\mathrm{i}$ 一周的线路. 由[109]中的公式,当正数 x_1 甚大时这两解有如下的渐近展开式

$$C_3x_1^{-\frac{1}{2}(s+1)-\mathrm{i}\lambda_1}\sum_{k=0}^{+\infty}\frac{c_k}{x_1^k}$$

$$C_4\mathrm{e}^{\mathrm{i}x_1}x_1^{-\frac{1}{2}(s+1)+\mathrm{i}\lambda_1}\sum_{k=0}^{+\infty}\frac{c'_k}{x_1^k}$$

其中 C_3 和 C_4 是常数. 再利用式(231)立刻可知对应的方程(230)的两解 w_1 和 w_2 当 $x_1\to+\infty$ 时趋于零为极限. 因此可知方程(230)的任一解都具此性质,特别,在 $x_1=0$ 邻近可展开为

$$w=x_1^{\frac{s}{2}}\sum_{k=0}^{\infty}b_kx_1^k\quad(b_0\neq0)$$

的解亦然,就是说,对于任何实数 λ_1 方程(230)必有一解,它在区间$(0,+\infty)$的两端都等于零.

117. 高斯方程的退化

考察一般的系数为一次多项式的微分方程

$$(p_0t+p_1)\frac{\mathrm{d}^2u}{\mathrm{d}t^2}+(q_0t+q_1)\frac{\mathrm{d}u}{\mathrm{d}t}+(r_0t+r_1)u=0\tag{234}$$

于是设 $p_0 \neq 0$. 现在要证明这方程可以化成(225) 的形式. 引进新的自变数 $z = p_0 t + p_1$ 以代 t. 可将式(234) 化为(134) 的形式

$$z \frac{\mathrm{d}^2 u}{\mathrm{d}z^2} + (a_0 z + a_1) \frac{\mathrm{d}u}{\mathrm{d}z} + (b_0 t + b_1) u = 0 \tag{235}$$

若令 $u = \mathrm{e}^{\alpha z} z^p y$, 并以另一变数 $x = kz$ 代 z, 则对适当选取的常数 α, p 和 k, 上式可化为方程(225). 现在证明方程(225) 亦可由高斯方程

$$z(z-1) \frac{\mathrm{d}^2 y}{\mathrm{d}z^2} + [-\gamma + (1 + \alpha + \beta) z] \frac{\mathrm{d}y}{\mathrm{d}z} + \alpha\beta y = 0$$

经过极限步骤而得到. 引进另一变数 $x = \alpha z$ 以代 z, 上式变为

$$x\left(\frac{x}{\alpha} - 1\right) \frac{\mathrm{d}^2 y}{\mathrm{d}x^2} + \left[-\gamma + x + \frac{(1+\beta)x}{\alpha}\right] \frac{\mathrm{d}y}{\mathrm{d}x} + \beta y = 0$$

在这个方程中将 α 趋于无限, 即得方程(225). 如我们所证, 它和方程(234) 间存在着简单的变换关系. 上述极限步骤的结果把高斯方程的两个正则奇异点合并成为一个在无限远的非正则奇异点, 剩下来只有一个正则奇异点了.

和上列方程有直接关系的还有卫突克方程

$$\frac{\mathrm{d}^2 w}{\mathrm{d}z^2} + \left(-\frac{1}{4} + \frac{k}{z} + \frac{\frac{1}{4} - m^2}{z^2}\right) w = 0 \tag{236}$$

若借变换 $w = z^{m+\frac{1}{2}} u$ 引进新的函数 u 以代 w, 则得形式如(235) 的方程

$$z \frac{\mathrm{d}^2 u}{\mathrm{d}z^2} + (1 + 2m) \frac{\mathrm{d}u}{\mathrm{d}z} + \left(-\frac{1}{4} z + k\right) u = 0$$

作这个方程的形式如(151) 的解, 得

$$w = C z^{m+\frac{1}{2}} \int_l \left(z' - \frac{1}{2}\right)^{m-\frac{1}{2}+k} \left(z' + \frac{1}{2}\right)^{m-\frac{1}{2}-k} \mathrm{e}^{zz'} \mathrm{d}z'$$

其中 l 是从 $-\infty$ 出发环绕 $z' = -\frac{1}{2}$ 一周的闭线路. 改换积分变数

$$z' = -\frac{1}{2} - \frac{t}{z}$$

得

$$w = C_1 \mathrm{e}^{-\frac{1}{2} z} z^k \int_{l_0} (-t)^{m-\frac{1}{2}-k} \left(1 + \frac{t}{2}\right)^{m-\frac{1}{2}+k} \mathrm{e}^{-t} \mathrm{d}t$$

其中 l_0 是从 $+\infty$ 出发由正方向环绕 $t = 0$ 一周的闭线路, 并设 $t = -z$ 在这线路的外部. 以一定的方法选取常数 C_1, 即得卫突克函数

$$w_{k,m}(z) = \frac{-1}{2\pi\mathrm{i}} \Gamma\left(k + \frac{1}{2} - m\right) \mathrm{e}^{-\frac{1}{2} z} z^k \int_{l_0} (-t)^{m-\frac{1}{2}-k} \left(1 + \frac{t}{z}\right)^{m-\frac{1}{2}+k} \mathrm{e}^{-t} \mathrm{d}t \tag{237}$$

在这个式子中我们假设 z 不是负数, $\arg z$ 取主值, $|\arg(-t)| \leqslant \pi$, 又

$\arg\left(1+\frac{t}{z}\right)\to 0$ 当 $t\to 0$ 从 l_0 的内部. 当 $k-\frac{1}{2}-m$ 为负整数时式(237) 失去意义.

但若 $k-\frac{1}{2}-m$ 的实数部分不大于零,且 $k-\frac{1}{2}-m$ 不是整数,则式(237) 可以改变成为

$$w_{k,m}(z)=\frac{\mathrm{e}^{-\frac{1}{2}z}z^k}{\Gamma\left(\frac{1}{2}-k+m\right)}\int_0^\infty t^{-k-\frac{1}{2}+m}\left(1+\frac{t}{z}\right)^{k-\frac{1}{2}+m}\mathrm{e}^{-t}\,\mathrm{d}t \tag{238}$$

而该式子即使当 $k-\frac{1}{2}-m$ 是负整数时亦可用来定义 $w_{k,m}(z)$.

利用[109] 的结果容易写出函数 $w_{k,m}(z)$ 的渐近展开式

$$w_{k,m}(z)=\mathrm{e}^{-\frac{1}{2}z}z^k\times$$

$$\left\{1+\sum_{k=1}^{\infty}\frac{\left[m^2-\left(k-\frac{1}{2}\right)^2\right]\left[m^2-\left(k-\frac{3}{2}\right)^2\right]\cdots\left[m^2-\left(k-n+\frac{1}{2}\right)^2\right]}{n!\ z^n}\right\} \tag{238_1}$$

它在扇形区域 $|\arg z|\leqslant\pi-\varepsilon$ 中成立,其中 ε 为任何正数.

若在方程(236) 中同时以 $-k$ 代 k, $-z$ 代 z,则此方程不变,故知除(237) 外方程(236) 还有一解 $w_{-k,m}(-z)$. 由渐近展开式(238_1) 立刻可知道两解是互为线性独立的.

118. 系数为周期函数的微分方程

现在要考察系数是自变数的周期函数的二阶线性微分方程. 这类方程的理论大体上和前面研究过的系数为解析函数的微分方程的理论相类似. 以下我们假设方程的系数和自变数都是实数. 设有方程

$$y''(x)+p(x)y'(x)+q(x)y(x)=0 \tag{239}$$

其中 $p(x)$ 和 $q(x)$ 是实变数 x 的连续实函数,具有实周期 ω,即

$$p(x+\omega)=p(x);q(x+\omega)=q(x) \tag{240}$$

系数的连续性保证了下面的事实:由某些初始条件决定的方程(239) 的任一解对于所有 x 的实数值皆存在. 设 $y_1(x)$ 是方程的解,则

$$y''_1(x)+p(x)y'_1(x)+q(x)y_1(x)=0$$

改 x 为 $x+\omega$,得

$$y''_1(x+\omega)+p(x+\omega)y'_1(x+\omega)+q(x+\omega)y_1(x+\omega)=0$$

由式(240)有

$$y''_1(x+\omega)+p(x)y'_1(x+\omega)+q(x)y_1(x+\omega)=0$$

由此立刻知道 $y_1(x+\omega)$ 也是方程的解. 现在任取两个线性独立的解 $y_1(x)$ 和 $y_2(x)$,则函数 $y_1(x+\omega)$ 和 $y_2(x+\omega)$ 也应是方程(239)的解,因此它们应该可以表示为 $y_1(x)$ 和 $y_2(x)$ 的线性结合,即

$$\begin{cases}y_1(x+\omega)=a_{11}y_1(x)+a_{12}y_2(x)\\ y_2(x+\omega)=a_{21}y_1(x)+a_{22}y_2(x)\end{cases} \tag{241}$$

其中 a_{ik} 是常数. 这样,我们看到:若取方程(239)的两个线性独立的解,那么给自变数添加一个周期就相当于使它们经过一个线性变换(241). 这正和观察具解析系数的方程时我们所看到的情形完全类似,绕奇异点一周以后线性独立的解就受到一个线性变换,我们还可以继续说下去,好像在[97]中一样. 现在只列举一些结果. 常数 a_{ik} 紧于线性独立解 $y_1(x)$ 和 $y_2(x)$ 的选取,但在 ρ 的二次方程

$$\begin{vmatrix}a_{11}-\rho, & a_{12}\\ a_{21}, & a_{22}-\rho\end{vmatrix} \tag{242}$$

中诸系数却是唯一的,与解的选取无关. 若方程(242)有两个不同的根 ρ_1 和 ρ_2,则存在两个线性独立的解 $\eta_1(x)$ 和 $\eta_2(x)$,满足下面的关系

$$\eta_1(x+\omega)=\rho_1\eta_1(x);\eta_2(x+\omega)=\rho_2\eta_2(x) \tag{243}$$

若方程(242)有重根,即 $\rho_1=\rho_2$,则一般地,只存在一个解,它以 ρ_1 来乘等于将变数 x 改为 $x+\omega$,这时代替(243)我们有如下的线性变换

$$\eta_1(x+\omega)=\rho_1\eta_1(x);\eta_2(x+\omega)=a_{21}\eta_1(x)+\rho_1\eta_2(x) \tag{244}$$

记住方程(242)不能有等于零的根,因为诸数 a_{ik} 所成的二阶行列式不等于零.

有了上面这些结果,现在我们来讨论各种不同场合之下的解的形式. 首先,考察(243)的情形. 取两函数

$$\rho_1{}^{\frac{x}{\omega}}=\mathrm{e}^{\frac{x}{\omega}\ln\rho_1};\rho_2{}^{\frac{x}{\omega}}=\mathrm{e}^{\frac{x}{\omega}\ln\rho_2}$$

其中 $\ln\rho_1$ 和 $\ln\rho_2$ 取一定的数值. 将 x 改为 $x+\omega$ 时这两函数各得到一个乘数 ρ_1 和 ρ_2. 因此商式

$$\eta_1(x):\rho_1{}^{\frac{x}{\omega}} \text{ 和 } \eta_2(x):\rho_2{}^{\frac{x}{\omega}}$$

都是周期为 ω 的周期函数,因此,在(243)的情形可写

$$\eta_1(x)=\rho_1{}^{\frac{x}{\omega}}\varphi_1(x);\eta_2(x)=\rho_2{}^{\frac{x}{\omega}}\varphi_2(x) \tag{245}$$

其中 $\varphi_1(x)$ 和 $\varphi_2(x)$ 是周期为 ω 的周期函数. 在(244)的情形 $\eta_1(x)$ 仍可表示如式(245). 要研究 $\eta_2(x)$,可考察商式 $\eta_2(x):\eta_1(x)$. 由(244)有

$$\frac{\eta_2(x+\omega)}{\eta_1(x+\omega)}=\frac{\eta_2(x)}{\eta_1(x)}+c\quad\left(c=\frac{a_{21}}{\rho_1}\right)$$

即当 x 改为 $x+\omega$ 时商式增加一项 c. 但初等函数 $\frac{c}{\omega}x$ 亦有同样的性质,因此两函数之差 $\frac{\eta_2(x)}{\eta_1(x)}-\frac{c}{\omega}x$ 是周期函数 $\psi_1(x)$. 这样,在(244)的情况,我们有

$$\eta_1(x)=\rho_1^{\frac{x}{\omega}}\varphi_1(x);\eta_2(x)=\frac{c}{\omega}x\eta_1(x)+\psi_1(x)\eta_1(x)$$

或

$$\eta_1(x)=\rho_1^{\frac{x}{\omega}}\varphi_1(x);\eta_2(x)=\rho_1^{\frac{x}{\omega}}[\varphi_2(x)+x\varphi_3(x)] \tag{246}$$

其中 $\varphi_1(x)$, $\varphi_2(x)$ 和 $\varphi_3(x)$ 都是周期函数. 若常数 $c=0$,则第二个解 $\eta_2(x)$ 亦可表示如式(245).

现在的情形之下,一般而论,我们没有什么一般的技巧可以作出二次方程式(242). 不过应注意这方程和它的根的几个性质. 用下面几个最简单的初始条件决定两个线性独立的解

$$y_1(0)=1;y'_1(0)=0;y_2(0)=0;y'_2(0)=1 \tag{247}$$

因为方程(239)的系数和上列初始条件均为实函数,故当 x 取实数值时两解亦必取实数值. 在式(241)中令 $x=0$,由初始条件(247),得 $a_{11}=y_1(\omega)$, $a_{21}=y_2(\omega)$. 同样,将式(241)微分一次,再令 $x=0$,则得 $a_{12}=y'_1(\omega)$, $a_{22}=y'_2(\omega)$. 故对以上所选的线性独立的解,二次方程(242)成为

$$\begin{vmatrix} y_1(\omega)-\rho, & y'_1(\omega) \\ y_2(\omega), & y'_2(\omega)-\rho \end{vmatrix}=0 \tag{248}$$

由此立刻可知该方程的系数都是实数.

更详细来考察一个特别情形,即当式(239)中不含 $y'(x)$ 的项时,这时方程成为

$$y''(x)+q(x)y(x)=0 \tag{249}$$

考察朗斯基行列式

$$\Delta(x)=y_1(x)y'_2(x)-y_2(x)y'_1(x)$$

由[Ⅱ,24]知下面这个公式成立

$$\Delta(x)=\Delta(0)\mathrm{e}^{-\int_0^x p(x)\mathrm{d}x}$$

现在既然 $p(x)$ 恒等于零,故

$$\Delta(x)=C$$

其中 C 是常数. 如果两解 $y_1(x)$ 和 $y_2(x)$ 满足初始条件(247),则显然 $C=1$. 回到二次方程(248),这个方程中的常数项等于 $\Delta(\omega)=1$. 因此,若对方程(249)取两个互相独立的,满足初始条件(247)的解,则 ρ 的二次方程是

$$\rho^2-2A\rho+1=0 \tag{250}$$

其中

$$2A = y_1(\omega) + y'_2(\omega) \tag{251}$$

若实数 A 满足条件 $|A| > 1$,则方程(250)有两个不同的实根,其乘积等于1,即一根的绝对值大于1,另一根的绝对值小于1.若 $|A| < 1$,则(250)有两个共轭复根,绝对值都等于1.最后,若 $A = \pm 1$,则(250)有重根,等于 ± 1.当 x 无限增大时 A 的数值是一个很重要的说明解的行为的量.现在来研究上面说过的各种不同情形.

在式(245)中因子 $\varphi_1(x)$ 和 $\varphi_2(x)$ 都是周期函数,故当 x 无限增大时均为有界.所以,当 x 增加时解的行为主要是由第一个因子决定

$$\rho_1^{\frac{x}{\omega}} = e^{\frac{x}{\omega}\ln\rho_1}; \rho_2^{\frac{x}{\omega}} = e^{\frac{x}{\omega}\ln\rho_2} \tag{252}$$

$\ln\rho$ 的实数部分等于 $\ln|\rho|$,故若 $|A| > 1$,则 $\ln|\rho_1| > 0$,$\ln|\rho_2| < 0$,当 $x \to +\infty$ 时,(252)中第一个函数的模无限增大,而第二个函数则以零为极限.回到式(245)可知当 $x \to +\infty$ 时第一个解非为有界,而第二个解趋于极限零.方程的一般解

$$C_1\eta_1(x) + C_2\eta_2(x) \tag{253}$$

当 $C_1 \neq 0$ 时亦非有界(不稳定情形).若 $|A| < 1$,则 $\ln|\rho_1| = \ln|\rho_2| = 0$,因此对于所有的实数 x 函数(252)的绝对值等于1.当 $x \to +\infty$ 时式(245)的两个解以及一般解(253)皆为有界.若初始条件

$$y(0) = a; y'(0) = b$$

中的 a 和 b 的绝对值都很小,则常数 C_1 和 C_2 亦必绝对值很小,从而对所有 x 的正值,解的绝对值常是很小(稳定的情形).

接下来还有 $A = \pm 1$ 的情形,这时方程(250)有重根.先设 $A = 1$,即 $\rho_1 = \rho_2 = 1$.由式(246)可取两解为

$$\eta_1(x) = \varphi_1(x); \eta_2(x) = \varphi_2(x) + x\varphi_3(x) \tag{254}$$

其中 $\varphi_k(x)$ 是周期函数.第一个解是周期函数,一般地,第二个解并非有界,因含乘数 x 的缘故.只有当 $\varphi_3(x)$ 恒等于零的特别情形,第二个解才是周期函数.最后,若 $A = -1$,即 $\rho_1 = \rho_2 = -1$,则可取 $\ln\rho_1 = \pi i$,代替式(254)我们有

$$\eta_1(x) = e^{i\frac{\pi x}{\omega}}\varphi_1(x); \eta_2(x) = e^{i\frac{\pi x}{\omega}}[\varphi_2(x) + x\varphi_3(x)]$$

现在第一个解是周期函数,周期等于 2ω,和上面的情形一样,第二个解一般并非有界.

举一个简单的例子:考察系数为常数的方程

$$y''(x) + qy(x) = 0 \tag{255}$$

常数 q 可以看作具有任意周期 ω 的周期函数.先假设 q 是正数.这时记 $q = k^2$,方程有下面两个解

$$\eta_1(x) = e^{ikx}; \eta_2(x) = e^{-ikx}$$

当 x 改为 $x + \omega$ 时这两解得到乘数 $\rho_1 = e^{ik\omega}$ 和 $\rho_2 = e^{-ik\omega}$,绝对值都等于1.所

以这对应于 $|A|<1$ 的情形. 若式(255) 的常数 q 为负数, 则记 $q=-k^2$, 我们得到下面两个解

$$\eta_1(x)=\mathrm{e}^{kx};\eta_2(x)=\mathrm{e}^{-kx}$$

当 x 改为 $x+\omega$ 时这两解得到乘数 $\rho_1=\mathrm{e}^{k\omega}$ 和 $\rho_2=\mathrm{e}^{-k\omega}$ 都是正实数, 故对应于 $A>1$ 的情形. 当方程(249) 中的系数 $q(x)$ 与 x 有关, 但不变号时, 可以得到类似的结果. 先设 $q(x)<0$. 设 $y_1(x)$ 是满足初始条件 $y_1(0)=1$ 和 $y'_1(0)=0$ 的解. 将方程(249) 积分, 并利用上述初始条件, 可得

$$y'_1(x)=-\int_0^x q(x)y_1(x)\mathrm{d}x \tag{256}$$

当 x 取接近于零的正值时, $y_1(x)$ 接近于 1, 故由 $q(x)<0$ 知 $y'_1(x)>0$, 即 $y_1(x)$ 是增函数. 由(256) 的关系知道仅当 $y_1(x)$ 逐渐由正变负时 $y'_1(x)$ 才有取负值的可能. 但是另一方面, 要 $y_1(x)$ 取负值必须它一开始就是减函数, 即必须一开始 $y'_1(x)$ 就是负的, 这和前面所说相矛盾. 故可肯定对于任何 $x>0$ 有 $y'_1(x)>0$ 和 $y_1(x)>1$, 特别地, $y_1(\omega)>1$. 现在假设 $y_2(x)$ 是满足初始条件 $y_2(0)=0$ 和 $y'_2(0)=1$ 的解. 积分式(249), 即得

$$y'_2(x)=1-\int_0^x q(x)y_2(x)\mathrm{d}x \tag{257}$$

当 x 接近于零时, $y'_2(x)$ 接近于 1, 故取正值, 因此 $y_2(x)$ 为增函数, 并且大于零, 因为 $y_2(0)=0$. 式(257) 说明仅当 $y_2(x)$ 逐渐由正变负以后 $y'_2(x)$ 才可能取负值. 但是另一方面, 要使 $y_2(x)$ 取负值必须一开始就是减函数, 即必须一开始 $y'_2(x)$ 就是负的, 这和前面所说相矛盾. 故可肯定对于任何 $x>0$ 我们有 $y_2(x)>0$ 和 $y'_2(x)>1$, 特别地, $y'_2(\omega)>1$. 由上面两个关于 $y_1(\omega)$ 和 $y'_2(\omega)$ 的不等式可得

$$2A=y_1(\omega)+y'_2(\omega)>2$$

这样, 我们就得到下面的定理: 若在方程(249) 中 $q(x)<0$, 则 $A>1$, 因此 ρ_1 和 ρ_2 是不同的正数.

将以上的论证改得更精密一些, 我们可以把 $q(x)<0$ 的条件放宽为 $q(x)\leqslant 0$, 但这时当然 $q(x)$ 并不恒等于零.

$q(x)\geqslant 0$ 的情形研究非常困难. 我们这里只举一个结果, 其证明可在 A. M. 李雅普诺夫的著作《运动的稳定性的一般问题》中找到: 若 $q(x)\geqslant 0$, 并且满足条件

$$\omega\int_0^{\omega} q(x)\mathrm{d}x\leqslant 4 \tag{258}$$

则 ρ_1 和 ρ_2 是绝对值等于 1 的共轭复数. 这定理提供使 $|A|<1$ 的充分条件.

在上面提到的 A. M. 李雅普诺夫的著作以及他以后的一连串的工作中对于具周期系数的线性(及非线性) 方程式曾做了详细而深刻的研究. 和方程

(249) 有关系的，我们特别要提到他的著作《具周期系数的线性二阶微分方程理论中的一个级数》.

119. 系数为解析函数的情形

设 $p(x)$ 和 $q(x)$ 是复变数 x 的函数，有实的周期 ω，并且在包含实轴在其内的某一带域中为正则. 令 $x=x_1+\mathrm{i}x_2$，假设上述带域是由不等式 $-h\leqslant x_2\leqslant+h$ 所定义. 我们可以用平行于虚轴的直线分这带域为许多阔度为 ω 的长方形. 由于 $p(x)$ 和 $q(x)$ 的周期性，它们在每一个长方形中所取的数值都是一样的. 例如，我们取一个由不等式

$$0\leqslant x_1\leqslant\omega;\ -h\leqslant x_2\leqslant+h$$

所定义的长方形来看.

引进另一变数 z 以代 x

$$z=\mathrm{e}^{\mathrm{i}\frac{2\pi x}{\omega}}\tag{259}$$

在 z 平面上我们得到的不是长方形而是一个圆环，它由以原点为中心，半径等于 $\mathrm{e}^{\frac{2\pi h}{\omega}}$ 和 $\mathrm{e}^{-\frac{2\pi h}{\omega}}$ 的两个圆周所围成，但这个圆环在沿正实轴的半径上有割线，其两岸对应于长方形的两边 $x_1=0$ 和 $x_1=\omega$. 由周期性知道 $p(x)$ 和 $q(x)$ 视为 z 的函数时各自在割线的两岸上取相同的数值，因此它们的所有各阶导数亦复如是. 简言之，$p(x)$ 和 $q(x)$ 视为 z 的函数时在这个圆环中为单值正则，故可用洛朗级数展开

$$p(x)=\sum_{s=-\infty}^{+\infty}a_sz^s,\ q(x)=\sum_{s=-\infty}^{+\infty}b_sz^s$$

由式(259) 知

$$\frac{\mathrm{d}}{\mathrm{d}x}=\mathrm{i}\,\frac{2\pi}{\omega}z\,\frac{\mathrm{d}}{\mathrm{d}z};\ \frac{\mathrm{d}^2}{\mathrm{d}x^2}=-\frac{4\pi^2}{\omega^2}z^2\,\frac{\mathrm{d}^2}{\mathrm{d}z^2}-\frac{4\pi^2}{\omega^2}z\,\frac{\mathrm{d}}{\mathrm{d}z}$$

代入式(239)，得

$$-\frac{4\pi^2}{\omega^2}z^2\,\frac{\mathrm{d}^2y}{\mathrm{d}z^2}+\left[\mathrm{i}\,\frac{2\pi}{\omega}z\sum_{s=-\infty}^{+\infty}a_sz^s-\frac{4\pi^2}{\omega^2}z\right]\frac{\mathrm{d}y}{\mathrm{d}z}+\sum_{s=-\infty}^{+\infty}b_sz^sy=0\tag{260}$$

x 沿实轴移动长为 ω 的距离时，对应的 z 就在圆环内部走了一周，这时方程(260) 的解受到一个线性变换. 若 $p(x)$ 和 $q(x)$ 是 x 的整函数，这在实际应用上是常常遇到的情形，则方程(260) 的系数中的洛朗级数对于任何 z 的有限值皆为收敛，当然，$z=0$ 除外. 但是这时，一般而论，$z=0$ 是方程(260) 的非正则奇异点，因为洛朗级数中会有含 z 的负幂的项.

回到方程式(239)，因为它的系数在 $x=0$ 为正则，故可将满足初始条件

(247) 的两个解 $y_1(x)$ 和 $y_2(x)$ 展开为幂级数

$$y_1(x)=1+\alpha_2x^2+\alpha_3x^3+\cdots,y_2(x)=x+\beta_2x^2+\beta_3x^3+\cdots$$

这些级数当 $|x|<h$ 时必定收敛,若 $p(x)$ 和 $q(x)$ 为整函数,则级数对任何 x 皆为收敛.若 $h>\omega$,则可利用这两级数来计算二次方程(248) 中的 $y_k(\omega)$ 和 $y'_k(\omega)$.

120.线性微分方程组

直到现在为止我们只研究一个二阶线性微分方程.它是两个一阶线性方程组的特别情形[95].一般地,一个 n 阶线性方程可以用 n 个一阶线性方程组来表示,如果取未知函数的各阶导数为新的未知函数的话.我们现在来研究一般的一阶线性方程组

$$\begin{cases}y'_1=p_{11}(x)y_1+p_{21}(x)y_2+\cdots+p_{n1}(x)y_n\\y'_2=p_{12}(x)y_1+p_{22}(x)y_2+\cdots+p_{n2}(x)y_n\\\vdots\\y'_n=p_{1n}(x)y_1+p_{2n}(x)y_2+\cdots+p_{nn}(x)y_n\end{cases}\tag{261}$$

其中 y_i 是未知函数,y'_i 是它们的导数,$p_{ik}(x)$ 是已知的系数,但是[93] 的记号不同,我们以第一个足号表示这个系数是和第几个未知函数在一起的,以第二个足号表示它是在第几个方程之中.对这方程组我们可以逐字应用[95] 中所写的逐步逼近法,因此也可得到[95] 中所得到的同样结果.回忆这些结果是:若所有的系数 $p_{ik}(x)$ 皆在圆 $|x-a|<r$ 中为正则,那么方程组(261) 就有唯一的解,它在 $x=a$ 这点满足任意已给的初始条件

$$y_1(a)=\alpha_1;\cdots;y_n(a)=\alpha_n$$

并且在圆 $|x-a|<r$ 中为正则.这种解可以沿任何不通过系数 $p_{ik}(x)$ 的奇异点的道路被解析延拓出去,在整个解析延拓的过程中它常是方程组的解.

方程组(261) 的解是由 n 个函数所组成.今设有方程组(261) 的 n 个解.这些解中的函数的全体排成一个方阵

$$Y=\begin{vmatrix}y_{11}&y_{12}&\cdots&y_{1n}\\y_{21}&y_{22}&\cdots&y_{2n}\\\vdots&\vdots&&\vdots\\y_{n1}&y_{n2}&\cdots&y_{nn}\end{vmatrix}$$

其中第一个足号表明解的次序,第二个足号表明在某一解中函数的次序.现在我们称这个由 n 个解所形成的方阵为方程组(261) 的解,以 Y 记这方阵,又以 P 记诸系数 $p_{ik}(x)$ 所成的方阵.利用方阵的乘法,像[93] 中一样,我们可以把线

性方程组(261)改写为下面的形式

$$\frac{\mathrm{d}Y}{\mathrm{d}x}=YP \tag{262}$$

但要注意:因为现在所有足号的意义和[93]中不同,故在上式中等式右边两因子的次序和[93]的式(93)右边两因子的次序不同.如常,以 $D(A)$ 记方阵 A 的行列式,我们可以证明对于 Y 的行列式 $D(Y)$ 成立下面的方程

$$D(Y)=D(Y)\mid_{x=b}\mathrm{e}^{\int_b^x[p_{11}(x)+p_{22}(x)+\cdots+p_{nn}(x)]\mathrm{d}x} \tag{263}$$

其中 b 是方程组(261)的一个普通点,即所有的系数 $p_{ik}(x)$ 在此均为正则的点.式(263)通常称为雅可比公式,它是我们从前见过的范德蒙特行列式所满足的一个公式的推广.

因行列式的基本定义是许多元素的乘积的和,易知要微分一个行列式的时候只要分别微分它每一行的元素,然后把这样得到的许多行列式加在一起就好了.例如,当 $n=2$ 时

$$\frac{\mathrm{d}D(Y)}{\mathrm{d}x}=\frac{\mathrm{d}}{\mathrm{d}x}\begin{vmatrix}y_{11} & y_{12}\\ y_{21} & y_{22}\end{vmatrix}=\begin{vmatrix}y'_{11} & y_{12}\\ y'_{21} & y_{22}\end{vmatrix}+\begin{vmatrix}y_{11} & y'_{12}\\ y_{21} & y'_{22}\end{vmatrix}$$

以方程组中各导数的表示式代入上式右边,即得

$$\frac{\mathrm{d}D(Y)}{\mathrm{d}x}=\begin{vmatrix}p_{11}y_{11}+p_{21}y_{12} & y_{12}\\ p_{11}y_{21}+p_{21}y_{22} & y_{22}\end{vmatrix}+\begin{vmatrix}y_{11} & p_{12}y_{11}+p_{22}y_{12}\\ y_{21} & p_{12}y_{12}+p_{22}y_{22}\end{vmatrix}$$

将每一行列式分解为二行列式之和,把公共因子 p_{ik} 拿到行列式外面来,再除去两行元素全同的等于零的行列式,即得

$$\frac{\mathrm{d}D(Y)}{\mathrm{d}x}=p_{11}\begin{vmatrix}y_{11} & y_{12}\\ y_{21} & y_{22}\end{vmatrix}+p_{22}\begin{vmatrix}y_{11} & y_{12}\\ y_{21} & y_{22}\end{vmatrix}$$

或

$$\frac{\mathrm{d}D(Y)}{\mathrm{d}x}=(p_{11}+p_{22})D(Y)$$

将这式子积分立刻可得雅可比公式(263).这个公式说明如果行列式 $D(Y)$ 在某一点 $x=b$ 不等于零,则在方程组(261)的任一普通点 x(即方程组的所有系数的正则点)它也不等于零.当这个事实成立时,我们称 Y 为完全解(形成 Y 的 n 个解这时为线性独立).这时,我们还可考察逆方阵 Y^{-1},如[93]所知

$$\frac{\mathrm{d}Y^{-1}}{\mathrm{d}x}=-Y^{-1}\frac{\mathrm{d}Y}{\mathrm{d}x}Y^{-1}$$

利用式(262),知道逆方阵满足下面的方程组

$$\frac{\mathrm{d}Y^{-1}}{\mathrm{d}x}=-PY^{-1} \tag{264}$$

设 Z 是方程组(262)的一解,即

$$\frac{\mathrm{d}Z}{\mathrm{d}x}=ZP \tag{265}$$

作方阵

$$A = ZY^{-1}$$

应用乘积的微分规则和方程(265) 及(264),得

$$\frac{\mathrm{d}A}{\mathrm{d}x} = 0$$

即方阵 A 是个常数方阵 C,其元素皆与 x 无关.由此

$$Z = CY$$

换言之,方程组的任一解可以由完全解在左边乘一常数方阵而得到.反过来,由式(262) 立刻知道.解的左边乘一任意常数方阵所得到的方阵仍是原方程组的解.注意

$$D(Z) = D(C)D(Y)$$

可知 $D(Z) \neq 0$ 当且仅当 $D(C) \neq 0$,就是说,以一个常数方阵 C 乘完全解 Y 的左边仍旧得到一个完全解,当且仅当 $D(C) \neq 0$.由式(263) 可知当完全解 Y 被解析延拓时,在整个延拓过程中它常保持为完全解,因为行列式不等于零的缘故.注意:若用[93] 中的记号,我们应该在一个解的右边,而不是左边,乘以常数方阵,才可得到另一个解.

设 $x=a$ 是平面上的一点,它是系数 $p_{ik}(x)$ 的极点或本性奇异点.绕着这一点走一周,系数仍旧回到它原来的数值,但是解 Y 经过解析延拓后,一般地,得到的是另一个解

$$Y^{+} = VY$$

其中 V 为常数方阵,称为环绕 $x=a$ 这点的积分方阵,由

$$D(Y^{+}) = D(V)D(Y)$$

以及完全解在整个解析延拓过程中常保持为完全解的事实可知方阵 V 的行列式必不等于零.方阵 V 系于完全解 Y 的选取.若取另一完全解 $Z=CY$ 以代 Y,其中 C 为行列式不等于零的常数方阵,则有

$$Z^{+} = CVY = CVC^{-1}Z$$

就是说,新的解 Z 的积分方阵和方阵 V 相似.简言之,不同的完全解有相似的积分方阵.

121.正则奇异点

考察方程组的这种奇异点,它是系数的不高于一阶的极点的.为简单起见,假设这点是 $x=0$,我们可以将方程组改写成下面的形式

$$
\begin{cases}
xy'_1 = q_{11}(x)y_1 + q_{21}(x)y_2 + \cdots + q_{n1}(x)y_n \\
xy'_2 = q_{12}(x)y_1 + q_{22}(x)y_2 + \cdots + q_{n2}(x)y_n \\
\vdots \\
xy'_n = q_{1n}(x)y_1 + q_{2n}(x)y_2 + \cdots + q_{nn}(x)y_n
\end{cases}
\tag{266}
$$

其中 $q_{ik}(x)$ 在 $x=0$ 皆为正则

$$
q_{ik}(x) = a_{ik} + a'_{ik}x + a''_{ik}x^2 + \cdots \tag{267}
$$

现在要找方程组(266) 的形式如

$$
y_i = x^{\rho}(c_0^{(i)} + c_1^{(i)}x + \cdots) \tag{268}
$$

的解.将该式代入(266) 中,比较 x^{ρ} 的系数,我们得到一组决定系数 $c_0^{(i)}$ 的齐次方程

$$
\begin{cases}
(a_{11}-\rho)c_0^{(1)} + a_{21}c_0^{(2)} + \cdots + a_{n1}c_0^{(n)} = 0 \\
a_{12}c_0^{(1)} + (a_{22}-\rho)c_0^{(2)} + \cdots + a_{n2}c_0^{(n)} = 0 \\
\vdots \\
a_{1n}c_0^{(1)} + a_{2n}c_0^{(2)} + \cdots + (a_{nn}-\rho)c_0^{(n)} = 0
\end{cases}
\tag{269}
$$

一般地,若当 $m<k$ 时系数 $c_m^{(i)}$ 都知道了,比较 $x^{\rho+k}$ 的系数,我们可以得到一组决定系数 $c_k^{(i)}$ 的方程

$$
\begin{cases}
(a_{11}-\rho-k)c_k^{(1)} + a_{21}c_k^{(2)} + \cdots + a_{n1}c_k^{(n)} = H_{1k} \\
a_{12}c_k^{(1)} + (a_{22}-\rho-k)c_k^{(2)} + \cdots + a_{n2}c_k^{(n)} = H_{2k} \\
\vdots \\
a_{1n}c_k^{(1)} + a_{2n}c_k^{(2)} + \cdots + (a_{nn}-\rho-k)c_k^{(n)} = H_{nk}
\end{cases}
\tag{270}
$$

其中 H_{sk} 是诸系数 $c_m^{(i)}(m<k)$ 的齐次线性函数. 以上这些计算和[98] 中的完全类似. 现在以 $f(\rho)$ 记齐次方程组(269) 的行列式

$$
f(\rho) = \begin{vmatrix}
a_{11}-\rho & a_{21} & \cdots & a_{n1} \\
a_{12} & a_{22}-\rho & \cdots & a_{n2} \\
\vdots & \vdots & & \vdots \\
a_{1n} & a_{2n} & \cdots & a_{nn}-\rho
\end{vmatrix}
\tag{271}
$$

要使方程组(269) 有不全为零的解,我们必须令

$$
f(\rho) = 0 \tag{272}
$$

对于其他非齐次方程组(270),我们则要求它们的行列式不等于零. 这些行列式是由(269) 的行列式改 ρ 为 $\rho+k$ 而得到的,就是说,它等于 $f(\rho+k)$. 设 ρ_1 为方程(272) 的一根,并且对于任何的正整数 k,ρ_1+k 都不是(272) 的根. 这时,以上的计算在形式上是不成问题了,因此我们造出来的级数(268) 也在形式上满足方程组(266). 和[98] 中一样,可以证明这些级数在级数(267) 为收敛的圆 $|x|<r$ 中亦为收敛.

如果方程(272) 的诸根彼此相差都不是整数,那么我们就可用上述方法造

出方程组(266)的n个线性独立的解来.不然的话,和[98]中一样,一般而论,除了形式如(268)的解以外还有包含$\ln x$的解.

将方程组(266)写成方阵的形式

$$x\frac{\mathrm{d}Y}{\mathrm{d}x}=YQ$$

其中Q是在$x=0$为正则的诸函数$q_{ik}(x)$所成的方阵.我们可以把这方阵依x的正整数幂展开成级数

$$Q=A_0+A_1x+A_2x^2+\cdots$$

其中A_s是常数方阵.特别地,A_0由诸元素a_{ik}组成,A_1由诸元素a'_{ik}组成,依此类推.方程组(266)可写成

$$x\frac{\mathrm{d}Y}{\mathrm{d}x}=Y(A_0+A_1x+A_2x^2+\cdots) \tag{273}$$

现在要求这个方程组的形式为

$$Y=x^W(I+C_1x+C_2x^2+\cdots)$$

的解,其中W和C_s是所求的未知方阵.我们有

$$\frac{\mathrm{d}Y}{\mathrm{d}x}=Wx^{W-1}(I+C_1x+C_2x^2+\cdots)+x^W(C_1+2C_2x+\cdots)$$

代入方程(273),并在左边用x^{-W}乘之,得

$$W(I+C_1x+C_2x^2+\cdots)+x(C_1+2C_2x+\cdots)=$$
$$(I+C_1x+C_2x^2+\cdots)(A_0+A_1x+\cdots)$$

比较常数项得到

$$W=A_0$$

再比较x^k的系数,我们就得到一组的方阵方程,可以逐步地决定方阵C_k,即

$$A_0C_k+kC_k=C_kA_0+C_{k-1}A_1+\cdots+C_1A_{k-1}+A_k$$

或
$$A_0C_k-C_kA_0+kC_k=C_{k-1}A_1+\cdots+C_1A_{k-1}+A_k$$

我们不但研究这方程组的一般情形,且只看一个特别情形,即当方阵A_0可化为对角线方阵的情形,即存在一个行列式不等于零的常数方阵S,使得

$$SA_0S^{-1}=[\rho_1,\rho_2,\cdots,\rho_n]$$

其中诸ρ_s是方程(272)的根.

由下变换引进另一未知方阵Y_1以代Y,则

$$Y=Y_1S \tag{274}$$

代入方程(273),并在右边用S^{-1}乘之,即得Y_1所满足的方程组

$$x\frac{\mathrm{d}Y_1}{\mathrm{d}x}=Y_1(B_0+B_1x+B_2x^2+\cdots) \tag{275}$$

其中
$$B_k=SA_kS^{-1}$$

特别地

$$B_0 = [\rho_1, \rho_2, \cdots, \rho_n] \tag{276}$$

如前,要找寻方程组(275)的形式为

$$Y_1 = x^{W_1}(I + D_1 x + D_2 x^2 + \cdots)$$

的解.代入式(275)得到 $W_1 = B_0$ 以及下面一列决定系数 D_k 的方程

$$B_0 D_k - D_k B_0 + k D_k = E_k \tag{277}$$

其中 E_k 是个可以用诸 $D_m(m < k)$ 来表示的方阵.回忆 B_0 是个对角线方阵(276),由式(277)可得方阵 D_k 的元素所应满足的关系

$$\rho_i \{D_k\}_{ij} - \{D_k\}_{ij}\rho_j + k\{D_k\}_{ij} = \{E_k\}_{ij}$$

即

$$\{D_k\}_{ij} = \frac{1}{\rho_i - \rho_j + k}\{E_k\}_{ij}$$

如果方程(272)的诸根之差 $\rho_i - \rho_j$ 都不等于整数,所有的系数就可完全决定.注意:若方程(272)的根中有相等的,但方阵 A_0 可化为对角线形式(即有单重初等因子),则以上的计算仍属有效.

我们没有谈到级数的收敛问题,因为我们早已说过,这是可以和[98]中类似地去讨论的.此外,还要注意:以上曾假设方程(273)的解

$$Y = x^W(I + C_1 x + C_2 x^2 + \cdots)$$

里面常数项等于单位方阵.这是无关紧要的,重要的只在它是一个行列式不等于零的方阵.实际上,设

$$Y = x^{W'}(C'_0 + C'_1 x + C'_2 x^2 + \cdots)$$

其中 $D(C'_0) \neq 0$.取另一解

$$C'^{-1}_0 Y = C'^{-1}_0 x^{W'} C'_0 C'^{-1}_0 (C'_0 + C'_1 x + C'_2 x^2 + \cdots)$$

但是如我们所知,对于方阵的任何解析函数有

$$C'^{-1}_0 f(W') C'_0 = f(C'^{-1}_0 W' C'_0)$$

例如

$$C'^{-1}_0 \mathrm{e}^{W'} C'_0 = \mathrm{e}^{W} \quad (W = C'^{-1}_0 f W' C'_0)$$

因此新的解是

$$C'^{-1}_0 Y = x^W(I + C_1 x + C_2 x^2 + \cdots) \quad (C_k = C'^{-1}_0 C'_k)$$

对方程(275)的解也有同样的话可说.

122. 正则方程组

考察最简单的方程组,其系数为有理函数,在有限远处有一阶极点,而在无限远点等于零.假设 $x = a_j$ 是系数的一个一阶级点.每一系数 $p_{ik}(x)$ 的此极点有留数 $u_{ik}^{(j)}$,这些留数的全体成一方阵 U_j.这样,我们的方程组就可写成下面的

形式

$$\frac{\mathrm{d}Y}{\mathrm{d}x}=Y\sum_{j=1}^{m}\frac{U_j}{x-a_j} \tag{278}$$

其中U_j是常数方阵.现在要求方程组(278)的这种解,它在一点$x=b\neq a_j$变成单位方阵.记这解为

$$Y(b;x)$$

记住这个初始条件,我们可将式(278)改写成下面的积分形式

$$Y(b;x)=I+\int_b^x Y(b;x)\sum_{j=1}^{m}\frac{U_j}{x-a_j}\mathrm{d}x \tag{279}$$

其中方阵的积分就是把它每一元素积分的意思.

现在利用我们常用的逐次逼近法,即设$Y_0=I$,再用下面的公式来进行逐次逼近

$$Y_n(x)=I+\int_b^x Y_{n-1}(x)\sum_{j=1}^{m}\frac{U_j}{x-a_j}\mathrm{d}x \tag{280}$$

由逐次逼近法有

$$Y(b;x)=Y_0+[Y_1(x)-Y_0]+[Y_2(x)-Y_1(x)]+\cdots$$

或为简单起见,记

$$Z_n(x)=Y_n(x)-Y_{n-1}(x)\quad(Z_0=1)$$

则由(280)有

$$Z_n(x)=\int_b^x Z_{n-1}(x)\sum_{j=1}^{m}\frac{U_j}{x-a_j}\mathrm{d}x \tag{281}$$

并可写

$$Y(b;x)=I+Z_1(x)+Z_2(x)+\cdots \tag{282}$$

利用一般公式(281)先来决定这个展开式中的前几项.为此,记

$$L_b(a_{j_1};x)=\int_b^x\frac{\mathrm{d}x}{x-a_{j_1}}=\ln\frac{x-a_{j_1}}{b-a_{j_1}}$$

则得

$$Z_1(x)=\int_b^x\sum_{j=1}^{m}\frac{U_j}{x-a_j}\mathrm{d}x=\sum_{j_1=1}^{m}U_{j_1}L_b(a_{j_1};x)$$

同样,记

$$L_b(a_{j_1},a_{j_2};x)=\int_b^x\frac{L_b(a_{j_1};x)}{x-a_{j_2}}\mathrm{d}x$$

得

$$Z_2(x)=\int_b^x\sum_{j_1=1}^{m}U_{j_1}L_b(a_{j_1};x)\sum_{j_2=1}^{m}\frac{U_{j_2}}{x-a_{j_2}}\mathrm{d}x$$

或
$$Z_2(x)=\sum_{j_1,j_2}^{1,\cdots,m}U_{j_1}U_{j_2}L_b(a_{j_1},a_{j_2};x)$$

其中等式右边的和关于 j_1 和 j_2 互相独立地从 1 到 m 相加. 继续这样作下去，借公式

$$L_b(a_{j_1};x)=\ln\frac{x-a_{j_1}}{b-a_{j_1}}$$

$$L_b(a_{j_1},\cdots,a_{j_v};x)=\int_b^x\frac{L_b(a_{j_1},\cdots,a_{j_{v-1}};x)}{x-a_{j_v}}\mathrm{d}x \tag{283}$$

可以逐次决定系数 $L_b(a_{j_1},\cdots,a_{j_v};x)$，而得

$$Z_v(x)=\sum_{j_1,\cdots,j_v}^{1,\cdots,m}U_{j_1}\cdots U_{j_v}L_b(a_{j_1},\cdots,a_{j_v};x)$$

其中等式右边的和关于 $j_1,\cdots,j_v$ 各自独立地从 1 到 m 相加. 最后，由式(282) 即可用方阵 U_j 的幂级数来表示解

$$Y(b;x)=I+\sum_{v=1}^{+\infty}\sum_{j_1,\cdots,j_v}^{1,\cdots,m}U_{j_1}\cdots U_{j_v}L_b(a_{j_1},\cdots,a_{j_v};x) \tag{284}$$

这个级数中的系数是由式(283) 逐次决定的.

解 $Y(b;x)$ 可以沿任一不通过奇异点 a_j 的道路被解析延拓出去，而且在它的整个存在域中，就是当它经过任意解析延拓以后，常可借级数(284) 表示. 实际上，我们先证当系数 $L_b(a_{j_1},\cdots,a_{j_v};x)$ 经过任意的解析延拓以后，级数(284) 仍为收敛. 假设 l 是一条从 $x=b$ 出发，和诸奇异点 a_j 距离有限的曲线. δ 是各点 a_j 和曲线 l 间的最短距离，s 是曲线的弧长，从点 b 量起. 利用通常对于路积分的估计，我们可以估计级数(284) 的系数在 l 上的值如下[4]

$$|L_b(a_{j_1};x)|\leqslant\int_0^s\frac{\mathrm{d}s}{\delta}=\frac{\varepsilon}{\delta}$$

从而

$$|L_b(a_{j_1},a_{j_2};x)|\leqslant\int_0^s\frac{|L_b(a_{j_1};x)|}{\delta}\mathrm{d}s\leqslant\int_0^s\frac{\varepsilon\mathrm{d}s}{\delta^2}=\frac{1}{2!}\left(\frac{s}{\delta}\right)^2$$

一般地，在 l 上有

$$|L_b(a_{j_1},\cdots,a_{j_v};x)|\leqslant\frac{1}{v!}\left(\frac{s}{\delta}\right)^v$$

但是幂级数

$$\sum_{v=0}^{+\infty}\frac{1}{v!}\left(\frac{s}{\delta}\right)^v z^v=\sum_{v=0}^{+\infty}\frac{1}{v!}\left(\frac{\varepsilon z}{\delta}\right)^v$$

对任何 z 值为收敛，因此可知对任何的方阵 U_j 以及系数 $L_b(a_{j_1},\cdots,a_{j_v};x)$ 的任何解析延拓，级数(284) 常为绝对收敛[96]. 由上面的估计还可知道级数在任何有限区域(一般是多叶的) 中为一致收敛，只要这区域和诸点 a_j 的距离大于零. 最后，将级数(284) 关于 x 逐项微分，易证它满足(278). 实际上，我们可以把它改写成下面的形式

$$Y(b;x)=I+\sum_{j=1}^{m}U_jL_b(a_j;x)+$$
$$\sum_{v=1}^{+\infty}\sum_{j=1}^{m}\sum_{j_1,\cdots,j_v}^{1,\cdots,m}U_{j_1}\cdots U_{j_v}U_jL_b(a_{j_1},\cdots,a_{j_v},a_j;x)$$

关于 x 微分，记住

$$\frac{\mathrm{d}L_b(a_j;x)}{\mathrm{d}x}=\frac{1}{x-a_j} \text{ 和 } \frac{\mathrm{d}L_b(a_{j_1},\cdots,a_{j_v},a_j;x)}{\mathrm{d}x}=\frac{L_b(a_{j_1},\cdots,a_{j_v};x)}{x-a_j}$$

结果即得

$$\frac{\mathrm{d}Y(b;x)}{\mathrm{d}x}=\sum_{j=1}^{m}\frac{U_j}{x-a_j}+\sum_{v=1}^{+\infty}\sum_{j_1,\cdots,j_v}^{1,\cdots,m}U_{j_1}\cdots U_{j_v}L_b(a_{j_1}\cdots a_{j_v};x)\sum_{j=1}^{m}\frac{U_j}{x-a_j}$$

或

$$\frac{\mathrm{d}Y(b;x)}{\mathrm{d}x}=\left[I+\sum_{v=1}^{+\infty}\sum_{j_1,\cdots,j_v}^{1,\cdots,m}U_{j_1}\cdots U_{j_v}L_b(a_{j_1}\cdots a_{j_v};x)\right]\sum_{j=1}^{m}\frac{U_j}{x-a_j}$$

即

$$\frac{\mathrm{d}Y(b;x)}{\mathrm{d}x}=Y(b;x)\sum_{j=1}^{m}\frac{U_j}{x-a_j}$$

最后，显而易见当 $x=b$ 时(284) 的解变为单位方阵，因为由式(283) 的定义，当 $x=b$ 时级数(284) 中的系数都等于零. 总结以上的论证，我们得到下面的定理：

定理 6 方程组(278) 的解，当 $x=b$ 时变为单位方阵的，在它的整个存在域中可以由级数(284) 决定，不论其中的方阵 U_j 如何选取法.

若在 x 平面上从各点 a_j 引互不相交的割线 r_j 到无限远去，则在这样被割过的平面(是个单通隔域) 中，解(284) 是 x 的单值函数，但是在割线的两岸它将取不同的数值，因为从正方向绕过每一奇异点 a_j 一周以后它就在左边被乘上一个常数方阵 V_j，从前我们称为对应于奇异点 a_j 的积分方阵. 现在我们要以方程组(278) 中的系数方阵 U_j 来表示积分方阵 V_j. 在出发点 $x=b$ 解的数值为 I，即单位方阵，因此，要得到积分替代式 V_j 的值，必须知道解(284) 沿着一条从点 b 出发，环绕 a_j 一周重又回到点 b 的闭线路 l_j 被解析延拓以后取的是什么数值.

这个数值由公式(284) 立刻就可以得到，我们只要在式(283) 中取积分路线为前述的闭线路 l_j，求出与 x 无关的系数 $L_b(a_{j_1},\cdots,a_{j_v};x)$ 的数值，代入式(284) 就成了.

若记

$$P_j(a_j;b)=\int_{l_j}\frac{\mathrm{d}x}{x-a_{j_1}}=\begin{cases}2\pi\mathrm{i} & (\text{当 } j=j_1 \text{ 时})\\ 0 & (\text{当 } j\neq j_1 \text{ 时})\end{cases} \tag{285}$$

和

$$P_j(a_{j_1},\cdots,a_{j_v};b)=\int_{l_j}\frac{L_b(a_{j_1},\cdots,a_{j_{v-1}};x)}{x-a_{j_v}}\mathrm{d}x \tag{286}$$

则知 V_j 可以表示为如下的方阵幂级数，不论诸方阵 U_j 如何选取，这个级数常为绝对收敛.

$$V_j=I+\sum_{v=1}^{+\infty}\sum_{j_1,\cdots,j_v}^{1,\cdots,m}U_{j_1}\cdots U_{j_v}P_j(a_{j_1},\cdots,a_{j_v};b) \tag{287}$$

定理 7 积分替代式 V_j 是诸方阵 U_j 的整函数，由级数(287) 所定义，其中的系数则由式(285) 和式(286) 所定义.

代替式(286)，我们可以证明：对于 v 的两个相邻数值，对应的 P_j 的数值之间存在下面的关系

$$P_j(a_{j_1},\cdots,a_{j_v};b)=\int_{a_j}^{b}\left[\frac{P_j(a_{j_1},\cdots,a_{j_{v-1}};b)}{b-a_{j_v}}-\frac{P_j(a_{j_2},\cdots,a_{j_v};b)}{b-a_{j_1}}\right]\mathrm{d}b \tag{288}$$

证明从略.

如果将上面得到的解 $Y(b;x)$ 沿着某一条从一点 x 出发重又回到这点的闭线路作解析延拓，那么在解析延拓的意义之下，这个闭线路就相当于几条从正或负方向绕过某几个奇异点 a_j 的环路的和. 因此回到 x 时我们的解在左边被乘了一个常数方阵，它可表示为诸因子 V_j 或 V_j^{-1} 的乘积. 在这个意义下，我们称诸积分方阵 V_j 构成方程组(278) 的一个群.

举一个简单的例子说明一下. 在图 72 中有三个奇异点 a_1,a_2 和 a_3，还有一条闭线路 l 表示解析延拓的道路. 图中的虚线将这条线路变为三条环绕各点 a_j 的环路的和，它们对于解析延拓而言是和 l 相抵的. 又因前面所说的点 x 现在取作点 b.

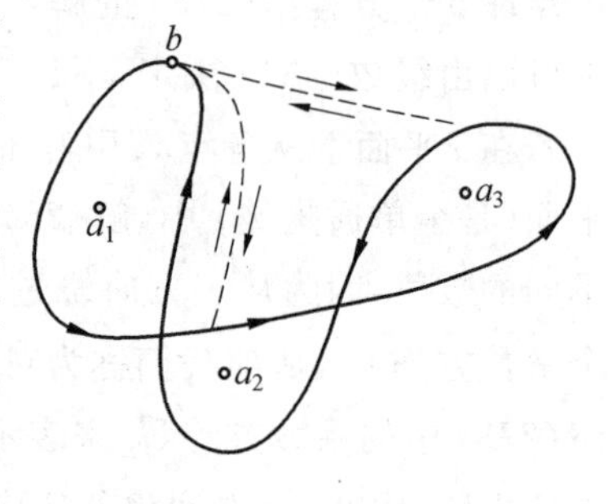

图 72

第一条环路是绕着 a_1 的，走完这条环路以后我们在点 b 得到的解是 $V_1Y(b;x)$. 其中是绕着 a_3 的环路，走完这条路以后，常数方阵 V_1 的值不变，而方阵 $Y(b;x)$ 则在左边被乘了另一常数方阵 V_3，因此在点 b 得到的解是 $V_1V_3Y(b;x)$，最后，走完第三条环路以后，在点 b 得到的解是

$$V_1V_3V_2^{-1}Y(b;x)$$

方程组(278) 的任一解 $Y(x)$ 只和 $Y(b;x)$ 差一个常数方阵

$$Y(x)=CY(b;x)$$

由[120] 知道它的积分替代式是

$$CV_jC^{-1}$$

现在再看 $Y(b;x)$ 的逆方阵 $Y(b;x)^{-1}$. 如我们所已知,这个方阵满足线性方程组

$$\frac{\mathrm{d}Y(b;x)^{-1}}{\mathrm{d}x}=-\sum_{j=1}^{m}\frac{U_j}{x-a_j}Y(b;x)^{-1}$$

对这个方程组应用逐次逼近法,我们得到 $Y(b;x)^{-1}$ 的幂级数表示式

$$Y(b;x)^{-1}=I+\sum_{v=1}^{+\infty}\sum_{j_1,\cdots,j_v}^{1,\cdots,m}U_{j_1}\cdots U_{j_v}L_b^*(a_{j_1},\cdots,a_{j_v};x) \tag{289}$$

其中诸系数由下列式子决定

$$L_b^*(a_{j_1};x)=-\int_b^x\frac{\mathrm{d}x}{x-a_{j_1}}=-\ln\frac{x-a_{j_1}}{b-a_{j_1}} \tag{290}$$

和

$$L_b^*(a_{j_1},\cdots,a_{j_v};x)=-\int_b^x\frac{L_b^*(a_{j_1},\cdots,a_{j_{v-1}};x)}{x-a_{j_v}}\mathrm{d}x \tag{291}$$

对于任何方阵 U_j 以及关于变数 x 的任意解析延拓,展开式(289)常为绝对收敛. 这些结果像从前一样的可以得到. 因为

$$[V_jY(b;x)]^{-1}=Y(b;x)^{-1}V_j^{-1}$$

故知环绕奇异点 a_j 一周以后,$Y(b;x)^{-1}$ 在右边被乘了一个常数方阵 V_j^{-1},这样,利用级数(289),作它的诸系数沿着环绕奇异点 a_j 的闭线路 l_j 的解析延拓,就可将 V_j^{-1} 表示为诸方阵 U_j 的幂级数

$$V_j^{-1}=I+\sum_{v=1}^{+\infty}\sum_{j_1,\cdots,j_v}^{1,\cdots,m}U_{j_1}\cdots U_{j_v}P_j^*(a_{j_1},\cdots,a_{j_v};b) \tag{292}$$

其中诸系数由下面的公式逐次决定

$$\begin{aligned}&P_j^*(a_{j_1};b)=-\int_{l_j}\frac{\mathrm{d}x}{x-a_{j_1}}\\&P_j^*(a_{j_1},\cdots,a_{j_v};b)=-\int_{l_j}\frac{L_b(a_{j_1},\cdots,a_{j_{v-1}};x)}{x-a_{j_v}}\mathrm{d}x\end{aligned} \tag{293}$$

注意一个特别情形,即当式(278)中诸方阵 U_j 两两可交换的情形,就是说,对任意二足号 i 和 j 有

$$U_iU_j=U_jU_i$$

这时可证方程组(278)的解 $Y(b;x)$ 可以写成如下的有限形式

$$Y(b;x)=\left(\frac{x-a_1}{b-a_1}\right)^{U_1}\cdots\left(\frac{x-a_m}{b-a_m}\right)^{U_m} \tag{294}$$

易见上面的函数当 $x=b$ 时等于单位方阵. 再证明它也满足方程组(278). 应用通常乘积微分的规则微分上式,并注意

$$\frac{\mathrm{d}}{\mathrm{d}x}\left(\frac{x-a_j}{b-a_j}\right)^{U_j}=\frac{\mathrm{d}}{\mathrm{d}x}\mathrm{e}^{U_j\ln\frac{x-a_j}{b-a_j}}=\left(\frac{x-a_j}{b-a_j}\right)^{U_j}\frac{U_j}{x-a_j} \tag{295}$$

即得

$$\frac{\mathrm{d}Y(b;x)}{\mathrm{d}x}=\sum_{j=1}^{m}\left(\frac{x-a_1}{b-a_1}\right)^{U_1}\cdots\left(\frac{x-a_{j-1}}{b-a_{j-1}}\right)^{U_{j-1}}\frac{U_j}{x-a_j}\left(\frac{x-a_j}{b-a_j}\right)^{U_j}\cdots\left(\frac{x-a_m}{b-a_m}\right)^{U_m}$$

当方阵 U_j 和 U_i 可交换时，它就和任一可展开为 U_i 的幂级数的函数 $f(U_i)$ 可交换. 因此上式可以改写为

$$\frac{\mathrm{d}Y(b;x)}{\mathrm{d}x}=\sum_{j=1}^{m}\left(\frac{x-a_1}{b-a_1}\right)^{U_1}\cdots\left(\frac{x-a_m}{b-a_m}\right)^{U_m}\frac{U_j}{x-a_j}$$

即

$$\frac{\mathrm{d}Y(b;x)}{\mathrm{d}x}=Y(b;x)\sum_{j=1}^{m}\frac{U_j}{x-a_j}$$

方阵(294) 确可满足(278). 式(294) 也可以从方程组(278) 立刻得到，如果我们把其中的 Y 和 U_j 看成普通的变数和常数，实行变数分离，然后再积分. 在我们现在的情形，这种形式上的计算是可以容许的，因为诸方阵 U_j 两两可交换之故. 当诸方阵 U_j 两两可交换时，式(294) 的右边表示级数(284) 的和. 从式(294) 可知在这种情形下，环绕 a_j 一周后方阵 $Y(b;x)$ 在左边被乘了一个常数因子

$$\mathrm{e}^{2\pi \mathrm{i} U_j}$$

实际上，由公式

$$\left(\frac{x-a_j}{b-a_j}\right)^{U_j}=\mathrm{e}^{U_j\ln\frac{x-a_j}{b-a_j}}$$

再应用对数函数的多值性立刻得到我们所要证明的事.

注意：式(295) 右边只出现唯一的方阵 U_J，所以两因子必可交换.

123. 解在奇异点邻域中的表示

考察附有数字乘数的积分方阵的对数函数

$$W_j=\frac{1}{2\pi\mathrm{i}}\ln V_j=\frac{1}{2\pi\mathrm{i}}\sum_{v=1}^{+\infty}\frac{(-1)^{v-1}}{v}(V_j-I)^v \tag{296}$$

当方阵 V_j 和单位方阵相当接近时，上式右边的幂级数收敛于对数函数的主值. 由式(287) 可知当诸方阵 U_j 和零方阵相当接近时，这条件自然满足. 以后我们假设这些事实都成立. 由式(287) 将 V_j-I 的展开式代入(296) 中，把同类项集在一起，即得 W_j 的方阵幂级数表示，当诸方阵 U_s 相当接近于零方阵时这幂级数收敛

$$W_j=\sum_{v=1}^{+\infty}\sum_{j_1,\cdots,j_v}^{1,\cdots,m}U_{j_1}\cdots U_{j_v}Q_j(a_{j_1},\cdots,a_{j_v};b) \tag{297}$$

我们不但计算这展开式中的系数,因为这工作由级数的代入和整理是非常容易做的.现在考察初等函数

$$\left(\frac{x-a_j}{b-a_j}\right)^{W_j}=\mathrm{e}^{W_j\ln\frac{x-a_j}{b-a_j}} \tag{298}$$

如此取对数函数的值,使当 $x=b$ 时其值为零,那么当 $x=b$ 时函数(298)就等于单位方阵了.环绕 a_j 一周以后对数函数增加了 $2\pi\mathrm{i}$,故函数(298)变为另一函数

$$\mathrm{e}^{W_j\left(2\pi\mathrm{i}+\ln\frac{x-a_j}{b-a_j}\right)}=\mathrm{e}^{2\pi\mathrm{i}W_j}\left(\frac{x-a_j}{b-a_j}\right)^{W_j}=V_j\left(\frac{x-a_j}{b-a_j}\right)^{W_j}$$

上式中因子的先后次序无关紧要,因为两因子都是同一方阵 W_j 的幂级数,必可互相交换.这样,我们看到环绕 a_j 一周后初等函数(298)和 $Y(b;x)$ 一样在左边被乘上一个因子 V_j,并且当 $x=b$ 时它也等于单位方阵.因此可写

$$Y(b;x)=\left(\frac{x-a_j}{b-a_j}\right)^{W_j}\widetilde{Y}^{(j)}(b;x) \tag{299}$$

其中 $\widetilde{Y}^{(j)}(b;x)$ 是个方阵,当 $x=b$ 时等于单位方阵,且在 $x=a_j$ 的邻域中为单值.现在我们证明它不但在 $x=a_j$ 的邻域中为单值,并且在 $x=a_j$ 为正则,就是说,因子 $\left(\frac{x-a_j}{b-a_j}\right)^{W_j}$ 不仅以 $Y(b;x)$ 的支点为支点,并且也享有 $Y(b;x)$ 在 a_j 的全部奇异性,好像在研究二阶方程的正则奇异点时一样.

由式(299)知

$$\widetilde{Y}^{(j)}(b;x)=\left(\frac{x-a_j}{b-a_j}\right)^{-W_j}Y(b;x) \tag{300}$$

关于 x 微分,得

$$\frac{\mathrm{d}\widetilde{Y}^{(j)}(b;x)}{\mathrm{d}x}=-\frac{W_j}{x-a_j}\left(\frac{x-a_j}{b-a_j}\right)^{-W_j}Y(b;x)+\left(\frac{x-a_j}{b-a_j}\right)^{-W_j}\frac{\mathrm{d}Y(b;x)}{\mathrm{d}x}$$

利用方程(278)和(300),上式可改写为

$$\frac{\mathrm{d}\widetilde{Y}^{(j)}(b;x)}{\mathrm{d}x}=-\frac{W_j}{x-a_j}\widetilde{Y}^{(j)}(b;x)+\left(\frac{x-a_j}{b-a_j}\right)^{-W_j}Y(b;x)\sum_{s=1}^{m}\frac{U_s}{x-a_s}$$

即方阵 $\widetilde{Y}^{(j)}(b;x)$ 是下列方程组的解

$$\frac{\mathrm{d}\widetilde{Y}^{(j)}(b;x)}{\mathrm{d}x}=\widetilde{Y}^{(j)}(b;x)\sum_{s=1}^{m}\frac{U_s}{x-a_s}-\frac{W_j\widetilde{Y}^{(j)}(b;x)}{x-a_j} \tag{301}$$

回到式(300)的右边,我们看到两个因子都可用诸方阵 U_s 的幂级数来表示,因此它们的乘积 $\widetilde{Y}^{(j)}(b;x)$ 也可用诸方阵 U_s 的幂级数来表示.如果所有的 U_s 都等于零方阵,则 W_j 亦然,从而式(300)右边的第一个因子成为单位方阵.对于 $Y(b;x)$,因之 $\widetilde{Y}^{(j)}(b;x)$ 亦可说同样的话.于是 $\widetilde{Y}^{(j)}(b;x)$ 的幂级数表示可以由下面的形式来求

$$\widetilde{Y}^{(j)}(b;x)=I+\sum_{v=1}^{+\infty}\sum_{j_1,\cdots,j_v}^{1,\cdots,m}U_{j_1}\cdots U_{j_v}\widetilde{L}_b^{(j)}(a_{j_1},\cdots,a_{j_v};x) \tag{302}$$

将式(297)和(302)代入方程(301)中，然后比较 $U_{j_1}\cdots U_{j_v}$ 的系数，即得

$$\frac{\mathrm{d}\widetilde{L}_b^{(j)}(a_{j_1},\cdots,a_{j_v};x)}{\mathrm{d}x}=\frac{\widetilde{L}_b^{(j)}(a_{j_1},\cdots,a_{j_{v-1}};x)}{x-a_{j_v}}-$$

$$\frac{1}{x-a_j}\sum_{k=1}^{v}Q_j(a_{j_1},\cdots,a_{j_k};b)\widetilde{L}_b^{(j)}(a_{j_{k+1}},\cdots,a_{j_v};x)$$

特别地

$$\frac{\mathrm{d}\widetilde{L}_b^{(j)}(a_{j_1};x)}{\mathrm{d}x}=\frac{1}{x-a_{j_1}}-\frac{Q_j(a_{j_1};b)}{x-a_j}$$

注意：上式关于 k 相加的各项，其第二个因子当 $k=v$ 时没有意义，这时应以单位方阵代之. 以后我们常会遇到类似的和，其中首项或末项的某因子如果没有意义的话，就应该以单位方阵来代替.

我们上面曾经说过，当 $x=b$ 而诸任意方阵 U_j 相当接近于零方阵时，$\widetilde{Y}^{(j)}(b;x)$ 变为单位方阵，就是说，当 $x=b$ 时展开式(302)中全部的系数都应等于零. 记住这个事实，再利用上面的式子，我们就可以写出一个逐次决定展开式(302)中的系数的公式

$$\widetilde{L}_b^{(j)}(a_{j_1},\cdots,a_{j_v};x)=\int_b^x\left[\frac{\widetilde{L}_b^{(j)}(a_{j_1},\cdots,a_{j_{v-1}};x)}{x-a_{j_v}}-\right.$$

$$\left.\frac{1}{x-a_j}\sum_{k=1}^{v}Q_j(a_{j_1},\cdots,a_{j_k};b)\widetilde{L}_b^{(j)}(a_{j_{k+1}},\cdots,a_{j_v};x)\right]\mathrm{d}x \tag{303}$$

特别地，当 $v=1$ 时有

$$\widetilde{L}_b^{(j)}(a_{j_1};x)=\int_b^x\left[\frac{1}{x-a_{j_1}}-\frac{Q_j(a_{j_1};b)}{x-a_j}\right]\mathrm{d}x \tag{304}$$

展开式(302)中的这些系数应该是 $x=a_j$ 的邻域中的单值函数，因为我们前面说过级数(302)的和在 $x=a_j$ 的邻域中应是单值的缘故. 由此立刻可知式(304)中被积分函数在极点 $x=a_j$ 的留数应等于零从而函数(304)在 $x=a_j$ 遂为正则. 现在要将这证明从 $v-1$ 推到 v，即设当 $s<v$ 时，所有的函数

$$\widetilde{L}_b^{(j)}(a_{j_1},\cdots,a_{j_s};x) \tag{305}$$

皆在 $x=a_j$ 为正则，我们要证明当 $s=v$ 时函数(305)在 $x=a_j$ 亦为正则. 已知这些函数之间存在(303)的关系. 由归纳法的假设事项可知式(303)中的被积分函数在 $x=a_j$ 只可能有一阶极点. 如果在这个极点的留数不等于零，那么函数(303)在 $x=a_j$ 的邻域中必为多值，这是不可能的. 由此知道式(303)中的被积分函数以及这个积分本身所代表的函数在 $x=a_j$ 亦为正则，证毕. 关于展开式(302)中的系数我们不打算做更详细的研究.

所有以上的论证都限于诸方阵 U_s 相当接近于零方阵的场合. 以后我们还要给 W_j 以及和它有关的方阵其他的表示式. 这种表示式可被任意的方阵所适

合,但若方阵 U_s 的诸特征数中有彼此相差一个不等于零的整数者,则 U_s 将是这种表示式的奇异点.

124. 规范解

解 $Y(b;x)$ 系于点 b 的选取,在这点方阵的标准形式是单位方阵. 因此方阵 $Y(b;x)$ 称为在 $x=b$ 是标准的方阵(解). 点 b 必须不是诸奇异点 a_j. 显然,我们不能在奇异点 $x=a_j$ 给任何初始条件,但是可以尝试去作出这种解来,它在奇异点 $x=a_j$ 的邻域中具有最简单的形式,正像我们从前在正则奇异点的邻域中求二阶方程的解一样. 下面我们就要从事于这一工作,并称这种解为在奇异点 $x=a_j$ 的规范解.

我们可以写

$$Y(b;x)=\left(\frac{x-a_j}{b-a_j}\right)^{W_j}\widetilde{Y}^{(j)}(b;x)=(x-a_j)^{W_j}(b-a_j)^{-W_j}\widetilde{Y}^{(j)}(b;x)$$

其中等式右边前面两因子的次序无关紧要,因为两因子中都只包含同一方阵 W_j. 将 $(b-a_j)^{-W_j}$ 并入 $\widetilde{Y}^{(j)}(b;x)$ 中,可记

$$Y(b;x)=(x-a_j)^{W_j}\overline{Y}^{(j)}(b;x) \tag{306}$$

其中

$$\overline{Y}^{(j)}(b;x)=(b-a_j)^{-W_j}\widetilde{Y}^{(j)}(b;x)$$

是一个在 $x=a_j$ 为正则的方阵. 如果所有的 U_s 都等于零,则 $\widetilde{Y}^{(j)}(b;x)$ 变为单位方阵,因此当 U_s 相当接近于零时,$\widetilde{Y}^{(j)}(b;x)$ 的行列式不等于零. 方阵 $(b-a_j)^{-W_j}=e^{-W_j\ln(b-a_j)}$ 是方阵的指数函数[92],故其行列式亦不等于零. 于是,当所有的 U_s 都相当接近于零时,$\overline{Y}^{(j)}(b;x)$ 的行列式在 $x=a_j$ 不等于零,就是说,这时方阵 $\overline{Y}^{(j)}(b;x)^{-1}$ 在 $x=a_j$ 为正则. 方程组(278) 的任一解与 $Y(b;x)$ 只差一个常数方阵因子 C(在左边)

$$Y(x)=CY(b;x) \tag{307}$$

如果 $Y(x)$ 是完全解,则 C 的行列式不等于零. 代替式(307) 可写

$$Y(x)=C(x-a_j)^{W_j}C^{-1}C\overline{Y}^{(j)}(b;x)$$

但如[121] 所知

$$C(x-a_j)^{W_j}C^{-1}=(x-a_j)^{W'_j}$$

其中

$$W'_j=CW_jC^{-1} \tag{308}$$

现在取方阵 C 等于

$$C=[\overline{Y}^{(j)}(b;a_j)]^{-1} \tag{309}$$

则得

$$C\overline{Y}^{(j)}(b;x)=I \quad (\text{当 } x=a_j \text{ 时})$$

这样，我们就得到一个解 $\theta_j(x)$，称为在 $x=a_j$ 的规范解，它可以表示为

$$\theta_j(x)=(x-a_j)^{W'_j}\bar{\theta}_j(x)$$

其中 $\bar{\theta}_j(x)$ 是个方阵，在 $x=a_j$ 为正则，并且在这点等于单位方阵. 现在我们证明：规范解中的方阵 W'_j 应该就是方阵 U_j.

首先，注意：所有以上作出来的方阵都可以表示为诸方阵 U_s 的幂级数，只要后者相当接近于零. 同时，和 W_j 一样，W'_j 的展开式中也不能包含常数项，即应有如下形式的展开式

$$W'_j=\sum_{v=1}^{+\infty}\sum_{j_1,\cdots,j_v}^{1,\cdots,m}U_{j_1}\cdots U_{j_v}J_j(a_{j_1},\cdots,a_{j_v}) \tag{310}$$

关于 x 微分下式

$$\bar{\theta}_j(x)=(x-a_j)^{-W'_j}\theta_j(x)$$

和上节一样，我们得到方阵 $\bar{\theta}_j(x)$ 所满足的方程组

$$\frac{\mathrm{d}\bar{\theta}_j(x)}{\mathrm{d}x}=\bar{\theta}_j(x)\sum_{s=1}^{m}\frac{U_s}{x-a_s}-\frac{W'_j\bar{\theta}_j(x)}{x-a_j} \tag{311}$$

如果所有的 U_s 都等于零，那么 $\bar{\theta}_j(x)$ 应当是个常数方阵，但由在 $x=a_j$ 的条件知道这个常数方阵必为单位方阵，即应成立如下的展开式

$$\bar{\theta}_j(x)=I+\sum_{v=1}^{n}\sum_{j_1,\cdots,j_v}^{1,\cdots,m}U_{j_1}\cdots U_{j_v}N_j(a_{j_1},\cdots,a_{j_v};x) \tag{312}$$

这个展开式中所有的系数应在 a_j 为正则，并且在这点等于零，因为级数的和对于任何的 U_s 在 $x=a_j$ 等于单位方阵的缘故. 和上节一样，将展开式(310)和(312) 代入方程(311) 中，比较系数，可得下面的等式

$$N_j(a_{j_1},\cdots,a_{j_v};x)=\int_{a_j}^{x}\Bigg[\frac{N_j(a_{j_1},\cdots,a_{j_{v-1}};x)}{x-a_{j_v}}-$$

$$\frac{1}{x-a_j}\sum_{k=1}^{v}J_j(a_{j_1},\cdots,a_{j_k})N_j(a_{j_{k+1}},\cdots,a_{j_v};x)\Bigg]\mathrm{d}x \tag{313}$$

特别地

$$N_j(a_{j_1};x)=\int_{a_j}^{x}\left[\frac{1}{x-a_{j_1}}-\frac{J_j(a_{j_1})}{x-a_j}\right]\mathrm{d}x$$

由 $N_j(a_{j_1};x)$ 的正则性，上式指出

$$J_j(a_{j_1})=\begin{cases}1 & (\text{当 } j_1=j \text{ 时})\\ 0 & (\text{当 } j_1\neq j \text{ 时})\end{cases} \tag{314}$$

当 $v=2$ 时等式(313) 是

$$N_j(a_{j_1},a_{j_2};x)=\int_{a_j}^{x}\left\{\frac{N_j(a_{j_1},x)}{x-a_{j_2}}-\frac{1}{x-a_j}[J_1(a_{j_1})N_j(a_{j_2};x)+J_j(a_{j_1},a_{j_2})]\right\}\mathrm{d}x$$

由前面的结果知道 $N_j(a_{j_s};a_j)=0$,因此上式中的被积分函数的第一项不以 $x=a_j$ 为极点. 从而第二项亦不以此点为极点,由此立刻可知当 $x=a_j$ 时方括号中应该等于零,但已知 $N_j(a_{j_2};a_j)=0$,所以全部系数 $J_j(a_{j_1},a_{j_2})$ 都应等于零. 同样,写出对应于 $v=3$ 的式(310),我们可以证明所有的系数 $J_j(a_{j_1},a_{j_2},a_{j_3})$ 都应等于零,余可类推. 这样,展开式(310) 实际上只是一个简单的等式 $W'_j=U_j$,而在 $x=a_j$ 的规范解就有如下的表示式

$$\theta_j(x)=(x-a_j)^{U_j}\bar{\theta}_j(x) \tag{315}$$

由式(313) 可以逐次决定展开式(312) 中的系数. 注意

$$J_j(a_{j_1})=\begin{cases}1 & (\text{当 } j_1=j \text{ 时})\\ 0 & (\text{当 } j_1\neq j \text{ 时})\end{cases}$$

$$J_j(a_{j_1},\cdots,a_{j_v})=0 \quad (\text{当 } v\geqslant 2 \text{ 时})$$

即得

$$N_j(a_{j_1};x)=\int_{a_j}^{x}\left[\frac{1}{x-a_{j_1}}-\frac{\delta_{j_1 j}}{x-a_j}\right]\mathrm{d}x$$

$$N_j(a_{j_1},\cdots,a_{j_v};x)=\int_{a_j}^{x}\left[\frac{N_j(a_{j_1},\cdots,a_{j_{v-1}};x)}{x-a_{j_v}}-\frac{\delta_{j_1 j}N_j(a_{j_2},\cdots,a_{j_v};x)}{x-a_j}\right]\mathrm{d}x$$

其中当 $p=q$ 时,$\delta_{pq}=1$,当 $p\neq q$ 时,$\delta_{pq}=0$.

环绕 a_j 一周以后,解(315) 在左边被乘上一个因子 $e^{2\pi i U_j}$. 如我们所知,任一其他的解的积分方阵必和 $e^{2\pi i U_j}$ 相似,就是说,环绕奇异点 a_j 一周以后,方程组的任一解在左边获得一个乘数,它是一个和 $e^{2\pi i U_j}$ 相似的方阵.

回到式(315). 我们说过等式右边的第二个因子在 $x=a_j$ 为正则. 显然,它的逆方阵

$$\bar{\theta}_j(x)^{-1}$$

在 $x=a_j$ 亦为正则,因为 $\bar{\theta}_j(x)$ 的行列式在 $x=a_j$ 等于 1 的缘故. 一般地,如果解 $Y(x)$ 在 a_j 的邻域中可以表示为

$$Y(x)=(x-a_j)^{W''_j}\bar{Y}(x)$$

其中方阵 $\bar{Y}(x)$ 在 a_j 为正则,并且行列式在这点不等于零,那么方阵 W''_j 称为解 $Y(x)$ 的指数方阵. 可以证明当 U_s 相当接近于零时,W''_j 由 $Y(x)$ 唯一决定. 特别地,在 a_j 的规范解的指数方阵就是 U_j,而一般地,任一解的指数方阵都和 U_j 相似.

注意:在所有以上的论证中我们主要的是利用了下面一个事实:任一方阵函数的方阵幂级数的表示是唯一的. 我们用过多次的比较系数法就是基于这个唯一性定理,将具有未知系数的幂级数代入方程的两边,然后比较同类项的系数,得出许多关系来. 同样,由唯一性定理又可以肯定:如果诸方阵 U_s 的幂级数的和在 $x=a_j$ 的邻近是 x 的单值函数,那么这个级数的所有的系数亦必为单值.

在[94] 中曾经说过:如果两幂级数的和对于任何阶数的方阵常相等,则此

二级数全同,即唯一性定理成立.在所有以上的论证中方阵的阶数完全任意,不受限制,所以我们有权应用唯一性定理.

125. 与富克斯类型的正则解的关系

回头来考察在奇异点 $x=a_j$ 的规范解

$$\theta_j(x)=(x-a_j)^{U_j}\bar{\theta}_j(x)$$

为清楚起见,假设方阵的阶数 $n=2$,即有两个联立方程和两个未知函数.假设方阵 S_j 将 U_j 化为对角线形式

$$S_jU_jS_j^{-1}=[\rho_1,\rho_2]$$

考察积分方阵

$$Z_j(x)=S_j\theta_j(x)=(x-a_j)^{S_jU_jS_j^{-1}}S_j\bar{\theta}_j(x)$$

或

$$Z_j(x)=(x-a_j)^{[\rho_1,\rho_2]}\bar{Z}_j(x)$$

其中

$$\bar{Z}_j(x)=S_j\bar{\theta}_j(x)$$

在 $x=a_j$ 为正则,以 $\bar{Z}_{pq}^{(j)}(x)$ 记这方阵的元素

$$\bar{Z}_j(x)=\begin{Vmatrix}\bar{Z}_{11}^{(j)}(x) & \bar{Z}_{12}^{(j)}(x)\\ \bar{Z}_{21}^{(j)}(x) & \bar{Z}_{22}^{(j)}(x)\end{Vmatrix}$$

其中 $\bar{Z}_{pq}^{(j)}(x)$ 是在 $x=a_j$ 为正则的函数.注意

$$(x-a_j)^{[\rho_1,\rho_2]}=\begin{Vmatrix}(x-a_j)^{\rho_1} & 0\\ 0 & (x-a_j)^{\rho_2}\end{Vmatrix}$$

我们有

$$Z_j(x)=\begin{Vmatrix}(x-a_j)^{\rho_1} & 0\\ 0 & (x-a_j)^{\rho_2}\end{Vmatrix}\cdot\begin{Vmatrix}\bar{Z}_{11}^{(j)}(x) & \bar{Z}_{12}^{(j)}(x)\\ \bar{Z}_{21}^{(j)}(x) & \bar{Z}_{22}^{(j)}(x)\end{Vmatrix}=$$

$$\begin{Vmatrix}(x-a_j)^{\rho_1}\bar{Z}_{11}^{(j)}(x) & (x-a_j)^{\rho_1}\bar{Z}_{12}^{(j)}(x)\\ (x-a_j)^{\rho_2}\bar{Z}_{21}^{(j)}(x) & (x-a_j)^{\rho_2}\bar{Z}_{22}^{(j)}(x)\end{Vmatrix}$$

这个方阵的每一列代表联立方程的一组解[120].这样,我们就得到了两组解,具有和富克斯定理[98]中一个正则方程的解同样的形式

$$Y_{11}(x)=(x-a_j)^{\rho_1}\bar{Z}_{11}^{(j)}(x);Y_{12}(x)=(x-a_j)^{\rho_1}\bar{Z}_{12}^{(j)}(x)$$

$$Y_{21}(x)=(x-a_j)^{\rho_2}\bar{Z}_{21}^{(j)}(x);Y_{22}(x)=(x-a_j)^{\rho_2}\bar{Z}_{22}^{(j)}(x)$$

在这些式子中 $Y_{pq}(x)$ 的第一个足号表明解的次序,第二个足号表示在某一解中函数的次序.再注意:由 $\bar{Z}_j(x)$ 的定义和 $\bar{\theta}_j(a_j)=1$ 可得

$$\bar{Z}_j(a_j)=\begin{Vmatrix}\bar{Z}_{11}^{(j)}(a_j) & \bar{Z}_{12}^{(j)}(a_j)\\ \bar{Z}_{21}^{(j)}(a_j) & \bar{Z}_{22}^{(j)}(a_j)\end{Vmatrix}=S_j$$

其中 S_j 是个行列式不等于零的方阵. $\bar{Z}_{pq}^{(j)}(a_j)$ 显然是 $\bar{Z}_{pq}^{(j)}(x)$ 展开为 $(x-a_j)$ 的幂级数时的常数项.

ρ_1 和 ρ_2 在[98]中是判定方程的两根,现在则是 U_j 的特征数. 在 И. А. 拉波达尼列夫斯基的工作中积分方阵 $\theta_j(x)$ 不称为规范,而称为先规范(在奇异点 $x=a_j$). 在这种命名之下方阵 $Z_j(x)$ 可以称为在 $x=a_j$ 的规范解.

126. 方阵 U_s 为任意的场合

[123]中的式(297)将积分方阵 $Y(b;x)$ 的指数替代式 W_j 表示为诸方阵 U_s 的幂级数,这个级数仅当 U_s 相当接近于零方阵时开始收敛. 同样,[124]中的式(312)给规范方阵 $\theta_j(x)$ 的正则因子 $\bar{\theta}_j(x)$ 一个类似的表示式. 现在我们要研究对于任意的 U_s 这两个方阵的表示的问题.

由定义,当 U_s 接近于零方阵时我们有[123]

$$W_j=\frac{1}{2\pi i}\ln V_j=\frac{1}{2\pi i}\sum_{v=1}^{+\infty}\frac{(-1)^{v-1}}{v}(V_j-1)^v$$

以 $\rho_1,\rho_2,\cdots,\rho_n$ 记方阵 U_j 的特征数. 如[124]中所知,方阵 V_j 和 $e^{2\pi i U_j}$ 相似,故 V_j 的特征数是

$$\eta_1=e^{2\pi i\rho_1};\eta_2=e^{2\pi i\rho_2},\cdots,\eta_n=e^{2\pi i\rho_n}$$

设诸 η_k 互不相同,利用西尔维斯特公式可记

$$W_j=\frac{1}{2\pi i}\sum_{k=1}^{n}\frac{(V_j-\eta_1)\cdots(V_j-\eta_{k-1})(V_j-\eta_{k+1})\cdots(V_j-\eta_n)}{(\eta_k-\eta_1)\cdots(\eta_k-\eta_{k-1})(\eta_k-\eta_{k+1})\cdots(\eta_k-\eta_n)}\ln\eta_k$$

为清楚起见以后只讨论 $n=2$ 的情形. 以 η_k 的值代入上式,得

$$W_j=\frac{V_j-e^{2\pi i\rho_2}}{e^{2\pi i\rho_1}-e^{2\pi i\rho_2}}\rho_1+\frac{V_j-e^{2\pi i\rho_1}}{e^{2\pi i\rho_2}-e^{2\pi i\rho_1}}\rho_2$$

或

$$W_j=\frac{e^{2\pi i\rho_2}\rho_1-e^{2\pi i\rho_1}\rho_2}{e^{2\pi i\rho_2}-e^{2\pi i\rho_1}}+\frac{\rho_2-\rho_1}{e^{2\pi i\rho_2}-e^{2\pi i\rho_1}}V_j \tag{316}$$

若 $\rho_1=\rho_2$,上式变为

$$W_j=\left(\rho_1-\frac{1}{2\pi i}\right)+\frac{1}{2\pi i e^{2\pi i\rho_1}}V_j \tag{317}$$

从前我们曾经将 V_j 表示为 U_s 的幂级数,他对于任何 U_s 常为收敛[122]. 现在由式(316)即得 W_j 的表示式,对于任何 U_s. 如果 ρ_1 和 ρ_2 相差一个不等于零的整数,则式(316)失去意义,因为这时等式右边的分母等于零,而分子不等于

零. 这样,对 W_j 而言,如果把它看成 U_s 的函数的话,那么特征数可以相差一个不等于零的整数的方阵 U_j 就是这个函数的奇异点了. 对于其他的方阵 U_s 函数 W_j 不再有奇异点. 上述奇异点的存在还是由于级数(297) 的值当 U_s 接近于零方阵才收敛的缘故.

现在要问:利用级数(297) 怎样才可以将 W_j 表示为两个对于任何 U_s 皆为收敛的幂级数的商. 作一个 U_j 的数字函数,就是说,当 U_j 已给时,函数的值是个一定的数字

$$\Delta(U_j)=\mathrm{e}^{-\mathrm{i}\pi(\rho_1+\rho_2)}\frac{\mathrm{e}^{2\pi\mathrm{i}\rho_1}-\mathrm{e}^{2\pi\mathrm{i}\rho_2}}{2\pi\mathrm{i}(\rho_1-\rho_2)}=\frac{\sin\pi(\rho_1-\rho_2)}{\pi(\rho_1-\rho_2)} \tag{318}$$

我们可以把它展开为对任何 ρ_1 和 ρ_2 皆为收敛的幂级数

$$\Delta(U_j)=\sum_{v=0}^{+\infty}\frac{(-1)^v}{(2v+1)!}\pi^{2v}(\rho_1-\rho_2)^{2v} \tag{319}$$

以 $\{U_j\}_{pq}$ 记方阵 U_j 的元素,我们可以写出 ρ_1 和 ρ_2 所满足的二次方程

$$\begin{vmatrix}\{U_j\}_{11}-\rho & \{U_j\}_{12}\\ \{U_j\}_{21} & \{U_j\}_{22}-\rho\end{vmatrix}=0$$

其次,我们有

$$(\rho_1-\rho_2)^2=(\rho_1+\rho_2)^2-4\rho_1\rho_2$$

利用二次方程的根的和与乘积的性质,可将 $(\rho_1-\rho_2)^2$ 表示为 $\{U_j\}_{pq}$ 的函数

$$(\rho_1-\rho_2)^2=(\{U_j\}_{11}+\{U_j\}_{22})^2-4(\{U_j\}_{11}\{U_j\}_{22}-\{U_j\}_{12}\{U_j\}_{21})$$

代入式(319),即将 $\Delta(U_j)$ 表示为 $\{U_j\}_{pq}$ 的幂级数

$$\Delta(U_j)=\sum_{v=0}^{+\infty}\frac{(-1)^v}{(2v+1)!}\pi^{2v}[(\{U_j\}_{11}+\{U_j\}_{22})^2-4(\{U_j\}_{11}\{U_j\}_{22}-\{U_j\}_{12}\{U_j\}_{21})]^v$$

这个级数对于任何的 U_j 常为收敛,故为方阵 U_j 的元素的整函数.

为简单起见,以 $\delta_v(U_j)$ 记上级数的一般项

$$\Delta(U_j)=\sum_{v=0}^{+\infty}\delta_v(U_j) \tag{320}$$

其中 $\delta_0(U_j)=1$,当 $v>0$ 时 $\delta_v(U_j)$ 是 $\{U_j\}_{pq}$ 的 $2v$ 次齐次多项式. 由式(316) 和 (318) 知道乘积 $\Delta(U_j)W_j$ 中两因子都是 $\{U_j\}_{pq}$ 的整函数,一般地,它们是所有的方阵 U_s 的元素的整函数. 由[83] 知道这种整函数可以展开为 U_s 的元素的齐次多项式的幂级数. 利用(297) 和式(320),可将展开式写成

$$\Delta(U_j)W_j=\sum_{v=1}^{+\infty}\sum_{s=1}^{v}\Big[\sum_{j_1,\cdots,j_s}^{1,\cdots,m}U_{j_1}\cdots U_{j_s}\delta_{v-s}(U_j)Q_j(a_{j_1},\cdots,a_{j_s};b)\Big]$$

上面的级数对任何的 U_s 皆为收敛. 这样,我们就将 W_j 表示为两个 U_s 的元素的整函数的商了

$$W_j=\frac{\sum\limits_{v=1}^{+\infty}\sum\limits_{s=1}^{v}\left[\sum\limits_{j_1,\cdots,j_s}^{1,\cdots,m}U_{j_1}\cdots U_{j_s}\delta_{v-s}(U_j)Q_j(a_{j_1},\cdots,a_{j_s};b)\right]}{\sum\limits_{v=0}^{+\infty}\delta_v(U_j)} \tag{321}$$

注意:分母中是一个以数字为项的级数,这些数字只和方阵 U_j 的元素有关.完全和以上相同的论断可以证明

$$\Delta(U_j)(x-a_j)^{W_j} \text{ 和 } \Delta(U_j)(x-a_j)^{-W_j}$$

都是 U_s 的元素的整函数.由式(306)知

$$\Delta(U_j)\overline{Y}^{(j)}(b;x)^{-1}=Y(b;x)^{-1}\Delta(U_j)(x-a_j)^{W_j}$$

方阵 $Y(b;x)$ 和 $Y(b;x)^{-1}$ 都是方阵 U_s 的整函数,因此乘积 $\Delta(U_j)\overline{Y}^{(j)}(b;x)^{-1}$ 是 U_s 的元素的整函数.由[124]知规范方阵 $\theta_j(x)$ 可表示为

$$\theta_j(x)=\overline{Y}^{(j)}(b;a_j)^{-1}Y_b(b;x)$$

因此 $\Delta(U_j)\theta_j(x)$ 也是 U_s 的元素的整函数.同样可知乘积

$$\Delta(U_j)\bar{\theta}_j(x)=(x-a_j)^{-U_j}\Delta(U_j)\theta_j(x)$$

也是 U_s 的元素的整函数,因为 $(x-a_j)^{-U_j}$ 是 U_j 的整函数之故.利用展开式(312)我们可以把规范方阵 $\theta_j(x)$ 表示为两个 U_s 的元素的整函数的商

$$\theta_j(x)=\frac{(x-a_j)^{U_j}\sum\limits_{v=0}^{+\infty}\sum\limits_{s=0}^{v}\left[\sum\limits_{j_1,\cdots,j_s}^{1,\cdots,m}U_{j_1}\cdots U_{j_s}\delta_{v-s}(U_j)N_j(a_{j_1},\cdots,a_{j_s};x)\right]}{\sum\limits_{v=0}^{+\infty}\delta_v(U_j)} \tag{322}$$

注意:在所有以上各公式中数字 $\Delta(U_j)$ 可以和任一方阵交换次序.在式(321)和式(322)的分子中,级数的项是和 U_s 的元素有关的方阵,因为各项中的方阵因子 U_{jk} 和数字因子 $\delta_{v-s}(U_j)$ 都和它们有关.

公式(312)和(322)将规范解表示为方阵 U_s 的元素的幂级数或幂级数的商,而其中的系数 $N_j(a_{j_1},\cdots,a_{j_s};x)$ 则与 x 有关.反过来,我们也可以将 $\theta_j(x)$ 展开成 $x-a_j$ 的幂级数,其系数与 U_s 的元素有关.这个级数在任一不包含 $x=a_j$ 以外的奇异点的圆 $|x-a_j|<R$ 中为收敛.

我们曾证明过 $\bar{\theta}_j(x)$ 满足方程(311),其中 $W'_j=U_j$,即

$$\frac{\mathrm{d}\bar{\theta}_j(x)}{\mathrm{d}x}=\bar{\theta}_j(x)\sum_{s=1}^{n}\frac{U_s}{x-a_s}-\frac{U_j\bar{\theta}_j(x)}{x-a_j}$$

以

$$\bar{\theta}_j(x)=1+\sum_{p=1}^{+\infty}A_j^{(p)}(x-a_j)^p \tag{323}$$

代入这个方程中,其中 $A_j^{(p)}$ 是和 x 无关的未知方阵,比较等式两边 $x-a_j$ 的同次幂的系数,即得一列逐次决定方阵 $A_j^{(p)}$ 的方程

$$U_jA_j^{(p)}+pA_j^{(p)}-A_j^{(p)}U_j=-\sum_{h\neq j}\sum_{q=0}^{p-1}\frac{A_j^{(q)}U_h}{(a_h-a_j)^{p-q}}\quad (p=1,2,\cdots)\tag{324}$$

和这类似的方程组我们早在[121] 中遇到过了. 我们不打算再求式(324) 的解以及证明级数(323) 的收敛,因为所用的方法是和[98] 中差不多的. 但只注意一件事,即乘积 $\Delta(U_j)A_j^{(p)}$ 是方阵 U_s 的元素的整函数,并且可以展开为

$$\Delta(U_j)A_j^{(p)}=\sum_{v=0}^{+\infty}\left[\sum_{k=0}^{v}\frac{1}{p^{k+1}}\delta_{v-k}(U_j)\sum_{\lambda=0}^{k}\frac{(-1)^k k!}{\lambda!\ (k-\lambda)!}U_j^{\lambda}T_pU_j^{k-\lambda}\right]$$

其中 T_p 表示等式(313) 的右边.

127. 非正则奇异点邻近的展开式

现在我们考察系数以 $x=0$ 为任意阶极点的线性方程组,为简单计,假设这些系数都是一个多项式被除于 x 的正整数幂而得的商式. 利用方阵记法,可将这个方程组写成

$$\frac{\mathrm{d}Y}{\mathrm{d}x}=Y\sum_{p=-s}^{t}T_px^p\tag{325}$$

其中 T_p 是已知的方阵. 一般而论,$x=0$ 将是这个方程组的非正则奇异点,但我们仍可对方程组应用逐次逼近法而得一个形式分明的解,经过关于 x 的任意解析延拓后仍为有效. 如常,这个解可以表示为方阵 T_p 的幂级数. 现在取一点 $b\neq 0$,要求方程组的解 $Y(b;x)$ 使当 $x=b$ 时变为单位方阵. 我们可以写下这个解所应满足的通常形式的积分方程

$$Y(b;x)=I+\int_b^x Y(b;x)\sum_{p=-s}^{t}T_px^p\mathrm{d}x$$

令 $Y_0=I$,则

$$Y_n(x)=I+\int_b^x Y_{n-1}(x)\sum_{p=-s}^{t}T_px^p\mathrm{d}x\tag{326}$$

则有

$$Y(b;x)=Y_0+[Y_1(x)-Y_0]+[Y_2(x)-Y_1(x)]+\cdots$$

简记

$$Z_v(x)=Y_v(x)-Y_{v-1}(x)\quad (Z_0=1)$$

则由式(326) 有

$$Z_v(x)=\int_b^x Z_{v-1}(x)\sum_{p=-s}^{t}T_px^p\mathrm{d}x\tag{327}$$

用下面的递推公式定义一列 x 的函数

$$L_{p_1}(b;x)=\int_b^x x^{p_1}\mathrm{d}x;L_{p_1,\cdots,p_v}(b;x)=\int_b^x L_{p_1,\cdots,p_{v-1}}(b;x)x^{p_v}\mathrm{d}x\tag{328}$$

用式(327) 和式(328) 展开逐次逼近的计算，即得

$$Z_1(x)=\int_b^x I\sum_{p_1=-s}^{t}T_{p_1}x^{p_1}\,\mathrm{d}x=\sum_{p_1=-s}^{t}T_{p_1}L_{p_1}(b;x)$$

$$Z_2(x)=\int_b^x\sum_{p_1=-s}^{t}T_{p_1}L_{p_1}(b;x)\sum_{p_2=-s}^{t}T_{p_2}x^{p_2}\,\mathrm{d}x=\sum_{p_1,p_2=-s}^{t}T_{p_1}T_{p_2}L_{p_1p_2}(b;x)$$

一般地

$$Z_v(x)=\sum_{p_1,\cdots,p_v=-s}^{t}T_{p_1}\cdots T_{p_v}L_{p_1\cdots p_v}(b;x)$$

这样，所求的解就可用下面的方阵幂级数来表示

$$Y(b;x)=I+\sum_{v=1}^{+\infty}\sum_{p_1,\cdots,p_v=-s}^{t}T_{p_1}\cdots T_{p_v}L_{p_1\cdots p_v}(b;x) \tag{329}$$

像[122] 中一样，可以证明这个级数绝对且一致收敛，因此就是所求的解. 现在的情形下，式(328) 的积分都可求得出来，所以级数(329) 中的系数都是可以明白地写出来的.

代替(328) 中的函数我们首先考察和它们同样的积分，但是具有不同的任意常数

$$M_{p_1}(x)=\int^x x^{p_1}\,\mathrm{d}x;\cdots$$

$$M_{p_1\cdots p_v}(x)=\int^x M_{p_1\cdots p_{v-1}}(x)x^{p_v}\,\mathrm{d}x$$

这些积分中的任意常数依照下面的办法来决定：若 $p_1+\cdots+p_v+v\neq 0$，则要求函数 $M_{p_1\cdots p_v}(x)$ 具有下面的形式

$$M_{p_1\cdots p_v}(x)=x^{p_1+\cdots+p_v+v}\sum_{\mu=0}^{v}\alpha_{p_1\cdots p_v}^{(\mu)}\ln\mu(x) \tag{330}$$

其中 $\alpha_{p_1\cdots p_v}^{(\mu)}$ 是数字系数. 若 $p_1+\cdots+p_v+v=0$，则积分常数可任意取之. 首先证明这种决定任意常数的办法是可能的. 当 $v=1$ 时有

$$M_{p_1}(x)=\int^x x^{p_1}\,\mathrm{d}x=\begin{cases}x^{p_1+1}\cdot\dfrac{1}{p_1+1} & (\text{当 } p_1+1\neq 0 \text{ 时})\\ \alpha_{p_1}^{(0)}+\ln x & (\text{当 } p_1+1=0 \text{ 时})\end{cases}$$

其中 $\alpha_{p_1}^{(0)}$ 是任意常数. 现在假设当 $\lambda\leqslant v$ 时式(330) 对所有的 $M_{p_1\cdots p_\lambda}(x)$ 都已经成立，我们要定义函数 $M_{p_1\cdots p_v+1}(x)$，即

$$M_{p_1\cdots p_{v+1}}(x)=\int^x x^{p_1+\cdots+p_v+v}\sum_{\mu=0}^{v}\alpha_{p_1\cdots p_v}^{(\mu)}\ln^\mu x\cdot x^{p_{v+1}}\,\mathrm{d}x$$

考察两种情形. 若 $p_1+\cdots+p_{v+1}+v+1\neq 0$，施行分部积分，得

$$M_{p_1\cdots p_{v+1}}(x)=\frac{x^{p_1+\cdots+p_{v+1}+v+1}}{p_1+\cdots+p_{v+1}+v+1}\sum_{\mu=1}^{v}\alpha_{p_1\cdots p_v}^{(\mu)}\ln^\mu x-$$

$$\int^x \frac{x^{p_1+\cdots+p_{v+1}+v}}{p_1+\cdots+p_{v+1}+v+1}\sum_{\mu=1}^{v}\mu\alpha_{p_1\cdots p_v}^{(\mu)}\ln^{\mu-1}x\mathrm{d}x$$

继续施行分部积分,最后可得

$$M_{p_1\cdots p_{v+1}}(x)=x^{p_1+\cdots+p_{v+1}+v+1}\sum_{\mu=0}^{v+1}\alpha_{p_1\cdots p_{v+1}}^{(\mu)}\ln^{\mu}x$$

其中诸系数 $\alpha_{p_1\cdots p_{v+1}}^{(\mu)}$ 是诸系数 $\alpha_{p_1\cdots p_v}^{(\mu)}$ 的线性结合,除了 $\alpha_{p_1\cdots p_v}^{(\mu)}$ 中已有的任意常数外不再包含新的任意常数.

若 $p_1+\cdots+p_{v+1}+v+1=0$,即

$$x^{p_1+\cdots+p_v+v}x^{p_{v+1}}=\frac{1}{x}$$

故得

$$M_{p_1\cdots p_{v+1}}(x)=\alpha_{p_1\cdots p_{v+1}}^{(0)}+\sum_{\mu=0}^{v}\frac{\alpha_{p_1\cdots p_v}^{(\mu)}}{\mu+1}\ln^{\mu+1}x=\sum_{\mu=0}^{v+1}\alpha_{p_1\cdots p_{v+1}}^{(\mu)}\ln^{\mu}x$$

其中 $\alpha_{p_1\cdots p_{v+1}}^{(0)}$ 是新的任意常数.这样,我们就证明了依照式(330)决定常数是可能的.此外,由以上的论证立刻可知诸系数 α 的选取的全部任意性就在于当 $p_1+\cdots+p_v+v=0$ 时系数 $\alpha_{p_1\cdots p_v}^{(0)}$ 是任意选取的.

现在寻求逐步计算 $\alpha_{p_1\cdots p_v}^{(\mu)}$ 的办法.当 $v=1$ 时,由前面的计算知

$$\alpha_{p_1}^{(0)}=\begin{cases}\dfrac{1}{p_1+1} & (\text{当 } p_1+1\neq 0)\\ \text{任意常数} & (\text{当 } p_1+1=0)\end{cases}\qquad \alpha_{p_1}^{(1)}=\begin{cases}0 & (\text{当 } p_1+1\neq 0 \text{ 时})\\ 1 & (\text{当 } p_1+1=0 \text{ 时})\end{cases}$$

其次,由 $M_{p_1\cdots p_v}(x)$ 的定义有

$$\frac{\mathrm{d}}{\mathrm{d}x}M_{p_1\cdots p_v}(x)=M_{p_1\cdots p_{v-1}}(x)x^{p_v}$$

或由(330),得

$$(p_1+\cdots+p_v+v)\sum_{\mu=0}^{v}\alpha_{p_1\cdots p_v}^{(\mu)}\ln^{\mu}x+\sum_{\mu=1}^{v}\mu\alpha_{p_1\cdots p_v}^{(\mu)}\ln^{\mu-1}x=\sum_{\mu=0}^{v-1}\alpha_{p_1\cdots p_{v-1}}^{(\mu)}\ln^{\mu}x$$

从而

$$(p_1+\cdots+p_v+v)\alpha_{p_1\cdots p_v}^{(v)}=0$$

$$(p_1+\cdots+p_v+v)\alpha_{p_1\cdots p_v}^{(\mu)}+(\mu+1)\alpha_{p_1\cdots p_v}^{(\mu+1)}=\alpha_{p_1\cdots p_{v-1}}^{(\mu)}$$

$$(\mu=v-1,v-2,\cdots,1,0)$$

首先考察 $p_1+\cdots+p_v+v\neq 0$ 的情形.这时我们有

$$\alpha_{p_1\cdots p_v}^{(v)}=0;\alpha_{p_1\cdots p_v}^{(\mu)}=\frac{1}{p_1+\cdots+p_v+v}\left[\alpha_{p_1\cdots p_{v-1}}^{(\mu)}-(\mu+1)\alpha_{p_1\cdots p_v}^{(\mu+1)}\right]$$

依次以 $\mu=v-1,v-2,\cdots$ 代入上式,得

$$\alpha_{p_1\cdots p_v}^{(v-1)}=\frac{1}{p_1+\cdots+p_v+v}\alpha_{p_1\cdots p_{v-1}}^{(v-1)}$$

$$\alpha_{p_1\cdots p_v}^{(v-2)}=\frac{1}{p_1+\cdots+p_v+v}\left[\alpha_{p_1\cdots p_{v-1}}^{(v-2)}-\frac{v-1}{p_1+\cdots+p_v+v}\alpha_{p_1\cdots p_{v-1}}^{(v-1)}\right]$$

一般地

$$\alpha_{p_1\cdots p_v}^{(\mu)}=\frac{1}{p_1+\cdots+p_v+v}\Big[\alpha_{p_1\cdots p_{v-1}}^{(\mu)}-\frac{\mu+1}{p_1+\cdots+p_v+v}\alpha_{p_1\cdots p_{v-1}}^{(\mu+1)}+\frac{(\mu+1)(\mu+2)}{(p_1+\cdots+p_v+v)^2}\alpha_{p_1\cdots p_{v-1}}^{(\mu+2)}-\cdots+(-1)^{v-\mu-1}\frac{(\mu+1)\cdots(v-1)}{(p_1+\cdots+p_v+v)^{v-\mu-1}}\alpha_{p_1\cdots p_{v-1}}^{(v-1)}\Big]$$

当 $p_1+\cdots+p_v+v=0$ 时,由前面写过的公式得

$$\alpha_{p_1\cdots p_v}^{(\mu+1)}=\frac{1}{\mu+1}\alpha_{p_1\cdots p_{v-1}}^{(\mu)}\quad(\mu=0,1,\cdots,v-1)$$

而 $\alpha_{p_1\cdots p_v}^{(0)}$ 为任意.总结以上的结果,我们得到下面许多关系,借以决定诸系数 α

$$\begin{cases}\alpha_{p_1}^{(0)}=\dfrac{1}{p_1+1}\quad(p+1\neq 0)\\ \alpha_{p_1}^{(1)}=\begin{cases}0 & (p_1+1\neq 0)\\ 1 & (p_1+1=0)\end{cases}\\ \alpha_{p_1\cdots p_v}^{(v)}=0\quad(p_1+\cdots+p_v+v\neq 0)\\ \alpha_{p_1\cdots p_v}^{(\mu)}=\dfrac{1}{p_1+\cdots+p_v+v}\Big[\alpha_{p_1\cdots p_{v-1}}^{(\mu)}-\dfrac{\mu+1}{p_1+\cdots+p_v+v}\alpha_{p_1\cdots p_{v-1}}^{(\mu+1)}+\\ \quad\dfrac{(\mu+1)(\mu+2)}{(p_1+\cdots+p_v+v)^2}\alpha_{p_1\cdots p_{v-1}}^{(\mu+2)}-\cdots+\dfrac{(-1)^{v-\mu-1}(\mu+1)\cdots(v-1)}{(p_1+\cdots+p_v+v)^{v-\mu-1}}\alpha_{p_1\cdots p_{v-1}}^{(v-1)}\Big]\\ \quad(\mu=v-1,v-2,\cdots,1,0;p_1+\cdots+p_v+v\neq 0)\\ \alpha_{p_1\cdots p_v}^{(\mu)}=\dfrac{1}{\mu}\alpha_{p_1\cdots p_{v-1}}^{(\mu-1)}\quad(\mu=v,v-1,\cdots,2,1;p_1+\cdots+p_v+v=0)\end{cases}\tag{331}$$

如果想以 $M_{p_1\cdots p_v}(x)$ 来表示函数 $L_{p_1\cdots p_v}(b;x)$,我们需要引进新的函数 $M^*_{p_1\cdots p_v}(x)$,它们是由下列等式逐步地,安全单值地定义起来的

$$\begin{cases}M^*_{p_1}(x)=-M_{p_1}(x)\\ M^*_{p_1\cdots p_v}(x)=-\displaystyle\sum_{\mu=0}^{v-1}M^*_{p_1\cdots p_\mu}(x)M_{p_{\mu+1}\cdots p_v}(x)\end{cases}\tag{332}$$

在上式关于 μ 相加的各项中对应于 $\mu=0$ 的那一项的第一个因子 $M^*_{p_1\cdots p_\mu}(x)$ 当 $\mu=0$ 没有意义,应以 1 来代替.现在证明

$$L_{p_1\cdots p_v}(b;x)=\sum_{\mu=0}^{v}M^*_{p_1\cdots p_\mu}(b)M_{p_{\mu+1}\cdots p_v}(x)\tag{333}$$

其中对应于 $\mu=0$ 的项的第一个因子和对应于 $\mu=v$ 的项的第二个因子都应以 1 来替代.

当 $v=1$ 时这个式子显然成立,因为由这些函数的定义知

$$L_{p_1}(b;x)=M_{p_1}(x)-M_{p_1}(b)=M_{p_1}(x)+M_{p_1}^*(b)$$

要证明式(333) 对任一 v 成立可以用归纳法.

假设当 $\lambda \leqslant v$ 时公式(333) 对所有的 $L_{p_1\cdots p_\lambda}(x)$ 皆成立,即得

$$L_{p_1\cdots p_{v+1}}(b;x)=\int_b^x L_{p_1\cdots p_v}(b;x)x^{p_{v+1}}\mathrm{d}x=$$

$$\int_b^x \sum_{\mu=0}^{v} M_{p_1\cdots p_\mu}^*(b)M_{p_{\mu+1}\cdots p_v}(x)x^{p_{v+1}}\mathrm{d}x$$

但由 $M_{p_1\cdots p_v}(x)$ 的定义

$$\int_b^x M_{p_{\mu+1}\cdots p_v}(x)x^{p_{v+1}}\mathrm{d}x=M_{p_{\mu+1}\cdots p_{v+1}}(x)-M_{p_{\mu+1}\cdots p_{v+1}}(b)$$

从而

$$L_{p_1\cdots p_{v+1}}(b;x)=\sum_{\mu=0}^{v} M_{p_1\cdots p_\mu}^*(b)[M_{p_{\mu+1}\cdots p_{v+1}}(x)-M_{p_{\mu+1}\cdots p_{v+1}}(b)]$$

或利用当 $x=b$ 时(332) 的第二式,即得

$$L_{p_1\cdots p_{v+1}}(b;x)=\sum_{\mu=0}^{v+1} M_{p_1\cdots p_\mu}^*(b)M_{p_{\mu+1}\cdots p_{v+1}}(x)$$

即式(333) 对 $L_{p_1\cdots p_{v+1}}(b;x)$ 亦成立,故由归纳法知道它对于任意的 v 都成立. 由式(332) 知道 $M_{p_1\cdots p_v}^*(x)$ 有和 $M_{p_1\cdots p_v}(x)$ 同样的形式,但系数不同

$$M_{p_1\cdots p_v}^*(x)=x^{p_1+\cdots+p_v+v}\sum_{\mu=0}^{v}\alpha_{p_1\cdots p_v}^{*(\mu)}\ln^\mu x \tag{334}$$

要想比较简便地得到计算系数 $\alpha_{p_1\cdots p_v}^{*(\mu)}$ 的方法,我们先证明对于 $M_{p_1\cdots p_v}^*$ 成立下面的公式

$$M_{p_1}^*(x)=-\int^x x^{p_1}\mathrm{d}x;M_{p_1\cdots p_v}^*(x)=-\int^x x^{p_1}M_{p_2\cdots p_v}^*(x)\mathrm{d}x \tag{335}$$

积分常数应如此取法,使得式(334) 成立. 如前,这样就决定了 $\alpha_{p_1\cdots p_v}^{*(\mu)}$ 当 $p_1+\cdots+p_v+v\neq 0$. 至于当 $p_1+\cdots+p_v+v=0$ 时 $\alpha_{p_1\cdots p_v}^{*(0)}$ 如何取法,我们下面再说. 当 $v=1$ 时有

$$\frac{\mathrm{d}}{\mathrm{d}x}M_{p_1}^*(x)=-\frac{\mathrm{d}}{\mathrm{d}x}M_{p_1}(x)=-x^{p_1}$$

因此

$$M_{p_1}^*(x)=-\int^x x^{p_1}\mathrm{d}x$$

现在假设当 $\lambda\leqslant v-1$ 时等式

$$\frac{\mathrm{d}}{\mathrm{d}x}M_{p_1\cdots p_\lambda}^*(x)=-x^{p_1}M_{p_2\cdots p_\lambda}^*(x) \tag{336}$$

常成立,要证明当 $\lambda=v$ 时它也成立. 由式(332) 有

$$\frac{\mathrm{d}}{\mathrm{d}x}M^*_{p_1\cdots p_v}(x)=-\sum_{\mu=0}^{v-1}\left[M_{p_{\mu+1}\cdots p_v}(x)\frac{\mathrm{d}}{\mathrm{d}x}M^*_{p_1\cdots p_\mu}(x)+M^*_{p_1\cdots p_\mu}(x)\frac{\mathrm{d}}{\mathrm{d}x}M_{p_{\mu+1}\cdots p_v}(x)\right]$$

或由式(336) 和 $M_{p_1\cdots p_v}(x)$ 的定义,得

$$\frac{\mathrm{d}}{\mathrm{d}x}M^*_{p_1\cdots p_v}(x)=x^{p_1}\sum_{\mu=1}^{v-1}M^*_{p_2\cdots p_\mu}(x)M_{p_{\mu+1}\cdots p_v}(x)-\sum_{\mu=0}^{v-1}M^*_{p_1\cdots p_\mu}(x)M_{p_{\mu+1}\cdots p_{v-1}}(x)x^{p_v}$$

但由(332)

$$\sum_{\mu=0}^{v-1}M^*_{p_1\cdots p_\mu}(x)M_{p_{\mu+1}\cdots p_{v-1}}(x)=0$$

又

$$\sum_{\mu=0}^{v-1}M^*_{p_2\cdots p_\mu}(x)M_{p_{\mu+1}\cdots p_v}(x)=-M^*_{p_2\cdots p_v}(x)$$

所以

$$\frac{\mathrm{d}}{\mathrm{d}x}M^*_{p_1\cdots p_v}(x)=-x^{p_1}M^*_{p_2\cdots p_v}(x)$$

这就是我们所要证明的.和我们从前对于 $\alpha^{(\mu)}_{p_1\cdots p_v}$ 完全相类似,利用式(335) 可以得到许多关系,借以决定系数 $\alpha^{*(\mu)}_{p_1\cdots p_v}$.现在只列举最后的结果,不再重复同样的计算了

$$\begin{cases}\alpha^{(0)}_{p_1}=-\dfrac{1}{p_1+1}\quad(p+1\neq 0)\\ \alpha^{(1)}_{p_1}=\begin{cases}0\quad(p_1+1\neq 0)\\ 1\quad(p_1+1=0)\end{cases}\\ \alpha^{(v)}_{p_1\cdots p_v}=0\quad(p_1+\cdots+p_v+v\neq 0)\\ \alpha^{(\mu)}_{p_1\cdots p_v}=\dfrac{-1}{p_1+\cdots+p_v+v}[\alpha^{(\mu)}_{p_1\cdots p_v}-\dfrac{\mu+1}{p_1+\cdots+p_v+v}\alpha^{(\mu+1)}_{p_2\cdots p_v}+\\ \quad\dfrac{(\mu+1)(\mu+2)}{(p_1+\cdots+p_v+v)^2}\alpha^{(\mu+2)}_{p_2\cdots p_v}+\cdots+\dfrac{(-1)^{v-\mu-1}(\mu+1)\cdots(v-1)}{(p_1+\cdots+p_v+v)^{v-\mu-1}}\alpha^{(v-1)}_{p_2\cdots p_v}]\\ \quad(\mu=v-1,v-2,\cdots,1,0;p_1+\cdots+p_v+v\neq 0)\\ \alpha^{(\mu)}_{p_1\cdots p_v}=-\dfrac{1}{\mu}\alpha^{(\mu-1)}_{p_2\cdots p_v}\quad(\mu=v,v-1,\cdots,2,1;p_1+\cdots+p_v+v=0)\end{cases}\tag{337}$$

从这些关系可以决定所有的 α^*,除了当 $p_1+\cdots+p_v+v=0$ 时的 $\alpha^{*(0)}_{p_1\cdots p_v}$,因为 $M^*_{p_1\cdots p_v}(x)$ 是由式(332) 唯一决定,所以剩下来的这些系数也应该可以由已知的系数 α^* 和 α 唯一地表示出来.为此,可将 $M_{p_1\cdots p_v}(x)$ 的表示式(330) 和

$M^*_{p_1\cdots p_v}(x)$ 的表示式(334) 代入式(332)，然后约去等式两边的 $x^{p_1+\cdots+p_v+v}$，即得

$$\sum_{s=0}^{v}\alpha_{p_1\cdots p_v}^{(s)}\ln^s x=-\sum_{\mu=0}^{v-1}\Big(\sum_{s=0}^{\mu}\alpha_{p_1\cdots p_\mu}^{*(s)}\ln^s x\Big)\Big(\sum_{s=0}^{v-\mu}\alpha_{p_{\mu+1}\cdots p_v}^{(s)}\ln^s x\Big)$$

比较等式两边不含 $\ln x$ 的项，即得

$$\sum_{\mu=0}^{v}\alpha_{p_1\cdots p_\mu}^{*(0)}\alpha_{p_{\mu+1}\cdots p_v}^{(0)}=0\tag{338}$$

或将首末两项分出

$$\alpha_{p_1\cdots p_v}^{(0)}+\sum_{\mu=1}^{v-1}\alpha_{p_1\cdots p_\mu}^{*(0)}\alpha_{p_{\mu+1}\cdots p_v}^{(0)}+\alpha_{p_1\cdots p_v}^{*(0)}=0\tag{339}$$

用这个关系可以决定所有的 $\alpha_{p_1\cdots p_v}^{*(0)}$，当 $p_1+\cdots+p_v+v=0$ 时.

最后，如果以 $M_{p_1\cdots p_v}(x)$ 的表示式(330) 和 $M^*_{p_1\cdots p_v}(x)$ 的表示式(334) 代入式(338)，即得(329) 中级数的系数的确实数值

$$L_{p_1\cdots p_v}(b;x)=\sum_{\mu=0}^{v}b^{p_1+\cdots+p_\mu+\mu}x^{p_{\mu+1}+\cdots+p_v+v-\mu}\cdot\sum_{\lambda=0}^{\mu}\alpha_{p_1\cdots p_\mu}^{*(\lambda)}\ln\lambda b\sum_{k=0}^{v-\mu}\alpha_{p_{\mu+1}\cdots p_v}^{(k)}\ln^k x$$

将这个结果代入式(329)，即得

$$Y(b;x)=I+\sum_{v=1}^{+\infty}\sum_{p_1,\cdots,p_v=-s}^{t}T_{p_1}\cdots T_{p_v}\sum_{\mu=0}^{v}b^{p_1+\cdots+p_\mu+\mu}x^{p_{\mu+1}+\cdots+p_v+v-\mu}\cdot\sum_{\lambda=0}^{\mu}\alpha_{p_1\cdots p_\mu}^{*(\lambda)}\ln^\lambda b\sum_{k=0}^{v-\mu}\alpha_{p_{\mu+1}\cdots p_v}^{(k)}\ln^k x\tag{340}$$

以上的论证可以归结成下面的定理：

定理 8　对于任意选取的方阵 T_p，当 $x=b$ 时等于单位方阵的方程组(325) 的解常可由级数(340) 决定之，这种表示不因关于 x 的任何解析延拓而有变更. 级数(340) 中诸系数 α 可由式(331) 决定，但当 $p_1+\cdots+p_v+v=0$ 时 $\alpha_{p_1\cdots p_v}^{(0)}$ 是任意常数. 诸系数 α^* 可由式(337) 和式(338) 决定.

式(340) 是应用逐次逼近法于方程组(325) 的一个显明的例子.

环绕 $x=0$ 一周后 $Y(b;x)$ 在左边被乘上一个常数方阵 V. 不难求得 V 的任意整数幂 V^m 的数值. 假设 m 是正整数，那么从正方向环绕 $x=0$ $|m|$ 次，如果 m 是负整数，就从负方向环绕 $x=0$ $|m|$ 次，然后再求这样得到的 $Y(b;x)$ 在 $x=b$ 的数值好了. 经过这种绕道以后，始值 $\ln x$ 变为 $\ln x+2m\pi i$，故得

$$V^m=I+\sum_{v=1}^{+\infty}\sum_{p_1,\cdots,p_v=-s}^{t}T_{p_1}\cdots T_{p_v}b^{p_1+\cdots+p_v+v}\sum_{\mu=0}^{v}\sum_{\lambda=0}^{\mu}\alpha_{p_1\cdots p_\mu}^{*(\lambda)}\ln^\lambda b\cdot\sum_{k=0}^{v-\mu}\alpha_{p_{\mu+1}\cdots p_v}^{(k)}(\ln b+2\pi m i)^k\tag{341}$$

上式中两种 $\ln b$ 的数值应该一致，又其中每一系数都是 $\ln b$ 的多项式. 但

可证明这些系数中含 $\ln b$ 的各项实际上都互相消去，而式(341) 可化为下面的更简单的式子

$$V^m = I + \sum_{v=1}^{+\infty} \sum_{p_1,\cdots,p_v=-s}^{t} T_{p_1}\cdots T_{p_v} b^{p_1+\cdots+p_v+v} \sum_{\mu=0}^{v} \alpha_{p_1\cdots p_v}^{*(0)} \cdot \sum_{k=0}^{v-\mu} \alpha_{p_{\mu+1}\cdots p_v}^{(k)} (2\pi m\mathrm{i})^k \tag{342}$$

证明从略.

回到展开式(340) 容易知道等式右边的级数形式上可以从另外两个方阵幂级数相乘而得到

$$\left[I + \sum_{v=1}^{+\infty} \sum_{p_1,\cdots,p_v=-s}^{t} T_{p_1}\cdots T_{p_v} b^{p_1+\cdots+p_v+v} \sum_{k=0}^{v} \alpha_{p_1\cdots p_v}^{*(\mu)} \ln^\mu b\right] \cdot \left[I + \sum_{v=1}^{+\infty} \sum_{p_1,\cdots,p_v=-s}^{t} T_{p_1}\cdots T_{p_v} x^{p_1+\cdots+p_v+v} \sum_{k=0}^{v} \alpha_{p_1\cdots p_v}^{*(\mu)} \ln^\mu x\right] \tag{343}$$

上式左边的因子不含 x，所以是一个常数方阵. 如果删去这个因子，换言之，即以这个常数方阵的逆方阵乘(343) 的左边，我们就得到

$$I + \sum_{v=1}^{+\infty} \sum_{p_1,\cdots,p_v=-s}^{t} T_{p_1}\cdots T_{p_v} x^{p_1+\cdots+p_v+v} \sum_{\mu=0}^{v} \alpha_{p_1\cdots p_v}^{*(\mu)} \ln^\mu x \tag{344}$$

它应该也是方程组(325) 的解. 这些虽然都是形式上的结论，但实际上我们可以严格证明当诸方阵 T_p 接近于零时级数(344) 确为收敛，并且是方程组(325) 的解. 这个解已和点 b 的选取无关了. 我们不打算继续研究式(344) 所决定的解的性质. 关于方程组(325) 的详细研究可在 И. А. 拉波达尼列夫斯基的原作中找到.

128. 一致收敛级数展开

以上我们做出来的级数在任何不包含奇异点的有限闭区域中都是一致收敛的. 在正则奇异点的邻域中，划开级数中的奇异部分以后我们得到一个泰勒级数，它在奇异点的整个邻域中一致收敛. 现在我们要作一个级数，以无限远点为非正则奇异点，且在该点的整个邻域中的实轴上为一致收敛. 这就是从前的渐近展开式. 考察两个一阶方程所成的方程组

$$\frac{\mathrm{d}Y}{\mathrm{d}x} = YT = Y\left(T_0 + \frac{T_1}{x} + \frac{T_2}{x} + \cdots\right) \tag{345}$$

其中 T_k 为常数方阵. 若 $T_0 = 0$，则 $x = +\infty$ 为正则奇异点. 令 $Y = Y_1 S$，其中 S 为常数方阵，则 Y_1 满足同样的方程组，但有系数方阵 $T'_k = ST_kS^{-1}$，我们可以适

当的取 S,使得方阵 T'_0 具规范形式.以后假设在(345)中 T_0 已经是规范方阵.考察 T_0 为对角线方阵的情形:$T_0=[a_1,a_2]$,其中 a_1 和 a_2 有不同的实数部分,不失一般性,假设

$$R(a_1)>R(a_2) \tag{346}$$

其中 $R(z)$ 表示 z 的实数部分.

以 t_{ik} 记方阵 T 的元素,则有

$$t_{ii}=a_i+\sum_{s=1}^{+\infty}t_{ii}^{(s)}\frac{1}{x^s};t_{ik}=\sum_{s=1}^{+\infty}t_{ik}^{(s)}\frac{1}{x^3}\quad(i\neq k) \tag{347}$$

令

$$T=P_0+P \tag{348}$$

其中 P_0 是个对角线方阵

$$P_0=\left[a_1+t_{11}^{(1)}\frac{1}{x},a_2+t_{22}^{(1)}\frac{1}{x}\right] \tag{349}$$

则方阵 P 的元素 P_{ik} 是

$$P_{ik}=\sum_{s=1}^{+\infty}t_{ik}^{(s)}\frac{1}{x^s}\quad(i\neq k);P_{ii}=\sum_{s=2}^{+\infty}t_{ii}^{(s)}\frac{1}{x^s} \tag{350}$$

由下式引进另一未知方阵 Z 以代 Y,则

$$Y=\mathrm{e}^{\int_1^x P_0\,\mathrm{d}x}Z=\mathrm{e}^{[a_1x+t_{11}^{(1)}\ln x-a_1,a_2x+t_{22}^{(1)}\ln x-a_2]}Z \tag{351}$$

代入(345),即得 Z 所满足的方程

$$\frac{\mathrm{d}Z}{\mathrm{d}x}=ZP_0-P_0Z+ZP \tag{352}$$

或导入参数 λ,写成

$$\frac{\mathrm{d}Z}{\mathrm{d}x}=ZP_0-P_0Z+\lambda ZP \tag{353}$$

而求这个方程的形式为

$$Z=\sum_{m=0}^{+\infty}Z_m\lambda^m \tag{354}$$

的解.代入式(353),得

$$\frac{\mathrm{d}Z_m}{\mathrm{d}x}=Z_mP_0-P_0Z_m+Z_{m-1}P\quad(m=1,2,3,\cdots) \tag{355}$$

或对方阵 Z_m 的元素 $Z_{ik}^{(m)}$ 有

$$\frac{\mathrm{d}Z_{ik}^{(m)}}{\mathrm{d}x}=\left(a_k+\frac{t_{kk}^{(1)}}{x}\right)Z_{ik}^{(m)}-\left(a_i+\frac{t_{ii}^{(1)}}{x}\right)Z_{ik}^{(m)}+\sum_{s=1}^{2}Z_{is}^{(m-1)}P_{sk} \tag{356}$$

并可设 $Z_0=I$.这个方程极易积分出来,即得逐步计算 $Z_{ik}^{(m)}$ 的公式

$$Z_{ik}^{(m)}=\mathrm{e}^{-r_{ik}}\int\mathrm{e}^{r_{ik}}\sum_{s=1}^{2}Z_{is}^{(m-1)}P_{sk}\,\mathrm{d}x \tag{357}$$

其中

$$r_{ik}=(a_i-a_k)x+(t_{ii}^{(1)}-t_{kk}^{(1)})\ln x=a_{ik}x+\beta_{ik}\ln x \tag{358}$$

式(357) 中的积分区间当 $i<k$ 时为 (x_0,x),当 $i>k$ 时为 (∞,x),其中 x_0 是相当大的实数,而 $x>x_0$. 以后常假设 $x_0\geqslant 1$. 方阵 Z 应满足方程(352),它的元素是

$$\begin{gathered}Z_{ik}=\sum_{m=1}^{+\infty}Z_{ik}^{(m)}\\ Z_{ii}=1+\sum_{m=1}^{+\infty}Z_{ii}^{(m)}\quad(i\neq k)\end{gathered}\tag{359}$$

若能证这两级数在整个无限区间 $x_0\leqslant x<+\infty$ 上为一致收敛,则由式(356) 立刻知道由导数所组成的级数

$$\sum_{m=1}^{+\infty}\frac{\mathrm{d}Z_{ik}^{(m)}}{\mathrm{d}x}\quad(i,k=1,2)$$

在上述区间的任何有限部分中为一致收敛,从而方阵 Z 就满足方程(352),而由式(351) 所决定的方阵 Y 则满足式(345).

现在来证明(359) 中两级数的一致收敛性. 由式(350) 知

$$|P_{ik}|\leqslant\frac{a}{x}\quad(i\neq k);\ |P_{ii}|\leqslant\frac{a}{x^2} \tag{360}$$

其中 a 是一个正常数. 其次,应用洛必达定则,易得下面的估计

$$\mathrm{e}^{-r'_{ik}}\int\mathrm{e}^{r'_{ik}}\frac{a}{x}\mathrm{d}x\leqslant\frac{a_1}{x};\int\frac{a}{x^2}\mathrm{d}x\leqslant\frac{a_1}{x} \tag{361}$$

其中 r'_{ik} 是 r_{ik} 的实数部分,a_1 是正常数. 在这两个式子以及后来许多式子中积分的意义可像式(357) 中一样去了解. 注意:当 x_0 增加时不等式右边的常数 a_1 仍要取原来的数值.

由(357) 和 $Z_0=I$ 得

$$Z_{ik}^{(1)}=\mathrm{e}^{-r_{ik}}\int\mathrm{e}^{r_{ik}}P_{ik}\mathrm{d}x\quad(i\neq k);Z_{ii}^{(1)}=\int P_{ii}\mathrm{d}x \tag{362}$$

由式(360) 和式(361) 得

$$|Z_{ik}^{(1)}|\leqslant\frac{a_1}{x}\quad(k\neq i);\ |Z_{ii}^{(1)}|\leqslant\frac{a_1}{x} \tag{363}$$

其次,由式(357)(363) 和 $x\geqslant x_0\geqslant 1$ 知

$$|Z_{ik}^{(2)}|\leqslant\mathrm{e}^{-r'_{ik}}\int\mathrm{e}^{r'_{ik}}2\frac{aa_1}{x^2}\mathrm{d}x\leqslant\frac{2a_1}{x_0}\mathrm{e}^{-r'_{ik}}\int\mathrm{e}^{r'_{ik}}\frac{a}{x}\mathrm{d}x\leqslant\frac{2a_1}{x_0}\cdot\frac{a_1}{x}$$

$$|Z_{ii}^{(2)}|\leqslant\int 2\frac{aa_1}{x^2}\mathrm{d}x\leqslant 2a_1\cdot\frac{a_1}{x}$$

$$|Z_{ik}^{(3)}|\leqslant 2a_1\mathrm{e}^{-r'_{ik}}\int\mathrm{e}^{r'_{ik}}2\frac{aa_1}{x^2}\mathrm{d}x\leqslant\frac{(2a_1)^2}{x_0}\cdot\frac{a_1}{x}$$

$$|Z_{ii}^{(3)}| \leqslant \int \sum_{s=1}^{2} |Z_{is}^{(2)}| \cdot |P_{sk}| \, \mathrm{d}x \leqslant \int \left(\frac{2a_1}{x_0} \frac{aa_1}{x^2} + 2a_1 \frac{aa_1}{x^3} \right) \mathrm{d}x$$

由此

$$|Z_{ii}^{(3)}| \leqslant \frac{(2a_1)^2}{x_0} \cdot \frac{a_1}{x}$$

一般地,可得

$$\begin{aligned} |Z_{ik}^{(2m)}| &\leqslant \frac{(2a_1)^{2m-1}}{x_0^m} \cdot \frac{a_1}{x}; \quad |Z_{ii}^{(2m)}| \leqslant \frac{(2a_1)^{2n-1}}{x_0^{m-1}} \cdot \frac{a_1}{x} \\ |Z_{ik}^{(2m+1)}| &\leqslant \frac{(2a_1)^{2m}}{x_0^m} \cdot \frac{a_1}{x}; \quad |Z_{ii}^{(2m+1)}| \leqslant \frac{(2a_1)^{2m}}{x_0^m} \cdot \frac{a_1}{x} \end{aligned} \tag{364}$$

和前面一样,用归纳法极易证明这些式子,先从 $2m$ 到 $2m+1$,再从 $2m+1$ 到 $2m+2$. 由这些估计立刻可知:若取 $x_0 > (2a_1)^2$,则级数

$$\sum_{m=0}^{+\infty} |Z_{ik}^{(m)}|$$

当 $i \neq k$ 和 $i = k$ 时皆在无限区间 $x_0 \leqslant x < +\infty$ 中一致收敛.

这样,由式(351)的关系,即得下列方程(345)的解

$$y_{ik} = \mathrm{e}^{a_i x} x^{t_{ii}^{(1)}} Z_{ik} \quad (i,k=1,2) \tag{365}$$

如常,其中 i 表示解的次序,k 表示函数的次序. 从式(359)和(364)的估计立刻可得

$$Z_{ik} = o\left(\frac{1}{x}\right) \quad (i \neq k); \; Z_{ii} = 1 + o\left(\frac{1}{x}\right) \tag{366}$$

由该式和式(346)知道(365)的两个解互为线性独立.

将展开式(350)代入积分(357)中,我们得到下面两种形式的积分

$$\mathrm{e}^{-\alpha x - \beta \ln x} \int_{x_0}^{x} \mathrm{e}^{\alpha x + \beta \ln x} \frac{\mathrm{d}x}{x^n} \text{ 和 } \mathrm{e}^{\alpha x + \beta \ln x} \int_{\infty}^{x} \mathrm{e}^{\alpha x - \beta \ln x} \frac{\mathrm{d}x}{x^n} \tag{367}$$

其中 $R(\alpha) > 0, n \geqslant 1$. 令 $x^\beta = \mathrm{e}^{\beta \ln x}$,施行分部积分,我们可写出这些积分依照 $\frac{1}{x}$ 的幂展开的渐近展开式.

利用展开式(350)和(367)中积分的渐近展开式,并对展开式的剩余各项应用比估计式(364)时更精细的计算施行估计,即得 Z_{ik} 依 $\frac{1}{x}$ 的幂的渐近展开式,再由(365)可得 y_{ik} 的渐近展开式. 现在计算 Z_{ik} 的渐近展开式的前面几项为例.

由式(362)得

$$Z_{ik}^{(1)} = \mathrm{e}^{-\alpha_{ik} x - \beta_{ik} \ln x} \int_{x_0}^{x} \mathrm{e}^{\alpha_{ik} x + \beta_{ik} \ln x} \left(\frac{t_{ik}^{(1)}}{x} + \frac{t_{ik}^{(2)}}{x^2} + \frac{\varepsilon_{ik}}{x^2} \right) \mathrm{d}x \quad (i < k)$$

$$Z_{ik}^{(1)} = \mathrm{e}^{-\alpha_{ik} x - \beta_{ik} \ln x} \int_{\infty}^{x} \mathrm{e}^{\alpha_{ik} x + \beta_{ik} \ln x} \left(\frac{t_{ik}^{(1)}}{x} + \frac{t_{ik}^{(2)}}{x^2} + \frac{\varepsilon_{ik}}{x^2} \right) \mathrm{d}x \quad (i > k)$$

$$Z_{ii}^{(1)}=\int_{\infty}^{x}\left(\frac{t_{ii}^{(2)}}{x^{2}}+\frac{t_{ii}^{(3)}}{x^{3}}+\frac{\varepsilon_{ii}}{x^{3}}\right)\mathrm{d}x$$

其中 ε_{ik} 和 $\varepsilon_{ii}\to 0$ 当 $x\to\infty$. 施行分部积分,得

$$Z_{ik}^{(1)}=\frac{a_{ik}^{(1)}}{x}+\frac{a_{ik}^{(2)}}{x^{2}}+\frac{\varepsilon'_{ik}}{x^{2}}\quad(\varepsilon'_{ik}\to 0\text{ 当 }x\to\infty\text{ 时},i,k=1,2)\tag{368}$$

将这个结果代入式(357),当 $m=2$ 时得

$$Z_{ik}^{(2)}=\mathrm{e}^{-\alpha_{ik}x-\beta_{ik}\ln x}\int\mathrm{e}^{\alpha_{ik}x+\beta_{ik}\ln x}\sum_{s=1}^{2}\left(\frac{a_{is}^{(1)}}{x}+\frac{a_{is}^{(2)}}{x^{2}}+\frac{\varepsilon'_{is}}{x^{2}}\right)\cdot\left(\frac{t_{sk}^{(1)}}{x}+\frac{t_{sk}^{(2)}}{x^{2}}+\frac{\varepsilon_{sk}}{x^{2}}\right)\mathrm{d}x\quad(i\neq k)$$

由此即得渐近展开式

$$Z_{ik}^{(2)}=\frac{b_{ik}^{(2)}}{x^{2}}+\frac{\varepsilon''_{ik}}{x^{2}}\quad(\varepsilon''_{ik}\to 0\text{ 当 }x\to\infty\text{ 时},i\neq k)\tag{369}$$

其次

$$Z_{ii}^{(2)}=\int_{\infty}^{x}\sum_{s=1}^{2}\left(\frac{a_{is}^{(1)}}{x}+\frac{a_{is}^{(2)}}{x^{2}}+\frac{\varepsilon'_{is}}{x^{2}}\right)\left(\frac{t_{sk}^{(1)}}{x}+\frac{t_{sk}^{(2)}}{x^{2}}+\frac{\varepsilon_{sk}}{x^{2}}\right)\mathrm{d}x$$

从而

$$Z_{ii}^{(2)}=\frac{b_{ii}^{(1)}}{x}+\frac{b_{ii}^{(2)}}{x^{2}}+\frac{\varepsilon''_{ii}}{x^{2}}\tag{370}$$

由(369)和(370)可得如下的估计

$$|Z_{ik}^{(2)}|\leqslant\frac{b}{x^{2}}\ (i\neq k);\ |Z_{ii}^{(2)}|\leqslant\frac{b}{x}\quad(b\text{ 为常数})\tag{371}$$

由此再用式(360)和 $x\geqslant x_0\geqslant 1$ 的事实,可得

$$|Z_{ik}^{(3)}|\leqslant 2ab\,\mathrm{e}^{-r'_{ik}}\int\mathrm{e}^{r'_{ik}}\frac{1}{x^{2}}\mathrm{d}x$$

$$|Z_{ii}^{(3)}|\leqslant 2ab\int\frac{1}{x^{3}}\mathrm{d}x$$

但和式(361)类似,容易得到下面的估计

$$\mathrm{e}^{-r'_{ik}}\int\mathrm{e}^{r'_{ik}}\frac{1}{x^{2}}\mathrm{d}x\leqslant\frac{b_1}{x^{2}};\int\frac{1}{x^{3}}\mathrm{d}x\leqslant\frac{b_1}{x^{2}}\quad(b_1\text{ 是常数})$$

于是可得不等式

$$|Z_{ik}^{(3)}|\leqslant ab(2b_1)\frac{1}{x^{2}}\quad(i,k=1,2)$$

代入式(357)当 $m=4$ 时,并注意 $x\geqslant x_0\geqslant 1$,得

$$|Z_{ik}^{(4)}|\leqslant\frac{abb_1 2^{2}}{x_0}\mathrm{e}^{-r'_{ik}}\int\mathrm{e}^{r'_{ik}}\frac{1}{x^{2}}\mathrm{d}x\leqslant ab\frac{(2b_1)^{2}}{x_0}\cdot\frac{1}{x^{2}}\quad(i\neq k)$$

$$|Z_{ii}^{(4)}|\leqslant abb_1 2^{2}\int\frac{1}{x^{3}}\mathrm{d}x\leqslant ab(2b_1)^{2}\cdot\frac{1}{x^{2}}$$

继续这样做下去,可得一般的估计式子如下

$$|Z_{ik}^{(2m)}| \leqslant ab\frac{(2b_1)^{2m-2}}{x_0^{m-1}}\cdot\frac{1}{x^2}(i\neq k);\ |Z_{ii}^{(2m)}| \leqslant ab\frac{(2b_1)^{2m-2}}{x_0^{m-2}}\cdot\frac{1}{x^2}$$

$$|Z_{ik}^{(2m+1)}| \leqslant ab\frac{(2b_1)^{2m-1}}{x_0^{m-1}}\cdot\frac{1}{x^2}(i\neq k);\ |Z_{ii}^{(2m+1)}| \leqslant ab\frac{(2b_1)^{2m-1}}{x_0^{m-1}}\cdot\frac{1}{x^2}$$

由此有

$$\left.\begin{aligned}&|Z_{ik}^{(2m)}|+|Z_{ik}^{(2m+1)}| \leqslant ab\frac{(2b_1)^{2m-2}}{x_0^{m-1}}(1+2b_0)\frac{1}{x^2}\\&|Z_{ii}^{(2m)}|+|Z_{ii}^{(2m+1)}| \leqslant ab\frac{(2b_1)^{2m-2}}{x_0^{m-1}}(x_0+2b_1)\frac{1}{x^2}\end{aligned}\right\}(i\neq k)\qquad(371_1)$$

应用级数(359)和公式(368)(370)(371)可得

$$Z_{ik}=\frac{a_{ik}^{(i)}}{x}+\frac{\eta'_{ik}}{x};Z_{ii}=1+\frac{a_{ii}^{(1)}+b_{ii}^{(1)}}{x}+\frac{\eta_{ii}}{x}\qquad(372)$$

其中 η_{ik} 和 $\eta_{ii}\to 0$ 当 $x\to\infty$. 代入式(365),可得 y_{ik} 的渐近展开式. 要求出 Z_{ik} 的渐近展开式中以后各项,可以用类似于前面的方法去做. 以上的方法可以不加改动的应用于 n 个联立方程上去,只要方阵 T_0 的特征数有互不相同的实数部分.

现在假设对角线方阵 $T_0=[a_1,a_2]$ 中的 a_1 和 a_2 有相等的实数部分 a,则可将式(345)中的 Y 先改写为 Y_1,再令 $Y_1=\mathrm{e}^{ax}Y$,这样得到 Y 所满足的方程仍具(345)的形式,但其中 $T_0=[a_1\mathrm{i},a_2\mathrm{i}]$,对角线上两元素全是虚数了. 现在假设方程(345)已经具有这性质. 若此时方阵 T_1 等于零方阵,则可不加改变地应用以前的方法而得一致收敛级数和渐近展开式. 若 $T_0=[\alpha,\alpha]$,则令 $Y_1=\mathrm{e}^{-\alpha x}Y$,所得 Y_1 的方程组以无限远点为正则奇异点.

应用这节所得到的结果来研究线性微分方程

$$y''+\left(a_0+\frac{a_1}{x}+\frac{a_2}{x^2}+\cdots\right)y'+\left(b_0+\frac{b_1}{x}+\frac{b_2}{x^2}+\cdots\right)y=0\qquad(373)$$

如常,引进两函数 $y_1=y,y_2=y'$,可得两个联立方程,其中

$$T_0=\begin{Vmatrix}0 & -b_0\\1 & -a_0\end{Vmatrix}$$

这个方阵的特征方程是

$$\lambda^2+a_0\lambda+b_0=0\qquad(374)$$

如果这个方程的两根的实数部分不相同,则可应用本节的方法求解. 上述逐次逼近法首见于 H. П. 叶鲁金的著作《可约方程组》(1946)之中.

在 B. B. 哈洛西罗夫的工作中(DAH,1949),他曾经考察过前面所说方阵 T_0 的特征数有互不相同的实数部分的情形.

特殊函数

第6章

I. 球　函　数

129. 球函数的定义

在这一章里面我们将要研究几种特殊类型的函数，这些函数在理论物理学中解微分方程时常会遇到的. 它们通常都被定义为某些系数非为常数的线性方程的解. 特别地，在弦振动的问题中我们会遇到三角函数，而在圆膜振动的问题中会遇到贝塞尔函数.

我们先来研究所谓球函数，它和拉普拉斯方程有密切的关系. 这个方程我们从前已经谈到多次. 在直角坐标下其形式为

$$\Delta U = \frac{\partial^2 U}{\partial x^2} + \frac{\partial^2 U}{\partial y^2} + \frac{\partial^2 U}{\partial z^2} = 0 \tag{1}$$

现在要求这个方程的这样的解，它们是变数 x，y 和 z 的齐次多项式.

首先来看最简单的特别情形. 唯一的零次齐次多项式是个任意常数 a，它显然满足方程(1). 其次，齐一次多项式的一般形式为

$$U_1 = ax + by + cz$$

对于任意选取的常数系数 a,b 和 c,该多项式也满足方程(1).换言之,现在方程(1) 有三个线性独立的解 x,y 和 z,它们的线性结合而以任意常数为系数的就是方程(1) 的形式为齐一次多项式的一般解.再看齐二次多项式

$$U_2 = ax^2 + by^2 + cz^2 + dxy + eyz + fzx$$

代入方程(1),得到诸系数间的一个关系,即 $a + b + c = 0$.例如,可设 $c = -a - b$,则得方程(1) 的形式为齐二次多项式的一般解

$$U_2 = a(x^2 - z^2) + b(y^2 - z^2) + dxy + eyz + fzx$$

这里有五个线性独立的解,即 $x^2 - z^2$,$y^2 - z^2$,xy,yz 和 zx,它们的线性结合而以任意常数为系数的就是方程(1) 的形式为齐二次多项式的一般解.

再取齐三次多项式

$$U_3 = ax^3 + by^3 + cz^3 + dx^2y + ex^2z + fy^2x + gy^2z + hz^2x + kz^2y + lxyz$$

代入方程(1),得

$$6(ax + by + cz) + 2dy + 2ez + 2fx + 2gz + 2hx + 2ky = 0$$

令 x,y 和 z 的系数为零,得到联系诸系数的三个方程

$$3a + f + h = 0 \text{ 或 } a = -\frac{1}{3}(f + h)$$

$$3b + d + k = 0 \text{ 或 } b = -\frac{1}{3}(d + k)$$

$$3c + e + g = 0 \text{ 或 } c = -\frac{1}{3}(e + g)$$

因此方程(1) 的形式为齐三次多项式的一般解是

$$U_3 = d\left(x^2y - \frac{1}{3}y^3\right) + e\left(x^2z - \frac{1}{3}z^3\right) + f\left(y^2x - \frac{1}{3}x^3\right) + g\left(y^2z - \frac{1}{3}z^3\right) + h\left(z^2x - \frac{1}{3}x^3\right) + k\left(z^2y - \frac{1}{3}y^3\right) + lxyz$$

在这种情况我们有七个线性独立的解.

今证一般情形:存在 $2n+1$ 个线性独立的齐 n 次多项式满足方程(1).我们要计算齐次多项式的系数的个数以及它们应该满足的方程的个数.两个变数的齐 n 次多项式

$$a_0x^n + a_1x^{n-1}y + \cdots + a_ny^n$$

包含 $n+1$ 个系数.三个变数的齐 n 次多项式可以写成

$$a_0z^n + \varphi_1(x,y)z^{n-1} + \cdots + \varphi_{n-1}(x,y)z + \varphi_n(x,y) \tag{2}$$

的形式,其中 $\varphi_k(x,y)$ 是齐 k 次多项式.因此,在齐次多项式(2) 中系数的个数是

$$1 + 2 + \cdots + n + (n+1) = \frac{(n+1)(n+2)}{2}$$

把多项式(2) 代入方程(1) 的左边,得到一个齐 $n-2$ 次多项式,包含 $\frac{n(n-1)}{2}$ 项. 这样,多项式(2) 的 $\frac{(n+1)(n+2)}{2}$ 个系数间就由 $\frac{(n-1)n}{2}$ 个齐次方程联系着. 如果这些方程互相独立,那么任意系数的个数只有

$$\frac{(n+1)(n+2)}{2}-\frac{(n-1)n}{2}=2n+1$$

个,这就是我们所要证明的. 但这里有一点没有证明,即前述 $\frac{(n-1)n}{2}$ 个方程是否互相独立? 为此,我们给这个定理另一完备的证明. 多项式(2) 可以改写成下面的形式

$$U_n=\sum_{p+q+r=n}a_{pqr}x^py^qz^r$$

显然,其中

$$a_{pqr}=\frac{1}{p!\ q!\ r!}\ \frac{\partial^{p+q+r}U_n}{\partial x^p\partial y^q\partial z^r}\tag{3}$$

方程(1) 可以改写成

$$\frac{\partial^2 U}{\partial z^2}=-\frac{\partial^2 U}{\partial x^2}-\frac{\partial^2 U}{\partial y^2}$$

利用这个方程我们可以消去式(3) 中关于变数 z 的高于一次的导数;例如

$$\frac{\partial^6 U}{\partial x\partial y\partial z^4}=-\frac{\partial^4}{\partial x\partial y\partial z^2}\left(\frac{\partial^2 U}{\partial x^2}+\frac{\partial^2 U}{\partial y^2}\right)=\frac{\partial^4}{\partial x^3\partial y}\left(\frac{\partial^2 U}{\partial x^2}+\frac{\partial^2 U}{\partial y^2}\right)+$$

$$\frac{\partial^4}{\partial x\partial y^3}\left(\frac{\partial^2 U}{\partial x^2}+\frac{\partial^2 U}{\partial y^2}\right)=\frac{\partial^6 U}{\partial x^5\partial y}+2\ \frac{\partial^6 U}{\partial x^3\partial y^3}+\frac{\partial^6 U}{\partial x\partial y^5}$$

这样,剩下来是任意的只是那些系数 a_{pqr},其中不含关于 z 的导数,或是只含关于 z 的一阶导数. 这些系数显知为 $a_{pq0}(p+q=n)$ 和 $a_{pq1}(p+q=n-1)$,它们一共恰有 $2n+1$ 个,证明完毕.

130. 球函数的显式

现在我们要确定上节中说过的那些齐次多项式的显式. 引进球坐标

$$x=r\sin\theta\cos\varphi;y=r\sin\theta\sin\varphi;z=r\cos\theta\tag{4}$$

这时齐 n 次调和多项式记为

$$U_n(x,y,z)=r^nY_n(\theta,\varphi)\tag{5}$$

这种满足方程(1) 的多项式通常称为球体函数,而 $Y_n(\theta,\varphi)$,它显然是 $\cos\theta$,$\sin\theta$,$\cos\varphi$,$\sin\varphi$ 的多项式,则称为球面函数,或简称 n 阶球函数. 我们的问题是要找出 $2n+1$ 个线性独立的球函数.

首先注意一件关于方程(1) 的解的简单事实. 下面的积分是其中的参数 x, y 和 z 的函数

$$U(x,y,z)=\int_{-\pi}^{+\pi}f(z+\mathrm{i}x\cos t+\mathrm{i}y\sin t,t)\mathrm{d}t \tag{6}$$

这里我们假设关于 x,y 和 z 的微分可以移到积分符号之内去. 施行微分以后,易见对于任意的函数 $f(\tau,t)$,函数 $U(x,y,z)$ 常能满足方程(1),只要在积分符号下微分是合法的. 实际上

$$\Delta U(x,y,z)=\int_{-\pi}^{+\pi}(1-\cos^2 t-\sin^2 t)f''(z+\mathrm{i}x\cos t+\mathrm{i}y\sin t,t)\mathrm{d}t$$

其中 $f''(\tau,t)$ 表示 $f(\tau,t)$ 关于 τ 的二阶导数. 注意 τ 是个复变数. 应用公式(6),现在已经不难造出 $2n+1$ 个满足方程(1) 的齐 n 次多项式了.

它们是

$$\int_{-\pi}^{+\pi}(z+\mathrm{i}x\cos t+\mathrm{i}y\sin t)^n\cos mt\mathrm{d}t \quad (m=0,1,2,\cdots,n) \tag{7}$$

$$\int_{-\pi}^{+\pi}(z+\mathrm{i}x\cos t+\mathrm{i}y\sin t)^n\sin mt\mathrm{d}t \quad (m=1,2,\cdots,n) \tag{8}$$

在球坐标下,利用式(7) 的积分,推出如下的形式的球函数

$$\int_{-\pi}^{\pi}[\cos\theta+\mathrm{i}\sin\theta\cos(t-\varphi)]^n\cos mt\mathrm{d}t=$$

$$\int_{-\pi-\varphi}^{\pi-\varphi}(\cos\theta+\mathrm{i}\sin\theta\cos\psi)^n\cos m(\varphi+\psi)\mathrm{d}\psi$$

因为被积分函数关于 ψ 的周期是 2π,故可取任意长为 2π 的区间作积分区间(Ⅱ,142). 这样,上面的积分就可改写为

$$\int_{-\pi}^{+\pi}(\cos\theta+\mathrm{i}\sin\theta\cos\psi)^n\cos m(\varphi+\psi)\mathrm{d}\psi$$

展开 $\cos m(\varphi+\psi)$ 并注意 $\sin m\psi$ 是奇函数,我们可以把这个球函数改写为

$$\cos m\varphi\int_{-\pi}^{+\pi}(\cos\theta+\mathrm{i}\sin\theta\cos\psi)^n\cos m\psi\mathrm{d}\psi \quad (m=0,1,\cdots,n) \tag{9}$$

同样,由积分(8) 可得下列 n 个球函数

$$\sin m\varphi\int_{-\pi}^{+\pi}(\cos\theta+\mathrm{i}\sin\theta\cos\psi)^n\cos m\psi\mathrm{d}\psi \quad (m=1,2,\cdots,n) \tag{10}$$

上列 $2n+1$ 个函数(9) 和(10) 中包含变数 φ 的因子是 $\cos m\varphi$ 和 $\sin m\varphi$,因为后面这些函数中的任意两个皆在区间$(-\pi,+\pi)$ 上互相正交[Ⅱ,142],所以必定互相线性独立,从而函数(9) 和(10) 亦必线性独立. 这样,我们就造出 $2n+1$ 个 n 阶球函数的全部了. 在式(9) 和式(10) 中 $\cos m\varphi$ 和 $\sin m\varphi$ 的系数都是同一个 θ 的函数. 我们现在要用勒让德多项式来表示它们.

由[102] 知勒让德多项式可表示为

$$\mathrm{P}_n(x)=\frac{1}{n!\ 2^n}\frac{\mathrm{d}^n}{\mathrm{d}x^n}[(x^2-1)^n] \tag{11}$$

再引进函数 $P_{n,m}(x)$，它可以借勒让德多项式来表示如下

$$P_{n,m}(x)=(1-x^2)^{\frac{m}{2}}\frac{\mathrm{d}^m \mathrm{P}_n(x)}{\mathrm{d}x^m}=\frac{(1-x^2)^{\frac{m}{2}}}{n!\ 2^n}\frac{\mathrm{d}^{n+m}}{\mathrm{d}x^{n+m}}[(x^2-1)^n] \tag{12}$$

现在要导出 $\mathrm{P}_n(x)$ 和 $P_{n,m}(x)$ 的其他表示式. 由柯西公式知

$$(x^2-1)^n=\frac{1}{2\pi \mathrm{i}}\int_C \frac{(z^2-1)^n}{z-x}\mathrm{d}z$$

其中 C 为包含 $z=x$ 在其内部的任意闭线路，积分沿逆时针方向进行. 由这个式子和(11) 得

$$\mathrm{P}_n(x)=\frac{1}{2^{n+1}\pi \mathrm{i}}\int_C \frac{(z-1)^n(z+1)^n}{(z-x)^{n+1}}\mathrm{d}z \tag{13}$$

现在取 C 为中心在 $z=x$，半径等于 $|x^2-1|$（设 $x\neq\pm 1$）的圆周. 这时积分变数 z 可以写成

$$z=x+(x^2-1)^{\frac{1}{2}}\mathrm{e}^{\mathrm{i}\psi}$$

其中 $(x^2-1)^{\frac{1}{2}}$ 取何值并不重要，可设 ψ 从 $-\pi$ 变到 $+\pi$. 完成积分(13) 中的变数变换以后，得

$$\mathrm{P}_n(x)=\frac{1}{2\pi}\int_{-\pi}^{+\pi}\left\{\frac{[x-1+(x^2-1)^{\frac{1}{2}}\mathrm{e}^{\mathrm{i}\psi}][x+1+(x^2-1)^{\frac{1}{2}}\mathrm{e}^{\mathrm{i}\psi}]}{2(x^2-1)^{\frac{1}{2}}\mathrm{e}^{\mathrm{i}\psi}}\right\}^n\mathrm{d}\psi$$

经过一些初等的计算，并注意被积分的是个偶函数，可得

$$\mathrm{P}_n(x)=\frac{1}{2\pi}\int_{-\pi}^{+\pi}[x+(x^2-1)^{\frac{1}{2}}\cos\psi]^n\mathrm{d}\psi=$$

$$\frac{1}{\pi}\int_0^{\pi}[x+(x^2-1)^{\frac{1}{2}}\cos\psi]^n\mathrm{d}\psi \tag{14}$$

现在对 $P_{n,m}(x)$ 施行类似的计算，代替式(13)，我们有

$$P_{n,m}(x)=\frac{(1-x^2)^{\frac{m}{2}}(n+1)(n+2)\cdots(n+m)}{2^{n+1}\pi \mathrm{i}}\int_C \frac{(z^2-1)^n}{(z-x)^{n+m+1}}\mathrm{d}z$$

经过和前面一样的变换积分变数以后，得

$$P_{n,m}(x)=\frac{(n+1)(n+2)\cdots(n+m)}{2\pi}\int_{-\pi}^{+\pi}[x+(x^2-1)^{\frac{1}{2}}\cos\psi]^n\mathrm{e}^{-m\mathrm{i}\psi}\mathrm{d}\psi$$

或，因 $\sin m\psi$ 为奇函数，则

$$P_{n,m}(x)=\frac{(n+1)(n+2)\cdots(n+m)}{2\pi}\int_{-\pi}^{+\pi}[x+(x^2-1)^{\frac{1}{2}}\cos\psi]^n\cos m\psi\mathrm{d}\psi \tag{15}$$

若在积分(14) 和(15) 中令 $x=\cos\theta$，即得式(9) 和式(10) 中的积分. 注意常数因子不影响调和多项式或球函数的性质，我们就可以得到下面的结论：$2n+1$ 个 n 阶球函数可以写成如下的形式

$$\mathrm{P}_n(\cos\theta);P_{n,m}(\cos\theta)\cos m\varphi;P_{nm}(\cos\theta)\sin m\varphi\quad(m=1,2,\cdots,n) \tag{16}$$

其中 $\mathrm{P}_n(x)$ 是勒让德多项式，由式(11) 决定，$P_{n,m}(x)$ 由式(12) 决定. 注意：以 $x=\cos\theta$ 代入 $(1-x^2)^{\frac{m}{2}}$ 得到 $\sin^m\theta$. 以任意常数乘式(16) 的诸解，然后相加，即得一般形式为 n 阶球函数

$$Y_n(\theta,\varphi)=a_0\mathrm{P}_n(\cos\theta)+\sum_{m=1}^{n}(a_m\cos m\varphi+b_m\sin m\varphi)P_{n,m}(\cos\theta)\quad(17)$$

我们也可以作式(16) 中各解的线性结合，改以指数函数代替三角函数，而得到下列一套 n 阶的球函数以代替式(16) 中的那一套

$$\mathrm{P}_n(\cos\theta),P_{n,m}(\cos\theta)\mathrm{e}^{\mathrm{i}m\varphi},P_{n,m}(\cos\theta)\mathrm{e}^{-\mathrm{i}m\varphi}\quad(m=1,2,\cdots,n)\quad(18)$$

由以上所述可知满足拉普拉斯方程的变数 (x,y,z) 的一般齐 n 次多项式是 $r^nY_n(\theta,\varphi)$，其中 $Y_n(\theta,\varphi)$ 由式(17) 决定.

131. 正交性

现在证明球函数(16) 在单位球面上的正交性，并计算这些函数的平方在单位球面上的积分. 首先，计算积分

$$I_m=\int_{-1}^{+1}[P_{n,m}(x)]^2\mathrm{d}x$$

由这个函数的定义有

$$I_m=\int_{-1}^{+1}[P_{n,m}(x)]^2\mathrm{d}x=\int_{-1}^{+1}(1-x^2)^m\frac{\mathrm{d}^m\mathrm{P}_n(x)}{\mathrm{d}x^m}\frac{\mathrm{d}^m\mathrm{P}_n(x)}{\mathrm{d}x^m}\mathrm{d}x$$

其中当 $m=0$ 时得到的是勒让德多项式的平方的积分

$$I_0=\int_{-1}^{+1}[\mathrm{P}_n(x)]^2\mathrm{d}x$$

我们在[102] 中曾经证明

$$I_0=\int_{-1}^{+1}[\mathrm{P}_n(x)]^2\mathrm{d}x=\frac{2}{2n+1}\quad(19)$$

在本段末了我们还要给这个公式一个证明，不过在计算积分 I_m 的时候先要把这个结果用一下.

施行分部积分，可得

$$I_m=(1-x^2)^m\frac{\mathrm{d}^m\mathrm{P}_n(x)}{\mathrm{d}x^m}\frac{\mathrm{d}^{m-1}\mathrm{P}_n(x)}{\mathrm{d}x^{m-1}}\Bigg|_{x=-1}^{x=+1}-$$

$$\int_{-1}^{+1}\frac{\mathrm{d}^{m-1}\mathrm{P}_n(x)}{\mathrm{d}x^{m-1}}\frac{\mathrm{d}}{\mathrm{d}x}\left[(1-x^2)^m\frac{\mathrm{d}^m\mathrm{P}_n(x)}{\mathrm{d}x^m}\right]\mathrm{d}x$$

或

$$I_m=-\int_{-1}^{+1}\frac{\mathrm{d}^{m-1}\mathrm{P}_n(x)}{\mathrm{d}x^{m-1}}\frac{\mathrm{d}}{\mathrm{d}x}\left[(1-x^2)^m\frac{\mathrm{d}^m\mathrm{P}_n(x)}{\mathrm{d}x^m}\right]\mathrm{d}x\quad(20)$$

但是利用[102]的式(84)不难证明函数

$$z=\frac{\mathrm{d}^{m-1}\mathrm{P}_n(x)}{\mathrm{d}x^{m-1}}=\frac{1}{2^n n!}\frac{\mathrm{d}^{n+m-1}(x^2-1)^n}{\mathrm{d}x^{n+m-1}}$$

满足方程

$$(1-x^2)\frac{\mathrm{d}^{m+1}\mathrm{P}_n(x)}{\mathrm{d}x^{m+1}}-2mx\frac{\mathrm{d}^m\mathrm{P}_n(x)}{\mathrm{d}x^m}+$$

$$(n+m)(n-m+1)\frac{\mathrm{d}^{m-1}\mathrm{P}_n(x)}{\mathrm{d}x^{m-1}}=0$$

以$(1-x^2)^{m-1}$乘之，可以把它改写为

$$\frac{\mathrm{d}}{\mathrm{d}x}\left[(1-x^2)^m\frac{\mathrm{d}^m\mathrm{P}_n(x)}{\mathrm{d}x^m}\right]=-(n+m)(n-m+1)(1-x^2)^{m-1}\frac{\mathrm{d}^{m-1}\mathrm{P}_n(x)}{\mathrm{d}x^{m-1}}$$

代入式(20)，得

$$I_m=(n+m)(n-m+1)\int_{-1}^{+1}(1-x^2)^{m-1}\frac{\mathrm{d}^{m-1}\mathrm{P}_n(x)}{\mathrm{d}x^{m-1}}\frac{\mathrm{d}^{m-1}\mathrm{P}_n(x)}{\mathrm{d}x^{m-1}}\mathrm{d}x$$

或

$$I_m=(n+m)(n-m+1)I_{m-1}$$

由这个公式逐次将m减去1，可得

$$\begin{aligned}I_m&=(n+m)(n-m+1)(n+m-1)(n-m+2)I_{m-2}=\cdots=\\&(n+m)(n-m+1)(n+m-1)(n-m+2)\cdots(n+1)nI_0=\\&(n+m)(n+m-1)(n+m-2)\cdots(n-m+1)I_0=\\&\frac{(n+m)!}{(n-m)!}I_0\end{aligned}$$

由此再用式(19)的结果即得函数$P_{n,m}(x)$的平方的积分

$$\int_{-1}^{+1}[P_{n,m}(x)]^2\mathrm{d}x=\frac{2}{2n+1}\frac{(n+m)!}{(n-m)!}\tag{21}$$

这个结果使我们能够计算每一个$P_{n,m}(x)$的平方的积分. 球函数$Y_n(\theta,\varphi)$可视为在单位球面上定义的函数，θ和φ是球面上的点的地理坐标，$\varphi=\mathrm{const}$是经线，$\theta=\mathrm{const}$是纬线. 如我们所知，对于这样选取的坐标曲线，球面上的面积单元可用下面的式子来表示[Ⅱ,59]

$$\mathrm{d}\sigma=\sin\theta\mathrm{d}\theta\mathrm{d}\varphi\tag{22}$$

现在先证明：两个不同阶的球函数$Y_p(\theta,\varphi)$和$Y_q(\theta,\varphi)(p\neq q)$在单位球面$S$上为正交，即

$$\iint_S Y_p(\theta,\varphi)Y_q(\theta,\varphi)\mathrm{d}\sigma=0\tag{23}$$

设v为这个球面所包围的实体，S为球面. 对调和函数

$$U_p=r^pY_p(\theta,\varphi)\text{ 和 }U_q=r^qY_q(\theta,\varphi)\tag{24}$$

应用格林公式[Ⅱ,193]

$$\iint_S \left(U_p \frac{\partial U_q}{\partial n} - U_q \frac{\partial U_p}{\partial n}\right) d\sigma = \iiint_v (U_p \Delta U_q - U_q \Delta U_p) dv$$

其中 $\Delta U_p = \Delta U_q = 0$.

在目前的情形下法线方向的导数就是关于半径 r 的导数，故由上式及式(24) 得

$$\iint_S [qY_p(\theta,\varphi)Y_q(\theta,\varphi) - pY_q(\theta,\varphi)Y_p(\theta,\varphi)] d\sigma = 0$$

因为 $p \neq q$，由此立刻得到式(23).

其次证明从(16) 中任取两个不同的球函数来，它们虽然阶数相同，但亦必互相正交.实际上，单位球面上的积分归结到关于 φ 在区间$(0,2\pi)$ 上的积分以及关于 θ 的积分.但是函数(16) 所含与 φ 有关的因子是

$$1, \cos\varphi, \sin\varphi, \cos 2\varphi, \sin 2\varphi, \cdots, \cos n\varphi, \sin n\varphi$$

其中任意两个因子的乘积在区间$(0,2\pi)$ 上的积分都等于零[Ⅱ,142].同样的理由，可以肯定(18) 中诸函数也成一正交系统.

最后，计算前述每一函数的平方的积分.首先，取与 φ 无关的球函数 $\mathrm{P}_n(\cos\varphi)$，作它的平方在单位球面上的积分

$$\int_0^\pi \int_0^{2\pi} \mathrm{P}_n^2(\cos\theta) \sin\theta d\theta d\varphi$$

引进另一积分变数 $x = \cos\theta$ 并利用式(19) 的结果，可得

$$\int_0^\pi \int_0^{2\pi} \mathrm{P}_n^2(\cos\theta) \sin\theta d\theta d\varphi = 2\pi \int_{-1}^{+1} \mathrm{P}_n^2(x) dx = \frac{4\pi}{2n+1}$$

同样，对其他的函数有

$$\int_0^\pi \int_0^{2\pi} [P_{n,m}(\cos\theta)]^2 \sin^2 m\varphi \sin\theta d\theta d\varphi = \pi \int_{-1}^{+1} [P_{n,m}(x)]^2 dx$$

应用(21)，结果即得

$$\begin{cases} \displaystyle\iint_S [\mathrm{P}_n(\cos\theta)]^2 d\sigma = \frac{4\pi}{2n+1} \\ \displaystyle\iint_S [P_{n,m}(\cos\theta)\cos m\varphi]^2 d\sigma = \frac{2\pi}{2n+1} \frac{(n+m)!}{(n-m)!} \\ \displaystyle\iint_S [P_{n,m}(\cos\theta)\sin m\varphi]^2 d\sigma = \frac{2\pi}{2n+1} \frac{(n+m)!}{(n-m)!} \end{cases} \tag{25}$$

以后在研究球面上任一已给函数关于球函数的展开式的问题时我们要用到这些公式来求解.

现在证明公式(19).利用勒让德多项式的定义(11)，可写

$$I_0 = \frac{1}{2^{2n}(n!)^2} \int_{-1}^{+1} \frac{d^n(x^2-1)^n}{dx^n} \frac{d^n(x^2-1)^n}{dx^n} dx$$

施行分部积分，得

$$I_0=\frac{1}{2^{2n}(n!)^2}\left[\frac{\mathrm{d}^{n-1}(x^2-1)^n}{\mathrm{d}x^{n-1}}\cdot\frac{\mathrm{d}^n(x^2-1)^n}{\mathrm{d}x^n}\right]_{x=-1}^{x=+1}-$$

$$\frac{1}{2^{2n}(n!)^2}\int_{-1}^{+1}\frac{\mathrm{d}^{n+1}(x^2-1)^n}{\mathrm{d}x^{n+1}}\cdot\frac{\mathrm{d}^{n-1}(x^2-1)^n}{\mathrm{d}x^{n-1}}\mathrm{d}x$$

多项式$(x^2-1)^n$以$x=\pm 1$为n重零点,它的$n-1$阶导数以$x=\pm 1$为一重零点[Ⅰ,186],因此上式右边被积分出来的项等于零.继续施行分部积分$n-1$次,即得

$$I_0=\frac{(-1)^n}{2^{2n}(n!)^2}\int_{-1}^{+1}\frac{\mathrm{d}^{2n}(x^2-1)^n}{\mathrm{d}x^{2n}}\cdot(x^2-1)^n\mathrm{d}x$$

但

$$\frac{\mathrm{d}^{2n}(x^2-1)^n}{\mathrm{d}x^{2n}}=\frac{\mathrm{d}^{2n}}{\mathrm{d}x^{2n}}(x^{2n}+\cdots)=(2n)!$$

因此

$$I_0=(-1)^n\frac{(n+1)(n+2)\cdots 2n}{n!\ 2^{2n}}\int_{-1}^{+1}(x^2-1)^n\mathrm{d}x$$

由$x=\cos\varphi$引进新的积分变数φ,得

$$I_0=\frac{(n+1)(n+2)\cdots 2n}{n!\ 2^{2n}}\int_0^{\pi}\sin^{2n+1}\varphi\mathrm{d}\varphi=$$

$$\frac{(n+1)(n+2)\cdots 2n}{n!\ 2^{2n}}\cdot 2\int_0^{\frac{\pi}{2}}\sin^{2n+1}\varphi\mathrm{d}\varphi$$

然后利用[Ⅰ,100]的式(28)的结果,即得式(19).

132.勒让德多项式

我们现在更详细地来研究勒让德多项式.首先,注意:如果应用关于n阶导数的莱布尼兹公式于定义式(11)中的乘积$(x^2-1)^n=(x+1)^n(x-1)^n$,则得

$$\mathrm{P}_n(x)=\frac{1}{n!\ 2^n}\left[(x+1)^n\frac{\mathrm{d}^n(x-1)^n}{\mathrm{d}x^n}+\frac{n}{1}\frac{\mathrm{d}(x+1)^n}{\mathrm{d}x}+\right.$$

$$\left.\frac{\mathrm{d}^{n-1}(x-1)^n}{\mathrm{d}x^{n-1}}+\cdots+\frac{\mathrm{d}^n(x+1)^n}{\mathrm{d}x^n}\cdot(x-1)^n\right]$$

注意

$$\frac{\mathrm{d}^n(x-1)^n}{\mathrm{d}x^n}=n!\ \text{和}\left.\frac{\mathrm{d}^k(x-1)^n}{\mathrm{d}x^k}\right|_{x=1}=0\quad(\text{当}\ k<n\ \text{时})$$

则由前式立刻可得

$$\mathrm{P}_n(1)=1\tag{26}$$

现在我们改用一种特别的方法——母函数的方法——来研究勒让德多项

式的其他性质.这种方法我们以后还要用来研究其他的特殊函数.

在单位球的北极 N 放一单位正电(+1),设 M 为一动点,其球坐标为 r,θ,φ.这个单位正电所产生的库仑电场在点 M 的电势为

$$\frac{1}{d}=\frac{1}{\sqrt{1-2r\cos\theta+r^2}} \tag{27}$$

其中 d 是点 M 和北极 N 的距离.

函数(27)的变数 r 在 $r=0$ 这点的正则函数,故可依照 r 的正整数幂展开为

$$\frac{1}{d}=a_0(\theta)+a_1(\theta)r+a_2(\theta)r^2+\cdots \tag{28}$$

其中诸系数都是 $\cos\theta$ 的多项式.应用牛顿二项式公式于函数

$$\frac{1}{d}=[1+(r^2-2r\cos\theta)]^{-\frac{1}{2}}$$

然后把含 r 幂次相同的项集在一起,即可得出式(28)中诸系数的准确数值.但是我们却将用另一种方法来求它们.

函数(27)可用直角坐标表示为

$$\frac{1}{d}=[1+(x^2+y^2+z^2-2z)]^{-\frac{1}{2}} \tag{29}$$

若应用牛顿公式于函数(29),然后在所得的无穷级数中把关于 x,y 和 z 次数相同的项集在一起,就可以得到级数(28),就是说,级数(28)的每一项都是 x,y 和 z 的齐次多项式.但我们在[Ⅱ,119]中知道函数 $\frac{1}{d}$ 是拉普拉斯方程的解,因此级数(28)中的每一项都是拉普拉斯方程的解,即这个级数的每一项都是球体函数.但是它们都和 φ 没有关系,所以必定可以表示为 $c_n\mathrm{P}_n(\cos\theta)$ 的形式,其中 c_n 是待定常数.这样,就有

$$\frac{1}{\sqrt{1-2r\cos\theta+r^2}}=c_0+c_1\mathrm{P}_1(\cos\theta)r+c_2\mathrm{P}_2(\cos\theta)r^2+\cdots$$

令 $\theta=0$,由式(26),得

$$\frac{1}{1-r}=c_0+c_1r+c_2r^2+\cdots$$

由此立刻知道对任一 n 有 $c_n=1$.这样就将基势依照 r 的幂次展开为

$$\frac{1}{\sqrt{1-2r\cos\theta+r^2}}=1+\mathrm{P}_1(\cos\theta)r+\mathrm{P}_2(\cos\theta)r^2+\cdots \tag{30}$$

以 x 代 $\cos\theta$,z 代 r,可得

$$\frac{1}{\sqrt{1-2xz+z^2}}=\sum_{n=0}^{+\infty}\mathrm{P}_n(x)z^n \tag{31}$$

这个式子可以用来定义勒让德多项式,即:勒让德多项式 $\mathrm{P}_n(x)$ 就是函数

$$\frac{1}{\sqrt{1-2xz+z^2}} \tag{32}$$

依照 z 的正整数幂展开时 z^n 的系数. 换言之,函数(32) 是勒让德多项式的母函数.

现在决定幂级数(31) 的收敛半径. 函数(32) 的奇异点是那些使根号内的式子等于零的 z 的数值. 解对应的二次方程得到下面两个根

$$z=x\pm\sqrt{x^2-1}=x\pm\sqrt{1-x^2}\,\mathrm{i} \tag{33}$$

因为 $x=\cos\theta$,不妨假设 x 是实数,且在区间 $-1<x<+1$ 中. 这时(33) 中两根是共轭复数,它们的模的平方都等于

$$x^2+(\sqrt{1-x^2})^2=1$$

当 $x=\pm1$ 时(33) 中两根重合,都等于 ±1. 因此在 $-1\leqslant x\leqslant+1$ 的条件下函数(32) 的奇异点和原点距离为 1,所以级数(31) 当 $|z|<1$ 时收敛. 特别地,展开式(30) 当 $r<1$ 时有效,即对所有位于单位球内部的点都成立. 对于单位球外部的点我们可以得到另一展开式. 实际上,当 $r>1$ 时函数(27) 可以改写为

$$\frac{1}{\sqrt{1-2r\cos\theta+r^2}}=\frac{1}{r}\frac{1}{\sqrt{1-2\frac{1}{r}\cos\theta+\left(\frac{1}{r}\right)^2}}$$

这时 $\frac{1}{r}<1$,故应用以前的结果可得基势(27) 在单位球外部的展开式

$$\frac{1}{\sqrt{1-2r\cos\theta+r^2}}=\sum_{n=0}^{+\infty}\frac{\mathrm{P}_n(\cos\theta)}{r^{n+1}} \tag{34}$$

这个级数中的每一项在球的外部没有奇异点,且在无限远点都等于零.

直到现在我们都只讨论单位球. 对于任意半径 R 的球可以将 R^2 或 r^2 拿到根号外面而得

$$\frac{1}{\sqrt{R^2-2rR\cos\theta+r^2}}=\sum_{n=0}^{+\infty}\mathrm{P}_n(\cos\theta)\frac{r^n}{R^{n+1}}\quad(r<R) \tag{35}$$

$$\frac{1}{\sqrt{R^2-2rR\cos\theta+r^2}}=\sum_{n=0}^{+\infty}\mathrm{P}_n(\cos\theta)\frac{R^n}{r^{n+1}}\quad(r>R) \tag{36}$$

由式(31) 容易导出勒让德多项式的一些基本性质. 关于 z 微分这个式子,然后以 $1-2xz+z^2$ 乘之,得

$$\frac{x-z}{\sqrt{1-2xz+z^2}}=(1-2xz+z^2)\sum_{n=0}^{+\infty}n\mathrm{P}_n(x)z^{n-1}$$

或

$$(x-z)\sum_{n=0}^{+\infty}\mathrm{P}_n(x)z^n=(1-2xz+z^2)\sum_{n=1}^{\infty}n\mathrm{P}_n(x)z^{n-1}$$

由此比较 z 的同次幂的系数即得勒让德多项式的递推公式

$$(n+1)\mathrm{P}_{n+1}(x)-(2n+1)x\mathrm{P}_n(x)+n\mathrm{P}_{n-1}(x)=0 \tag{37}$$

$$(n=1,2,3,\cdots)$$

$$\mathrm{P}_1(x)-x\mathrm{P}_0(x)=0$$

同样，关于 x 微分式(31)，然后以 $1-2xz+z^2$ 乘之，比较 z 的同次幂的系数，即得

$$\mathrm{P}_n(x)=\frac{\mathrm{dP}_{n+1}(x)}{\mathrm{d}x}+\frac{\mathrm{dP}_{n-1}(x)}{\mathrm{d}x}-2x\frac{\mathrm{dP}_n(x)}{\mathrm{d}x} \tag{38}$$

或由式(37) 消去 $\mathrm{P}_{n+1}(x)$，得

$$x\frac{\mathrm{dP}_n(x)}{\mathrm{d}x}-\frac{\mathrm{dP}_{n-1}(x)}{\mathrm{d}x}=n\mathrm{P}_n(x) \tag{39}$$

由(38) 和(39) 两式消去 $x\dfrac{\mathrm{dP}_n(x)}{\mathrm{d}x}$，得

$$\frac{\mathrm{dP}_{n+1}(x)}{\mathrm{d}x}-\frac{\mathrm{dP}_{n-1}(x)}{\mathrm{d}x}=(2n+1)\mathrm{P}_n(x) \tag{40}$$

若令 $\mathrm{P}_{-1}(x)=0$，则上式当 $n=0$ 时也成立. 依次令 n 等于 $0,1,2,\cdots,n$，然后将各式相加，即得

$$\mathrm{P}_0(x)+3\mathrm{P}_1(x)+\cdots+(2n+1)\mathrm{P}_n(x)=\frac{\mathrm{dP}_{n+1}(x)}{\mathrm{d}x}+\frac{\mathrm{dP}_n(x)}{\mathrm{d}x} \tag{41}$$

在式(40) 中改 n 为 $n-2k+1$，得

$$\frac{\mathrm{dP}_{n-2k+2}(x)}{\mathrm{d}x}-\frac{\mathrm{dP}_{n-2k}(x)}{\mathrm{d}x}=(2n-4k+3)\mathrm{P}_{n-2k+1}(x)$$

关于 k 从 1 加到 N，其中 $N=\frac{1}{2}n$，当 n 为偶数；$N=\frac{n+1}{2}$，当 n 为奇数，得

$$\frac{\mathrm{dP}_n(x)}{\mathrm{d}x}=\sum_{k=1}^{N}(2n-4k+3)\mathrm{P}_{n-2k+1}(x) \tag{42}$$

由定义式(11) 立刻知道当 n 为偶数时 $\mathrm{P}_n(x)$ 只含 x 的偶数幂，当 n 为奇数时 $\mathrm{P}_n(x)$ 只含 x 的奇数幂. 同样，由这个式子容易得到

$$\mathrm{P}_{2n}(0)=(-1)^n\frac{1\cdot3\cdot\cdots\cdot(2n-1)}{2\cdot4\cdot\cdots\cdot2n};\mathrm{P}_{2n+1}(0)=0 \tag{43}$$

$$\mathrm{P}_n(-1)=(-1)^n$$

应用牛顿二项式公式，得

$$\frac{1}{\sqrt{1-2r\cos\theta+r^2}}=\frac{1}{\sqrt{1-\mathrm{e}^{\mathrm{i}\theta}r}}\cdot\frac{1}{\sqrt{1-\mathrm{e}^{-\mathrm{i}\theta}r}}=$$

$$\left(\sum_{n=0}^{+\infty}\frac{1\cdot3\cdot\cdots\cdot(2n-1)}{2\cdot4\cdot\cdots\cdot2n}\mathrm{e}^{\mathrm{i}n\theta}r^n\right)\left(\sum_{m=0}^{+\infty}\frac{1\cdot3\cdot\cdots\cdot(2m-1)}{2\cdot4\cdot\cdots\cdot2m}\mathrm{e}^{-\mathrm{i}m\theta}r^m\right)$$

其中对应于 $n=0$ 和 $m=0$ 的项都等于1. 将右边两级数相乘，然后和左边的函数

的展开式(30)比较 r 的同次幂的系数，可得勒让德多项式的如下的展开式

$$\mathrm{P}_n(\cos\theta)=a_0a_n\cos n\theta+a_1a_{n-1}\cos(n-2)\theta+\cdots+a_na_0\cos n\theta \tag{44}$$

其中所有的系数 a_k 都是正的，其值由下式决定

$$a_0=1;a_k=\frac{1\cdot 3\cdot\cdots\cdot(2k-1)}{2\cdot 4\cdot\cdots\cdot 2k}\quad(k=1,2,\cdots) \tag{45}$$

由此立刻可得

$$|\mathrm{P}_n(\cos\theta)|\leqslant a_0a_n+a_1a_{n-1}+\cdots+a_na_0=\mathrm{P}_n(1)=1 \tag{46}$$

由公式(37)可以逐步决定勒让德多项式.最先五个多项式为

$$\begin{cases}\mathrm{P}_0(x)=1;\mathrm{P}_1(x)=x;\mathrm{P}_2(x)=\frac{1}{2}(3x^2-1)\\ \mathrm{P}_3(x)=\frac{1}{2}(5x^3-3x);\mathrm{P}_4(x)=\frac{1}{8}(35x^4-30x^2+3)\end{cases} \tag{47}$$

设 $f(x)$ 是在区间 $(-1,+1)$ 中所定义的函数，那么就发生一个问题：是否可将 $f(x)$ 展开为勒让德多项式的级数

$$f(x)=a_0+a_1\mathrm{P}_1(x)+a_2\mathrm{P}_2(x)+\cdots \tag{48}$$

和三角级数的理论一样，利用 $\mathrm{P}_n(x)$ 的正交性以及公式(19)，易知系数 a_n 应由下式决定

$$a_n=\frac{2n+1}{2}\int_{-1}^{+1}f(x)\mathrm{P}_n(x)\mathrm{d}x \tag{49}$$

可证对如此选取的系数 a_n 级数(48)在区间 $(-1,+1)$ 中为收敛，其和等于 $f(x)$，只要 $f(x)$ 满足某些相当一般的条件.

133. 按照球函数展开

每一个在任意半径的球面上定义的函数必为这个球面上的地理坐标 θ 和 φ 的函数，因此可以记为 $f(\theta,\varphi)$. 假设它可以按照球函数展开，即可在球面上展开成一个和傅里叶级数类似的级数

$$f(\theta,\varphi)=a_0^{(0)}+\sum_{n=1}^{+\infty}\left\{a_0^{(n)}\mathrm{P}_n(\cos\theta)+\sum_{m=1}^{n}(a_m^{(n)}\cos m\varphi+b_m^{(n)}\sin m\varphi)P_{n,m}(\cos\theta)\right\} \tag{50}$$

利用球函数的正交性以及公式(25)，像在傅里叶级数中一样，可得这个级数的系数的值为

$$\begin{cases} a_m^{(n)} = \dfrac{2n+1}{2\delta_m \pi} \dfrac{(n-m)!}{(n+m)!} \iint\limits_S f(\theta,\varphi) P_{n,m}(\cos\theta) \cos m\varphi \, d\sigma \\ b_m^{(n)} = \dfrac{2n+1}{2\delta_m \pi} \dfrac{(n-m)!}{(n+m)!} \iint\limits_S f(\theta,\varphi) P_{n,m}(\cos\theta) \sin m\varphi \, d\sigma \end{cases} \tag{51}$$

$$[\delta_m = 2 \text{ 当 } m = 0, \delta_m = 1 \text{ 当 } m > 0; P_{n,0} = \mathrm{P}_n(x)]$$

严格来说，这种论证只是决定级数(50)中诸系数的一种初步想法. 我们还应该把式(51)中诸系数的值代入级数(50)，然后证明当函数 $f(\theta,\varphi)$ 在某种假设之下这个级数为收敛，且其和等于 $f(\theta,\varphi)$. 这些我们留到下一段中去说.

首先解释球函数应该满足的几个具有积分形式的关系. 假设 S_R 是半径为 R 的球面，$Y_n(\theta,\varphi)$ 是一个 n 阶球函数. M 是球内部一点，其球坐标为 (r,θ,φ)，则

$$U_n(M) = r^n Y_n(\theta,\varphi)$$

是个调和函数，对它应用格林公式[Ⅱ,193]，得

$$U_n(M) = \frac{1}{4\pi} \iint\limits_{S_R} \left(\frac{\partial U_n}{\partial v} \frac{1}{d} - U_n \frac{\partial \frac{1}{d}}{\partial v} \right) ds \tag{52}$$

其中 d 是球面上变动点 M' 和 M 的距离，ds 是球面上的面积单元，v 是球面 S_R 的外法线方向，故这时 $\dfrac{\partial}{\partial v} = \dfrac{\partial}{\partial R}$.

显然

$$\frac{1}{d} = \frac{1}{\sqrt{R^2 - 2Rr\cos\gamma + r^2}}$$

其次，由(36)有

$$\frac{1}{d} = \sum_{k=0}^{+\infty} \mathrm{P}_k(\cos\gamma) \frac{r^k}{R^{k+1}} \quad (r < R)$$

因此

$$\frac{\partial}{\partial v}\left(\frac{1}{d}\right) = \frac{\partial}{\partial R}\left(\frac{1}{d}\right) = -\sum_{k=0}^{+\infty} (k+1) \mathrm{P}_k(\cos\gamma) \frac{r^k}{R^{k+2}}$$

又

$$\frac{\partial U_n}{\partial v} = nR^{n-1} Y_n(\theta,\varphi)$$

在这些公式中 γ 是动径 OM 和 OM' 间的交角. 把这些结果代入式(52)，再令 $R=1$，即得

$$r^n Y_n(\theta,\varphi) = \frac{1}{4\pi} \iint\limits_S \left\{ nY_n(\theta',\varphi') \sum_{k=0}^{+\infty} \mathrm{P}_k(\cos\gamma) r^k + \right.$$

$$\left. Y_n(\theta',\varphi') \sum_{k=0}^{+\infty} (k+1) \mathrm{P}_k(\cos\gamma) r^k \right\} d\sigma$$

其中θ'和φ'表示单位球面上动点M'的地理坐标.上式中两级数关于θ'和φ'为一致收敛,因为$r<1$,又勒让德多项式满足不等式(46)的缘故.施行逐项积分,即得

$$r^n Y_n(\theta,\varphi)=\sum_{k=0}^{+\infty}\frac{r^k}{4\pi}\iint_S (k+n+1)Y_n(\theta',\varphi')\mathrm{P}_k(\cos\gamma)\mathrm{d}\sigma$$

由这个式子立刻知道右边的级数除了对应于$k=n$的那一项以外其余各项都应等于零.这样,我们就得到下列在球函数的应用方面很重要的积分公式

$$\iint_S Y_n(\theta',\varphi')\mathrm{P}_m(\cos\gamma)\mathrm{d}\sigma=0\quad(\text{当 } m\neq n \text{ 时})\tag{53}$$

$$\iint_S Y_n(\theta',\varphi')\mathrm{P}_n(\cos\gamma)\mathrm{d}\sigma=\frac{4\pi}{2n+1}Y_n(\theta,\varphi)\tag{54}$$

现在再导入一个公式,它通过θ,φ,θ'和φ'的三角函数来表示$\cos\gamma$.为此,引单位球的两条半径OM''和OM',其末端M''和M'的地理坐标为(θ,φ)和(θ',φ').这两个半径在坐标轴上的投影显知为

$$\sin\theta\cos\varphi,\sin\theta\sin\varphi,\cos\theta \text{ 和 } \sin\theta'\cos\varphi',\sin\theta'\sin\varphi',\cos\theta'$$

而这两半径交角的余弦可以用这些投影的乘积的和来表示,即得

$$\cos\gamma=\sin\theta\sin\theta'\cos(\varphi-\varphi')+\cos\theta\cos\theta'\tag{55}$$

再回到级数(50).若这个级数一致收敛,且其和等于$f(\theta,\varphi)$,则这级数的系数可表示如式(51),和三角级数论中一样.现在把级数(50)中所有阶数相同的球函数都并成一项,即令

$$f(\theta,\varphi)=\sum_{n=0}^{+\infty}Y_n(\theta,\varphi)\tag{56}$$

把上式中的θ和φ改写为θ'和φ',以$\mathrm{P}_n(\cos\gamma)$乘等式两边,然后关于θ'和φ'积分,则由(53)和(54)两式的结果可以得到下面表示级数(56)的一般项的公式

$$Y_n(\theta,\varphi)=\frac{2n+1}{4\pi}\iint_S f(\theta',\varphi')\mathrm{P}_n(\cos\gamma)\mathrm{d}\sigma\tag{57}$$

这个公式决定级数(50)中所有阶数相同的球函数的和的数值.

以式(51)中诸系数的数值代入式(50)中,得

$$\begin{aligned}Y_n(\theta,\varphi)=&\sum_{m=0}^{n}\frac{(n-m)!}{(n+m)!}\frac{2n+1}{2\delta_m\pi}\cdot\\&\Big[\cos m\varphi\iint_S f(\theta',\varphi')\cos m\varphi' P_{n,m}(\cos\theta')\mathrm{d}\sigma+\\&\sin m\varphi\iint_S f(\theta',\varphi')\sin m\varphi' P_{n,m}(\cos\theta')\mathrm{d}\sigma\Big]P_{n,m}(\cos\theta)\end{aligned}$$

或

$$Y_n(\theta,\varphi)=\iint_S f(\theta',\varphi')\sum_{m=0}^{n}\frac{(n-m)!}{(n+m)!}\frac{2n+1}{2\delta_m\pi}P_{n,m}(\cos\theta')\cdot$$
$$P_{n,m}(\cos\theta)\cos m(\varphi'-\varphi)\mathrm{d}\sigma \tag{58}$$

比较式(57) 和式(58),得

$$\iint_S f(\theta',\varphi')[\mathrm{P}_n(\cos\gamma)-\sum_{m=0}^{n}\frac{(n-m)!}{(n+m)!}\frac{2}{\delta_m}$$
$$P_{n,m}(\cos\theta')P_{n,m}(\cos\theta)\cos m(\varphi'-\varphi)]\mathrm{d}\sigma=0 \tag{59}$$

严格说来,这个式子只当 $f(\theta,\varphi)$ 是一致收敛级数(50) 的和时成立. 特别地,当级数(50) 退化为有限和时式(59) 自然成立. 注意:若取 $M''(\theta,\varphi)$ 为极,则角度 γ 就是地理坐标中的纬度. 这样,$r^n\mathrm{P}_n(\cos\gamma)$ 就是齐 n 次调和多项式,从而 $\mathrm{P}_n(\cos\gamma)$ 是变数 θ' 和 φ' 的 n 阶球函数. 我们看到在式(59) 的方括号中是有限个球函数的和,故不妨设 $f(\theta',\varphi')$ 就等于这有限个球函数的和. 对于这样选取的函数,式(59) 表示方括号中函数的平方的积分等于零,因此这个方括号中的函数也应等于零,即

$$\mathrm{P}_n(\cos\gamma)=\sum_{m=0}^{n}\frac{(n-m)!}{(n+m)!}\frac{2}{\delta_m}P_{n,m}(\cos\theta')P_{n,m}(\cos\theta)\cos m(\varphi'-\varphi) \tag{60}$$

这个式子通常称为勒让德多项式的加法公式.

134. 收敛性的证明

现在证明在球面上任一满足某些条件的函数 $f(\theta,\varphi)$ 必可按照球函数展开为级数(56).

由式(57) 的结果知道级数(56) 的最先 $n+1$ 项的和是

$$S_n=\frac{1}{4\pi}\iint_S f(\theta',\varphi')\sum_{k=0}^{n}(2k+1)\mathrm{P}_k(\cos\gamma)\mathrm{d}\sigma$$

设北极于球面上原来地理坐标为(θ,φ) 的点,于是就导入新的地理坐标 γ 和 β. 这时函数 $f(\theta',\varphi')$ 在新坐标系统下变为 γ 和 β 的函数 $F(\gamma,\beta)$,因此

$$S_n=\frac{1}{4\pi}\int_0^{\pi}\int_0^{2\pi}F(\gamma,\beta)\sum_{k=0}^{n}(2k+1)\mathrm{P}_k(\cos\gamma)\sin\gamma\mathrm{d}\gamma\mathrm{d}\beta \tag{61}$$

借

$$\Phi(\gamma)=\frac{1}{2\pi}\int_0^{2\pi}F(\gamma,\beta)\mathrm{d}\beta \tag{62}$$

导入函数 $\Phi(\gamma)$,它表示在新坐标系统之下函数 $F(\gamma,\beta)$ 在纬度 γ 的纬线上的平均值.

导入另一变数 $x=\cos\gamma$,令

$$\Phi(\gamma)=\Psi(x) \tag{63}$$

完成式(61)中关于β的积分,即得

$$S_n=\frac{1}{2}\int_0^{\pi}\Phi(\gamma)\sum_{k=0}^{n}(2k+1)\mathrm{P}_k(\cos\gamma)\sin\gamma\mathrm{d}\gamma$$

或

$$S_n=\frac{1}{2}\int_{-1}^{+1}\Psi(x)\sum_{k=0}^{n}(2k+1)\mathrm{P}_k(x)\mathrm{d}x$$

由式(41)得

$$S_n=\frac{1}{2}\int_{-1}^{+1}\Psi(x)\left(\frac{\mathrm{dP}_{n+1}(x)}{\mathrm{d}x}+\frac{\mathrm{dP}_n(x)}{\mathrm{d}x}\right)\mathrm{d}x$$

假设函数$f(\theta,\varphi)$是如此取法,使得$\Psi(x)$在区间$(-1,+1)$中有连续的导数.将上式施行分部积分,得

$$S_n=\frac{1}{2}[\Psi(x)(\mathrm{P}_{n+1}(x)+\mathrm{P}_n(x))]_{x=-1}^{x=+1}-\frac{1}{2}\int_{-1}^{+1}[\mathrm{P}_{n+1}(x)+\mathrm{P}_n(x)]\Psi'(x)\mathrm{d}x$$

因

$$\mathrm{P}_n(1)=\mathrm{P}_{n+1}(1)=1;\mathrm{P}_n(-1)=-\mathrm{P}_{n+1}(-1)=(-1)^n$$

故得

$$S_n=\Psi(1)-\frac{1}{2}\int_{-1}^{+1}[\mathrm{P}_{n+1}(x)+\mathrm{P}_n(x)]\Psi'(x)\mathrm{d}x \tag{64}$$

现在求等式右边第一项$\Psi(1)$的数值.由(62)和(63)有

$$\Psi(1)=\frac{1}{2\pi}\int_0^{2\pi}F(0,\beta)\mathrm{d}\beta \tag{65}$$

但是当$\gamma=0$时对于任何β,$(0,\beta)$常为球的北极,它原来的地理坐标是(θ,φ).换言之,$F(0,\beta)=f(\theta,\varphi)$与$\beta$无关,由上式即得

$$\Psi(1)=f(\theta,\varphi)$$

这样,式(61)便可改写为

$$S_n=f(\theta,\varphi)-\frac{1}{2}\int_{-1}^{+1}[\mathrm{P}_{n+1}(x)+\mathrm{P}_n(x)]\Psi'(x)\mathrm{d}x \tag{66}$$

我们要证明的是

$$\lim_{n\to\infty}S_n=f(\theta,\varphi)$$

即需证明当$n\to\infty$时式(66)中的积分趋于零为极限.假设M是连续函数$\Psi'(x)$的绝对值在区间$(-1,+1)$中的最大值,则上述积分的绝对值必小于

$$\frac{M}{2}\int_{-1}^{+1}|\mathrm{P}_{n+1}(x)|\mathrm{d}x+\frac{M}{2}\int_{-1}^{+1}|\mathrm{P}_n(x)|\mathrm{d}x$$

现在我们只要证明当$n\to\infty$时积分

$$\int_{-1}^{+1}|\mathrm{P}_n(x)|\mathrm{d}x \tag{67}$$

趋于零为极限好了.应用布业可夫斯基不等式[Ⅲ$_1$,29],得

$$\left(\int_{-1}^{+1} | P_n(x) | dx\right)^2 \leqslant \int_{-1}^{+1} P_n^2(x) dx \int_{-1}^{+1} 1^2 dx = 2\int_{-1}^{+1} P_n^2(x) dx$$

由式(19) 知

$$\int_{-1}^{+1} | P_n(x) | dx \leqslant \frac{2}{\sqrt{2n+1}}$$

由此立刻知道当 $n \to \infty$ 时积分(67) 的极限为零.

上述按照球函数展开的定理的证明方法系取自维柏斯脱塞格的书《理论物理学中的偏微分方程》中.任一满足上述一般条件的函数($\Psi(x)$ 有连续导数)必可按照球函数展开的事实说明球函数在单位球面成一封闭系统[Ⅱ,55].球函数系统的封闭性首先为 A. M. 李雅普诺夫所证明(1899 年).

135. 球函数和边值问题的关系

现在说明球函数的理论和微分方程论中几个边值问题之间的关系.在球坐标下的拉普拉斯方程[Ⅱ,119]为

$$\frac{\partial}{\partial r}\left(r^2 \frac{\partial U}{\partial r}\right) + \frac{1}{\sin\theta} \frac{\partial}{\partial\theta}\left(\sin\theta \frac{\partial U}{\partial\theta}\right) + \frac{1}{\sin^2\theta} \frac{\partial^2 U}{\partial\varphi^2} = 0 \tag{68}$$

现在要求这个方程的这样的解,它是一个 r 的函数与一个 θ 和 φ 的函数的乘积

$$U = f(r)Y(\theta,\varphi)$$

代入方程(68)

$$Y(\theta,\varphi) \frac{d}{dr}[r^2 f'(r)] + f(r) \cdot$$

$$\left\{\frac{1}{\sin\theta} \frac{\partial}{\partial\theta}\left[\sin\theta \frac{\partial Y(\theta,\varphi)}{\partial\theta}\right] + \frac{1}{\sin^2\theta} \frac{\partial^2 Y(\theta,\varphi)}{\partial\varphi^2}\right\} = 0$$

分离变数后可以改写为

$$\frac{\frac{d}{dr}[r^2 f'(r)]}{f(r)} = -\frac{\frac{1}{\sin\theta} \frac{\partial}{\partial\theta}\left(\frac{\partial Y}{\partial\theta}\right) + \frac{1}{\sin^2\theta} \frac{\partial^2 Y}{\partial\varphi^2}}{Y}$$

等式左边只含 r,等式右边只含 θ 和 φ,因此两边都应等于同一个常数.记这个常数为 λ,则得两方程

$$r^2 f''(r) + 2rf'(r) - \lambda f(r) = 0 \tag{69}$$

和

$$\Delta_1 Y + \lambda Y = 0 \tag{70}$$

其中

$$\Delta_1 Y=\frac{1}{\sin\theta}\left[\frac{\partial}{\partial\theta}\left(\sin\theta\frac{\partial Y}{\partial\theta}\right)+\frac{1}{\sin\theta}\frac{\partial^2 Y}{\partial\varphi^2}\right] \tag{71}$$

由式(5) 可知 $f(r)$ 必等于 r^n，这样，只须研究方程(70) 好了. 如我们所知，函数 $Y(\theta,\varphi)$ 是三角多项式，故在整个单位球面上，即对任何 θ 和 φ 的数值，应为有限且连续，特别地，当 $\theta=0$ 和 $\theta=\pi$，$\sin\theta=0$ 时亦然. 现在我们研究一下边值问题：求参数 λ 的值使得方程(70) 有在整个单位球面上为连续的解，并求这种解. 问题的第一部分并不困难，因为我们知道 $f(r)$ 应等于 r^n，代入方程(69)，即得无限多个 λ 的数值，即

$$\lambda_n=n(n+1)\quad(n=0,1,2,\cdots) \tag{72}$$

这时方程

$$r^2 f''_n(r)+2rf'_n(r)-n(n+1)f_n(r)=0 \tag{73}$$

的一个解为 $f_n(r)=r^n$，另一解为 $f_n(r)=r^{-n-1}$. 以 $\lambda=n(n+1)$ 代入方程(70)，得到球函数应满足的方程

$$\frac{1}{\sin\theta}\left[\frac{\partial}{\partial\theta}\left(\sin\theta\frac{\partial Y_n}{\partial\theta}\right)+\frac{1}{\sin\theta}\frac{\partial^2 Y_n}{\partial\varphi^2}\right]+n(n+1)Y_n=0 \tag{74}$$

在目前的情形下特征值 $\lambda_n=n(n+1)$ 对应于 $2n+1$ 个特征函数，即式(16) 中的 $2n+1$ 个 n 阶球函数. 因为球函数在单位球面上成封闭系统，所以它们就是方程(70) 的特征函数的全部. 以式(16) 中的函数代入式(74)，并令 $x=\cos\theta$，即得 $P_{n,m}(x)$ 所应满足的二阶微分方程

$$\frac{\mathrm{d}}{\mathrm{d}x}\left[(1-x^2)\frac{\mathrm{d}P_{n,m}(x)}{\mathrm{d}x}\right]+\left(\lambda_n-\frac{m^2}{1-x^2}\right)P_{n,m}(x)=0 \tag{75}$$

当 $m=0$ 时即得勒让德多项式 $\mathrm{P}_n(x)$ 所应满足的方程. 特征值和对应的特征函数 $P_{n,m}(x)$ 是下列边值问题的解：求方程(75) 中 λ_n 的数值使它有在闭区间 $-1\leqslant x\leqslant+1$ 中为有界的解. 注意：方程(75) 在奇异点 $x=\pm1$ 的判定方程为 $\rho(\rho-1)+\rho-\frac{m^2}{4}=0$，两根为 $\rho=\pm\frac{m}{2}$. 但和 $\rho=-\frac{m}{2}$ 对应的解在奇异点的值为无穷大. 上述边值问题归结到：求 λ_n 的数值使得在 $x=-1$ 和 $\rho=\frac{m}{2}$ 对应的解在 $x=+1$ 仍旧对应于 $\rho=\frac{m}{2}$. 而这个问题的解即 $\lambda_n=n(n+1)$，它所对应的特征函数由式(12) 决定.

球函数的正交性和它们是上述边值问题的解有密切的关系. 同样，诸函数 $P_{n,m}(x)$ 在线段$(-1,+1)$ 中亦具正交性

$$\int_{-1}^{+1}P_{p,m}(x)P_{q,m}(x)\mathrm{d}x=0\quad(\text{当 } p\neq q \text{ 时}) \tag{76}$$

这个式子的证明基于方程(75)，其程序和我们在[102] 中证明勒让德多项式的正交性完全一样. 还要注意一件和球函数的理论有关的事实：利用方程

(73) 的解 $f_n(r)=r^n$ 可得拉普拉斯方程的解 $r^n Y_n(\theta,\varphi)$，这就是 n 次调和多项式. 如果利用第二个解 $f_n(r)=r^{-n-1}$，那么得到的函数是

$$\frac{Y_n(\theta,\varphi)}{r^{n+1}} \tag{77}$$

其中 $Y_n(\theta,\varphi)$ 是 n 阶球函数，这个函数(77) 也是拉普拉斯方程的解. 当 $r=0$ 时它的值是无穷大，显然，它不是 x,y 和 z 的多项式.

136. 狄利克雷问题和诺依曼问题

凡理论物理学的问题牵涉到拉普拉斯方程，并且讨论的是球面的场合时，就要用到球函数. 兹以我们从前在[Ⅱ,192] 中已经说过的关于球面的狄利克雷和诺依曼问题为例. 所谓狄利克雷内部问题就是：已给在半径为 R 的球面上的边值，要求这球内部的调和函数. 我们将边值按照球函数展开

$$f(\theta,\varphi)=\sum_{n=0}^{+\infty} Y_n(\theta,\varphi) \tag{78}$$

设 r 为球内动点与球心的距离，以 $\left(\frac{r}{R}\right)^n$ 乘这个级数的一般项，得到另一级数

$$U(r,\theta,\varphi)=\sum_{n=0}^{+\infty} Y_n(\theta,\varphi)\left(\frac{r}{R}\right)^n \quad (r<R) \tag{79}$$

因为 $\frac{1}{R^n}Y_n(\theta,\varphi)r^n$ 是调和多项式，所以函数(79) 在球的内部为调和函数，而且当 $r=R$ 时级数(79) 变为级数(78)，故这个调和函数满足已给的边值条件.

现在再看狄利克雷外部问题：要决定一个球外部的调和函数，在无限远点等于零，而在球面上具有已给的边值(78). 因为 $Y_n(\theta,\varphi)r^{-n-1}$ 是调和函数，在球的外部没有奇异点，且在无限远点等于零，故得狄利克雷外部问题的解为

$$U(r,\theta,\varphi)=\sum_{n=0}^{+\infty} Y_n(\theta,\varphi)\left(\frac{R}{r}\right)^{n+1} \tag{80}$$

现在再看诺依曼内部问题的解：要决定球内部的调和函数 $U(r,\theta,\varphi)$，当它在球面上法线方向的导数

$$\frac{\partial U}{\partial v}=f(\theta,\varphi) \quad (r=R) \tag{81}$$

为已给时.

我们知道调和函数的法线方向导数的积分应该等于零[Ⅱ,194]

$$\iint_S \frac{\partial U}{\partial v}\mathrm{d}\sigma=0$$

即已给条件(81) 中的函数 $f(\theta,\varphi)$ 应满足下面的关系

$$\iint_S f(\theta,\varphi)\mathrm{d}\sigma=0 \tag{82}$$

由式(56),式(57) 以及当 $n=0$ 时 $\mathrm{P}_n(\cos\gamma)$ 是个常数,可知式(82) 的意思就是说:在 $f(\theta,\varphi)$ 的球函数展开式中没有零阶的球函数.因此就有

$$f(\theta,\varphi)=\sum_{n=1}^{+\infty}Y_n(\theta,\varphi) \tag{83}$$

由此易知诺依曼问题的解是

$$U(r,\theta,\varphi)=\sum_{n=1}^{+\infty}\frac{1}{n}Y_n(\theta,\varphi)\frac{r^n}{R^{n-1}}+C \tag{84}$$

其中 C 为任意常数.

实际上,这个级数定义一个调和函数,而现在沿法线方向微分就是关于 r 微分.易见关于 r 微分级数(84),再令 $r=R$,即得级数(83),即调和函数 $U(r,\theta,\varphi)$ 满足条件(81).

在诺依曼外部问题的场合条件(81) 中的函数 $f(\theta,\varphi)$ 不一定要满足条件(82),因此它的展开式具有一般的形式(78).易见这时问题的解可用下面的级数表示

$$U(r,\theta,\varphi)=-\sum_{n=0}^{+\infty}\frac{1}{n+1}Y_n(\theta,\varphi)\frac{R^{n+2}}{r^{n+1}} \tag{85}$$

这时法线的方向 v 与半径 r 的方向相同.

现在考察诺依曼外部问题的一个特别情形,假设半径为 R 的球在无界的液体中移动,该液体在无限远点是静止的,球是沿着 Z 轴移动的,速度为 a.取一与球同时移动的坐标系统,其原点即球心,x,y 和 z 轴都和原来的坐标轴方向相同.这时在球面上液体速度的法线方向分量为

$$\frac{az}{r}=-a\cos\theta$$

假设液体的运动状况是固定不变的,并且有速势,那么我们就可由下列诸条件寻求这个函数 U:(1)U 在球的外部是调和函数;(2) 在无限远点速度的各分量,即 U 沿各坐标轴的导数,等于零;(3) 函数 U 在球面上应满足

$$\frac{\partial U}{\partial r}=-a\cos\theta$$

现在 $f(\theta,\varphi)=-a\cos\theta$,回忆勒让德多项式的定义,有

$$f(\theta,\varphi)=-a\mathrm{P}_1(\cos\theta)$$

就是说,$f(\theta,\varphi)$ 是个一阶的球函数.问题的解答是

$$U(r,\theta,\varphi)=\frac{a}{2}\mathrm{P}_1(\cos\theta)\frac{R^3}{r^2}=\frac{aR^3}{2r^2}\cos\theta$$

137. 质体的势函数

假设空间一有限体积 V 中充满着密度为 $\rho(M')$ 的物质. 由于这种质量的分布而产生的势函数可以用一个三重积分来表示

$$U(M)=\iiint_V \frac{\rho(M')}{d}\mathrm{d}V \tag{86}$$

其中 d 是 V 中变动点 M' 和要测定势函数的值的点 M 之间的距离. 假设 O 是原点,向径

$$r=|\overrightarrow{OM}|, r'=|\overrightarrow{OM'}|$$

又 γ 是这两向径间的交角. 取 M 为相当远的点,使 r 的数值大于 r' 的最大值. 由[132]我们有如下的展开式

$$\frac{1}{d}=\frac{1}{\sqrt{r^2-2rr'\cos\gamma+r'^2}}=\sum_{n=0}^{+\infty}\mathrm{P}_n(\cos\gamma)\frac{r'^n}{r^{n+1}}$$

因 $|\mathrm{P}_n(\cos\gamma)|\leqslant 1$,上式右边的级数关于 r' 为一致收敛,代入式(86)的积分中,即得 $U(M)$ 依照 r 的负整数幂的展开式

$$U(M)=\sum_{n=0}^{+\infty}\frac{Y_n(\theta,\varphi)}{r^{n+1}} \tag{87}$$

其中

$$Y_n(\theta,\varphi)=\iiint_V \rho(M')r'^n\mathrm{P}_n(\cos\gamma)\mathrm{d}V \tag{88}$$

现在决定展开式(87)中的前三项. 回忆最先三个勒让德多项式的数值以及下面的公式

$$\cos\gamma=\frac{xx'+yy'+zz'}{rr'}$$

可得

$$\mathrm{P}_0(\cos\gamma)=1; r'\mathrm{P}_1(\cos\gamma)=\frac{xx'+yy'+zz'}{r}$$

$$r'^2\mathrm{P}_2(\cos\gamma)=\frac{1}{2}\ \frac{3(xx'+yy'+zz')^2-r'^2r^2}{r^2}$$

代入式(88),得

$$Y_0(\theta,\varphi)=\iiint_V \rho(M')\mathrm{d}V=m$$

就是说,展开式(87)中 $\frac{1}{r}$ 的系数等于体积 V 中所包含的总质量 m. 其次

$$Y_1(\theta,\varphi)=\iiint\limits_V \rho(M')r'\mathrm{P}_1(\cos\gamma)\mathrm{d}V=$$

$$\frac{x}{r}\iiint\limits_V \rho(M')x'\mathrm{d}V+\frac{y}{r}\iiint\limits_V \rho(M')y'\mathrm{d}V+\frac{z}{r}\iiint\limits_V \rho(M')z'\mathrm{d}V$$

上记诸积分表示质量 m 和重心的诸坐标的乘积.若取重心为原点,则显然有 $Y_1(\theta,\varphi)=0$.最后,计算 $Y_2(\theta,\varphi)$.为此,设这个质量关于坐标轴的转动惯量为

$$A=\iiint\limits_V \rho(M')(y'^2+z'^2)\mathrm{d}V;B=\iiint\limits_V \rho(M')(z'^2+x'^2)\mathrm{d}V$$

$$C=\iiint\limits_V \rho(M')(x'^2+y'^2)\mathrm{d}V \tag{89}$$

还有关于坐标轴的离心力矩为

$$D=\iiint\limits_V \rho(M')y'z'\mathrm{d}V;\ E=\iiint\limits_V \rho(M')z'x'\mathrm{d}V$$

$$F=\iiint\limits_V \rho(M')x'y'\mathrm{d}V \tag{90}$$

可以证明适当的安置坐标系统以后常可使诸离心力矩(90)都等于零,证略.现在假设坐标轴已经如此安置好了,那么以 $r'^2\mathrm{P}_2(\cos\gamma)$ 的数值代入式(88),即得

$$Y_2(\theta,\varphi)=\frac{1}{2}\frac{(B+C-2A)x^2+(C+A-2B)y^2+(A+B-2C)z^2}{r^2}$$

对势函数 $U(M)$ 我们有准确到 $\frac{1}{r^3}$ 的展开式

$$U(M)=\frac{m}{r}+\frac{1}{2}\frac{(B+C-2A)x^2+(C+A-2B)y^2+(A+B-2C)z^2}{r^5}+\cdots \tag{91}$$

将直角坐标 x,y 和 z 改以球坐标代入,即得

$$U(M)=\frac{m}{r}+\frac{1}{2}\cdot$$

$$\frac{(B+C-2A)\cos^2\varphi\sin^2\theta+(C+A-2B)\sin^2\varphi\sin^2\theta+(A+B-2C)\cos^2\theta}{r^3}+\cdots$$

138.球壳的势函数

假设在半径为 R 的球面 S_R 上分布有质量,其曲面密度为 $\rho(M')$,则由这个

单球壳而产生的势函数 $U(M)$ 可用球面积分

$$U(M)=\iint_{S_R}\frac{\rho(M')}{d}\mathrm{d}s \tag{93}$$

来表示,其中 d 是点 M 和球面上的变动点 M' 间的距离. $\frac{1}{d}$ 的展开式将视 M 在球 S_R 的内部或外部而有不同.

首先假设 $r<R$,由[132]有

$$\frac{1}{d}=\sum_{n=0}^{+\infty}\mathrm{P}_n(\cos\gamma)\frac{r^n}{R^{n+1}} \tag{94}$$

其中 γ 是从球心出发的两向径 $\overrightarrow{OM}$ 和 $\overrightarrow{OM'}$ 间的交角. 密度 $\rho(M')$ 应设为球面上地理坐标的已给函数 $f(\theta',\varphi')$.

以展开式(94)代入积分(93),记住 $\mathrm{d}s=R^2\mathrm{d}\sigma=R^2\sin\theta'\mathrm{d}\theta'\mathrm{d}\varphi'$ 即得

$$U(M)=\sum_{n=0}^{+\infty}\frac{r^n}{R^{n-1}}\iint_S f(\theta',\varphi')\mathrm{P}_n(\cos\gamma)\mathrm{d}\sigma \tag{95}$$

上记积分与 $f(\theta,\varphi)$ 关于球函数的展开式中的项有显著的关系,即若

$$f(\theta,\varphi)=\sum_{n=0}^{+\infty}Y_n(\theta,\varphi) \tag{96}$$

则如我们所知

$$Y_n(\theta,\varphi)=\frac{2n+1}{4\pi}\iint_S f(\theta',\varphi')\mathrm{P}_n(\cos\gamma)\mathrm{d}\sigma$$

从而式(95)可以改写如下

$$U(M)=4\pi\sum_{n=0}^{+\infty}\frac{r^n}{(2n+1)R^{n-1}}Y_n(\theta,\varphi)\quad(r<R) \tag{97}$$

同样,利用展开式(36),可得

$$U(M)=4\pi\sum_{n=0}^{+\infty}\frac{R^{n+2}}{(2n+1)r^{n+1}}Y_n(\theta,\varphi)\quad(r>R) \tag{98}$$

由这些展开式可知势函数 $U(M)$ 的几点性质. 首先,注意当点 M 在球面上的时候,展开式(97)和(98)相符合. 这时应令 $r=R$,即得下面的结果

$$U(M_0)=4\pi R\sum_{n=0}^{+\infty}\frac{1}{2n+1}Y_n(\theta,\varphi) \tag{99}$$

其中 θ 和 φ 是球面上的点 M_0 的地理坐标. 由此可知当点 M 通过球面时单球壳所产生的势函数是连续变动的. 这性质对于更一般的曲面也能成立.

再看当点 M 通过球面时势函数的法线方向导数(即力的法线方向分力)的行为. 以 $\left(\frac{\partial U(M_0)}{\partial v}\right)_i$ 记法线方向导数的极限,当点 M 从球内部沿着半径趋于球面上的点 M_0 时. 又以 $\left(\frac{\partial U(M_0)}{\partial v}\right)_e$ 记这导数的极限,当点 M 从球外部沿着半径

趋于M_0时.以v记球面在M_0的外法线方向,现在这方向与半径$\overrightarrow{OM_0}$的方向相同.关于v,即关于r微分式(97)和式(98),然后令$r=R$,即得上记二极限的值为

$$\left(\frac{\partial U(M_0)}{\partial v}\right)_i=4\pi\sum_{n=1}^{+\infty}\frac{n}{2n+1}Y_n(\theta,\varphi) \tag{100}$$

$$\left(\frac{\partial U(M_0)}{\partial v}\right)_e=-4\pi\sum_{n=0}^{+\infty}\frac{n+1}{2n+1}Y_n(\theta,\varphi) \tag{101}$$

由此可知当变动点通过球面时,一般地,势函数的法线方向导数在此有一个不连续点.

由式(100)和式(101)立刻可得下面两个式子

$$\left(\frac{\partial U(M_0)}{\partial v}\right)_e-\left(\frac{\partial U(M_0)}{\partial v}\right)_i=-4\pi\sum_{n=0}^{+\infty}Y_n(\theta,\varphi)$$

$$\left(\frac{\partial U(M_0)}{\partial v}\right)_e+\left(\frac{\partial U(M_0)}{\partial v}\right)_i=-4\pi\sum_{n=0}^{+\infty}\frac{1}{2n+1}Y_n(\theta,\varphi)$$

再由式(96)和式(99)可得

$$\left(\frac{\partial U(M_0)}{\partial v}\right)_e-\left(\frac{\partial U(M_0)}{\partial v}\right)_i=-4\pi\rho(M_0) \tag{102}$$

$$\left(\frac{\partial U(M_0)}{\partial v}\right)_e+\left(\frac{\partial U(M_0)}{\partial v}\right)_i=-\frac{U(M_0)}{R} \tag{103}$$

式(102)说明势函数的法线方向导数在M_0的跃度等于在这点的密度乘以-4π.

现在解释式(103)右边的数值.如前,该式中的v表示半径$\overrightarrow{OM_0}$的方向.因积分(93)中只有d和点M的坐标有关,所以

$$\frac{\partial U(M)}{\partial v}=\iint_{S_R}\rho(M')\frac{\partial}{\partial v}\left(\frac{1}{d}\right)\mathrm{d}s \tag{104}$$

但是

$$\frac{\partial}{\partial v}\left(\frac{1}{d}\right)=-\frac{1}{d^2}\cos\omega$$

其中ω是向量$\overrightarrow{M'M}$和方向v之间的交角.现在假设点M就是球面上的点M_0,我们要决定积分(104)的数值.这时$d=2R\cos\omega$,故

$$\frac{\partial}{\partial v}\left(\frac{1}{d}\right)=-\frac{1}{2Rd}$$

因此积分(104)的值为

$$-\frac{1}{2R}\iint_{S_R}\rho(M')\frac{1}{d}\mathrm{d}s=-\frac{1}{2R}U(M_0)$$

以$\dfrac{\partial U(M_0)}{\partial v}$记这个数值,则式(103)可以写成

$$\left(\frac{\partial U(M_0)}{\partial v}\right)_c+\left(\frac{\partial U(M_0)}{\partial v}\right)_i=2\frac{\partial U(M_0)}{\partial v}$$

将该式和式(102)联立,可以解出单球壳的势函数的法线方向导数的两个极限值

$$\begin{cases}\left(\dfrac{\partial U(M_0)}{\partial v}\right)_i=\dfrac{\partial U(M_0)}{\partial v}+2\pi\rho(M_0)\\[2mm]\left(\dfrac{\partial U(M_0)}{\partial v}\right)_e=\dfrac{\partial U(M_0)}{\partial v}-2\pi\rho(M_0)\end{cases}\tag{105}$$

对于更一般的曲面有时也成立这两个公式.

139. 中心电场中的电子

当考察电子在正原子核所产生的电场中的情况时,由薛定谔的理论我们可以得到下面的方程

$$-\frac{h^2}{2\mu}\left(\frac{\partial^2\psi}{\partial x^2}+\frac{\partial^2\psi}{\partial y^2}+\frac{\partial^2\psi}{\partial z^2}\right)-eV(r)\psi=E\psi\tag{106}$$

其中 h 是普朗克常数,μ 是电子的质量,e 是它所带的电荷,$V(r)$ 是个已给的只和 r 有关的函数,它决定电场中的电势. 这里 r 表示和原点的距离,$\psi(x,y,z)$ 是波函数,E 是个常数,它决定我们所看的这个物理系统的能阶. 方程(106)应该有一个在无限空间中定义的且在无限远点为有界的解. 现在要求方程(106)的这样的解,它是一个 r 的函数与另一个 θ 和 φ 的函数的乘积. 在球坐标下拉普拉斯运算子 $\Delta\psi$ 可以表示为

$$\Delta\psi=\frac{\partial^2\psi}{\partial r^2}+\frac{2}{r}\frac{\partial\psi}{\partial r}+\frac{1}{r^2}\Delta_1\psi$$

和[135]中一样

$$\Delta_1\psi=\frac{1}{\sin\theta}\frac{\partial}{\partial\theta}\left(\sin\theta\frac{\partial\psi}{\partial\theta}\right)+\frac{1}{\sin^2\theta}\frac{\partial^2\psi}{\partial\varphi^2}$$

方程(106)现在可以改写为

$$\frac{h^2}{2\mu}\left[\frac{\partial^2\psi}{\partial r^2}+\frac{2}{r}\frac{\partial\psi}{\partial r}+\frac{1}{r^2}\Delta_1\psi\right]+eV(r)\psi+E\psi=0$$

以 $\psi=f(r)Y(\theta,\varphi)$ 代入,然后分离变数,可得

$$\frac{\Delta_1 Y}{Y}=\frac{-\dfrac{h^2}{2\mu}\left[f''(r)+\dfrac{2}{r}f'(r)\right]-eV(r)f(r)-Ef(r)}{\dfrac{h^2}{2\mu r^2}f(r)}$$

因此等式的两边都应等于同一个常数,记为 λ. 于是我们就得到两个方程

$$\Delta_1 Y - \lambda Y = 0 \tag{107}$$

和

$$-\frac{h^2}{2\mu}\left[f''(r) + \frac{2}{r}f'(r) + \frac{\lambda}{r^2}f(r)\right] - eV(r)f(r) - Ef(r) = 0 \tag{108}$$

方程(107)应有在整个球面上为连续的解. 我们在[135]中已知这时参数λ应取数值$-l(l+1)$,而求函数$Y_l(\theta,\varphi)$就是和这种λ对应的解. 以上述λ的数值代入方程(108)可以得到决定函数$f(r)$的方程,这个函数现在改以$f_l(r)$记之

$$\frac{h^2}{2\mu}f''_l(r) + \frac{h^2}{\mu r}f'_l(r) + \left[E + eV(r) - \frac{h^2 l(l+1)}{2\mu r^2}\right]f_l(r) = 0 \tag{109}$$

参数E应如此决定,使得方程(109)有在$r=0$及当$r\to+\infty$都是有界的解. 一般而论,满足这种条件的E的数值有无限个之多. 它们通常是从$l+1$开始的正整数,即

$$n = l+1, l+2, l+3, \cdots$$

这样,E的数值就和两个数字有关,一个是整数l,一个是次第数n. l称为角量子数,n称为主量子数. 当l和n已给时,一般地,可以决定唯一的函数$f_{nl}(r)$满足方程(109)以及上述当$r=0$和$r=+\infty$时的边值条件. 至于函数$Y_l(\theta,\varphi)$,它们一共有$2l+1$个,记为

$$Y_l^{(m)}(\theta,\varphi) \quad (m = -l, -l+1, \cdots, l-1, l)$$

要知道波函数的全部特征,我们还应该知道这第三个数字m的数值. m通常称为磁量子数. 当我们在这个物理系统中加入方向Z轴的磁场而考察它所产生的扰乱现象时,m的数值至为紧要.

现在考察一个特别情形,即当电势为库仑势函数

$$V(r) = \frac{ke}{r}$$

的情形,其中k是个整数,在氢原子的场合$k=1$. 以这个势函数代入式(109),即得下面的方程($k=1$)

$$\frac{h^2}{2\mu}f''_l(r) + \frac{h^2}{\mu r}f'_l(r) + \left[E + \frac{\mathrm{e}^2}{r} - \frac{h^2 l(l+1)}{2\mu r^2}\right]f_l(r) = 0 \tag{110}$$

导入另一变数z以代r得

$$z = \frac{\mu \mathrm{e}^2 r}{h^2}$$

又令

$$\varepsilon = \frac{Eh^2}{\mu \mathrm{e}^4} \text{ 和 } s = 2l+1 \tag{111}$$

此外,再引进新的未知函数y以代$f_l(r)$得

$$f_l(r)=\frac{1}{\sqrt{z}}y$$

把所有这些都代入式(110),即得方程

$$\frac{\mathrm{d}^2 y}{\mathrm{d}z^2}+\frac{1}{z}\frac{\mathrm{d}y}{\mathrm{d}z}+\left(2\varepsilon+\frac{2}{z}-\frac{s^2}{4z^2}\right)y=0$$

这就是[115]中讨论过的方程.

现在只看参数 E 取负值的情形.这时,如我们所知,E 有无限多个数值可以取,即设

$$\lambda=\frac{1}{\sqrt{-2\varepsilon}}$$

但参数 λ 应取如下的数值

$$\lambda_p=\frac{s+1}{2}+p\quad(p=0,1,2,\cdots)$$

从而

$$\frac{1}{-2\varepsilon_p}=\left(\frac{s+1}{2}+p\right)^2\text{ 及 }\varepsilon_p=-\frac{1}{\left(\frac{s+1}{2}+p\right)^2}=-\frac{1}{2(p+l+1)^2}$$

由式(111),参数 E 应取下列数值

$$E_{nl}=-\frac{\mu e^4}{2h^2(p+l+1)^2}=-\frac{\mu e^4}{2h^2n^2}\tag{112}$$

其中 $n=p+l+1$ 是主量子数.

由此可见在库仑电场的情形,参数 E 的数值和角量子数 l 无关.如果固定 n,自然 E 的数值也固定了,则由 $n=p+l+1$ 可得 l 的数值为

$$l=n-1,n-2,\cdots,0$$

每一个这种 l 的数值对应于 $2l+1$ 个特征函数 ψ.因此,对于参数 E 的值(112),对应的特征函数的个数是

$$1+3+5+\cdots+(2n-1)=n^2$$

在一个电子的场合若取狄拉克方程以代薛定谔方程,则可得到和球函数类似的函数.这种自旋球函数在B.A.福克教授所著《量子力学引论》一书中有说起过.

140. 球函数和旋转群的线性表示

我们从前曾经说到过,满足拉普拉斯方程的变数(x,y,z)的齐次多项式决定空间绕着原点的旋转群 R 的一个线性表示.

这样,由[130]可知 l 阶球函数的全体决定 R 的一个线性表示,这是一个

$2l+1$ 阶的表示.现在更详细地来研究这个问题.

设 l 阶的球函数如式(18)所记,并特别记为

$$Q_l^{(m)}(\varphi,\theta)=e^{im\varphi}P_{l,m}(\cos\theta)\quad(m=-l,-l+1,\cdots,l-1,l)\tag{113}$$

其中

$$P_{l,-m}(\cos\theta)=P_{l,m}(\cos\theta)$$

设$\{\alpha,\beta,\gamma\}$为旋转群 R 中的一个元素,其欧拉角度为 α,β 和 γ.经过这个旋转以后球面上坐标为(φ,θ)的点到达新的位置(φ',θ'),而函数 $Q_l^{(m)}(\varphi',\theta')$ 则可表示为诸函数 $Q_l^{(m)}(\varphi,\theta)$ 的线性结合.这个线性变换的方阵就是函数(113)所决定的 R 的线性表示中和 R 的元素$\{\alpha,\beta,\gamma\}$对应的方阵.这些函数与角度 φ 的简单关系告诉我们:绕着 Z 轴旋转一个角度 α,即$\{\alpha,0,0\}$,所对应的是个对角线方阵

$$\begin{Vmatrix} e^{-il\alpha} & 0 & 0 & \cdots & 0 \\ 0 & e^{-i(l-1)\alpha} & 0 & \cdots & 0 \\ 0 & 0 & e^{-i(l-2)\alpha} & \cdots & 0 \\ \vdots & \vdots & \vdots & & \vdots \\ 0 & 0 & 0 & \cdots & e^{-il\alpha} \end{Vmatrix}\tag{114}$$

一般地,和旋转 R_0 对应的方阵的元素记为$\{D_l(R_0)\}_{ik}$,其中 i 和 k 各自独立地跑过 $-l,-l+1,\cdots,l$.

取 R_0 为环绕 Y 轴旋转一个角度 β,经过这个旋转以后球面上坐标为 $\varphi=0$ 和 θ 的点变为坐标为 $\varphi=0$ 和 $\theta+\beta$ 的点.由式(113)中诸函数的形式可知方阵 $D_l(R_0)$ 变函数 $P_{l,m}(\cos\theta)$ 为函数 $P_{l,m}[\cos(\theta+\beta)]$.即

$$P_{l,m}[\cos(\theta+\beta)]=\sum_{s=-l}^{+l}\{D_l(R_0)\}_{ms}P_{l,s}(\cos\theta)\quad(m=-l,-l+1,\cdots,l)$$

回到式(12),易知若 $s\neq 0$ 则当 $\theta=0$ 时 $P_{l,s}(\cos\theta)$ 等于零.故在上式中令 $\theta=0$ 即得

$$P_{l,m}(\cos\beta)=\{D_l(R_0)\}_{m0}P_l(1)=\{D_l(R_0)\}_{m0}$$

由此可知,一般地,方阵 $D_l(R_0)$ 的第一行各元素都不等于零,就是说,只有当 β 取特别数值时其中某些元素可以等于零.

因为在诸方阵 $D_l(R)$ 中有在对角线上具有不同元素的对角线方阵(114),也有某一行的元素都不等于零的方阵.如我们所知[Ⅲ$_1$,69],这时 R 的方阵表示是不可约的.(113)中诸函数互相正交,但不规范,即绝对值的平方的积分不等于1.但以适当的常数因子乘之可以得到规范函数

$$C_l^{(m)}Q_l^{(m)}(\varphi,\theta)\tag{115}$$

这些函数决定一个和 $D_l(R)$ 相抵的不可约 U 表示 $D'_l(R)$[Ⅲ$_1$,63],在这个新的表示之下和$\{\alpha,0,0\}$对应的仍为方阵(114),因为附加的常数因子并不

改变函数(113) 与 φ 的关系.

以任意绝对值等于 1 的因子乘函数(115),仍旧得到 R 的 U 表示,而和$\{\alpha,0,0\}$ 对应的仍为方阵(114). 这种表示中的一种我们曾在[Ⅲ$_1$,62] 中用另外的方法得到过.

前一段中研究过的薛定谔方程的特征函数借其对应的特征值 l 的不同而分为许多小群,凡和同一个 l 对应的 $2l+1$ 个特征函数(l 是角量子数) 成为一个小群,而磁量子数 m 则表示同一小群中函数的次第,其值为 $-l, -l+1, \cdots, l$. 由函数(113) 的形式立刻可得

$$\frac{1}{\mathrm{i}}\frac{\partial}{\partial\varphi}Q_l^{(m)}(\varphi,\theta)=mQ_l^{(m)}(\varphi,\theta)$$

就是说,小群中第 m 个函数是运算子

$$L_z=\frac{1}{\mathrm{i}}\frac{\partial}{\partial\varphi} \tag{116}$$

的特征函数,而 m 是它所对应的特征值. 此外,我们知道,(113) 中每一函数都满足方程

$$-\Delta_1 Q_l^{(m)}(\varphi,\theta)=l(l+1)Q_l^{(m)}(\varphi,\theta)$$

就是说,上述小群中 $2l+1$ 个函数中的每个都是运算子

$$L^2=-\Delta_1=-\frac{1}{\sin\theta}\left[\frac{\partial}{\partial\theta}\left(\sin\theta\frac{\partial}{\partial\theta}\right)+\frac{1}{\sin\theta}\frac{\partial^2}{\partial\varphi^2}\right] \tag{117}$$

的特征函数,而对应的特征值等于 $l(l+1)$. 运算子 L_z 和角动量在 Z 轴方向的分量差一个乘数 h. 同样,运算子(117) 只和角动量的平方差一个乘数 h^2.

141. 勒让德函数

假设勒让德方程

$$(1-x^2)\frac{\mathrm{d}^2u}{\mathrm{d}x^2}-2x\frac{\mathrm{d}u}{\mathrm{d}x}+n(n+1)u=0 \tag{118}$$

中的 x 是复变数,n 是任意的数字. 这个方程的奇异点 $x=\pm1$ 的判定方程式的两根都等于零[102]. 因此在这两点各有一正则解和一个含对数函数的解,后者在对应的奇异点的邻域中非有界.

现在要以形式如(13) 的积分来满足方程(118),这个积分当 n 为正整数时即勒让德多项式

$$u(x)=\frac{1}{2^{n+1}\pi\mathrm{i}}\int_C\frac{(t^2-1)^n}{(t-x)^{n+1}}\mathrm{d}t \tag{119}$$

代入方程(118),得

$$(1-x^2)\frac{d^2u}{dx^2}-2x\frac{du}{dx}+n(n+1)u=$$

$$\frac{n+1}{2^{n+1}\pi i}\int_C\frac{(t^2-1)^n}{(t-x)^{n+3}}[-(n+2)(t^2-1)+2(n+1)t(t-x)]dt=$$

$$\frac{n+1}{2^{n+1}\pi i}\int_C\frac{d}{dt}\left[\frac{(t^2-1)^{n+1}}{(t-x)^{n+2}}\right]dt$$

由此可见若当变数 t 沿着线路 C 走一周后

$$\frac{(t^2-1)^{n+1}}{(t-x)^{n+2}} \tag{120}$$

仍旧回到原来的数值,那么式(119) 就是方程(118) 的解了.当 n 为非整数时,式(119) 中的被积分函数有三个支点:$t=x$ 和 $t=\pm 1$.逆时针方向环绕 $t=1$ 或 $t=-1$ 一周后,(120) 中的分子 $(t^2-1)^{n+1}$ 获得一个乘数 $e^{(n+1)2\pi i}$,而环绕 $t=x$ 一周后分母 $(t-x)^{n+2}$ 获得一个乘数 $e^{(n+2)2\pi i}$.今在复变数 t 平面中从 $t=-1$ 沿着实轴到 $t=-\infty$ 画一条割线.又取 C 为从实轴上 $t=1$ 的右边某点 A 出发,逆时针方向环绕 $t=1$ 和 $t=x$ 一周以后重又回到点 A 的闭线路(图 73).

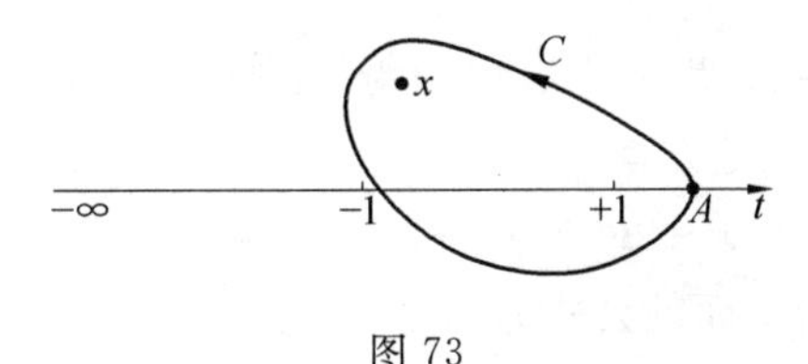

图 73

假设点 x 不在割线之上,且线路 C 不与割线相交,被积分的多值函数的始值是由条件 $\arg(t-1)=\arg(t+1)=0$ 和 $|\arg(t-x)|<\pi(t>1)$ 而决定.由以上所述可知当 t 沿 C 走一周以后(120) 中的函数确能回到原值.注意:由柯西定理可知积分的数值与点 A 在实轴上 $t=1$ 的右边的位置以及 C 的形状无关,只要 C 不和割线相交就好了.

这样,我们就得到了方程(118) 的解

$$P_n(x)=\frac{1}{2^{n+1}\pi i}\int_C\frac{(t^2-1)^n}{(t-x)^{n+1}}dt \tag{121}$$

其中 C 是前面说过的线路.这个解是在如此被割过的平面中的 x 的正则函数,特别在 $x=1$ 时亦然.但我们在[102] 中知道方程(118) 可以由高斯方程令 $\alpha=n+1,\beta=-n,\gamma=1$ 以及 $z=\frac{1-x}{2}$ 而得到.因为解(121) 在 $x=1$ 为正则,即在 $z=0$ 为正则,所以除一常数因子外,它应该符合于超越几何级数,即

$$P_n(x)=CF\left(n+1,-n,1;\frac{1-x}{2}\right) \tag{122}$$

要决定常数 C 可以计算 $P_n(1)$

$$\mathrm{P}_n(1)=\frac{1}{2^{n+1}\pi\mathrm{i}}\int_C\frac{(t^2-1)^n}{(t-1)^{n+1}}\mathrm{d}t=\frac{1}{2^{n+1}\pi\mathrm{i}}\int_C\frac{(t+1)^n}{t-1}\mathrm{d}t$$

用留数定理可以算出 $\mathrm{P}_n(1)=1$. 故以 $x=1$ 代入式(122) 即得 $C=1$,从而

$$\mathrm{P}_n(x)=F\left(n+1,-n,1;\frac{1-x}{2}\right) \tag{123}$$

当 n 为正整数时这就是勒让德多项式. 此外,因为 $F(\alpha,\beta,\gamma;z)$ 中 α 和 β 可以交换,故由式(123) 知,对于任意的 n 有

$$\mathrm{P}_n(x)=\mathrm{P}_{-n-1}(x)$$

利用式(121) 立刻可以得到[132] 中(37),(39) 和(40) 等关系式. 一般而论,方程(118) 的解 $\mathrm{P}_n(x)$ 以 $x=-1$ 和 $x=\infty$ 为奇异点. 在整个被割过的平面上这个函数都可以用式(121) 来表示.

142. 第二类勒让德函数

在前一段中我们已经找出方程(118) 的一个解了. 现在要来求它的第二个解. 我们知道,如果 $y_1(x)$ 是方程

$$y''+p(x)y'+q(x)y=0$$

的解,那么第二个解可借下面的公式做出来

$$y_2(x)=Cy_1(x)\int \mathrm{e}^{-\int p(x)\mathrm{d}x}\frac{\mathrm{d}x}{[y_1(x)]^2} \tag{124}$$

其中C是任意常数. 首先,考察n是正整数的场合. 方程(118) 在其奇异点 $x=\infty$ 的判定方程的两根为 $\rho_1=n+1$ 和 $\rho_2=-n$. 方程(118) 的解和 ρ_1 对应的当 $x=\infty$ 时其值为零. 应用式(124) 可以将这个解表示为

$$Q_n(x)=\mathrm{P}_n(x)\int_\infty^x\frac{\mathrm{d}x}{(1-x^2)[\mathrm{P}_n(x)]^2} \tag{125}$$

函数 $Q_n(x)$ 以 $x=\pm1$ 为奇异点,若在复变数 x 的平面上从 $x=-1$ 到 $x=1$ 画一条割线,则 $Q_n(x)$ 在这个被割过的平面中为正则,且常可借式(125) 来表示. 注意:$\mathrm{P}_n(x)$ 的根都在区间$(-1,+1)$之内.

现在试以勒让德多项式和对数函数来表示 $Q_n(x)$. 为此,借公式

$$u(x)=\frac{1}{2}\mathrm{P}_n(x)\ln\frac{x+1}{x-1}-v(x) \tag{126}$$

导入新的函数 $v(x)$ 以代 $u(x)$. 则方程(118) 改为

$$(1-x^2)\frac{\mathrm{d}^2v}{\mathrm{d}x^2}-2x\frac{\mathrm{d}v}{\mathrm{d}x}+n(n+1)v=2\mathrm{P}'_n(x)$$

由式(42) 可将这个方程改写为

$$(1-x^2)\frac{d^2v}{dx^2}-2x\frac{dv}{dx}+n(n+1)v=$$
$$2\sum_{k=1}^{N}(2n-4k+3)P_{n-2k+1}(x) \tag{127}$$

其中 $N=\frac{1}{2}n$ 当 n 为偶数，$N=\frac{1}{2}(n+1)$ 当 n 为奇数. 回忆 $P_{n-2k+1}(x)$ 满足方程

$$(1-x^2)P''_{n-2k+1}(x)-2xP'_{n-2k+1}(x)+$$
$$(n-2k+1)(n-2k+2)P_{n-2k+1}(x)=0$$

可知方程

$$(1-x^2)\frac{d^2w}{dx^2}-2x\frac{dw}{dx}+n(n+1)w=2(2n-4k+3)P_{n-2k+1}(x)$$

有特别解

$$w(x)=\frac{2n-4k+3}{(2k-1)(n-k+1)}P_{n-2k+1}(x)$$

由(126)及(127)可知勒让德方程(118)有如下的解

$$u_0(x)=\frac{1}{2}P_n(x)\ln\frac{x+1}{x-1}-\sum_{k=1}^{N}\frac{2n-4k+3}{(2k-1)(n-k+1)}P_{n-2k+1}(x) \tag{128}$$

它应该是 $P_n(x)$ 和 $Q_n(x)$ 的线性结合

$$u_0(x)=C_1P_n(x)+C_2Q_n(x) \tag{129}$$

由式(128)及展开式

$$\frac{1}{2}\ln\frac{1+x}{1-x}=\frac{1}{x}+\frac{1}{3x^3}+\frac{1}{5x^5}+\cdots \quad (|x|>1)$$

易知当 $x\to\infty$ 时 $\frac{u_0(x)}{x^{n-2}}$ 为有界. 但另一方面，式(129)右边的 $P_n(x)$ 是 n 次多项式，又当 $n\to\infty$ 时 $Q_n(x)$ 与 $\frac{1}{x^{n+1}}$ 同阶而趋于零，因此知道 $C_1=0$，即得

$$C_2Q_n(x)=u_0(x)=\frac{1}{2}P_n(x)\ln\frac{x+1}{x-1}-R_n(x) \tag{130}$$

其中 $R_n(x)$ 是 $n-1$ 次多项式. 以 $P_n(x)$ 除等式两边，然后关于 x 微分，得

$$C_2\frac{d}{dx}\left[\frac{Q_n(x)}{P_n(x)}\right]=\frac{1}{1-x^2}+\frac{S_n(x)}{[P_n(x)]^2}$$

其中 $S_n(x)$ 是 x 的多项式. 另一方面，由式(125)可得

$$\frac{d}{dx}\left[\frac{Q_n(x)}{P_n(x)}\right]=\frac{1}{(1-x^2)[P_n(x)]^2}$$

比较这两个等式，可得

$$\frac{C_2}{(1-x^2)[P_n(x)]^2}=\frac{1}{1-x^2}+\frac{S_n(x)}{[P_n(x)]^2}$$

从而

$$C_2=[\mathrm{P}_n(x)]^2+(1-x^2)\mathrm{S}_n(x)$$

令 $x=1$ 即得 $C_2=1$. 由(128) 和(129) 最后可得

$$Q_n(x)=\frac{1}{2}\mathrm{P}_n(x)\ln\frac{1+x}{1-x}-\sum_{k=1}^{N}\frac{2n-4k+3}{(2k-1)(n-k+1)}\mathrm{P}_{n-2k+1}(x) \tag{131}$$

$Q_n(x)$ 通常称为第二类勒让德函数.

式(131) 中对数函数的出现是方程(118) 以 $x=\pm 1$ 为奇异点的特征. 容易将 $Q_n(x)$ 表示为定积分的形式. 因为当 n 为正整数时式(120) 中的函数在 $t=\pm 1$ 都等于零,故欲求形式如(119) 的方程(118) 的解,可取 C 为线段 $-1\leqslant t\leqslant +1$,即得一解

$$u_1(x)=C\int_{-1}^{+1}\frac{(1-t^2)^n}{(x-t)^{n+1}}\mathrm{d}t \tag{132}$$

其中 C 是任意常数. 这个积分当 $x\to+\infty$ 时与 $\frac{1}{x^{n+1}}$ 同阶而趋于零,因此 $u_1(x)$ 与 $Q_n(x)$ 只差一个常数因子. 现在要决定常数 C 使得 $u_1(x)=Q_n(x)$. 由式(11) 知道在 $\mathrm{P}_n(x)$ 中 x^n 的系数是

$$a_n=\frac{2n(2n-1)\cdots(n+1)}{n!\ 2^n}=\frac{2n!}{(n!)^2 2^n} \tag{133}$$

回到式(125),易见被积分函数依 x^{-1} 的正整数幂展开时其首项为 $-\frac{1}{a_n^2 x^{2n+2}}$,从而 $Q_n(x)$ 的展开式的首项是 $\frac{1}{(2n+1)a_n x^{n+1}}$. 和式(132) 比较,即得 C 所应满足的方程

$$C\int_{-1}^{+1}(1-t^2)^n\mathrm{d}t=\frac{1}{a_n(2n+1)}$$

或

$$2C\int_0^{\frac{\pi}{2}}\sin^{2n+1}\varphi\mathrm{d}\varphi=\frac{1}{a_n(2n+1)}$$

由[I,100] 得

$$2C\frac{2n(2n-2)\cdot\cdots\cdot 4\cdot 2}{(2n+1)(2n-1)\cdot\cdots\cdot 5\cdot 3}=\frac{1}{a_n(2n+1)}$$

再由式(133) 即得 $C=\frac{1}{2^{n+1}}$. 代入式(132),我们得到了 $Q_n(x)$ 的积分表示式

$$Q_n(x)=\frac{1}{2^{n+1}}\int_{-1}^{+1}\frac{(1-t^2)^n}{(x-t)^{n+1}}\mathrm{d}t \tag{134}$$

这个式子在整个复变数 x 平面上有效,除了线段 $-1\leqslant x\leqslant +1$ 以外. 现在再求 $Q_n(x)$ 的超越几何级数表示式. 利用[73] 的式(143),令其中的 $z=n+1$,还有 $\Gamma(2n+2)=(2n+1)\Gamma(2n+1)$,可将式(133) 中的 a_n 表示为

$$a_n=\frac{\Gamma(2n+1)}{[\Gamma(n+1)]^2 2^n}=\frac{2^{n+1}\Gamma\left(n+\frac{3}{2}\right)}{(2n+1)\sqrt{\pi}\,\Gamma(n+1)} \tag{135}$$

其次,变换 $t=x^2$ 将勒让德方程(118) 变为

$$t(t-1)\frac{\mathrm{d}^2 u}{\mathrm{d}t^2}+\frac{3t-1}{2}\frac{\mathrm{d}u}{\mathrm{d}t}-\frac{n(n+1)}{4}u=0$$

这是个高斯方程,其中参数 $\alpha=\frac{n}{2}+\frac{1}{2},\beta=-\frac{n}{2},\gamma=\frac{1}{2}$. 应用[101] 中$(64_3)$的第一式,令 $z=t=x^2$,即得方程(118) 的解

$$u(x)=\frac{C}{x^{n+1}}F\left(\frac{n}{2}+\frac{1}{2},\frac{n}{2}+1,n+\frac{3}{2};\frac{1}{x^2}\right)\quad(|x|>1) \tag{136}$$

这解在无限远点的行为与 $Q_n(x)$ 一样,故与 $Q_n(x)$ 只差一个常数因子. 剩下来要决定常数 C,使得式(136) 的解符合于 $Q_n(x)$,后者依 $\frac{1}{x}$ 的幂展开时第一项为 $\frac{1}{(2n+1)a_n x^{n+1}}$. 由此易知 $C=\frac{1}{(2n+1)a_n}$,从而

$$Q_n(x)=\frac{\sqrt{\pi}\,\Gamma(n+1)}{2^{n+1}\Gamma\left(n+\frac{3}{2}\right)}\cdot\frac{1}{x^{n+1}}\mathrm{F}\left(\frac{n}{2}+\frac{1}{2},\frac{n}{2}+1,\frac{n}{2}+\frac{3}{2},\frac{1}{x^2}\right) \tag{137}$$

直到现在我们只在 n 为正整数时讨论函数 $Q_n(x)$. 当 n 取任意数值时,也可以定义 $Q_n(x)$ 为方程(118) 的第二个解,好像前一段中对 $\mathrm{P}_n(x)$ 做的一样. 回到积分(134). 当 $n+1$ 的实数部分为正时,这个积分有意义,故可用来定义 $Q_n(x)$. 在一般 的场合则可取适当的积分线路而以路积分(119) 来定义 $Q_n(x)$. 式(137) 对不等于负整数的 n 为有效. 应注意如果这时 n 不是正整数,则函数 $Q_n(x)$ 以 $x=\infty$ 为支点. 这时可以从 $x=1$ 到 $x=-\infty$ 画一割线而使它在这个被割的平面中为单值. 若 n 为负整数,则令 $n=-m-1$,其中 m 为正整数或零,这时方程(118) 变为

$$(1-x^2)\frac{\mathrm{d}^2 u}{\mathrm{d}x^2}-2x\frac{\mathrm{d}u}{\mathrm{d}x}+m(m+1)u=0$$

因此可取 $\mathrm{P}_m(x)$ 和 $Q_m(x)$ 为方程(118) 的解. 对于函数 $Q_n(x)$ 易见[132] 中(37)(39) 和(40) 诸式均成立.

Ⅱ.贝塞尔函数

143. 贝塞尔函数的定义

我们在研究圆膜振动的问题时已经遇到过贝塞尔函数[Ⅱ,178].现在再回忆一下从前的结果,由波动方程得到贝塞尔函数.

平面中的波动方程是

$$\frac{\partial^2 U}{\partial t^2}=a^2\left(\frac{\partial^2 U}{\partial x^2}+\frac{\partial^2 U}{\partial y^2}\right) \tag{1}$$

研究圆膜振动时可取平面上的极坐标

$$x=r\cos\varphi;y=r\sin\varphi$$

我们要找方程(1)这样的解,它可以表示为三个函数的乘积,其中一个是 t 的函数,一个是 r 的函数,还有一个是 φ 的函数.如我们所知,这种解具有如下的形式

$$(\alpha\cos\omega t+\beta\sin\omega t)(C\cos p\varphi+D\sin p\varphi)Z_p(kr) \tag{2}$$

其中 α,β,C 和 D 是任意常数,而常数 ω,k 和 a 之间则存在关系

$$\omega^2=k^2a^2 \tag{3}$$

式(2)中的 $Z_p(z)$ 是贝塞尔方程

$$Z''_p(z)+\frac{1}{z}Z'_p(z)+\left(1-\frac{p^2}{z^2}\right)Z_p(z)=0 \tag{4}$$

的任一解.

注意:式(2)中的常数 p 亦为任意的,但我们取它为整数,因为希望得到一个关于变数 φ 的周期等于 2π 的解.此外,我们又希望这个解当 $r=0$ 时为有界,为此,应取方程(4)的解使当 $z=0$ 时为有界,即取贝塞尔函数 $J_p(z)(p\geqslant 0)$.常数 k 和 ω 的数值由边值条件决定.以后我们还要谈到贝塞尔函数的应用,但现在则先来研究方程(4)所决定的函数的性质,首先从贝塞尔函数开始.

除了一个常数因子不能确定外,贝塞尔函数的展开式为[Ⅱ,48]

$$J_p(z)=Cz^p\left[1-\frac{z^2}{2(2p+2)}+\frac{z^4}{2\cdot 4\cdot(2p+2)(2p+4)}-\cdots\right] \tag{5}$$

若 $p=n$ 是正整数或零,则取常数 C 等于 $\frac{1}{2^n n!}$,如常,设 $0!=1$.这样,足号为正整数的贝塞尔函数就可写成

$$J_n(z)=\sum_{k=0}^{+\infty}\frac{(-1)^k}{k!\ (n+k)!}\left(\frac{z}{2}\right)^{n+2k} \tag{6}$$

若 p 不是整数,则在式(5) 中取常数 C 等于

$$\frac{1}{2^p\Gamma(p+1)}$$

从而贝塞尔函数的展开式是

$$J_p(z)=\frac{z^p}{2^p\Gamma(p+1)}\left[1-\frac{1}{1!\ (p+1)}\left(\frac{z}{2}\right)^2+\frac{1}{2!\ (p+1)(p+2)}\left(\frac{z}{2}\right)^4-\cdots\right]$$

或由 $\Gamma(z)$ 的基本性质有

$$J_p(z)=\sum_{k=0}^{+\infty}\frac{(-1)^k}{k!\ \Gamma(p+k+1)}\left(\frac{z}{2}\right)^{p+2k} \tag{7}$$

当 $p=n$ 为正整数时式(7) 显然与式(6) 全同,现在要看当 $p=-n$ 为负整数时式(7) 变成怎样. 如我们所知,当 z 等于负整数或零时 $\Gamma(z)$ 的值为无穷大. 故在展开式(7) 中凡使 $p+k+1$ 等于负整数或零的 k 所对应的项都等于零,就是满足

$$-n+k+1\leqslant 0 \text{ 或 } k\leqslant n-1$$

的所有的项都等于零. 换言之,级数应从 $k=n$ 的项开始

$$J_{-n}(z)=\sum_{k=n}^{+\infty}\frac{(-1)^k}{k!\ \Gamma(-n+k+1)}\left(\frac{z}{2}\right)^{-n+2k}$$

记 $l=k-n$,并将$(-1)^n$ 拿到求和符号之外,得

$$J_{-n}(z)=(-1)^n\sum_{l=0}^{+\infty}\frac{(-1)^l}{(l+n)!\ \Gamma(l+1)}\left(\frac{z}{2}\right)^{n+2l}$$

即

$$J_{-n}(z)=(-1)^n\sum_{l=0}^{+\infty}\frac{(-1)^l}{(l+n)!\ l!}\left(\frac{z}{2}\right)^{n+2l}$$

即

$$J_{-n}(z)=(-1)^nJ_n(z)\quad (n \text{ 为整数}) \tag{8}$$

换句话说,足号为负整数 $-n$ 的贝塞尔函数与足号为正整数 n 的贝塞尔函数只差一个常数因子$(-1)^n$.

当 p 非整数时函数 $J_p(z)$ 和 $J_{-p}(z)$ 显然是贝塞尔方程的两个线性独立的解[Ⅱ,48]. 我们知道级数(7) 对于所有 z 的有限值皆为收敛.

144. 诸贝塞尔函数间之关系

现在导出足号不同的贝塞尔函数之间的几个基本关系. 微分幂级数(7) 可得

$$\frac{\mathrm{d}}{\mathrm{d}z}\frac{\mathrm{J}_p(z)}{z^p}=\frac{\mathrm{d}}{\mathrm{d}z}\sum_{k=0}^{+\infty}\frac{(-1)^k}{k!\ \Gamma(p+k+1)}\frac{z^{2k}}{2^{p+2k}}=$$

$$\sum_{k=1}^{+\infty}\frac{(-1)^k\cdot 2k}{k!\ \Gamma(p+k+1)}\frac{z^{2k-1}}{2^{p+2k}}$$

改写 k 为 $k+1$，则上式右边的级数变作从 $k=0$ 加起

$$\frac{\mathrm{d}}{\mathrm{d}z}\frac{\mathrm{J}_p(z)}{z^p}=\sum_{k=0}^{+\infty}\frac{(-1)^{k+1}2(k+1)}{(k+1)!\ \Gamma(p+k+2)}\cdot\frac{z^{2k+1}}{2^{p+2k+2}}$$

或

$$\frac{\mathrm{d}}{\mathrm{d}z}\frac{\mathrm{J}_p(z)}{z^p}=-\frac{1}{z^p}\sum_{k=0}^{+\infty}\frac{(-1)^k}{k!\ \Gamma(p+1+k+1)}\left(\frac{z}{2}\right)^{p+1+2k}$$

和式(7) 比较，即得

$$\frac{\mathrm{d}}{\mathrm{d}z}\frac{\mathrm{J}_p(z)}{z^p}=-\frac{\mathrm{J}_{p+1}(z)}{z^p}\tag{9}$$

算出左边分数式的导数，可将这个式子改写为

$$\mathrm{J}'_p(z)=-\mathrm{J}_{p+1}(z)+\frac{p\mathrm{J}_p(z)}{z}\quad(\mathrm{J}'_0(z)=-\mathrm{J}_1(z))\tag{10}$$

以 z 除式(9) 的两边，得

$$\frac{1}{z}\frac{\mathrm{d}}{\mathrm{d}z}\frac{\mathrm{J}_p(z)}{z^p}=-\frac{\mathrm{J}_{p+1}(z)}{z^{p+1}}$$

上记的关系可以用一句话来表示：微分分式$\frac{\mathrm{J}_p(z)}{z^p}$再以 z 来除就等于把这个分式中的 p 都改为 $p+1$ 然后再改变它的符号.

应用这个规则若干次以后，可得如下的公式，对于任何正整数 m 皆成立

$$\frac{\mathrm{d}^m}{(z\mathrm{d}z)^m}\frac{\mathrm{J}_p(z)}{z^p}=(-1)^m\frac{\mathrm{J}_{n+m}(z)}{z^{p+m}}\tag{11}$$

这个式子又可以改写成

$$\frac{\mathrm{d}^m}{(\mathrm{d}z^2)^m}\frac{\mathrm{J}_p(z)}{z^p}=(-1)^m\frac{\mathrm{J}_{p+m}(z)}{2^m z^{p+m}}\tag{12}$$

再求乘积 $z^p\mathrm{J}_p(z)$ 关于 z 的导数

$$\frac{\mathrm{d}}{\mathrm{d}z}z^p\mathrm{J}_p(z)=\sum_{k=0}^{+\infty}\frac{(-1)^k 2(p+k)z^{2p}+2k-1}{k!\ \Gamma(p+k+1)2^{p+2k}}$$

或由 $\Gamma(p+k+1)=(p+k)\Gamma(p+k)$ 即得

$$\frac{\mathrm{d}}{\mathrm{d}z}z^p\mathrm{J}_p(z)=z^p\sum_{k=0}^{+\infty}\frac{(-1)^k}{k!\ \Gamma(p-1+k+1)}\left(\frac{z}{2}\right)^{p-1+2k}$$

应用式(7) 可得和式(9) 类似的结果

$$\frac{\mathrm{d}}{\mathrm{d}z}z^p\mathrm{J}_p(z)=z^p\mathrm{J}_{p-1}(z)\tag{13}$$

算出等式左边乘积的导数，可将这个式子改写如下

$$J'_p(z)=J_{p-1}(z)-\frac{pJ_p(z)}{z} \tag{14}$$

以 z 除式(13) 的两边,得

$$\frac{d}{zdz}z^pJ_p(z)=z^{p-1}J_{p-1}(z)$$

应用这个公式若干次以后,可得和式(11) 类似的式子

$$\frac{d^m}{(zdz)^m}z^pJ_p(z)=z^{p-m}J_{p-m}(z) \tag{15}$$

或

$$\frac{d^m}{(dz^2)^m}z^pJ_p(z)=\frac{z^{p-m}J_{p-m}(z)}{2^m} \tag{16}$$

在式(11) 和式(15) 中我们用了下面的记号

$$\frac{d^m}{(zdz)^m}f(z)=\frac{d}{zdz}\cdot\frac{d}{zdz}\cdot\cdots\cdot\frac{d}{zdz}f(z)$$

其中关于 z 微分以后再用 z 来除的运算一共有 m 次.

比较式(10) 和式(14),即得三个邻接贝塞尔函数之间的关系式

$$\frac{pJ_p(z)}{z}-J_{p+1}(z)=J_{p-1}(z)-\frac{pJ_p(z)}{z}$$

或

$$\frac{2pJ_p(z)}{z}=J_{p-1}(z)+J_{p+1}(z) \tag{17}$$

应用上列诸公式,现在我们证明凡是足号等于整数的一半的贝塞尔函数都可以用初等函数来表示.这里所谓整数的一半就是形式为 $\pm\frac{2m+1}{2}$ 的数,其中 m 是整数.首先,在式(7) 中令 $p=\frac{1}{2}$,得

$$J_{\frac{1}{2}}(z)=\sum_{k=0}^{+\infty}\frac{(-1)^k}{k!\ \Gamma\left(k+\frac{3}{2}\right)}\left(\frac{z}{2}\right)^{\frac{1}{2}+2k}$$

应用函数 $\Gamma(z)$ 的基本性质若干次以后,可得

$$\begin{aligned}\Gamma\left(k+\frac{3}{2}\right)=&\left(k+\frac{1}{2}\right)\Gamma\left(k+\frac{1}{2}\right)=\\&\left(k+\frac{1}{2}\right)\left(k-\frac{1}{2}\right)\Gamma\left(k-\frac{1}{2}\right)=\\&\left(k+\frac{1}{2}\right)\left(k-\frac{1}{2}\right)\cdots\frac{1}{2}\Gamma\left(\frac{1}{2}\right)=\\&\frac{(2k+1)(2k-1)\cdot\cdots\cdot 3\cdot 1}{2^{k+1}}\sqrt{\pi}\end{aligned}$$

于是得

$$J_{\frac{1}{2}}(z)=\sum_{k=0}^{+\infty}\frac{(-1)^k}{k!\ 2^k\cdot1\cdot3\cdot\cdots\cdot(2k+1)\sqrt{\pi}}\frac{z^{\frac{1}{2}+2k}}{2^{-\frac{1}{2}}}=\sqrt{\frac{2}{\pi z}}\sum_{k=0}^{+\infty}\frac{(-1)^k z^{2k+1}}{(2k+1)!}$$

即

$$J_{\frac{1}{2}}(z)=\sqrt{\frac{2}{\pi z}}\sin z \tag{18}$$

现在应用式(11)，即得对于任何正整数 m 皆成立的

$$J_{\frac{2m+1}{2}}(z)=(-1)^m\sqrt{\frac{2}{\pi}}z^{\frac{2m+1}{2}}\frac{d^m}{(zdz)^m}\left(\frac{\sin z}{z}\right) \tag{19}$$

对足号为负值的可得类似的结果. 于式(7) 中令 $p=-\frac{1}{2}$，得

$$J_{-\frac{1}{2}}(z)=\sqrt{\frac{2}{\pi z}}\cos z \tag{20}$$

然后应用式(15)，即得对于任何正整数 m 皆成立的

$$J_{-\frac{2m+1}{2}}(z)=\sqrt{\frac{2}{\pi}}z^{\frac{2m+1}{2}}\frac{d^m}{(zdz)^m}\left(\frac{\cos z}{z}\right) \tag{21}$$

我们在[Ⅱ,48] 中曾经写过足号为 $\pm\frac{3}{2}$ 和 $\pm\frac{5}{2}$ 的贝塞尔函数的表示式当然也包含在(19) 和(21) 的结果之中.

145. 贝塞尔函数的正交性和它们的零点

我们已经说过从前研究圆膜振动的时候曾用到贝塞尔函数. 那时我们用普通的傅里叶方法，为了要满足问题中的初始条件，将已给的函数按照贝塞尔函数展开. 这样就得到一个和傅里叶级数类似的级数，其中诸贝塞尔函数有正交性[Ⅱ,178]. 现在我们要从更一般的观点来研究这个问题，并说明几件补充的事实.

如我们所知，贝塞尔函数 $J_p(kz)$ 满足方程[Ⅱ,48]

$$\frac{d^2J_p(kz)}{dz^2}+\frac{1}{z}\frac{dJ_p(kz)}{dz}+\left(k^2-\frac{p^2}{z^2}\right)J_p(kz)=0$$

或以 z 乘之，可将这个方程改写为

$$\frac{d}{dz}\left(z\frac{dJ_p(kz)}{dz}\right)+\left(k^2z-\frac{p^2}{z}\right)J_p(kz)=0$$

我们以后假设足号 p 为实数，且 $p\geqslant0$.

取两个不同的 k 的数值，并写出对应的微分方程

$$\frac{d}{dz}\left[z\frac{dJ_p(k_1z)}{dz}\right]+\left(k_1^2z-\frac{p^2}{z}\right)J_p(k_1z)=0$$

$$\frac{\mathrm{d}}{\mathrm{d}z}\left[z\frac{\mathrm{dJ}_p(k_2z)}{\mathrm{d}z}\right]+\left(k_2^2z-\frac{p^2}{z}\right)\mathrm{J}_p(k_2z)=0$$

以 $\mathrm{J}_p(k_2z)$ 乘第一式,$\mathrm{J}_p(k_1z)$ 乘第二式,相减,然后在有限区间$(0,l)$上积分

$$\int_0^l\left\{\mathrm{J}_p(k_2z)\frac{\mathrm{d}}{\mathrm{d}z}\left[z\frac{\mathrm{dJ}_p(k_1z)}{\mathrm{d}z}\right]-\mathrm{J}_p(k_1z)\frac{\mathrm{d}}{\mathrm{d}z}\left[z\frac{\mathrm{dJ}_p(k_2z)}{\mathrm{d}z}\right]\right\}\mathrm{d}z+$$

$$(k_1^2-k_2^2)\int_0^l z\mathrm{J}_p(k_1z)\mathrm{J}_p(k_2z)\mathrm{d}z=0$$

第一积分符号内的函数是另一函数关于 z 的导数

$$\frac{\mathrm{d}}{\mathrm{d}z}\left[z\frac{\mathrm{dJ}_p(k_1z)}{\mathrm{d}z}\mathrm{J}_p(k_2z)-z\frac{\mathrm{dJ}_p(k_2z)}{\mathrm{d}z}\mathrm{J}_p(k_1z)\right]$$

因此有

$$\left[z\frac{\mathrm{dJ}_p(k_1z)}{\mathrm{d}z}\mathrm{J}_p(k_2z)-z\frac{\mathrm{dJ}_p(k_2z)}{\mathrm{d}z}\mathrm{J}_p(k_1z)\right]_{z=0}^{z=l}+$$

$$(k_1^2-k_2^2)\int_0^l z\mathrm{J}_p(k_1z)\mathrm{J}_p(k_2z)\mathrm{d}z=0$$

但是显见

$$\frac{\mathrm{dJ}_p(kz)}{\mathrm{d}z}=k\mathrm{J'}_p(kz)$$

其中

$$\mathrm{J'}_p(x)=\frac{\mathrm{d}}{\mathrm{d}x}\mathrm{J}_p(x)$$

因此前式又可写成

$$[k_1z\mathrm{J'}_p(k_1z)\mathrm{J}_p(k_2z)-k_2z\mathrm{J'}_p(k_2z)\mathrm{J}_p(k_1z)]_{z=0}^{z=l}+$$

$$(k_1^2-k_2^2)\int_0^l z\mathrm{J}_p(k_1z)\mathrm{J}_p(k_2z)\mathrm{d}z=0 \tag{22}$$

写出贝塞尔函数的展开式

$$\mathrm{J}_p(z)=z^p\sum_{k=0}^{+\infty}\frac{(-1)^k}{k!\ \Gamma(p+k+1)}\frac{z^{2k}}{2^{p+2k}} \tag{23}$$

由于 $p\geqslant 0$,可知当 $z=0$ 时积分出来的项等于零,因此最后得到下面的基本公式

$$l[k_1\mathrm{J'}_p(k_1l)\mathrm{J}_p(k_2l)-k_2\mathrm{J'}_p(k_2l)\mathrm{J}_p(k_1l)]$$

$$(k_1^2-k_2^2)\int_0^l z\mathrm{J}_p(k_1z)\mathrm{J}_p(k_2z)\mathrm{d}z=0 \tag{24}$$

当 $l=1$ 时得

$$k_1\mathrm{J'}_p(k_1)\mathrm{J}_p(k_2)-k_2\mathrm{J'}_p(k_2)\mathrm{J}_p(k_1)+$$

$$(k_1^2-k_2^2)\int_0^l z\mathrm{J}_p(k_1z)\mathrm{J}_p(k_2z)\mathrm{d}z=0 \tag{25}$$

在以上的演算中我们预设 $p \geqslant 0$，易见在更一般的情形当 $p > -1$ 时，式(22) 中的积分仍有意义，并且积分出来的项当 $z = 0$ 时仍等于零.

现在来证明贝塞尔函数不能有复数的零点. 先设它有一复零点 $a + ib$，其中 $a \neq 0$. 展开式(7) 中的系数都是实数，因此当 $J_p(z)$ 有一零点 $a + ib$ 时必有一共轭零点 $a - ib$. 于式(25) 中令 $k_1 = a + ib, k_2 = a - ib$，这时 $k_1^2 \neq k_2^2$，故得

$$\int_0^1 z J_p(k_1 z) J_p(k_2 z) dz = 0$$

$J_p(k_1 z)$ 和 $J_p(k_2 z)$ 的数值应该是共轭复数，因此上式中被积分函数取正值，故这个式子不能成立. 剩下来再看 $a = 0$ 的情形，即要证明函数 $J_p(z)$ 不能以纯虚数 $\pm ib$ 为零点. 实际上，以 $z = ib$ 代入式(23)，所得的级数为

$$J_p(ib) = (ib)^p \sum_{k=0}^{+\infty} \frac{1}{k!\ \Gamma(p+k+1)} \frac{b^{2k}}{2^{p+2k}}$$

当然其值不能为零，因为由[71] 的式(111) 知道当 $z > 0$ 时函数 $\Gamma(z)$ 取正值，所以这个级数的每一项都是正的. 这样，我们就得到下面的结果：若 p 为实数，且 $p > -1$，则函数 $J_p(z)$ 的零点都是实数. 此外，注意展开式(23) 中只含偶数幂的项，立刻可知 $J_p(z)$ 的零点必然成对出现，每一对中的两零点绝对值相等，符号相反. 因此我们只要研究正零点好了. 以后我们就是这样做，写出贝塞尔函数的渐近展开式[113]

$$J_p(z) = \sqrt{\frac{2}{\pi z}} \cos\left(z - \frac{p\pi}{2} - \frac{\pi}{4}\right) + O(z^{-\frac{3}{2}})$$

或

$$J_p(z) = \sqrt{\frac{2}{\pi z}} \left[\cos\left(z - \frac{p\pi}{2} - \frac{\pi}{4}\right) + O(z^{-1})\right]$$

当 z 沿正实轴趋于无限时方括孤中第二项的极限为零，而第一项则在 -1 和 $+1$ 之间振动无限次. 由此知道函数 $J_p(z)$ 有无限多个实零点.

若 $z = k_1$ 和 $z = k_2$ 为方程

$$J_p(zl) = 0 \tag{26}$$

的两个不同的正根，则由式(24) 立刻知道贝塞尔函数的正交性

$$\int_0^l z J_p(k_1 z) J_p(k_2 z) = 0 \tag{27}$$

由罗尔定理，函数 $J'_p(z)$ 也应该有无限多个实的正零点，若以 k_1 和 k_2 记方程

$$J'_p(zl) = 0 \tag{28}$$

的两个不同的正根，则由式(24) 同样可以得到式(27).

现在再看比以上更一般的方程

$$\alpha J_p(zl) + \beta z J'_p(zl) = 0 \tag{29}$$

其中 α 和 β 是已知的实数.设 $z=k_1$ 和 $z=k_2$ 是这个方程的两个不同的根,即

$$\alpha J_p(k_1 l)+\beta k_1 J'_p(k_1 l)=0;\alpha J_p(k_2 l)+\beta k_2 J'_p(k_2 l)=0$$

由此可得

$$k_1 J'_p(k_1 l)J_p(k_2 l)-k_2 J'_p(k_2 l)J_p(k_1 l)=0$$

所以这时式(24)中积分出来的项也等于零,如前,可得式(27).(26)和(28)显然是(29)的特别情形.如前,利用正交性易证方程(29)不能有复数根 $a+ib$,其中 $a\neq 0$.

此外,如前可证方程(29)也不能有纯虚根,只要 $\alpha>0$ 和 $\beta>0$.

回忆两个已知的关系

$$\frac{d}{dz}\frac{J_p(z)}{z^p}=-\frac{J_{p+1}(z)}{z^p};\frac{d}{dz}[z^{p+1}J_{p+1}(z)]=z^{p+1}J_p(z) \tag{30}$$

应用罗尔定理,由第一式可知在 $J_p(z)$ 的两个邻接的零点之间至少有 $J_{p+1}(z)$ 的一个零点,由第二式可知在 $J_{p+1}(z)$ 的两个邻接的零点之间至少有 $J_p(z)$ 的一个零点.综合这两个结果可知 $J_p(z)$ 和 $J_{p+1}(z)$ 的正零点两两相间,即在 $J_p(z)$ 的两个邻接正零点之间有而且只有一个 $J_{p+1}(z)$ 的零点,反之亦然.

假设 a 和 b 依次为 $J_p(z)$ 和 $J_{p+1}(z)$ 的最小正零点.因 $z^{p+1}J_{p+1}(z)$ 以 $z=0$ 为零点,对(30)的第二式应用罗尔定理,可知 $J_p(z)$ 应有一零点在区间 $(0,b)$ 之内,即 $a<b$.

这样,我们得知函数 $J_p(z)$ 的最小正零点较 $J_{p+1}(z)$ 的最小正零点更和原点接近些.此外,注意函数 $z^{-p}J_p(z)$ 是方程

$$z\frac{d^2y}{dz^2}+(2p+1)\frac{dy}{dz}+zy=0$$

的根,可知 $z^{-p}J_p(z)$ 和 $\frac{d}{dz}[z^{-p}J_p(z)]$ 不能有相同的正根[104].由式(30)知道函数 $J_p(z)$ 和 $J_{p+1}(z)$ 亦不能有相同的正根.

在求已给函数关于贝塞尔函数的展开式时,最紧要的就是要用到贝塞尔函数的正交性.例如在研究圆膜振动的问题时我们就要做这一步工作.

这时还要计算形式如

$$\int_0^l zJ_p^2(kz)dz$$

的积分,其中 $z=k$ 是方程(29)的根.现在看一个特别情形,即当 k 是方程(26)的单根时.于式(24)中令 $k_2=k,k_1$ 为一趋于 k 为极限的变数,则得

$$(k_1+k)\int_0^1 zJ_p(k_1 z)J_p(kz)dz=\frac{lkJ'_p(kl)J_p(k_1 l)}{k_1-k}$$

当 $k_1\to k$ 时等式右边的分子和分母的极限都是零,因为 $J_p(k_1 l)$ 以 $J_p(kl)=0$ 为极限之故.照通常的规则求这未定形的值,即得

$$2k\int_0^l zJ_p^2(kz)\,dz = l^2 kJ'^2_p(kl)$$

或

$$\int_0^l zJ_p^2(kz)\,dz = \frac{l^2}{2}J'^2_p(kl) \tag{31}$$

于已知的关系

$$\frac{d}{dz}\frac{J_p(z)}{z^p} = -\frac{J_{p+1}(z)}{z^p}$$

中令 $z = kl$，即得

$$J'_p(kl) = -J_{p+1}(kl)$$

从而式(31)可以写成

$$\int_0^l zJ_p^2(kz)\,dz = \frac{l^2}{2}J_{p+1}^2(kl) \tag{32}$$

当 $z = k$ 是方程(28)的根时我们同样可得

$$\int_0^l zJ_p^2(kz)\,dz = -\frac{l^2}{2}J''_p(kl)J_p(kl) \tag{33}$$

但已知

$$J''_p(kl) + \frac{1}{kl}J'_p(kl) + \left(1 - \frac{p^2}{k^2 l^2}\right)J_p(kl) = 0$$

利用 $J'_p(kl) = 0$ 的关系可将式(33)改写为

$$\int_0^l zJ_p^2(kz)\,dz = \frac{1}{2}\left(l^2 - \frac{p^2}{k^2}\right)J_p^2(kl) \tag{34}$$

146. 母函数和积分表示

考察复变数 t 的解析函数

$$e^{\frac{1}{2}z\left(t-\frac{1}{t}\right)} \tag{35}$$

它以 $t=0$ 和 $t=\infty$ 为本性奇异点，故可在整个复变数 t 平面上展开为洛朗级数，其中的系数为参数 z 的函数

$$e^{\frac{1}{2}z\left(t-\frac{1}{t}\right)} = \sum_{n=-\infty}^{+\infty} a_n(z)t^n \tag{36}$$

现在证明这些系数就是贝塞尔函数 $J_n(z)$. 实际上，式(36)中诸系数可借如下的路积分来表示[15]

$$a_n(z) = \frac{1}{2\pi i}\int_{l_0} u^{-n-1} e^{\frac{1}{2}z\left(u-\frac{1}{u}\right)}\,du$$

其中 l_0 是任一从正方向环绕原点一周的单闭线路. 由公式 $u = \dfrac{2t}{z}$ 导入新的积分

变数 t 以代替 u,其中 z 是个固定的不等于零的数值. $u=0$ 和 $t=0$ 对应,而线路 l_0 仍变为 t 平面上从正方向环绕原点一周的闭线路. 经过这个变换以后得到

$$a_n(z)=\frac{1}{2\pi i}\left(\frac{z}{2}\right)^n\int_{l_0} t^{-n-1}e^{t-\frac{z^2}{4t}}dt$$

在线路 l_0 上我们可以把指数函数展开成关于 t 为一致收敛的幂级数

$$e^{-\frac{z^2}{4t}}=\sum_{k=0}^{+\infty}\frac{(-1)^k}{k!}\frac{z^{2k}}{2^{2k}t^k}$$

代入前式,得

$$a_n(z)=\frac{1}{2\pi i}\sum_{k=0}^{+\infty}\frac{(-1)^k}{k!}\left(\frac{z}{2}\right)^{n+2k}\int_{l_0} t^{-n-1-k}e^t dt$$

若 $n+k$ 为负整数,则上式中的被积分函数不以 $t=0$ 为奇异点,因此积分之值为零. 若 $n+k$ 为正整数或零,则由 e^t 的展开式易知被积分函数在 $t=0$ 的留数等于 $\frac{1}{(n+k)!}$. 因此当足号 n 为正整数时有

$$a_n(z)=\sum_{k=0}^{+\infty}\frac{(-1)^k}{k!\ (n+k)!}\left(\frac{z}{2}\right)^{n+2k}$$

就是说,$a_n(z)$ 确和 $J_n(z)$ 相等. 若于式(36) 中改 t 为 $-\frac{1}{t}$,等式左边保持不变,故知 $a_{-n}(z)=(-1)^n a_n(z)$. 由式(8) 可知当 n 为负整数时

$$a_{-n}(z)=(-1)^n J_n(z)=J_{-n}(z)$$

这样,式(36) 就可以改写为

$$e^{\frac{1}{2}z\left(t-\frac{1}{t}\right)}=\sum_{n=-\infty}^{+\infty}J_n(z)t^n \tag{37}$$

换句话说,函数(35) 是足号为整数的贝塞尔函数的母函数. 用式(37) 极易得出足号为整数的贝塞尔函数的一些性质来. 特别地,我们可以利用它导出足号为整数的贝塞尔函数的积分表示.

于该式中令 $t=e^{i\varphi}$,得

$$e^{iz\sin\varphi}=\sum_{n=-\infty}^{+\infty}J_n(z)e^{in\varphi}$$

设 z 和 φ 为实数,将上式中实数部分和虚数部分分开,得

$$\cos(z\sin\varphi)=J_0(z)+\sum_{n=1}^{+\infty}J_n(z)\cos n\varphi+\sum_{n=-1}^{-\infty}J_n(z)\cos n\varphi$$

$$\sin(z\sin\varphi)=\sum_{n=1}^{+\infty}J_n(z)\sin n\varphi+\sum_{n=-1}^{-\infty}J_n(z)\sin n\varphi$$

由式(8) 可将这两式改写为

$$\begin{cases}\cos(z\sin\varphi)=\mathrm{J}_0(z)+2\sum\limits_{n=1}^{+\infty}\mathrm{J}_{2n}(z)\cos 2n\varphi\\ \sin(z\sin\varphi)=2\sum\limits_{n=1}^{+\infty}\mathrm{J}_{2n-1}(z)\sin(2n-1)\varphi\end{cases}\tag{38}$$

式(38) 表示两函数的傅里叶级数展开式，利用通常决定系数的公式可得如下的贝塞尔函数的积分表示

$$\begin{cases}\mathrm{J}_{2n}(z)=\dfrac{1}{\pi}\displaystyle\int_0^{\pi}\cos(z\sin\varphi)\cos 2n\varphi\mathrm{d}\varphi\quad(n=0,1,\cdots)\\ \mathrm{J}_{2n-1}(z)=\dfrac{1}{\pi}\displaystyle\int_0^{\pi}\sin(z\sin\varphi)\sin(2n-1)\varphi\mathrm{d}\varphi\quad(n=1,2,\cdots)\end{cases}\tag{39}$$

用同样的方法由式(38) 还可以得到两个等式

$$\frac{1}{\pi}\int_0^{\pi}\cos(z\sin\varphi)\cos(2n-1)\varphi\mathrm{d}\varphi=0$$

$$\frac{1}{\pi}\int_0^{\pi}\sin(z\sin\varphi)\sin 2n\varphi\mathrm{d}\varphi=0$$

式(39) 中的两个式子可以合成一个式子，不论当足号为奇数或偶数时都成立的. 为此，考察积分

$$\frac{1}{\pi}\int_0^{\pi}\cos(n\varphi-z\sin\varphi)\mathrm{d}\varphi=$$

$$\frac{1}{\pi}\int_0^{\pi}\cos(z\sin\varphi)\cos n\varphi\mathrm{d}\varphi+\frac{1}{\pi}\int_0^{\pi}\sin(z\sin\varphi)\sin n\varphi\mathrm{d}\varphi$$

当 n 为偶数时右边每一项是 $\mathrm{J}_n(z)$，而第二项等于零，故其和等于 $\mathrm{J}_n(z)$. 当 n 为奇数时第一项等于零，而第二项等于 $\mathrm{J}_n(z)$，其和仍为 $\mathrm{J}_n(z)$. 因此不论足号 n 为奇或偶，函数 $\mathrm{J}_n(z)$ 常有如下的积分表示

$$\mathrm{J}_n(z)=\frac{1}{\pi}\int_0^{\pi}\cos(n\varphi-z\sin\varphi)\mathrm{d}\varphi\quad(n=0,1,2,\cdots)\tag{40}$$

严格地说，只当 z 为实数时我们证明了上面的等式. 但由解析延拓的原理可知它对任何复数 z 都成立. 因为被积分的是个偶函数，故这个公式又可写成

$$\mathrm{J}_n(z)=\frac{1}{2\pi}\int_{-\pi}^{+\pi}\cos(n\varphi-z\sin\varphi)\mathrm{d}\varphi\tag{41}$$

这个式子又可改写为

$$\mathrm{J}_n(z)=\frac{1}{2\pi}\int_{-\pi}^{+\pi}\mathrm{e}^{\mathrm{i}(n\varphi-z\sin\varphi)}\mathrm{d}\varphi\tag{42}$$

实际上，对指数函数应用欧拉公式，得到两项，第一项就是式(41) 中的积分，而第二项等于零，因为被积分的是奇函数之故.

注意：当 n 不是整数时式(40) 不成立. 这时成立更复杂的公式

$$\mathrm{J}_p(z)=\frac{1}{\pi}\int_0^{\pi}\cos(n\varphi-z\sin\varphi)\mathrm{d}\varphi-\frac{\sin p\pi}{\pi}\int_0^{\infty}\mathrm{e}^{-p\varphi-z\operatorname{sh}\varphi}\mathrm{d}\varphi\tag{43}$$

这个式子对于虚轴右边的 z 为有效.其中双曲线正弦函数

$$\operatorname{sh}\varphi=\frac{e^{\varphi}-e^{-\varphi}}{2}$$

这个公式的证明在[151]中.

应用式(37)以及等式

$$e^{\frac{1}{2}a\left(t-\frac{1}{t}\right)}\cdot e^{\frac{1}{2}t\left(t-\frac{1}{t}\right)}=e^{\frac{1}{2}(a+b)\left(t-\frac{1}{t}\right)}$$

得

$$\sum_{n=-\infty}^{+\infty}J_n(a+b)t^n=\sum_{k=-\infty}^{+\infty}J_k(a)t^k\cdot\sum_{k=-\infty}^{+\infty}J_k(b)t^k$$

算出右边两幂级数的乘积然后集项,比较等式两边 t^n 的系数,得

$$J_n(a+b)=\sum_{k=-\infty}^{+\infty}J_k(a)J_{n-k}(b) \tag{44}$$

这个公式是足号为整数的贝塞尔函数的加法定理.

对于足号等于零的函数存在更一般的加法定理

$$J_0(\sqrt{a^2+b^2-2ab\cos\alpha})=J_0(a)J_0(b)+2\sum_{k=1}^{+\infty}J_k(a)J_k(b)\cos k\alpha \tag{45}$$

147.傅里叶－贝塞尔公式

任一在区间$(0,+\infty)$中定义的函数若在这个区间中满足某些附加条件,则必有类似于傅里叶积分的表示式,但其中所含的是贝塞尔函数而不是三角函数.具体说来,假设 $f(\rho)$ 在区间$(0,+\infty)$中连续,且在任何有限部分区间中满足狄利克雷条件[Ⅱ,143],此外,积分

$$\int_0^{+\infty}\rho\mid f(\rho)\mid d\rho$$

也存在,则对任意的整数 n 和 $\rho>0$ 成立下面的公式

$$f(\rho)=\int_0^{+\infty}\varepsilon J_n(s\rho)ds\int_0^{+\infty}tf(t)J_n(\varepsilon t)dt \tag{46}$$

现在我们只说一个证明式(46)的大概步骤,不再做详细地证明了.视 ρ 为向径,φ 为辐角导入极坐标,并对函数

$$g(x,y)=f(\rho)e^{in\varphi}\quad(x=\rho\cos\varphi,y=\rho\sin\varphi) \tag{47}$$

应用傅里叶公式[Ⅱ,160],变更里面两积分的次序,得

$$g(x,y)=\frac{1}{4\pi^2}\int_{-\infty}^{+\infty}\int_{-\infty}^{+\infty}e^{i(ux+vy)}dudv\int_{-\infty}^{+\infty}\int_{-\infty}^{+\infty}g(\xi,\eta)e^{-i(u\xi+v\eta)}d\xi d\eta$$

代替变数(u,v)和(ξ,η)再导入极坐标

$$\xi=s\cos\alpha;u=t\cos\beta$$

$$\eta = s\sin\alpha ; v = t\sin\beta$$

利用式(47) 可写

$$f(\rho)\mathrm{e}^{in\varphi} = \frac{1}{4\pi^2}\int_0^{\infty} t\mathrm{d}t\int_{-\pi}^{+\pi} \mathrm{e}^{i\rho t\cos(\beta-\varphi)}\,\mathrm{d}\beta\int_0^{\infty} sf(s)\,\mathrm{d}s\int_{-\pi}^{+\pi} \mathrm{e}^{in\alpha}\,\mathrm{e}^{-ist\cos(\alpha-\beta)}\,\mathrm{d}\alpha$$

由下式导入新的积分变数 β' 以代 β 得

$$\beta - \varphi = \frac{\pi}{2} + \beta'$$

得 $$f(\rho)\mathrm{e}^{in\varphi} = \frac{1}{4\pi^2}\int_0^{\infty} t\mathrm{d}t\int_{-\frac{3\pi}{2}-\varphi}^{\frac{\pi}{2}-\varphi} \mathrm{e}^{i\rho t\sin\beta'}\,\mathrm{d}\beta'\int_0^{\infty} sf(s)\,\mathrm{d}s\int_{-\pi}^{+\pi} \mathrm{e}^{in\alpha}\,\mathrm{e}^{-ist\cos\left(\alpha-\varphi-\beta-\frac{\pi}{2}\right)}\,\mathrm{d}\alpha$$

注意三角函数的周期性,可将第二重积分的区间改为:$(-\pi, +\pi)$. 同样,引进新的变数 $\alpha' = \alpha - \varphi - \beta'$ 以代 α,得

$$f(\rho)\mathrm{e}^{in\varphi} = \frac{\mathrm{e}^{in\varphi}}{4\pi^2}\int_0^{\infty} t\mathrm{d}t\int_{-\pi}^{+\pi} \mathrm{e}^{-i\rho t\sin\beta'+in\beta'}\,\mathrm{d}\beta'\int_0^{\infty} sf(s)\,\mathrm{d}s\int_{-\pi}^{+\pi} \mathrm{e}^{-ist\sin\alpha'+in\alpha'}\,\mathrm{d}\alpha'$$

由此式及式(42) 即得式(46).

对于有限区间$(0,l)$ 中的已给函数,代替式(46) 我们可以将它按照前一段中讲过的正交函数系展开为一个和傅里叶级数类似的级数.

注意:当足号 n 是任意大于 $-\frac{1}{2}$ 的实数时,公式(46) 仍成立,又若关于函数 $f(\rho)$ 的假设减少一些时,式(46) 亦能成立.

148. 汉开尔函数和诺依曼函数

在[112] 中我们曾借下面两式子决定贝塞尔方程

$$\frac{\mathrm{d}^2 w}{\mathrm{d}z^2} + \frac{1}{z}\frac{\mathrm{d}w}{\mathrm{d}z} + \left(1 - \frac{p^2}{z^2}\right) w = 0 \tag{48}$$

的两个解

$$\begin{cases} \mathrm{H}_p^{(1)}(z) = \dfrac{\Gamma\left(\dfrac{1}{2} - p\right)}{\pi^{\frac{3}{2}}\mathrm{i}}\left(\dfrac{z}{2}\right)^p \displaystyle\int_{\lambda_1} (\tau^2 - 1)^{p-\frac{1}{2}}\,\mathrm{e}^{iz\tau}\,\mathrm{d}\tau \\ \mathrm{H}_p^{(2)}(z) = -\dfrac{\Gamma\left(\dfrac{1}{2} - p\right)}{\pi^{\frac{3}{2}}\mathrm{i}}\left(\dfrac{z}{2}\right)^p \displaystyle\int_{\lambda_2} (\tau^2 - 1)^{p-\frac{1}{2}}\,\mathrm{e}^{iz\tau}\,\mathrm{d}\tau \end{cases} \tag{49}$$

这些式子中的被积分函数是在具有两条从 $\tau = \pm 1$ 平行于虚轴到达 $+ i\infty$ 的割线的复变数 τ 平面中单值地定义起来. 即在第一式中我们假设 $\arg(\tau^2 - 1) = 0$ 当 $\tau > 1$,而在第二式中则设 $\arg(\tau^2 - 1) = 2\pi$ 当 $\tau > 1$. 若从实轴上的线段$(1, +\infty)$ 经下半平面越过两割线到达线段$(-\infty, -1)$ 上,这样我

们就完成了从负方向环绕 $\tau=\pm1$ 两点的一半路程，因此 $(\tau^2-1)=(\tau-1)(\tau+1)$ 的辐角就得了改变量 -2π，换句话说，在(49)的第二式中当 $\tau<-1$ 时应有 $\arg(\tau^2-1)=0$. 对于所有在虚轴右边的 z，即实数部分大于零的 z，式(49)定义了汉开尔函数. 此外，注意式(49)中的被积分函数当 z 的数值固定时是参数 p 的整函数，又因被积分函数在无限远点之迅速趋于零，我们可以肯定当 z 固定时汉开尔函数 $H_p^{(k)}(z)$ 是参数 p 的整函数. 由[112]中汉开尔函数的渐近展开式立刻可知这两函数是贝塞尔方程的两个线性独立的解. 并且我们还知道贝塞尔函数是两个汉开尔函数之和的一半

$$J_p(z)=\frac{H_p^{(1)}(z)+H_p^{(2)}(z)}{2} \tag{50}$$

贝塞尔方程(48)和通常定义三角函数 $\cos ps$ 与 $\sin ps$ 的微分方程

$$\frac{d^2w}{dz^2}+p^2w=0 \tag{51}$$

之间有非常类似之处. 和汉开尔函数对应的是方程(51)的两解 e^{ipz} 和 e^{-ipz}，和贝塞尔函数对应的是 $\cos pz$. 现在再导入方程(48)的一个解，它等于两个汉开尔函数之差被除于 2i

$$N_p(z)=\frac{H_p^{(1)}(z)-H_p^{(2)}(z)}{2i} \tag{52}$$

这个解通常称为诺依曼函数，它和方程(51)的解 $\sin pz$ 对应. 由式(50)和式(52)可以用贝塞尔函数和诺依曼函数来表示汉开尔函数

$$H_p^{(1)}(z)=J_p(z)+iN_p(z);H_p^{(2)}(z)=J_p(z)-iN_p(z) \tag{53}$$

由此式立刻可知 $J_p(z)$ 和 $N_p(z)$ 是方程(48)的两个线性独立的解.

对汉开尔函数我们曾经有过如下的渐近表示

$$\begin{cases} H_p^{(1)}(z)=\sqrt{\dfrac{2}{\pi z}}\,e^{i\left(z-\frac{p\pi}{2}-\frac{\pi}{4}\right)}\left[1+O(z^{-1})\right] \\ H_p^{(2)}(z)=\sqrt{\dfrac{2}{\pi z}}\,e^{-i\left(z-\frac{p\pi}{2}-\frac{\pi}{4}\right)}\left[1+O(z^{-1})\right] \end{cases} \tag{54}$$

这两个式子是当 $z>0$ 时证明了的. 如[113]中所证，利用式(50)可得贝塞尔函数的渐近表示

$$J_p=\sqrt{\frac{2}{\pi z}}\left[\cos\left(z-\frac{p\pi}{2}-\frac{\pi}{4}\right)+O(z^{-1})\right] \tag{55}$$

同样，当 $z>0$ 时，利用式(52)可得诺依曼函数的渐近表示

$$N_p(z)=\sqrt{\frac{2}{\pi z}}\left[\sin\left(z-\frac{p\pi}{2}-\frac{\pi}{4}\right)+O(z^{-1})\right] \tag{56}$$

在上记各式中均应设 $z>0$ 及根号取正值.

现在要导出一个以贝塞尔函数表示诺依曼函数的公式. 首先，考察足号 p

不是整数的场合.这时,如我们所知,$J_p(z)$ 和 $J_{-p}(z)$ 是方程(48)的两个线性独立的解.但 $J_{-p}(z)$ 应该可以表示为 $J_p(z)$ 和 $N_p(z)$ 的线性结合,因为我们已经证明过后二者也是线性独立的解,就是说应当有如下的公式

$$J_{-p}(z)=C_1 J_p(z)+C_2 N_p(z) \tag{57}$$

其中 C_1 和 C_2 是待定的常数系数.利用渐近表示式(55)和(56)可写

$$\cos\left(z+\frac{p\pi}{2}-\frac{\pi}{4}\right)=C_1\cos\left(z-\frac{p\pi}{2}-\frac{\pi}{4}\right)+$$
$$C_2\sin\left(z-\frac{p\pi}{2}-\frac{\pi}{4}\right)+C_1 O(z^{-1})+C_2 O(z^{-1})$$

最后两项相加仍旧是 $O(z^{-1})$,故得

$$\cos\left(z+\frac{p\pi}{2}-\frac{\pi}{4}\right)=C_1\cos\left(z-\frac{p\pi}{2}-\frac{\pi}{4}\right)+$$
$$C_2\sin\left(z-\frac{p\pi}{2}-\frac{\pi}{4}\right)+O(z^{-1}) \tag{58}$$

由此比较等式两边的主要项就可决定常数 C_1 和 C_2 的数值.实际上,令

$$C_1=\cos p\pi-A_1;C_2=-\sin p\pi-A_2$$

其中 A_1 和 A_2 是新的未知常数.代入式(58)得

$$\cos\left(z+\frac{p\pi}{2}-\frac{\pi}{4}\right)=\cos\left(z+\frac{p\pi}{2}-\frac{\pi}{4}\right)-A_1\cos\left(z-\frac{p\pi}{2}-\frac{\pi}{4}\right)-$$
$$A_2\sin\left(z-\frac{p\pi}{2}-\frac{\pi}{4}\right)+O(z^{-1})$$

或

$$A_1\cos\left(z+\frac{p\pi}{2}-\frac{\pi}{4}\right)+A_2\sin\left(z-\frac{p\pi}{2}-\frac{\pi}{4}\right)=O(z^{-1})$$

就是说,等式左边是周期为 2π 的周期函数,当 $z\to+\infty$ 时其极限为零.由此立刻可知应有 $A_1=A_2=0$,即

$$C_1=\cos p\pi;C_2=-\sin p\pi$$

代入式(57)解出 $N_p(z)$,即得用贝塞尔函数表示诺依曼函数的公式

$$N_p(z)=\frac{J_p(z)\cos p\pi-J_{-p}(z)}{\sin p\pi} \tag{59}$$

和汉开尔函数一样,诺依曼函数也是参数 p 的整函数.当 p 不等于整数时式(59)有效.当 p 等于整数时式(59)中的分母等于零.但由式(8)显然知这时分子也等于零.这样,当 p 为整数时要求式(59)的值,我们必须计算一个未定形,将式(59)右边的分子和分母各自关于 p 微分,然后再令 p 等于整数 n

$$N_n(z)=\left.\frac{\dfrac{\partial J_p(z)}{\partial p}\cos p\pi-\pi J_p(z)\sin p\pi-\dfrac{\partial J_{-p}(z)}{\partial p}}{\pi\cos p\pi}\right|_{p=n}$$

这样,我们就可将足号为整数的诺依曼函数表示如下

$$N_n(z)=\frac{1}{\pi}\left[\frac{\partial J_p(z)}{\partial p}-(-1)^p\frac{\partial J_{-p}(z)}{\partial p}\right]_{p=n} \tag{60}$$

以式(59) 代入式(53),即得以贝塞尔函数表示汉开尔函数的公式(当 p 非整数时)

$$\begin{cases} H_p^{(1)}(z)=\mathrm{i}\dfrac{J_p(z)e^{-\mathrm{i}p\pi}-J_{-p}(z)}{\sin p\pi} \\ H_p^{(2)}(z)=-\mathrm{i}\dfrac{J_p(z)e^{\mathrm{i}p\pi}-J_{-p}(z)}{\sin p\pi} \end{cases} \tag{61}$$

由此立刻可得足号只差一个符号的汉开尔函数之间的关系

$$H_{-p}^{(1)}(z)=e^{\mathrm{i}p\pi}H_p^{(1)}(z);H_{-p}^{(2)}(z)=e^{-\mathrm{i}p\pi}H_p^{(2)}(z) \tag{62}$$

严格说来,这个公式是在 p 不等于整数的假设下证明的. 但因式(62) 中等号左右两边都是 p 的整函数,故知其对任何 p 皆成立. 当 p 为整数时式(61) 的分子和分母都等于零. 如前,求这个未定形的值即得对应于整数 $p=n$ 的公式.

最后,考察足号 $p=\dfrac{2m+1}{2}$ 的场合,其中 m 为正整数或零. 若以这种 p 代入决定汉开尔函数的式(49),则所得积分符号之内的函数是个全平面的正则函数,包含 $\tau=\pm1$ 在内,因此这个积分的数值等于零. 但这时因子 $\Gamma\left(\dfrac{1}{2}-p\right)$ 则等于无穷大,故式(49) 失去意义. 这时,我们可以改用[112] 中的(195) 和式(196). 一般而论,这两个展开式是发散的,但如我们所证,它们在形式上是满足贝塞尔方程的. 不过在目前的情形,它们不仅收敛,而且退化为有限项之和,所以就给我们一个汉开尔函数的有限表示式. 试以足号为 $p=\dfrac{2m+1}{2}$ 的第一个汉开尔函数为例

$$H_{\frac{2m+1}{2}}^{(1)}(z)=\sqrt{\frac{2}{\pi z}}\frac{e^{\mathrm{i}\left(z-\frac{(m+1)\pi}{2}\right)}}{\Gamma(m+1)}\sum_{k=0}^{\infty}\binom{m}{k}\Gamma(m+1+k)\left(\frac{\mathrm{i}}{2z}\right)^k$$

或

$$H_{\frac{2m+1}{2}}^{(1)}(z)=\sqrt{\frac{2}{\pi z}}\frac{e^{\mathrm{i}\left(z-\frac{(m+1)\pi}{2}\right)}}{m!}\sum_{k=0}^{\infty}\frac{m(m-1)\cdots(m-k+1)}{k!}(m+k)!\left(\frac{\mathrm{i}}{2z}\right)^k$$

由此立刻知道所有对应于 $k\geqslant m+1$ 的项都等于零,故得

$$H_{\frac{2m+1}{2}}^{(1)}(z)=\sqrt{\frac{2}{\pi z}}\frac{e^{\mathrm{i}\left(z-\frac{(m+1)\pi}{2}\right)}}{m!}\sum_{k=0}^{\infty}\binom{m}{k}(m+k)!\left(\frac{\mathrm{i}}{2z}\right)^k \tag{63}$$

同样,对第二个汉开尔函数也有有限表示式

$$H_{\frac{2m+1}{2}}^{(2)}(z)=\sqrt{\frac{2}{\pi z}}\frac{e^{-\mathrm{i}\left(z-\frac{(m+1)\pi}{2}\right)}}{m!}\sum_{k=0}^{m}\binom{m}{k}(m+k)!\left(\frac{-\mathrm{i}}{2z}\right)^k \tag{64}$$

公式(59)(61) 和(62) 当 $p=\dfrac{2m+1}{2}$ 时皆成立. 注意:式(61) 亦可用来定义

汉开尔函数，当 $p=\frac{2m+1}{2}$ 时；由该式和(19)(21)两式可得

$$\mathrm{H}^{(1)}_{\frac{2m+1}{2}}(z)=\frac{\mathrm{i}\sqrt{\frac{2}{\pi}}}{\sin\left(m+\frac{1}{2}\right)\pi}z^{\frac{2m+1}{2}}\frac{\mathrm{d}^m}{(z\mathrm{d}z)^m}\left[(-1)^m\mathrm{e}^{-\mathrm{i}\left(m+\frac{1}{2}\right)\pi}\frac{\sin z}{z}-\frac{\cos z}{z}\right]$$

或

$$\mathrm{H}^{(1)}_{\frac{2m+1}{2}}(z)=(-1)^m\mathrm{i}\sqrt{\frac{2}{\pi}}z^{\frac{2m+1}{2}}\frac{\mathrm{d}^m}{(z\mathrm{d}z)^m}\left(\frac{-\mathrm{i}\sin z-\cos z}{z}\right)$$

因此最后可以写成

$$\mathrm{H}^{(1)}_{\frac{2m+1}{2}}(z)=(-1)^{m+1}\mathrm{i}\sqrt{\frac{2}{\pi}}z^{\frac{2m+1}{2}}\frac{\mathrm{d}^m}{(z\mathrm{d}z)^m}\left(\frac{\mathrm{e}^{\mathrm{i}z}}{z}\right)\tag{65}$$

完全类似的可得

$$\mathrm{H}^{(2)}_{\frac{2m+1}{2}}(z)=(-1)^{m}\mathrm{i}\sqrt{\frac{2}{\pi}}z^{\frac{2m+1}{2}}\frac{\mathrm{d}^m}{(z\mathrm{d}z)^m}\left(\frac{\mathrm{e}^{-\mathrm{i}z}}{z}\right)\tag{66}$$

(63)和(64)两式亦可由此两式导出.于式(61)中令 $p=\frac{1}{2}$，并利用

$$\mathrm{J}_{\frac{1}{2}}(z)=\sqrt{\frac{2}{\pi z}}\sin z;\mathrm{J}_{-\frac{1}{2}}(z)=\sqrt{\frac{2}{\pi z}}\cos z$$

的结果，可得

$$\mathrm{H}^{(1)}_{\frac{1}{2}}(z)=-\mathrm{i}\sqrt{\frac{2}{\pi z}}\mathrm{e}^{\mathrm{i}z};\mathrm{H}^{(2)}_{\frac{1}{2}}(z)=\mathrm{i}\sqrt{\frac{2}{\pi z}}\mathrm{e}^{-\mathrm{i}z}$$

对于汉开尔函数易证一列和我们从前对贝塞尔函数证明过的类似的关系.兹举出下列几个

$$\frac{\mathrm{d}^m}{(z\mathrm{d}z)^m}\left(\frac{\mathrm{H}^{(1)}_p(z)}{z^p}\right)=(-1)^m\frac{\mathrm{H}^{(1)}_{p+m}(z)}{z^{p+m}}$$

$$\frac{\mathrm{d}^m}{(z\mathrm{d}z)^m}\left(\frac{\mathrm{H}^{(2)}_p(z)}{z^p}\right)=(-1)^m\frac{\mathrm{H}^{(1)}_{p+m}(z)}{z^{p+m}}$$

$$\frac{2p}{z}\mathrm{H}^{(1)}_p(z)=\mathrm{H}^{(1)}_{p-1}(z)+\mathrm{H}^{(1)}_{p+1}(z)$$

$$\frac{2p}{z}\mathrm{H}^{(2)}_p(z)=\mathrm{H}^{(2)}_{p-1}(z)+\mathrm{H}^{(2)}_{p+1}(z)$$

注意：由 $\mathrm{J}_p(z)$ 的定义可知当 p 和 z 为实数时 $\mathrm{J}_p(z)$ 和 $\mathrm{N}_p(z)$ 是实数，而 $\mathrm{H}^{(1)}_p(z)$ 和 $\mathrm{H}^{(2)}_p(z)$ 是共轭复数.

149. 足号为整数的诺依曼函数的展开式

当 n 为整数时 $\mathrm{J}_n(z)$ 和 $\mathrm{J}_{-n}(z)$ 为线性相关，这时可以取 $\mathrm{N}_n(z)$ 为第二个线

性独立的解.因此我们就想得到在全平面上有效的 $\mathrm{N}_n(z)$ 的展开式.由富克斯的一般理论知道这个展开式中除了 z 的整数幂以外还要包含 $\ln z$.

首先说明关于函数 $\Gamma(z)$ 的几个公式.对于它,我们曾经有过如下的魏尔斯特拉斯无穷乘积

$$\frac{1}{\Gamma(z)}=\mathrm{e}^{Cz}z\prod_{k=1}^{+\infty}\left(1+\frac{z}{k}\right)\mathrm{e}^{-\frac{z}{k}}\quad (C=0.57\cdots)$$

其中 C 是欧拉常数.如[68]中所知,我们可以写出乘积的对数导数像对有限乘积一样.于是

$$-\frac{\Gamma'(z)}{\Gamma(z)}=\frac{1}{z}+C+\sum_{k=1}^{+\infty}\left(\frac{1}{z+k}-\frac{1}{k}\right)$$

令 $z=n$,其中 n 是一个正整数,得

$$\frac{\Gamma'(n)}{\Gamma(n)}=-\frac{1}{n}-C-\sum_{k=1}^{+\infty}\left(\frac{1}{n+k}-\frac{1}{k}\right)=$$
$$-\frac{1}{n}-C+\left(\frac{1}{1}-\frac{1}{n+1}\right)+\left(\frac{1}{2}-\frac{1}{n+2}\right)+\left(\frac{1}{3}-\frac{1}{n+3}\right)+\cdots$$

或

$$\frac{\Gamma'(n)}{\Gamma(n)}=\frac{1}{n-1}+\frac{1}{n-2}+\cdots+1-C\quad (n=2,3,\cdots)$$

其次,因 $\Gamma(n)=(n-1)!$,故

$$\frac{\mathrm{d}}{\mathrm{d}t}\frac{1}{\Gamma(t)}=-\frac{\Gamma'(t)}{\Gamma^2(t)}=-\frac{1}{(t-1)!}\left(\frac{1}{t-1}+\frac{1}{t-2}+\cdots+1-C\right)\quad (t=2,3,\cdots)\tag{67}$$

当 $t=1$ 时 $\Gamma(1)=1,\Gamma'(1)=-C$,因此

$$\frac{\mathrm{d}}{\mathrm{d}t}\frac{1}{\Gamma(t)}=C\quad (t=1)\tag{68}$$

现在研究当 t 等于负整数或零的场合.我们知道 $\Gamma(z)$ 以 $z=-n$ 为一阶极点,它在这个极点的留数为$\frac{(-1)^n}{n!}$,就是说,在 $z=-n$ 的邻近有如下的展开式

$$\Gamma(z)=\frac{(-1)^n}{n!\,(z+n)}+\alpha_0+\alpha_1(z+n)+\cdots$$

或

$$\frac{1}{\Gamma(z)}=(-1)^n n!\,\frac{z+n}{1+\beta_1(z+n)+\beta_2(z+n)^2+\cdots}$$

由此立刻可得

$$\left.\frac{\mathrm{d}}{\mathrm{d}t}\frac{1}{\Gamma(t)}\right|_{t=-n}=(-1)^n n!\quad (n=0,1,2,\cdots)\tag{69}$$

现在回头来求式(60)所定义的解 $\mathrm{N}_n(z)$ 的展开式.将

$$J_{\pm p}(z)=\left(\frac{z}{2}\right)^{\pm p}\sum_{k=0}^{+\infty}\frac{(-1)^k}{k!}\left(\frac{z}{2}\right)^{2k}\frac{1}{\Gamma(\pm p+k+1)}$$

关于参数 p 微分，得

$$\frac{\partial J_p(z)}{\partial p}=\ln\frac{z}{2}J_p(z)+\left(\frac{z}{2}\right)^{p}\sum_{k=0}^{+\infty}\frac{(-1)^k}{k!}\left(\frac{z}{2}\right)^{2k}\left(\frac{d}{dt}\frac{1}{\Gamma(t)}\right)_{t=p+k+1}$$

$$\frac{\partial J_{-p}(z)}{\partial p}=-\ln\frac{z}{2}J_{-p}(z)-\left(\frac{z}{2}\right)^{-p}\sum_{k=0}^{+\infty}\frac{(-1)^k}{k!}\left(\frac{z}{2}\right)^{2k}\left(\frac{d}{dt}\frac{1}{\Gamma(t)}\right)_{t=-p+k+1}$$

然后再令 $p=n$，得

$$\left.\frac{\partial J_p(z)}{\partial p}\right|_{p=n}=\ln\frac{z}{2}J_n(z)+\left(\frac{z}{2}\right)^{n}\sum_{k=0}^{+\infty}\frac{(-1)^k}{k!}\left(\frac{z}{2}\right)^{2k}\left(\frac{d}{dt}\frac{1}{\Gamma(t)}\right)_{t=n+k+1}$$

和

$$\left.\frac{\partial J_{-p}(z)}{\partial p}\right|_{p=n}=-\ln\frac{z}{2}J_{-n}(z)-\left(\frac{z}{2}\right)^{-n}\sum_{k=0}^{+\infty}\frac{(-1)^k}{k!}\left(\frac{z}{2}\right)^{2k}\left(\frac{d}{dt}\frac{1}{\Gamma(t)}\right)_{t=-n+k+1}$$

代入式(60)并应用式(67)和式(69)，即得

$$\begin{aligned}\pi N_n(z)=&2J_n(z)\left(\ln\frac{z}{2}+C\right)-\left(\frac{z}{2}\right)^{-n}\sum_{k=1}^{n-1}\frac{(n-k-1)}{k!}\left(\frac{z}{2}\right)^{2k}-\\&\left(\frac{z}{2}\right)^{n}\frac{1}{n!}\left(\frac{1}{n}+\frac{1}{n-1}+\cdots+1\right)-\left(\frac{z}{2}\right)^{n}\cdot\\&\sum_{k=1}^{+\infty}\frac{(-1)^k}{k!\ (n+k)!}\left(\frac{z}{2}\right)^{2k}\cdot\\&\left(\frac{1}{n+k}+\frac{1}{n+k-1}+\cdots+1+\frac{1}{k}+\frac{1}{k-1}+\cdots+1\right)\\&(\text{当 } n\geqslant 1)\end{aligned}\tag{70}$$

又当 $n=0$ 时有

$$\pi N_0(z)=2J_0(z)\left(\ln\frac{z}{2}+C\right)-2\sum_{k=1}^{+\infty}\frac{(-1)^k}{(k!)^2}\left(\frac{z}{2}\right)^{2k}\left(\frac{1}{k}+\frac{1}{k-1}+\cdots+1\right)\tag{71}$$

150. 变数为纯虚数的场合

若 $Z_p(z)$ 是贝塞尔方程的一解，那么我们知道[Ⅱ,49] $Z_p(kz)$ 是方程

$$\frac{d^2w}{dz^2}+\frac{1}{z}\frac{dw}{dz}+\left(k^2-\frac{p^2}{z^2}\right)w=0\tag{72}$$

的解. 令 $k=i$，则知函数 $Z_p(iz)$ 是方程

$$\frac{d^2w}{dz^2}+\frac{1}{z}\frac{dw}{dz}-\left(1+\frac{p^2}{z^2}\right)w=0\tag{73}$$

的解.

首先取 $Z_p(z)$ 等于 $J_p(z)$,则

$$J_p(iz)=\sum_{k=0}^{+\infty}\frac{(-1)^k i^p i^{2k}}{k!\ \Gamma(p+k+1)}\left(\frac{z}{2}\right)^{p+2k}=i^p\sum_{k=0}^{+\infty}\frac{1}{k!\ \Gamma(p+k+1)}\left(\frac{z}{2}\right)^{p+2k}$$

要得到方程(73)的解,它在 p 为实数且 $z>0$ 时取实数值的,可用常数 $i^{-p}=e^{-\frac{1}{2}p\pi i}$ 乘上面所写的解.这样我们就得到方程(73)的下面一个解

$$I_p(z)=e^{-\frac{1}{2}p\pi i}J_p(iz)=\sum_{k=0}^{+\infty}\frac{1}{k!\ \Gamma(p+k+1)}\left(\frac{z}{2}\right)^{p+2k}\tag{74}$$

函数 $I_{-p}(z)$ 也是方程(73)的解,且当 p 非整数时 $I_p(z)$ 和 $I_{-p}(z)$ 是方程(73)的两个线性独立的解.

现在若取 $Z_p(z)$ 等于第一个汉开尔函数,则再以一常数因子乘之,可得如下的方程(73)的解

$$K_p(z)=\frac{1}{2}\pi i e^{\frac{1}{2}p\pi i}H_p^{(1)}(iz)\tag{75}$$

回忆式(62),可将上式改写为

$$K_p(z)=-\frac{1}{2}\pi i e^{-\frac{1}{2}p\pi i}H_{-p}^{(1)}(iz)\tag{76}$$

利用(61)的第一式,可以用 $I_{\pm p}(z)$ 来表示 $K_p(z)$.实际上,由该式可得

$$K_p(z)=-\frac{1}{2}\pi e^{\frac{1}{2}p\pi i}\frac{J_p(iz)e^{-ip\pi}-J_{-p}(iz)}{\sin p\pi}$$

再由(74)得

$$K_p(z)=-\frac{1}{2}\pi e^{\frac{1}{2}p\pi i}\frac{I_p(z)e^{-\frac{1}{2}p\pi i}-I_{-p}(z)e^{-\frac{1}{2}p\pi i}}{\sin p\pi}$$

或

$$K_p(z)=\frac{1}{2}\pi\frac{I_{-p}(z)-I_p(z)}{\sin p\pi}\tag{77}$$

函数 $I_p(z)$ 和 $K_p(z)$ 所满足的关系和[148]中的式(59)类似,该式是以贝塞尔函数来表示诺依曼函数的.

应用式(74)的定义和足号为整数的贝塞尔函数的性质 $J_{-n}(z)=(-1)^n J_n(z)$ 不难证明

$$I_{-n}(z)=I_n(z)\tag{78}$$

于式(77)中将 $p\to n$,决定未定形的数值,即得足号为整数的函数 $K_n(z)$ 的表示式

$$K_n(z)=\frac{(-1)^n}{2}\left[\frac{\partial I_{-p}(z)}{\partial p}-\frac{\partial I_p(z)}{\partial p}\right]_{p=n}\tag{79}$$

如[112]中所知,渐近公式

$$H_p^{(1)}(z)=\sqrt{\frac{2}{\pi z}}e^{i\left(z-\frac{p\pi}{2}-\frac{\pi}{4}\right)}\left[1+O(|z|^{-1})\right]$$

当$-\pi+\varepsilon<\arg z<\pi-\varepsilon$时成立，故可以$\mathrm{i}z$代$z$，假设$z$为正实数且$\arg(\mathrm{i}z)=\frac{\pi}{2}$. 应用式(75)可得当$z>0$时的$\mathrm{K}_p(z)$的渐近表示

$$\mathrm{K}_p(z)=\frac{1}{2}\pi\mathrm{i}\mathrm{e}^{\frac{1}{2}p\pi\mathrm{i}}\sqrt{\frac{2}{\pi z}}\mathrm{e}^{-\frac{\pi}{4}\mathrm{i}}\mathrm{e}^{\mathrm{i}\left(\mathrm{i}z-\frac{p\pi}{2}-\frac{\pi}{4}\right)}[1+O(z^{-1})]$$

或

$$\mathrm{K}_p(z)=\sqrt{\frac{\pi}{2z}}\mathrm{e}^{-z}[1+O(z^{-1})]\quad(z>0)\tag{80}$$

就是说，当$z\to+\infty$时函数$\mathrm{K}_p(z)$依指数律减少.

方程(73)常在理论物理学中遇到，其时方程的解$\mathrm{K}_p(z)$依指数律减小在物理问题上有很大的应用.

有时人们也以$\mathrm{K}_p(z)$代表我们现在的函数$\cos p\pi\mathrm{K}_p(z)$.

若在方程(72)中改k为$\mathrm{i}k$，则知函数$\mathrm{I}_p(kz)$和$\mathrm{K}_p(kz)$是方程

$$\frac{\mathrm{d}^2w}{\mathrm{d}z^2}+\frac{1}{z}\frac{\mathrm{d}w}{\mathrm{d}z}-\left(k^2+\frac{p^2}{z^2}\right)w=0\tag{81}$$

的解. 它们是线性独立的，正像贝塞尔方程的解$\mathrm{J}_p(z)$和$\mathrm{H}_p^{(1)}(z)$一样.

关于贝塞尔函数有许多的表. 例如在P. O. 库西明教授的书《贝塞尔函数》中就有这种表.

151. 积分表示

为说明贝塞尔函数的许多性质方便起见，可以利用几个我们从前没有导出来的积分表示. 这些表示式可以由平面波的叠合①，积分变换的方法②，或是由已有的贝塞尔函数的显式直接变化而得到. 下面要说的是第三种办法，在式(7)中以$\frac{1}{\Gamma(p+k+1)}$的路积分表示[74]代入，即

$$\frac{1}{\Gamma(p+k+1)}=\frac{1}{2\pi\mathrm{i}}\int_{l'}\mathrm{e}^{\tau}\tau^{-(p+k+1)}\mathrm{d}\tau$$

其中l'是包含负实轴在其内部的线路. 我们得到

$$\mathrm{J}_p(z)=\frac{1}{2\pi\mathrm{i}}\sum_{k=0}^{+\infty}\frac{(-1)^k}{k!}\int_{l'}\mathrm{e}^{\tau}\tau^{-(p+k+1)}\left(\frac{z}{2}\right)^{p+2k}\mathrm{d}\tau=$$

$$\frac{1}{2\pi\mathrm{i}}\int_{l'}\mathrm{e}^{\tau}\tau^{-(p+1)}\left(\frac{z}{2}\right)^{p}\sum_{k=0}^{+\infty}\frac{(-1)^k}{k!}\tau^{-k}\left(\frac{z}{2}\right)^{2k}\mathrm{d}\tau$$

---

① 富朗克和米谢斯：理论物理方程.

② 柯朗－希尔伯特：理论物理学的方法.

因最后一级数为一致收敛，故积分与级数求和可以交换. 求出级数的和，得

$$\mathrm{J}_p(z)=\frac{1}{2\pi \mathrm{i}}\int_{l'}\left(\frac{z}{2}\right)^p \tau^{-(p+1)}\mathrm{e}^{-\frac{z^2}{4\tau}+\tau}\mathrm{d}\tau$$

我们假设复数 z 满足条件

$$|\arg z|<\frac{\pi}{2} \tag{82}$$

并作变换 $\tau=\frac{1}{2}zt$，即得

$$\mathrm{J}_p(z)=\frac{1}{2\pi \mathrm{i}}\int_{l} t^{-p-1}\mathrm{e}^{\frac{1}{2}z\left(t-\frac{1}{t}\right)}\mathrm{d}t \tag{83}$$

其中积分路线 l 仍可取以前的环状线路 l'. 公式(83) 系 H. R. 苏宁所得到的(1870 年).

现在取线路 l 为：负实轴上的割线的下岸，圆 $|t|=1$ 和上述割线的上岸. 借 $t=\mathrm{e}^w$ 导入新的变数 w，则积分线路 l 变为线路 C_0，如图 74 所示. 而函数 $\mathrm{J}_p(z)$ 这时可以表示为

$$\mathrm{J}_p(z)=\frac{1}{2\pi \mathrm{i}}\int_{C_0}\mathrm{e}^{z\operatorname{sh} w-pw}\mathrm{d}w \tag{84}$$

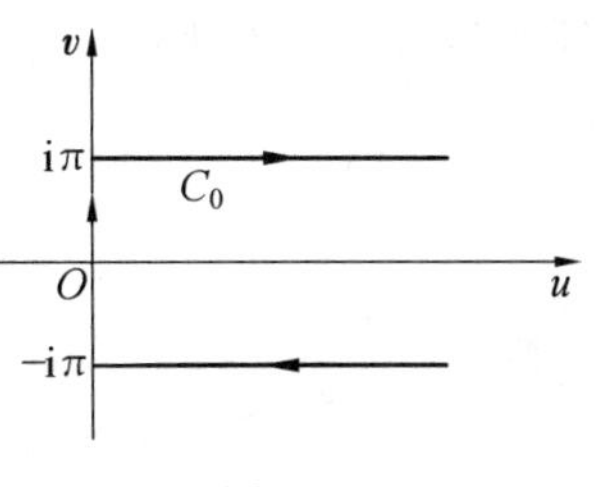

图 74

注意：线路 C_0 上所有与原点相距为有限的部分可以任意变形. 要得到更多的结果还须把积分再化一步. 如果假设 C_0 如图 74 所示，则令 $w=\varphi-\pi\mathrm{i}$，就可容易地完成这一步骤. 由 $\operatorname{sh}(\varphi+2\pi\mathrm{i})=\operatorname{sh}\varphi$ 不难得到下面的公式(比较[146])

$$\mathrm{J}_p(z)=\frac{1}{\pi}\int_0^{\pi}\cos(p\varphi-z\sin\varphi)\mathrm{d}\varphi-\frac{\sin p\pi}{\pi}\int_0^{\infty}\mathrm{e}^{-p\varphi-z\operatorname{sh}\varphi}\mathrm{d}\varphi \tag{85}$$

现在再求形式如(85) 的其余诸圆柱函数的积分表示.

利用式(85) 和下面的关系[148]

$$\mathrm{N}_p(z)=\frac{\mathrm{J}_p(z)\cos p\pi-\mathrm{J}_{-p}(z)}{\sin p\pi}$$

可得

$$\begin{aligned}\pi\mathrm{N}_p(z)=&\cot p\pi\int_0^{\pi}\cos(p\varphi-z\sin\varphi)\mathrm{d}\varphi-\\&\frac{1}{\sin p\pi}\int_0^{\pi}\cos(p\varphi+z\sin\varphi)\mathrm{d}\varphi-\\&\int_0^{\infty}\mathrm{e}^{p\varphi-z\operatorname{sh}\varphi}\mathrm{d}\varphi-\cos p\pi\int_0^{\pi}\mathrm{e}^{-p\varphi-z\operatorname{sh}\varphi}\mathrm{d}\varphi\end{aligned}$$

或

$$\mathrm{N}_p(z)=\frac{1}{\pi}\int_0^{\pi}\sin(z\sin\varphi-p\varphi)\mathrm{d}\varphi-\frac{1}{\pi}\int_0^{\pi}(\mathrm{e}^{p\varphi}+\mathrm{e}^{-p\varphi}\cos p\pi)\mathrm{e}^{-z\sin\varphi}\mathrm{d}p \tag{86}$$

由上式与式(85)可以求得汉开尔函数

$$\mathrm{H}_p^{(1)}(z)=\mathrm{J}_p(z)+\mathrm{i}\mathrm{N}_p(z);\mathrm{H}_p^{(2)}(z)=\mathrm{J}_p(z)-\mathrm{i}\mathrm{N}_p(z)$$

的积分表示.我们有

$$\begin{aligned}\mathrm{H}_p^{(1)}(z)&=\frac{1}{\pi\mathrm{i}}\int_{C_1}\mathrm{e}^{z\mathrm{sh}\,w-pw}\mathrm{d}w\\ \mathrm{H}_p^{(2)}(z)&=-\frac{1}{\pi\mathrm{i}}\int_{C_2}\mathrm{e}^{z\mathrm{sh}\,w-pw}\mathrm{d}w\end{aligned}\tag{87}$$

其中 C_1 和 C_2 依次为连接 $-\infty$ 和 $(\infty,+\pi\mathrm{i})$ 及 $-\infty$ 和 $(\infty,-\pi\mathrm{i})$ 的无限线路.由解析延拓的原理可知式(85)和式(87)对任意的 z 皆成立.

152. 渐近展开式

当 $|z|$ 或 $|p|$ 甚大时,利用前一段所得的积分表示(84)和(87)容易求得圆柱函数的渐近表示.

记

$$\frac{p}{z}=\xi\tag{88}$$

引进函数

$$f(w)=\mathrm{sh}\,w-\xi w\tag{89}$$

则(84)和(87)的积分可以写成

$$\int_{C_v}\mathrm{e}^{zf(w)}\mathrm{d}w\tag{90}$$

现在假设 p 和 z 都是正实数,然后应用最速下降法[78].

要运用这个方法首先必须确定鞍点 w_0 的位置,它是由条件

$$f'(w_0)=\mathrm{ch}\,w_0-\xi=0$$

所决定的,然后确定线路

$$\mathrm{I}_m(\mathrm{sh}\,w-\xi w)=\mathrm{I}_m(\mathrm{sh}\,w_0-\xi w_0)$$

并且还要知道线路 C_1,C_2 和 C_0 是可以变形为函数(89)的最速变动线的.

我们按照 $\xi=\dfrac{p}{z}$ 的数值的不同分三种情形来研究这个问题.

1. $\xi>1,p\geqslant 1$ 的情形.

这时鞍点是 $w_0=\pm\alpha$,这里 $\alpha>0$ 是 $\mathrm{ch}\,\alpha=\xi$ 的解.经过鞍点的平稳线路的方程是

$$v=0\ 和\ \sin v\mathrm{ch}\,u=v\mathrm{ch}\,\alpha\quad(w=u+\mathrm{i}v)\tag{91}$$

这些关于坐标轴为对称的平稳线路如图 75 所示,其上的箭头方向表示

$f(w)$ 的实数部分 $R[f(w)]$ 减少的方向. 考察

$$R[f(w)]=\text{sh }u\cos v-\xi u$$

易知若依次取积分路线 C_1,C_2 和 C_0 为平稳线路$(-\infty,-\alpha,\alpha,B)$,$(-\infty,-\alpha,\alpha,A)$ 和(A,α,B),则当 z 甚大时诸圆柱函数的数值由鞍点邻近小段线路上的积分决定. 现在以函数 $\text{H}_p^{(1)}(z)$ 为例,说明这种估计的详细情形. 改变积分路径,以线路 C 代替平稳线路$(-\infty,-\alpha,\alpha,B)$,如图 76 所示. 则有

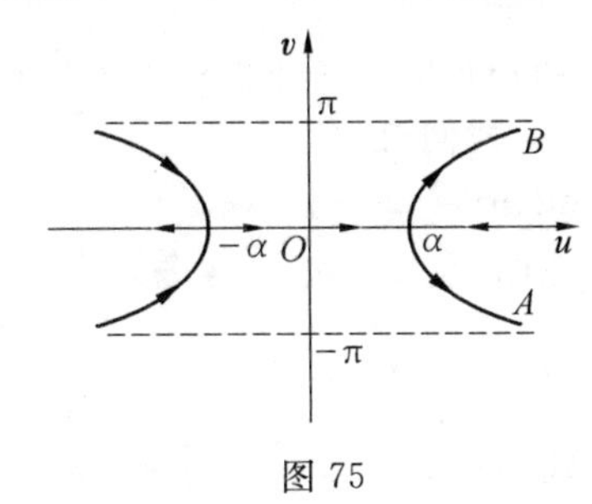

图 75

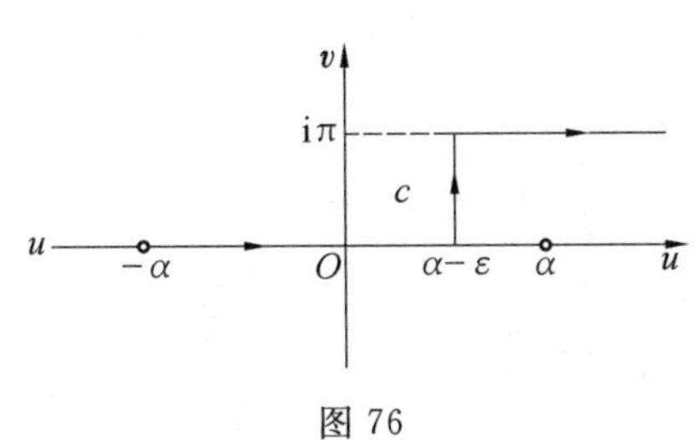

图 76

$$\text{H}_p^{(1)}(z)=\frac{1}{\pi\text{i}}\int_C \text{e}^{zf(w)}\,\text{d}w \tag{92}$$

取

$$\varepsilon=\left(\frac{12}{z\text{ch }\alpha}\right)^{\frac{1}{3}} \tag{93}$$

并设 z 如此之大,使得

$$\frac{z\text{sh }\alpha}{2}\varepsilon^2=N\geqslant 8 \tag{94}$$

注意:在[80] 的例 2 中我们也用到这个条件.

从式(93) 和式(94) 可得

$$z\text{sh }\alpha=\frac{N}{\sqrt[3]{18}}(z\text{ch }\alpha)^{\frac{2}{3}}\geqslant 3(z\text{ch }\alpha)^{\frac{2}{3}} \tag{95}$$

和

$$\varepsilon\leqslant 0.75\,\frac{\text{sh }\alpha}{\text{ch }\alpha} \tag{96}$$

这两个式子在以后的估计中很有用处.

将积分(92) 写成下列五个积分之和

$$\int_{-\infty}^{-\alpha-\varepsilon} e^{zf(w)}\,dw + \int_{-\alpha-\varepsilon}^{-\alpha+\varepsilon} e^{zf(w)}\,dw + \int_{-\alpha+\varepsilon}^{\alpha-\varepsilon} e^{zf(w)}\,dw +$$
$$\int_{\alpha-\varepsilon}^{-\alpha-\varepsilon+\pi i} e^{zf(w)}\,dw + \int_{\alpha-\varepsilon+\pi i}^{\infty+\pi i} e^{zf(w)}\,dw \tag{97}$$

其中第二个积分我们已经在[80] 中讨论过. 现在来估计其余四个积分. 为此,考察

$$\Phi(w) = R[f(w)] = \operatorname{sh} u\cos v - u\operatorname{ch}\alpha \tag{98}$$

在区间 $-\infty < u \leqslant -\alpha-\varepsilon$ 中, 我们有

$$\Phi(w) = \Phi(-\alpha-\varepsilon) + [\Phi(w) - \Phi(-\alpha-\varepsilon)] =$$
$$\Phi(-\alpha-\varepsilon) - [\operatorname{ch}(\alpha+\varepsilon) - \operatorname{ch}\alpha]\cdot|u+\alpha+\varepsilon| -$$
$$\frac{\operatorname{sh}(\alpha+\varepsilon)}{2!}|u+\alpha+\varepsilon|^2 - \cdots <$$
$$\Phi(-\alpha-\varepsilon) - [\operatorname{ch}(\alpha+\varepsilon) - \operatorname{ch}\alpha]\cdot|u+\alpha+\varepsilon| \quad (\text{这时 } v=0)$$

但

$$\Phi(-\alpha-\varepsilon) = f(-\alpha-\varepsilon) =$$
$$f(-\alpha) - \frac{\operatorname{sh}\alpha}{2!}\varepsilon^2 - \frac{\operatorname{ch}\alpha}{3!}\varepsilon^3 - \cdots <$$
$$f(-\alpha) - \frac{\operatorname{sh}\alpha}{2}\varepsilon^2 = f(-\alpha) - \frac{N}{2}$$

又

$$\operatorname{ch}(\alpha+\varepsilon) - \operatorname{ch}\alpha = \frac{\operatorname{sh}\alpha}{1}\varepsilon + \frac{\operatorname{ch}\alpha}{2}\varepsilon^2 + \cdots > \frac{\operatorname{sh}\alpha}{1}\varepsilon + \frac{\operatorname{ch}\alpha}{2}\varepsilon^2 =$$
$$\frac{\varepsilon^2\operatorname{sh}\alpha}{2}\,\frac{2}{\varepsilon} + \frac{\operatorname{ch}\alpha}{2}\varepsilon^2 > \frac{3N}{z}\,\frac{\operatorname{ch}\alpha}{\operatorname{sh}\alpha}$$

因此最后得

$$\Phi(w) < f(-\alpha) - \frac{N}{z} - \frac{3N}{z}|u+\alpha+\varepsilon|\frac{\operatorname{ch}\alpha}{\operatorname{sh}\alpha}$$

利用这个不等式可得

$$\left|\int_{-\infty}^{-\alpha-\varepsilon} e^{zf(w)}\,dw\right| < e^{zf(-\alpha)}\,\frac{e^{-N}\operatorname{sh}\alpha}{3N\operatorname{ch}\alpha} \tag{99}$$

在区间 $-\alpha+\varepsilon \leqslant u \leqslant \alpha-\varepsilon, v=0$ 中我们有

$$\Phi(u) = f(u) = \operatorname{sh} u - u\operatorname{ch}\alpha$$
$$f'(u) = -(\operatorname{ch}\alpha - \operatorname{ch} u) \leqslant -[\operatorname{ch}\alpha - \operatorname{ch}(\alpha-\varepsilon)]$$
$$f(u) < f(-\alpha+\varepsilon) - [\operatorname{ch}\alpha - \operatorname{ch}(\alpha-\varepsilon)](u+\alpha-\varepsilon)$$

但由(96) 知

$$f(-\alpha+\varepsilon) = f(-\alpha) - \frac{\operatorname{sh}\alpha}{2!}\varepsilon^2 + \frac{\operatorname{ch}\alpha}{3!}\varepsilon^2 - \frac{\operatorname{sh}\alpha}{4!}\varepsilon^7 4 + \cdots <$$

$$f(-\alpha)-\frac{\operatorname{sh}\alpha}{2!}\varepsilon^{2}+\frac{\operatorname{ch}\alpha}{3!}\varepsilon^{3}=$$

$$f(-\alpha)-\frac{\operatorname{sh}\alpha}{2}\varepsilon^{2}\left(1-\frac{\varepsilon\operatorname{ch}\alpha}{3\operatorname{sh}\alpha}\right)\leqslant$$

$$f(-\alpha)-0.75\frac{N}{z}$$

又

$$\operatorname{ch}\alpha-\operatorname{ch}(\alpha-\varepsilon)=\frac{\operatorname{sh}\alpha}{1!}\varepsilon-\frac{\operatorname{ch}\alpha}{2!}\varepsilon^{2}+\frac{\operatorname{sh}\alpha}{3!}\varepsilon^{3}-\cdots>$$

$$\varepsilon\operatorname{sh}\alpha\left(1-\frac{\varepsilon\operatorname{ch}\alpha}{2\operatorname{sh}\alpha}\right)>$$

$$\frac{5}{8}\ \frac{\operatorname{sh}\alpha}{2}\varepsilon^{2}\ \frac{2}{\varepsilon}>\frac{5N\operatorname{ch}\alpha}{3z\operatorname{sh}\alpha}$$

这里我们用了(94)和(96)两式

最后得

$$f(u)<f(-\alpha)-0.75\frac{N}{z}-\frac{N}{z}(u+\alpha-\varepsilon)\frac{5\operatorname{ch}\alpha}{3\operatorname{sh}\alpha}$$

利用这个不等式可证

$$\left|\int_{-\alpha+\varepsilon}^{\alpha-\varepsilon}\mathrm{e}^{zf(w)}\,\mathrm{d}w\right|<\frac{3\operatorname{sh}\alpha}{5N\operatorname{ch}\alpha}\mathrm{e}^{zf(-\alpha)-0.75N}\tag{100}$$

要估计(97)中最后两个积分,注意

$$f(-\alpha)=-f(\alpha)=(\alpha-\operatorname{th}\alpha)\operatorname{ch}\alpha$$

利用展开式

$$\alpha=\operatorname{arcth}\eta=\eta+\frac{\eta^{3}}{3}+\frac{\eta^{5}}{5}+\cdots$$

可得

$$f(-\alpha)>\operatorname{ch}\alpha\frac{\operatorname{th}^{3}\alpha}{3}=\frac{\operatorname{sh}^{3}\alpha}{3\operatorname{ch}^{2}\alpha}$$

利用式(95),得

$$f(-\alpha)>\frac{N^{3}}{54z}$$

由不等式 $\alpha>\varepsilon$ 显然可得

$$f(\alpha-\varepsilon)<0<f(-\alpha)-\frac{N^{3}}{54z}$$

要估计式(97)的第四个积分,注意在区间 $u=\alpha-\varepsilon,0\leqslant v\leqslant\pi$ 中

$$\Phi(w)=f(\alpha-\varepsilon)-(1-\cos v)\operatorname{sh}(\alpha-\varepsilon)$$

但

$$1-\cos v\geqslant\frac{2v^{2}}{\pi^{2}}$$

又由(96)

$$\frac{\text{sh }\alpha}{\text{sh}(\alpha-\varepsilon)}=\frac{\text{sh }\alpha}{\text{sh }\alpha-\varepsilon\text{ch }\alpha+\varepsilon^2\dfrac{\text{sh }\alpha}{2}-\cdots}<\frac{\text{sh }\alpha}{\text{sh }\alpha-\varepsilon\text{ch }\alpha}<\frac{100}{25}=4$$

即 $\text{sh}(\alpha-\varepsilon)>\frac{1}{4}\text{sh }\alpha$. 因此

$$\Phi(w)<f(\alpha-\varepsilon)-\frac{2v^2}{5\pi^2}\text{sh }\alpha<f(-\alpha)-\frac{N^3}{54z}-\frac{2v^2}{5\pi^2}\text{sh }\alpha$$

利用这个不等式易证

$$\left|\int_{\alpha-\varepsilon}^{\alpha-\varepsilon+\pi i}e^{zf(w)}\,dw\right|<\sqrt{\frac{5\pi^3}{8z\text{sh }\alpha}}\,e^{zf(-\alpha)-\frac{N^3}{54}}\tag{101}$$

最后,在区间 $\alpha-\varepsilon\leqslant u<\infty, v=\pi$ 中有

$$\Phi(w)=-\text{sh }u-u\text{ch }\alpha<-u\text{ch }\alpha<f(-\alpha)-\frac{N^3}{54z}-u\text{ch }\alpha$$

因此对式(97) 中最后一积分可做如下的估计

$$\left|\int_{\alpha-\varepsilon+\pi i}^{\infty+\pi i}e^{zf(w)}\,dw\right|<e^{zf(-\alpha)}\,\frac{e^{-\frac{N^3}{54}}}{z\text{ch }\alpha}\tag{102}$$

注意:(101) 和(102) 的估计容易再进行改变.

现在回到式(92). 利用(97) 及不等式(99)(100)(101) 和(102),我们得到

$$H_p^{(1)}(z)=\frac{1}{\pi i}\left[\int_{-\alpha-\varepsilon}^{-\alpha+\varepsilon}e^{zf(w)}\,dw+\omega\right]\tag{103}$$

其中

$$\omega<e^{zf(-\alpha)}\left[\frac{3\text{sh }\alpha}{5N\text{ch }\alpha}e^{-0.75N}+\frac{\text{sh }\alpha}{3N\text{ch }\alpha}e^{-N}+\left(\frac{4.4}{\sqrt{z\text{sh }\alpha}}+\frac{1}{z\text{ch }\alpha}\right)e^{-\frac{N^3}{54}}\right]\tag{104}$$

式(103) 中的积分我们已经在[80] 中研究过,并且知道它可以表示如下

$$\frac{1}{\pi i}\int_{-\alpha-\varepsilon}^{-\alpha+\varepsilon}e^{zf(w)}\,dw=-\frac{i}{\sqrt{\pi}}e^{zf(-\alpha)}\left(\frac{2}{z\text{sh }\alpha}\right)^{\frac{1}{2}}\left[1-\frac{1}{8}\left(1-\frac{5\text{ch}^2\alpha}{3\text{sh}^2\alpha}\right)\frac{1}{z\text{sh }\alpha}+\omega'\right]\tag{105}$$

其中

$$|\ w'\ |<\frac{e^{-N}}{\sqrt{\pi}}\left(1+\frac{N^{\frac{5}{2}\text{ch}^2\alpha}}{6z\text{sh}^3\alpha}\right)+\left(\frac{2}{z\text{sh }\alpha}\right)^2\left(\frac{1}{8}+\frac{\text{ch}^2\alpha}{25\text{sh}^2\alpha}+\frac{\text{ch}^4\alpha}{8\text{sh}^4\alpha}\right)\tag{106}$$

考虑式(103) 中的 ω,可知函数 $H_p^{(1)}(z)$ 可用式(105) 的右边来表示,但其中的 ω' 应改为 $\omega'+\omega''$,其中 ω'' 满足下面的条件

$$|\ \omega''\ |<\frac{1}{\sqrt{\pi}}\left(\frac{z\text{sh }\alpha}{2}\right)^{\frac{1}{2}}\left[\frac{3\text{sh }\alpha}{5N\text{ch }\alpha}e^{-0.75N}+\frac{\text{sh }\alpha}{3N\text{ch }\alpha}e^{-N}+\left(\frac{4.4}{\sqrt{z\text{sh }\alpha}}+\frac{1}{z\text{sh }\alpha}\right)e^{-\frac{N^3}{54}}\right]\tag{107}$$

上式右边极易估计. 为此,只须利用可以从式(95) 导出的等式

$$\left(\frac{z\operatorname{sh}\alpha}{2}\right)^{\frac{1}{2}}\frac{\operatorname{sh}\alpha}{N\operatorname{ch}\alpha}=\frac{\sqrt{N}}{6}$$

利用这个等式可以比较(106)和(107)两式右边的大小.这时可知只要 $N\geqslant 8$,则式(106)右边的数值就大于式(107)右边的数值.因此当 $N\geqslant 8$ 时 $\mathrm{H}_p^{(1)}(z)$ 的表示式[(105)的形式]中的误差可由式(106)的第二项决定.注意:在我们的演算中条件 $N\geqslant 8$ 和

$$z\operatorname{sh}\alpha\geqslant 3(z\operatorname{ch}\alpha)^{\frac{2}{3}} \tag{108}$$

相抵,即和

$$\sqrt{p^2-z^2}\geqslant 3p^{\frac{2}{3}} \tag{109}$$

相抵.用类似的方法可以算出包含更高阶无穷小的项.我们的最后结果是

$$\mathrm{H}_p^{(1)}(z)\sim \mathrm{i}\sqrt{\frac{2}{\pi s}}\mathrm{e}^{-s+p\operatorname{arth}\frac{s}{p}}G(-s) \tag{110}$$

$$\mathrm{H}_p^{(2)}(z)\sim \mathrm{i}\sqrt{\frac{2}{\pi s}}\mathrm{e}^{-s+p\operatorname{arth}\frac{s}{p}}G(-s)$$

及

$$\mathrm{J}_p(z)\sim \frac{1}{2}\sqrt{\frac{2}{\pi s}}\mathrm{e}^{s-p\operatorname{arth}\frac{s}{p}}G(s) \tag{111}$$

其中

$$s^2=p^2-z^2$$

$$G(s)=1+\frac{1}{8}\left(\frac{1}{s}-\frac{5p^2}{3s^3}\right)+\frac{1\cdot 3}{8^2}\left(\frac{3}{2s^2}-\frac{77p^2}{9s^4}+\frac{385p^4}{54s^6}\right)+\cdots \tag{112}$$

这个级数对于任何的 ε 和 p 都不收敛.但若 s 和 p 相当大的话,那么它的项开始时是逐渐减少,后来就开始增加.级数(112)常应在那种还是在减少的项被截断.可以证明如果照这种方法截断级数(112),并且不等式

$$\sqrt{p^2-z^2}=s>2.5p^{\frac{2}{3}} \tag{113}$$

也满足,则式(111)所决定的贝塞尔函数的渐近式其准确程度大于保留着的最后一项的数值.

要知道当 $z<p$ 时贝塞尔函数的明确行径,可以利用展开式

$$\operatorname{arth}\frac{s}{p}=\frac{s}{p}+\frac{s^3}{3p^3}+\cdots$$

由此可知

$$-s+p\operatorname{arth}\frac{s}{p}=\frac{(p^2-z^2)^{\frac{3}{2}}}{3p^2}+\cdots$$

当 z 从与 p 相近的数值减小到零时其值增加.由(110)和(111)可知对于如此的 z 的变动汉开尔函数将按指数律增加,而贝塞尔函数则将按指数律减少.在研

究级数

$$\sum_{n=0}^{+\infty} c_n \mathrm{J}_n(\rho)$$

的收敛性时上述性质特别有用.若 $|c_n| < Mn^{\sigma}(\sigma > 0)$,则当 $n \geqslant \rho$ 时这个级数常收敛得很快.

2. $\xi < 1, z \geqslant 1$ 的情形.

现在按点的坐标是 $w_0 = \pm\beta \mathrm{i}$,其中 $\cos\beta = \xi(\beta > 0)$.固定线路由下列方程决定

$$\begin{aligned} \operatorname{ch} u \sin v &= (v-\beta)\cos\beta + \sin\beta \\ \operatorname{ch} u \sin v &= (v+\beta)\cos\beta - \sin\beta \end{aligned} \tag{114}$$

它们关于坐标轴是对称的,并且依次通过鞍点 $\pm\beta\mathrm{i}$ 和 ∞,如图 77 所示,其中箭头所指表示 $R[f(w)]$ 减少的方向.

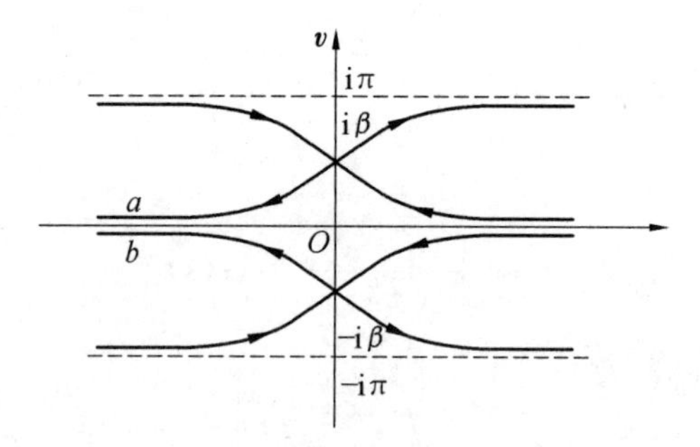

图 77

若取式(87)中的积分线路 C_1 和 C_2 依次为连接$(-\infty)$与$(\infty, +\pi\mathrm{i})$和$(-\infty)$与$(\infty, -\pi\mathrm{i})$的固定曲线(a)和(b),则汉开尔函数的主要部分就是在鞍点 $\pm\beta\mathrm{i}$ 的邻近线路上的积分.由此可知两汉开尔函数的数值与它们的和同阶.从而要得到函数 $\mathrm{J}_p(z)$ 的渐近表示就不必施行其他的计算,只要利用公式

$$\mathrm{J}_p(z) = \frac{1}{2}[\mathrm{H}_p^{(1)}(z) + \mathrm{H}_p^{(2)}(z)]$$

好了.要得到这些渐近公式仍可用最速下降法.现列举其结果,不再证明

$$\begin{cases} \mathrm{H}_p^{(1)}(z) \sim \sqrt{\dfrac{2}{\pi s}} G(s\mathrm{i})\mathrm{e}^{\varphi\mathrm{i}} \\ \mathrm{H}_p^{(2)}(z) \sim \sqrt{\dfrac{2}{\pi s}} G(-s\mathrm{i})\mathrm{e}^{-\varphi\mathrm{i}} \\ \mathrm{J}_p(z) \sim \sqrt{\dfrac{2}{\pi s}}(G_1\cos\varphi + G_2\sin\varphi) \end{cases} \tag{115}$$

其中

$$
\begin{aligned}
&z^2 = p^2 + s^2; G(si) = G_1 - G_2 \mathrm{i} \\
&\varphi = s - p \operatorname{arth} \frac{s}{p} - \frac{\pi}{4}
\end{aligned} \tag{116}
$$

又 $G(s)$ 即级数(112). 可证若

$$
\sqrt{z^2 - p^2} = s > 2.5 p^{\frac{2}{5}} \quad (s > 0) \tag{117}
$$

且在 G, G_1 和 G_2 的展开式中只保留那些还是在继续减少的项,则在式(115) 中误差不大于保留着的最后一项的数值. 易见若 $z \geqslant p$ 则(115) 中前两式可化为[112] 中已有的渐近式.

现在假设在 G, G_1 和 G_2 的展开式中只留第一项,并注意当 $z \geqslant p$ 时成立下面的近似等式

$$
s \approx z \text{ 和 } \arctan \frac{s}{p} \approx \arctan \frac{z}{p} \approx \frac{\pi}{2}
$$

可由式(115) 得出

$$
\begin{cases}
\mathrm{H}_p^{(1)}(z) \sim \sqrt{\dfrac{2}{\pi z}} \mathrm{e}^{\mathrm{i}\left(z - \frac{p\pi}{2} - \frac{\pi}{4}\right)} \\
\mathrm{H}_p^{(2)}(z) \sim \sqrt{\dfrac{2}{\pi z}} \mathrm{e}^{-\mathrm{i}\left(z - \frac{p\pi}{2} - \frac{\pi}{4}\right)} \\
\mathrm{J}_p(z) \sim \sqrt{\dfrac{2}{\pi s}} \cos\left(z - \dfrac{p\pi}{2} - \dfrac{\pi}{4}\right)
\end{cases} \tag{118}
$$

3. $\xi \approx 1, p \geqslant 1$ 的情形.

固定线路和鞍点的位置可以由前面两种情形将 $\xi \to 1$ 而得. 这时鞍点和原点极为接近,沿着固定线路被积分函数变动得极快. 虽然如此,因为条件(113) 不成立,所以从前的计算都失效了.

B. A. 富克院士首先有系统地研究当条件

$$
\sqrt{|p^2 - z^2|} \approx |p|^{\frac{2}{3}} \quad (p \gg 1) \tag{119}
$$

成立时贝塞尔函数的渐近表示式. 现在我们以函数 $\mathrm{H}_p^{(1)}(z)$ 为例叙述他的研究方法.

若在(87) 的第一式中改 w 为 $-w$,则得

$$
\mathrm{H}_p^{(1)}(z) = \frac{1}{\pi \mathrm{i}} \int_C \mathrm{e}^{-z} \operatorname{sh} w + pw \mathrm{d}w \tag{120}
$$

其中积分路线 C 连接$(-\infty, -\pi\mathrm{i})$ 和 $+\infty$.

式(120) 中被积分函数的鞍点和原点极为接近,固定线路可变形为如下的线路:从$(-\infty, -\pi\mathrm{i})$ 沿直线 $\mathrm{I}_m(w) = -\pi$ 到 $w_1 = -\dfrac{\pi}{\sqrt{3}} - \pi\mathrm{i}$,然后从 w_1 沿直线到原点,最后从原点沿正实轴到 $+\infty$. 沿这种积分路线随着与原点距离的增加,函数就很快地减少. 这样,积分(120) 的主值就由原点邻近的小段线路上的积

分决定. 以 l_ε 记这小段线路. 我们有

$$\mathrm{H}_p^{(1)}(z)=\frac{1}{\pi\mathrm{i}}\left[\int_{l_\varepsilon}\mathrm{e}^{-z\mathrm{sh}w+pw}\mathrm{d}w+w_\varepsilon(z,p)\right] \tag{121}$$

其中 $w_\varepsilon(z,p)$ 的数值可用 $\xi>1$ 时的办法来估计. 当 z 甚大时 w_ε 的值小到可以忽略不计.

令

$$p=z+\left(\frac{z}{2}\right)^{\frac{1}{3}}t \tag{122}$$

并导入另一积分变数

$$\tau=\left(\frac{z}{2}\right)^{\frac{1}{3}}w \tag{123}$$

则得

$$-z\mathrm{sh}\,w+pw=t\tau-\frac{\tau^3}{3}-\frac{z}{120}\left(\tau\sqrt[3]{\frac{2}{z}}\right)^5-\frac{z}{5\,040}\left(\tau\sqrt[3]{\frac{2}{z}}\right)^7-\cdots \tag{124}$$

和

$$\mathrm{e}^{-z}\mathrm{sh}\,w+pw=\mathrm{e}^{t\tau-\frac{\tau^3}{3}}\left[1-\frac{1}{60}\left(\frac{z}{2}\right)^{-\frac{2}{3}}\tau^5+\cdots\right] \tag{125}$$

注意:上式右边的展开式在 l_ε 上收敛得很快.

要求 $\mathrm{H}_p^{(1)}(z)$ 的渐近公式,可将式(125)代入式(121). 这样,沿 l_ε 的积分就可写成

$$\left(\frac{z}{2}\right)^{-\frac{1}{3}}\left[\int_{L\varepsilon}\mathrm{e}^{t\tau-\frac{\tau^3}{3}}\mathrm{d}\tau-\frac{1}{60}\left(\frac{z}{2}\right)^{-\frac{2}{3}}\int_{L\varepsilon}\tau^5\mathrm{e}^{t\tau-\frac{\tau^3}{3}}\mathrm{d}\tau+\cdots\right] \tag{126}$$

其中数值甚小的各项略去未写. 注意: 上式中的 L_ε 是由连接 $\left(\frac{z}{2}\right)^{\frac{1}{3}}\left(-\frac{\pi}{\sqrt{3}}-\pi\mathrm{i}\right)\varepsilon$ 与原点的直线段和连接原点与 $\left(\frac{z}{2}\right)^{\frac{1}{3}}\varepsilon$ 的直线段所组成.

最后,记 Γ 为半射线 $\arg\tau=\frac{4\pi}{3}$ 和正实轴所成的线路. 于是式(126)中的第一个积分就可以改写成

$$\int_{L\varepsilon}\mathrm{e}^{t\tau-\frac{\tau^3}{3}}\mathrm{d}\tau=\int_{\Gamma}\mathrm{e}^{t\tau-\frac{\tau^3}{3}}\mathrm{d}\tau-\int_{\Gamma-L\varepsilon}\mathrm{e}^{t\tau-\frac{\tau^3}{3}}\mathrm{d}\tau$$

同样,其中的第二个积分也是如此.

线路 Γ 中不属于 L_ε 的部分(记为 $\Gamma-L_\varepsilon$)上的积分容易估计,当 z 的数值很大时这个积分的数值小得可以忽略不计. 因此当 $z\gg1$ 时,式(126)中的积分线路 L_ε 可改以 Γ 来替代. 结果我们就得到如下的渐近公式

$$\mathrm{H}_p^{(1)}(z)=\frac{-\mathrm{i}}{\sqrt{\pi}}\left(\frac{z}{2}\right)^{-\frac{1}{3}}\left[w(t)-\frac{1}{60}\left(\frac{z}{2}\right)^{-\frac{2}{3}}\frac{\mathrm{d}^5w(t)}{\mathrm{d}t^5}+\cdots\right] \tag{127}$$

其中

$$w(t)=\frac{1}{\sqrt{\pi}}\int_{\Gamma}\mathrm{e}^{t\tau-\frac{\tau^3}{3}}\,\mathrm{d}\tau \tag{128}$$

即 B. A. 富克所研究过的埃里函数，对这个函数已有现成的表造出来了．最后，注意：要得到式(127) 中剩余项的估计公式亦不困难，详细计算可仿以前用过的估计方法去做．

[80] 中的例题以及本段的材料都是 Г. И. 彼得拉申教授所写的．

153. 贝塞尔函数和拉普拉斯方程

解决理论物理学中的问题时常遇到贝塞尔方程．由于篇幅的限制我们不能详细研究贝塞尔函数的应用．现在只叙述一些联系贝塞尔方程与理论物理学的诸基本方程的重要事实．

先从拉普拉斯方程开始．我们从前研究过在球坐标下的拉普拉斯方程，并由此导出球函数．同样，写出圆柱坐标下的拉普拉斯方程来，并应用分离变数的方法，就可得出贝塞尔函数来．

圆柱坐标下的拉普拉斯方程为

$$\frac{\partial}{\partial\rho}\left(\rho\,\frac{\partial U}{\partial\rho}\right)+\frac{1}{\rho}\,\frac{\partial^2 U}{\partial\varphi^2}+\rho\,\frac{\partial^2 U}{\partial z^2}=0$$

现在要求这方程的形式如

$$U=R(\rho)\Phi(\varphi)Z(z)$$

的解，其中第一个是 ρ 的函数，第二个是 φ 的函数，第三个是 z 的函数．代入方程中，然后分离变数，可得

$$\frac{\frac{\mathrm{d}}{\mathrm{d}\rho}\left[\rho\,\frac{\mathrm{d}R(\rho)}{\mathrm{d}\rho}\right]}{R(\rho)}+\frac{1}{\rho}\,\frac{\frac{\mathrm{d}^2\Phi(\varphi)}{\mathrm{d}\varphi^2}}{\Phi(\varphi)}+\rho\,\frac{\frac{\mathrm{d}^2 Z(z)}{\mathrm{d}z^2}}{Z(z)}=0$$

上式左边第二和第三项中后面的分式都应等于常数，因为自变数 φ 只在前一分式中出现，z 只在后一分式中出现．现在分别令这两个分式等于常数$(-p^2)$和(k^2)，那么就得到如下的三个方程式

$$\Phi''(\varphi)+p^2\Phi(\varphi)=0;Z''(z)-k^2Z(z)=0$$

$$\frac{\mathrm{d}}{\mathrm{d}\rho}[\rho R'(\rho)]-\frac{p^2}{\rho}R(\rho)+k^2\rho R(\rho)=0$$

或

$$R''(\rho)+\frac{1}{\rho}R'(\rho)+\left(k^2-\frac{p^2}{\rho^2}\right)R(\rho)=0$$

这里假设常数 p 和 k 都不等于零. 由上列前两方程可得

$$\Phi(\varphi)=\mathrm{e}^{\pm \mathrm{i}p\varphi} \text{ 或 } \Phi(\varphi)=\begin{matrix}\cos p\varphi\\ \sin p\varphi\end{matrix}$$

$$Z(z)=\mathrm{e}^{\pm kz}$$

最后,由第三个方程可得 $Z_p(k\rho)$,其中 $Z_p(z)$ 是参数为 p 的贝塞尔方程的任一解. 如欲得到单值的解,则应取 p 为整数 n.

这样,我们就得到如下形式的拉普拉斯方程的解

$$\mathrm{e}^{\pm kz}\begin{matrix}\cos n\varphi\\ \sin n\varphi\end{matrix}[C_1\mathrm{J}_n(k\rho)+C_2\mathrm{N}_n(k\rho)] \tag{129}$$

其中 n 是任意整数,k 为任意常数.

若 $k=0$,则代替 $Z(z)=\mathrm{e}^{\pm kz}$ 应有 $Z(z)=1$ 或 $Z(z)=z$,而第三方程的解为 $R(\rho)=\rho^{\pm p}$. 若 $p=0$ 则应令 $\Phi(\varphi)=A+B\varphi$. 若 $p=k=0$,则 $R(\rho)=C+D\ln\rho$. 当 $n=0$ 时(129) 的解成为

$$\mathrm{e}^{\pm kz}[C_1\mathrm{J}_0(k\rho)+C_2\mathrm{N}_0(k\rho)] \tag{130}$$

这个解与角度 φ 无关. 当研究有对称轴的质量的势函数时这种解极为紧要. 如果我们想得到当 $\rho=0$ 时为有限的解,则于式(130) 中应令 $C_2=0$,于是得到如下形式的解

$$\mathrm{e}^{\pm kz}\mathrm{J}_0(k\rho) \tag{131}$$

从这个拉普拉斯方程的解可以得到解 $\frac{1}{r}$,它在牛顿势函数的理论中有着基本的重要性. 详细说来,即成立

$$\int_0^{\infty}\mathrm{e}^{-kz}\mathrm{J}_0(k\rho)\,\mathrm{d}k=\frac{1}{\sqrt{\rho^2+z^2}}=\frac{1}{r}\quad(z>0) \tag{132}$$

这个式子在势函数的理论中有许多的应用. 要证明它,可以利用式(42) 而得

$$\mathrm{e}^{-kz}\mathrm{J}_0(k\rho)=\frac{1}{2\pi}\int_{-\pi}^{+\pi}\mathrm{e}^{-kz-\mathrm{i}k\rho\sin\varphi}\,\mathrm{d}\varphi$$

关于 k 积分,得

$$\int_0^{\infty}\mathrm{e}^{-kz}\mathrm{J}_0(k\rho)\,\mathrm{d}k=\frac{1}{2\pi}\int_{-\pi}^{+\pi}\left[\frac{\mathrm{e}^{-kz-\mathrm{i}k\rho\sin\varphi}}{-z-\mathrm{i}\rho\sin\varphi}\right]_{k=0}^{k=\infty}\mathrm{d}\varphi$$

或

$$\int_0^{\infty}\mathrm{e}^{-kz}\mathrm{J}_0(k\rho)\,\mathrm{d}k=\frac{1}{2\pi}\int_{-\pi}^{+\pi}\frac{1}{z+\mathrm{i}\rho\sin\varphi}\mathrm{d}\varphi$$

应用[57] 的方法算出上式右边的积分,即得式(132).

若以常数 $-k^2$ 代替常数 k^2,则 $\mathrm{e}^{\pm kz}$ 改为 $\cos kz$ 和 $\sin kz$,而 $\mathrm{J}_p(k\rho)$ 和 $\mathrm{N}_p(k\rho)$ 改为 $\mathrm{I}_p(k\rho)$ 和 $\mathrm{K}_p(k\rho)$.

154. 圆柱坐标下的波动方程

现在考察波动方程

$$\frac{\partial^2 U}{\partial t^2}=a^2\Delta U \tag{133}$$

其中

$$\Delta U=\frac{\partial^2 U}{\partial x^2}+\frac{\partial^2 U}{\partial y^2}+\frac{\partial^2 U}{\partial z^2}$$

我们要求这方程的形式如

$$U=\mathrm{e}^{-\mathrm{i}\omega t}V(x,y,z) \tag{134}$$

的解.

代入式(133),得到 V 所满足的方程

$$\Delta V+k^2V=0 \tag{135}$$

其中

$$k^2=\frac{\omega^2}{a^2} \tag{136}$$

方程(135) 有时亦称为赫姆荷兹方程. 若取这方程的任何一解代入式(134),分出实数部分,则得波动方程的实解,由于和时间有关的缘故,它表示频率为 ω 的调和振动. 在个别的情形下这个解也可以表示驻波,而在别的情形又可以表示传递波. 首先,在最简单的情形下来解释这些概念. 例如,若取乘积(134) 为 $\mathrm{e}^{-\mathrm{i}\omega t}\sin kx$,则其实数部分 $\cos\omega t\sin kx$ 决定一驻波. 同样由乘积 $\mathrm{e}^{-\mathrm{i}\omega t}\cos kx$ 亦可得一驻波. 如果我们取乘积 $\mathrm{e}^{-\mathrm{i}\omega t}\mathrm{e}^{\mathrm{i}kx}$,则其实数部分 $\cos(kx-\omega t)$ 决定一正弦波,它以速度 $\frac{\omega}{k}$ 沿着 X 轴的方向传播. 当应用贝塞尔函数时 $\mathrm{J}_p(k\rho)$ 与 $\mathrm{N}_p(k\rho)$ 和 $\cos kx$ 与 $\sin kx$ 相当,而 $\mathrm{H}_p^{(1)}(k\rho)$ 与 $\mathrm{H}_p^{(2)}(k\rho)$ 和 $\mathrm{e}^{\mathrm{i}kx}$ 与 $\mathrm{e}^{-\mathrm{i}kx}$ 相当.

回到方程(135),写出圆柱坐标下的拉普拉斯运算子,并设 V 与 z 无关[Ⅱ,178]

$$\frac{\partial^2 V}{\partial\rho^2}+\frac{1}{\rho}\frac{\partial V}{\partial\rho}+\frac{1}{\rho^2}\frac{\partial^2 V}{\partial\varphi^2}+k^2V=0$$

从前我们已经用分离变数的办法解过这种方程, 并知其解具形式 $Z_p(k\rho)\begin{matrix}\cos p\varphi\\ \sin p\varphi\end{matrix}$,其中 $Z_p(z)$ 是参数为 p 的贝塞尔方程的任一解.

令 $p=n$ 为整数,则得单值的解. 若取 $Z_n(k\rho)$ 为贝塞尔函数,则所得的解为

$$\mathrm{e}^{-\mathrm{i}\omega t}\mathrm{J}_n(k\rho)\begin{matrix}\cos n\varphi\\ \sin n\varphi\end{matrix}$$

其实数部分

$$\cos \omega t \mathrm{J}_n(k\rho)\begin{matrix}\cos n\varphi\\ \sin n\varphi\end{matrix}$$

决定一驻波. 若取 V 为第一个汉开尔函数,则于汉开尔函数当 ρ 甚大时的渐近表示式中取其第一项,可得如下的渐近表示

$$\mathrm{e}^{-\mathrm{i}\omega t}\mathrm{H}_n^{(1)}(k\rho)=\mathrm{e}^{\mathrm{i}\left(k\rho-\frac{n\pi}{2}-\frac{\pi}{4}-\omega t\right)}\sqrt{\frac{2}{\pi k\rho}}\left[1+O(\rho^{-1})\right]$$

就是说,有一个无限远处的传递波,其位相可在无限远处决定. 对于这类解我们说它们是满足辐射原理. 如果取 $\mathrm{e}^{\mathrm{i}\omega t}$ 以代替 $\mathrm{e}^{-\mathrm{i}\omega t}$,那么要满足辐射原理的话第二个因子就应取第二个汉开尔函数,因为由汉开尔函数的渐近表示式我们有如下的渐近等式

$$\mathrm{e}^{\mathrm{i}\omega t}\mathrm{H}_n^{(2)}(k\rho)=\mathrm{e}^{\mathrm{i}\left(\omega t-k\rho+\frac{n\pi}{2}+\frac{\pi}{4}\right)}\sqrt{\frac{2}{\pi k\rho}}\left[1+O(\rho^{-1})\right]$$

现在再看函数 V 与坐标 z 有关时的一般情形. 这时方程(135) 具如下的形式[Ⅱ,119]

$$\frac{1}{\rho}\frac{\partial}{\partial\rho}\left(\rho\frac{\partial V}{\partial\rho}\right)+\frac{1}{\rho^2}\frac{\partial^2 V}{\partial\varphi^2}+\frac{\partial^2 V}{\partial z^2}+k^2V=0$$

我们要求形式为

$$V=R(\rho)\Phi(\varphi)Z(z)$$

的解.

应用通常的分离变数的方法得到方程的解为

$$Z_p(\sqrt{k^2-h^2}\rho)\mathrm{e}^{\pm\mathrm{i}hz}\begin{matrix}\cos p\varphi\\ \sin p\varphi\end{matrix}\tag{137}$$

其中 $Z_p(z)$ 是贝塞尔方程的任一解. 令 $k^2-h^2=\lambda^2$ 并令 $p=n$ 为正整数,则此时解为单值,我们有

$$\mathrm{J}_n(\lambda\rho)\mathrm{e}^{\sqrt{\lambda^2-k^2}z}\begin{matrix}\cos n\varphi\\ \sin n\varphi\end{matrix}\tag{138}$$

和

$$\mathrm{H}_n^{(1)}(\lambda\rho)\mathrm{e}^{\sqrt{\lambda^2-k^2}z}\begin{matrix}\cos n\varphi\\ \sin n\varphi\end{matrix}\tag{139}$$

第一个解当 $\rho=0$ 时为有限,决定一驻波. 第二个解满足辐射原理. 当振动发生的区域是包含轴 $\rho=0$ 的圆柱之内的一部分时我们通常用第一类解,而当振动发生的区域是在圆柱的外部时则用第二类解. 在绕射问题中还常用到多值解,其对应的 p 不是整数.

现在考察一个特殊形式的问题. 方程(135) 显然有一解 $\mathrm{e}^{\mathrm{i}kx}=\mathrm{e}^{\mathrm{i}k\rho\cos\varphi}$. 以 $\mathrm{e}^{-\mathrm{i}\omega t}$ 乘之,得解 $\mathrm{e}^{\mathrm{i}(kx-\omega t)}$,它表示沿着 X 轴传播的初等平面波. 假设该平面波并不在

整个空间中存在,而只在圆柱 $\rho=a$ 的外部存在,并且在这个圆柱上应满足边值条件

$$V=0 \quad (\text{当 } \rho=a \text{ 时})$$

要使这边值条件满足,我们应该在方程(135)的解 e^{ikx} 上再添加这个方程的另一解(由绕射的结果所得的附加微扰),它应该满足辐射原理,并且是单值的.记住上面所说的以及基本解与 z 无关的事实,用指数函数代替三角函数,我们现在要寻求这种形式的附加解,它是许多对应于 $\lambda=k$ 的解(139)的线性结合

$$\sum_{n=-\infty}^{+\infty} a_n \mathrm{H}_n^{(1)}(k\rho)\mathrm{e}^{in\varphi} \quad (\rho>a) \tag{140}$$

为此,只要用边值条件来决定系数 a_n 好了.回忆式(37),令其中 $t=\mathrm{i}\mathrm{e}^{\mathrm{i}\varphi}$,$z=k\rho$,则可将已给的基本解写成

$$\mathrm{e}^{ikx}=\mathrm{e}^{ik\rho\cos\varphi}=\sum_{n=-\infty}^{+\infty}\mathrm{i}^n \mathrm{J}_n(k\rho)\mathrm{e}^{in\varphi} \tag{141}$$

由边值条件应有

$$\sum_{n=-\infty}^{+\infty}\mathrm{i}^n \mathrm{J}_n(k\alpha)\mathrm{e}^{in\varphi}+\sum_{n=-\infty}^{+\infty} a_n \mathrm{H}_n^{(1)}(k\alpha)\mathrm{e}^{in\varphi}=0$$

这样,我们就求得诸系数的值为

$$a_n=-\mathrm{i}^n\frac{\mathrm{J}_n(k\alpha)}{\mathrm{H}_n^{(1)}(k\alpha)}$$

而问题的最后解答显然是

$$V=\mathrm{e}^{ik\rho}-\sum_{n=-\infty}^{+\infty}\mathrm{i}^n\frac{\mathrm{J}_n(k\alpha)}{\mathrm{H}_n^{(1)}(k\alpha)}\mathrm{H}_n^{(1)}(k\rho)\mathrm{e}^{in\varphi} \quad (\rho>a)$$

上述问题在电磁波关于无限长圆柱导体的绕射的一些特别情形中有应用.其中所得到级数只在波长较长的场合有实用的便利.

比较初等平面波的绕射问题的解和圆膜振动问题的解是一件有趣的事[Ⅱ,178].首先,注意在刚才看过的平面波的绕射问题中 k 是已给的(由进入的波的频率 ω 决定),而在圆膜振动问题中它由边值条件决定.在绕射问题中展开式的系数由边值条件决定,而在圆膜振动的问题中展开式的系数则由初始条件,即当 $t=0$ 时的振动情况所决定.在绕射问题中我们根本就没有初始条件,因为我们并不研究具有任意初始微扰的一般绕射问题,而只研究具有已给频率 ω 的现成正弦曲线系统.

155. 球坐标下的波动方程

现在考察在球坐标下的方程(135).这时它具有形式

$$\frac{\partial^2 V}{\partial r^2}+\frac{2}{r}\frac{\partial V}{\partial r}+\frac{1}{r^2}\Delta_1 V+k^2 V=0$$

我们要求通常形式的解

$$V=f(r)Y(\theta,\varphi) \tag{142}$$

代入方程,然后分离变数,得

$$\frac{f''(r)}{f(r)}+\frac{2}{r}\frac{f'(r)}{f(r)}+\frac{1}{r^2}\frac{\Delta_1 Y(\theta,\varphi)}{Y(\theta,\varphi)}+k^2=0$$

其中 $\Delta_1 Y$ 由[135]的式(71)所定义.这样,我们就得到下面两个方程

$$\Delta_1 Y+\lambda Y=0 \tag{143}$$

和

$$f''(r)+\frac{2}{r}f'(r)+\left(k^2-\frac{\lambda}{r^2}\right)f(r)=0 \tag{144}$$

方程(143)和我们研究球函数时所得到的是一样的.假设解为单值连续,得到常数 λ 的可能值

$$\lambda_n=n(n+1)\quad(n=0,1,2,\cdots)$$

和它们对应的方程(143)的解即通常的球函数 $Y_n(\theta,\varphi)$.方程(144)可以改写为

$$f''_n(r)+\frac{2}{r}f'_n(r)+\left(k^2-\frac{n(n+1)}{r^2}\right)f_n(r)=0 \tag{145}$$

借下式导入另一未知函数 $R(r)$ 以代替 $f(r)$,则

$$f_n(r)=\frac{1}{\sqrt{r}}R_n(r)$$

代入式(145),得到 $R_n(r)$ 所满足的方程

$$R''_n(r)+\frac{1}{r}R'_n(r)+\left[k^2-\frac{\left(n+\frac{1}{2}\right)^2}{r^2}\right]R_n(r)=0$$

因此知道 $R_n(r)$ 是 $Z_{n+\frac{1}{2}}(kr)$,其中 $Z_{n+\frac{1}{2}}(r)$ 是参数为 $p=n+\frac{1}{2}$ 的贝塞尔方程的解.由式(142)得

$$V=\frac{Z_{n+\frac{1}{2}}(kr)}{\sqrt{r}}Y_n(\theta,\varphi)\quad(n=0,1,2,\cdots) \tag{146}$$

注意:我们现在所遇到的贝塞尔方程刚好是它的解可以表示为初等函数的有限形式的情形.和前一段一样,解 $Z_{n+\frac{1}{2}}(kr)$ 的选取是由问题中的物理条件所决定.通常我们考察下列三个函数

$$\begin{cases}\zeta_n^{(1)}(\rho)=\sqrt{\dfrac{\pi}{2\rho}}\,\mathrm{H}_{n+\frac{1}{2}}^{(1)}(\rho);\ \zeta_n^{(2)}(\rho)=\sqrt{\dfrac{\pi}{2\rho}}\,\mathrm{H}_{n+\frac{1}{2}}^{(2)}(\rho)\\ \psi_n(\rho)=\sqrt{\dfrac{\pi}{2\rho}}\,\mathrm{J}_{n+\frac{1}{2}}(\rho)=\dfrac{1}{2}[\xi_n^{(1)}(\rho)+\xi_n^{(2)}(\rho)]\end{cases} \tag{147}$$

其中常数因子$\sqrt{\frac{\pi}{2}}$是因便利计算而添上的.特别地,当$n=0$时,由[148]的公式可得

$$\xi_0^{(1)}(\rho)=-\mathrm{i}\,\frac{\mathrm{e}^{\mathrm{i}\rho}}{\rho};\xi_0^{(2)}=\mathrm{i}\,\frac{\mathrm{e}^{-\mathrm{i}\rho}}{\rho};\psi_0(\rho)=\frac{\sin\rho}{\rho}$$

与角度φ无关的特别解为

$$\frac{Z_{n+\frac{1}{2}}(kr)}{\sqrt{r}}\mathrm{P}_n(\cos\theta)$$

当$n=0$时有

$$\frac{Z_{\frac{1}{2}}(kr)}{\sqrt{r}}$$

要得到基本方程(133)的解,我们还应该用$\mathrm{e}^{\pm\mathrm{i}\omega t}$,或是用$\cos\omega t$和$\sin\omega t$来乘式(146),其中$\omega$与$k$之间存在关系(136).若令$U=T(t)V(x,y,z)$,代入式(133),应用分离变数的方法可得$V$所满足的方程为(135),而$T(t)$所满足的方程为

$$T''(t)+a^2k^2T(t)=0\quad(a^2k^2=\omega^2)$$

这样,所得到的与t有关的基本方程的解仍为(134).直到现在我们都假设k(或ω)不等于零.若$k=0$,则应取$T(t)=A+Bt$,而V所满足的就是拉普拉斯方程$\Delta V=0$.这样,我们还是得到形式如

$$(A+Bt)r^nY_n(\theta,\varphi)\tag{148}$$

的解.它们应该加入(146)一起去.

这里,和前一段圆柱坐标的情形一样,也可以求一下具有已给的边值和初始条件的球内振动问题的解答,同样,还有平面波关于球的绕射问题的解答.

首先,假设我们要求波动方程

$$\frac{\partial^2U}{\partial t^2}=a^2\Delta U\tag{149}$$

的解要满足初始条件

$$U\big|_{t=0}=f_1(r,\theta,\varphi);\left.\frac{\partial U}{\partial t}\right|_{t=0}=f_2(r,\theta,\varphi)\quad(r<a)\tag{150}$$

和边值条件

$$\left.\frac{\partial U}{\partial r}\right|_{r=a}=0\tag{151}$$

回到(146),记住当$r=0$时解为有限的要求,我们取$Z_{n+\frac{1}{2}}(kr)$等于$\mathrm{J}_{n+\frac{1}{2}}(kr)$,且当$n$已给时用边值条件

$$\left.\frac{\mathrm{d}}{\mathrm{d}r}\frac{\mathrm{J}_{n+\frac{1}{2}}(kr)}{\sqrt{r}}\right|_{r=a}=0\text{ 或 }\mathrm{J}_{n+\frac{1}{2}}(ka)-2ka\mathrm{J}'_{n+\frac{1}{2}}(ka)=0\tag{152}$$

来决定 k.

以后我们记这个方程的正根为

$$k_m^{(n)} \quad (m=0,1,2,\cdots)$$

此外,当 $n=0$ 时解(148)也满足边值条件(151).按照傅里叶的方法我们应该求如下形式的解

$$U=A+Bt+\sum_{n=0}^{+\infty}\sum_{m=0}^{+\infty}\left[Y_n^{(1)}(\theta,\varphi)\cos ak_m^{(n)}t+Y_n^{(2)}(\theta,\varphi)\sin ak_m^{(n)}t\right]\cdot \frac{J_{n+\frac{1}{2}}(k_m^{(n)}r)}{\sqrt{r}} \tag{153}$$

剩下来就是要用初始条件(150)来决定 n 阶的球函数 $Y_n^{(1)}(\theta,\varphi)$ 和 $Y_n^{(2)}(\theta,\varphi)$.这时注意方程(153)有和我们在[133]中所研究过的方程相同的形式,因此利用贝塞尔函数的正交性我们不难决定上述的球函数.详细计算不多说了.

现在回到初等平面波关于球面 $r=a$ 的绕射问题,这个波是由方程(149)的解 $e^{i(kz-\omega t)}$ 所决定的,边值条件是

$$U\mid_{r=a}=0$$

在目前的情况下,我们假设这个波是沿 Z 轴传播出去的.在球坐标之下,代替式(141)应有

$$e^{ikz}=e^{ikr\cos\theta}=\sum_{n=0}^{+\infty}(2n+1)i^n\psi_n(kr)P_n(\cos\theta) \tag{154}$$

其中 $P_n(x)$ 是勒让德多项式.这个公式的证明从略.按照辐射原理,我们应求形式如

$$\sum_{n=0}^{+\infty}a_n\zeta_n^{(1)}(kr)P_n(\cos\theta) \tag{155}$$

的附加微扰.

诸系数 a_n 可由下面的条件决定:两解(154)与(155)的和当 $r=a$ 时应等于零.由此可得

$$a_n=-\frac{(2n+1)i^n\psi_n(ka)}{\zeta_n^{(1)}(ka)}$$

Ⅲ.埃尔米特多项式和拉盖尔多项式

156.线振子与埃尔米特多项式

已知薛定谔方程为

$$\frac{h^2}{2m}\Delta\psi+(E-V)\psi=0$$

现在假设函数 ψ 仅和 x 有关,势函数 V 由公式 $V=\frac{k}{2}x^2$ 所定义,它对应于弹性力 $f=-kx$ 的情形.这样,我们就得到如下形式的方程

$$\frac{h^2}{2m}\frac{\mathrm{d}^2\psi}{\mathrm{d}x^2}+\left(E-\frac{k}{2}x^2\right)\psi=0$$

参数 E 的值应由这样的条件决定:即方程的解应在整个区间 $-\infty<x<+\infty$ 中为有限.引进两个新的常数

$$\alpha^2=\frac{mk}{h^2};\lambda=\frac{2mE}{h^2}\quad(\alpha>0)\tag{1}$$

其中 α^2 是已给的,而 λ 则取参数 E 的位置而代之.方程现在可以改写成

$$\frac{\mathrm{d}^2\psi}{\mathrm{d}x^2}+(\lambda-\alpha^2x^2)\psi=0\tag{2}$$

这个线性方程以 $x=\infty$ 为非正则奇异点.下面我们要仿照[105]中的办法去做,即令

$$\psi=\mathrm{e}^{\omega(x)}u(x)$$

而函数 $\omega(x)$ 应如此决定,使得在微分方程中 $u(x)$ 的系数不含 x^2.微分 ψ,然后代入方程(2),得到 $u(x)$ 的方程为

$$u''(x)+2\omega'(x)u'(x)+[\omega''(x)+\omega'^2(x)+\lambda-\alpha^2x^2]u(x)=0$$

要免除 $-\alpha^2x^2$ 这一项可令

$$\omega(x)=-\frac{\alpha}{2}x^2$$

这里取负号的目的是要在 $x\to+\infty$ 时得到衰减(阻尼).这样,就有

$$\psi(x)=\mathrm{e}^{-\frac{\alpha}{2}x^2}u(x)\tag{3}$$

其中 $u(x)$ 满足方程

$$\frac{\mathrm{d}^2u}{\mathrm{d}x^2}-2\alpha x\frac{\mathrm{d}u}{\mathrm{d}x}+(\lambda-\alpha)u=0\tag{4}$$

若对适当选择的参数 λ 的数值这个方程有多项式的解,那么这时 $\psi(x)$ 显然就在无限远处衰减,从而就满足已定的边值条件.因此,我们现在要来求方程(4)的多项式解.引进新的自变数

$$\xi=\sqrt{\alpha}x$$

以代 x,于是有

$$\frac{\mathrm{d}u}{\mathrm{d}\xi}=\frac{1}{\sqrt{\alpha}}\frac{\mathrm{d}u}{\mathrm{d}x};\frac{\mathrm{d}^2u}{\mathrm{d}x^2}=\frac{\mathrm{d}^2u}{\mathrm{d}\xi^2}\alpha$$

代入方程(4),得到 u 所满足的方程

$$\frac{d^2u}{d\xi^2} - 2\xi\frac{du}{d\xi} + \left(\frac{\lambda}{\alpha} - 1\right)u = 0 \tag{5}$$

原点是这方程的寻常点,故可求这方程的幂级数形式的解

$$u = \sum_{k=0}^{+\infty} a_k \xi^k$$

其最先两系数 a_0 和 a_1 是任意的.代入方程(5),得到逐步决定诸系数的关系式

$$(k+2)(k+1)a_{k+2} - 2ka_k + \left(\frac{\lambda}{\alpha} - 1\right)a_k = 0$$

于是

$$a_{k+2} = \frac{2k - \left(\frac{\lambda}{\alpha} - 1\right)}{(k+2)(k+1)}a_k \quad (k = 0, 1, 2, \cdots) \tag{6}$$

现在说明怎样才能得到 n 次多项式的解.假设由条件

$$\frac{\lambda}{\alpha} - 1 = 2n$$

选定参数 λ,即

$$\lambda_n = (2n+1)\alpha \tag{7}$$

这时由式(6)相继可得

$$a_{n+2} = a_{n+4} = a_{n+6} = \cdots = 0 \tag{8}$$

若 n 为偶数,则设 $a_1 = 0$ 和 $a_0 \neq 0$.由式(6)即得 $a_1 = a_3 = a_5 = \cdots = 0$,而所有足号为偶数的系数从 a_0 起到 a_n 为止都不等于零,但由(8),其余的也都等于零.若 n 为奇数,则要反过来设 $a_0 = 0$ 而 $a_1 \neq 0$.这样,我们就得到了多项式的解,而式(7)决定对应的参数 λ 的特征值.将这些特征值代入方程(5),记所得的多项式解为 $\mathrm{H}_n(\xi)$,则 $\mathrm{H}_n(\xi)$ 所满足的微分方程为

$$\mathrm{H}''_n(\xi) - 2\xi\mathrm{H}'_n(\xi) + 2n\mathrm{H}_n(\xi) = 0 \tag{9}$$

由式(3)得到对应的函数

$$\psi_n(\xi) = e^{-\frac{1}{2}\xi^2}\mathrm{H}_n(\xi) \tag{10}$$

多项式 $\mathrm{H}_n(\xi)$ 通常称为埃尔米特多项式,而函数(10)称为埃尔米特函数.

将方程(2)中的自变数 x 改为 ξ,即得埃尔米特函数所满足的方程

$$\frac{d^2\psi_n(\xi)}{d\xi^2} + \left(\frac{\lambda_n}{\alpha} - \xi^2\right)\psi_n(\xi) = 0 \quad \left(\frac{\lambda_n}{\alpha} = 2n+1\right) \tag{11}$$

现在导出埃尔米特多项式所满足的一个简单的公式.令 $v = e^{-\xi^2}$,从而 $v' = -2\xi v$.微分这等式 $n+1$ 次,应用莱布尼兹关于乘积的微分公式,得

$$v^{(n+2)} = -2\xi v^{(n+1)} - (n+1)2v^{(n)}$$

或

$$v^{(n+2)} + 2\xi v^{(n+1)} + 2(n+1)v^{(n)} = 0 \tag{12}$$

引进另一函数 $K_n(\xi)=e^{\xi^2}v^{(n)}$,我们证明它满足方程(9). 函数 $K_n(\xi)$ 显然是 ξ 的 n 次多项式

$$K_n(\xi)=e^{\xi^2}\frac{d^n}{d\xi^n}(e^{-\xi^2}) \tag{13}$$

将 $v^{(n)}=e^{-\xi^2}K_n(\xi)$ 代入方程(12),即知 $K_n(\xi)$ 满足方程(9).

因此,除了一个常数因子以外,埃尔米特多项式与函数 $K_n(\xi)$ 符合. 注意:方程(9)的第二个解不能是多项式,因为这个方程以 $\xi=\infty$ 为非正则奇异点. 若要使最高次项的系数为正,可以用常数因子 $(-1)^n$ 乘(13). 而定义埃尔米特多项式为

$$H_n(\xi)=(-1)^n e^{\xi^2}\frac{d^n}{d\xi^n}(e^{-\xi^2}) \tag{14}$$

最初三个埃尔米特多项式为

$$H_0(\xi)=1;H_1(\xi)=2\xi;H_2(\xi)=4\xi^2-2$$

一般地,当 n 为偶数时 $H_n(\xi)$ 只含 ξ 的偶数幂,当 n 为奇数时 $H_n(\xi)$ 只含 ξ 的奇数幂. 这个事实由前面决定系数的方法容易知道. 由式(14)知道多项式 $H_n(\xi)$ 中最高次项 ξ^n 的系数等于 2^n,因为微分 $-\xi^2$ 得到 -2ξ 的缘故.

可证除了埃尔米特函数以外没有方程(2)的其他解满足本段中所述的边值条件,证明从略.

157. 正交性质

考察两个不同的埃尔米特函数 $\psi_n(\xi)$ 和 $\psi_m(\xi)$,对于它们成立

$$\frac{d^2\psi_n(\xi)}{d\xi^2}+\left(\frac{\lambda_n}{\alpha}-\xi^2\right)\psi_n(\xi)=0$$

$$\frac{d^2\psi_m(\xi)}{d\xi^2}+\left(\frac{\lambda_m}{\alpha}-\xi^2\right)\psi_m(\xi)=0$$

以 $\psi_m(\xi)$ 乘第一个方程,$\psi_n(\xi)$ 乘第二个方程,相减,然后在区间 $(-\infty,+\infty)$ 上积分,即得埃尔米特函数的正交性

$$\int_{-\infty}^{+\infty}\psi_n(\xi)\psi_m(\xi)d\xi=0\quad(n\neq m) \tag{15}$$

或由(10)有

$$\int_{-\infty}^{+\infty}e^{-\xi^2}H_n(\xi)H_m(\xi)d\xi=0\quad(n\neq m) \tag{16}$$

这样我们说,埃尔米特多项式在区间 $(-\infty,+\infty)$ 中为正交,其权为 $e^{-\xi^2}$. 现在计算当 $n=m$ 时积分(16)的值. 由式(14)的定义,可写

$$I_n=\int_{-\infty}^{+\infty}e^{-\xi^2}H_n^2(\xi)d\xi=(-1)^n\int_{-\infty}^{+\infty}H_n(\xi)\frac{d^n(e^{-\xi^2})}{d\xi^n}d\xi$$

施行分部积分，得

$$I_n=(-1)^nH_n(\xi)\frac{d^{n-1}(e^{-\xi^2})}{d\xi^{n-1}}\Bigg|_{\xi=-\infty}^{\xi=+\infty}+$$

$$(-1)^{n+1}\int_{-\infty}^{+\infty}H'_n(\xi)\frac{d^{n-1}(e^{-\xi^2})}{d\xi^{n-1}}d\xi$$

积分出来的项是 $e^{-\xi^2}$ 和多项式的乘积，故当 $\xi=\pm\infty$ 时其值为零. 继续施行分部积分 $n-1$ 次，可得

$$I_n=\int_{-\infty}^{+\infty}H_n^{(n)}(\xi)e^{-\xi^2}d\xi$$

因多项式 $H_n(\xi)$ 的最高次项系数为 2^n，故

$$I_n=2^nn!\int_{-\infty}^{+\infty}e^{-\xi^2}d\xi$$

最后由[Ⅱ,78]得

$$I_n=\int_{-\infty}^{+\infty}e^{-\xi^2}H_n^2(\xi)d\xi=2^nn!\sqrt{\pi}\tag{17}$$

可以作一个和傅里叶级数类似的按照埃尔米特多项式展开的级数，恰如我们在[133]中对勒让德多项式作了的一样. 但在这时我们应以无限区间$(-\infty,+\infty)$代替有限区间$(-1,+1)$. 在这区间中展开式的形式如

$$f(\xi)=\sum_{n=0}^{+\infty}a_nH_n(\xi)\tag{18}$$

由于 $H_n(\xi)$ 的正交性和式(17)的结果，上式中的系数

$$a_n=\frac{1}{2^nn!\sqrt{\pi}}\int_{-\infty}^{+\infty}f(\xi)e^{-\xi^2}H_n(\xi)d\xi\tag{19}$$

当然要展开式(18)能成立，函数 $f(\xi)$ 必须满足一些条件.

158. 母函数

对式(14)中 $e^{-\xi^2}$ 的导函数应用柯西公式将它表示为路积分，可写

$$e^{-\xi^2}H_n(\xi)=(-1)^n\frac{n!}{2\pi i}\int_{l_\xi}\frac{e^{-z^2}}{(z-\xi)^{n+1}}dz$$

其中 l_ξ 是环绕 $z=\xi$ 这点的任意单闭曲线. 由

$$z=\xi-t$$

导入另一积分变数 t 以代 z. 完成积分中的变数变换以后再约去等式两边的公因子 $e^{-\xi^2}$，得

$$\frac{1}{n!}\mathrm{H}_n(\xi)=\frac{1}{2\pi\mathrm{i}}\int_{l'_0}\frac{\mathrm{e}^{-\mathrm{i}^2+2\mathrm{i}\xi}}{t^{n+1}}\mathrm{d}t$$

其中 l'_0 是环绕原点的单闭曲线.由这个公式立刻知道$\frac{1}{n!}\mathrm{H}_n(\xi)$是函数

$$\mathrm{e}^{-t^2+2t\xi} \tag{20}$$

关于 t 的麦克劳临展开式中 t^n 的系数.就是说,函数(20)是埃尔米特多项式用$\frac{1}{n!}$乘了以后的母函数

$$\mathrm{e}^{-t^2+2t\xi}=\sum_{n=0}^{+\infty}\frac{1}{n!}\mathrm{H}_n(\xi)t^n \tag{21}$$

由这个式子容易得到一些埃尔米特多项式所满足的基本关系.关于 ξ 微分式(21),得

$$\mathrm{e}^{-\mathrm{i}^2+2t\xi}\cdot 2t=\sum_{n=0}^{+\infty}\frac{1}{n!}\mathrm{H}'_n(\xi)t^n$$

或

$$\sum_{n=0}^{+\infty}\frac{2}{n!}\mathrm{H}_n(\xi)t^{n+1}=\sum_{n=0}^{+\infty}\frac{1}{n!}\mathrm{H}'_n(\xi)t^n$$

比较 t 的同次幂各项的系数,得到关系

$$\mathrm{H}'_n(\xi)=2n\mathrm{H}_{n-1}(\xi) \tag{22}$$

现在关于 t 微分式(21)

$$\mathrm{e}^{-t^2+2t\xi}\cdot(2\xi-2t)=\sum_{n=1}^{+\infty}\frac{1}{(n-1)!}\mathrm{H}_n(\xi)t^{n-1}$$

或

$$\sum_{n=0}^{+\infty}\frac{2\xi}{n!}\mathrm{H}_n(\xi)t^n-\sum_{n=0}^{+\infty}\frac{2}{n!}\mathrm{H}_n(\xi)t^{n+1}=\sum_{n=1}^{+\infty}\frac{1}{(n-1)!}\mathrm{H}_n(\xi)t^{n-1}$$

由此再比较系数,得到另一关系式

$$\mathrm{H}_{n+1}(\xi)=2\xi\mathrm{H}_n(\xi)-2n\mathrm{H}_{n-1}(\xi) \tag{23}$$

最后,决定埃尔米特多项式中的常数项,即 $H_n(0)$.当 n 为奇数时其值显然为零,因为这时埃尔米特多项式只含 ξ 的奇数幂的项.当 n 为偶数时,首先,有 $\mathrm{H}_0(0)=1$.再在式(23)中令 $n=1,\xi=0$,得

$$\mathrm{H}_2(0)=-2\mathrm{H}_0(0)=-2$$

同样,在这个式中令 $n=3,\xi=0$,得

$$\mathrm{H}_4(0)=-2\cdot 3\mathrm{H}_2(0)=2^2\cdot 1\cdot 3$$

其次,当 $n=5$ 和 $\xi=0$ 时得

$$\mathrm{H}_0(0)=-2^3\cdot 1\cdot 3\cdot 5$$

一般地

$$\mathrm{H}_{2n}(0)=(-1)^n\cdot 2^n\cdot 1\cdot 3\cdot 5\cdot\cdots\cdot(2n-1) \tag{24}$$

还要注意：如果对式(14)应用若干次的罗尔定理，我们可以证明 $\mathrm{H}_n(\xi)$ 的所有的零点都是实的，且互不相同. 在[102]中我们曾用完全与此类似的方法证明 $\mathrm{P}_n(x)$ 的所有的零点互不相同，且都在区间 $(-1,+1)$ 之中.

有些书中的埃尔米特多项式的定义与我们上面所说的不同，它们定义埃尔米特多项式为

$$\widetilde{H}_n(\xi)=\frac{1}{n!}\mathrm{e}^{\frac{\xi^2}{2}}\frac{\mathrm{d}^n}{\mathrm{d}\xi^n}\mathrm{e}^{-\frac{\xi^2}{2}}$$

这个定义和式(14)中的只有常数因子的不同，一个在多项式的前面，一个在变数 ξ 的前面.

159. 抛物线坐标与埃尔米特函数

注意在波动方程

$$\frac{\partial^2 U}{\partial x^2}+\frac{\partial^2 U}{\partial y^2}+k^2U=0 \tag{25}$$

中变数变换的一个特别情形. 引进新的变数 ξ 和 η 以代替 x 和 y，假定其间的变换是由下式所决定

$$x+\mathrm{i}y=f(\zeta)=\varphi(\xi,\eta)+\mathrm{i}\psi(\xi,\eta)\quad(\zeta=\xi+\mathrm{i}\eta)$$

其中 $f(\zeta)$ 是复变数 ζ 的正则函数. 按照复合函数微分规则，可得

$$\frac{\partial U}{\partial\xi}=\frac{\partial U}{\partial x}\frac{\partial\varphi}{\partial\xi}+\frac{\partial U}{\partial y}\frac{\partial\psi}{\partial\xi};\frac{\partial U}{\partial\eta}=\frac{\partial U}{\partial x}\frac{\partial\varphi}{\partial\eta}+\frac{\partial U}{\partial y}\frac{\partial\psi}{\partial\eta}$$

及

$$\frac{\partial^2 U}{\partial\xi^2}=\frac{\partial^2 U}{\partial x^2}\left(\frac{\partial\varphi}{\partial\xi}\right)^2+2\frac{\partial^2 U}{\partial x\partial y}\frac{\partial\varphi}{\partial\xi}\frac{\partial\psi}{\partial\xi}+\frac{\partial^2 U}{\partial y^2}\left(\frac{\partial\psi}{\partial\xi}\right)^2+\frac{\partial U}{\partial x}\frac{\partial^2\varphi}{\partial\xi^2}+\frac{\partial U}{\partial y}\frac{\partial^2\psi}{\partial\xi^2}$$

$$\frac{\partial^2 U}{\partial\eta^2}=\frac{\partial^2 U}{\partial x^2}\left(\frac{\partial\varphi}{\partial\eta}\right)^2+2\frac{\partial^2 U}{\partial x\partial y}\frac{\partial\varphi}{\partial\eta}\frac{\partial\psi}{\partial\xi}+\frac{\partial^2 U}{\partial y^2}\left(\frac{\partial\psi}{\partial\eta}\right)^2+\frac{\partial U}{\partial x}\frac{\partial^2\varphi}{\partial\eta^2}+\frac{\partial U}{\partial y}\frac{\partial^2\psi}{\partial\eta^2}$$

利用柯西黎曼方程

$$\frac{\partial\varphi}{\partial\xi}=\frac{\partial\psi}{\partial\eta};\frac{\partial\varphi}{\partial\eta}=-\frac{\partial\psi}{\partial\xi}$$

以及 $\varphi(\xi,\eta)$ 和 $\psi(\xi,\eta)$ 都满足拉普拉斯方程的事实，易证

$$\frac{\partial^2 U}{\partial\xi^2}+\frac{\partial^2 U}{\partial\eta^2}=\left(\frac{\partial^2 U}{\partial x^2}+\frac{\partial^2 U}{\partial y^2}\right)\left[\left(\frac{\partial\varphi}{\partial\xi}\right)^2+\left(\frac{\partial\psi}{\partial\xi}\right)^2\right]$$

或

$$\frac{\partial^2 U}{\partial \xi^2}+\frac{\partial^2 U}{\partial \eta^2}=\left(\frac{\partial^2 U}{\partial x^2}+\frac{\partial^2 U}{\partial y^2}\right)|f'(\zeta)|^2$$

考察一个特别情形

$$f(\zeta)=\frac{1}{2}(\xi+\mathrm{i}\eta)^2;f'(\zeta)=\xi+\mathrm{i}\eta$$

或

$$\varphi(\xi,\eta)=\frac{1}{2}(\xi^2-\eta^2);\psi(\xi,\eta)=\xi\eta$$

新的坐标线 $\xi=C_1$ 和 $\eta=C_2$ 在 (x,y) 平面上是抛物线[32],因此新的坐标 ξ 和 η 称为抛物线坐标. 按上法在波动方程中完成变换以后,得

$$\frac{\partial^2 U}{\partial \xi^2}+\frac{\partial^2 U}{\partial \eta^2}+k^2|f'(\zeta)|^2U=0$$

故在新的坐标系统下方程(25)改为

$$\frac{\partial^2 U}{\partial \xi^2}+\frac{\partial^2 U}{\partial \eta^2}+k^2(\xi^2+\eta^2)U=0 \tag{26}$$

现在要找这方程的形式如

$$U=X(\xi)Y(\eta)$$

的解,其中 $X(\xi)$ 只是 ξ 的函数,而 $Y(\eta)$ 只是 η 的函数.

代入式(26),然后分离变数,得

$$\frac{X''(\xi)}{X(\xi)}+k^2\xi^2=-\frac{Y''(\eta)}{Y(\eta)}-k^2\eta^2$$

因此等式两边都应等于同一个常数,我们记这个常数为 $-\beta^2$. 这样,就得到下列两方程

$$\begin{aligned}X''(\xi)+(k^2\xi^2+\beta^2)X(\xi)=0\\Y''(\eta)+(k^2\eta^2-\beta^2)Y(\eta)=0\end{aligned} \tag{27}$$

回忆埃尔米特函数满足方程(11),即

$$\psi''_n(\xi)+(2n+1-\xi^2)\psi_n(\xi)=0 \tag{28}$$

又满足公式

$$\psi_n(\xi)=\mathrm{e}^{-\frac{\xi^2}{2}}\mathrm{H}_n(\xi)=(-1)^n\mathrm{e}^{\frac{\xi^2}{2}}\frac{\mathrm{d}^n}{\mathrm{d}\xi^n}(\mathrm{e}^{-\xi^2}) \tag{29}$$

考察(27)的第一个方程,由 $\xi_1=\sqrt{\mathrm{i}k}\xi$ 引进新的变数 ξ_1 以代 ξ. 于是

$$\frac{\mathrm{d}}{\mathrm{d}\xi}=\sqrt{\mathrm{i}k}\frac{\mathrm{d}}{\mathrm{d}\xi_1};\frac{\mathrm{d}^2}{\mathrm{d}\xi^2}=\mathrm{i}k\frac{\mathrm{d}^2}{\mathrm{d}\xi_1^2}$$

代入方程(27),得到方程

$$\frac{\mathrm{d}^2X}{\mathrm{d}\xi_1^2}+\left(\frac{\beta^2}{\mathrm{i}k}-\xi_1^2\right)X=0 \tag{30}$$

若由下式决定常数 β^2，则

$$\beta_n^2=(2n+1)\mathrm{i}k$$

其中 n 是正整数或零，则方程(30) 变为方程(28). 因此对新的变数 ξ_1 而言，可取函数 X 为埃尔米特函数

$$X_n=C_n\psi_n(\xi_1)=C_n\mathrm{e}^{-\frac{\xi_1^2}{2}}\mathrm{H}_n(\xi_1)$$

或者，回到老的变数 ξ，得

$$X_n=C_n\psi_n(\sqrt{\mathrm{i}k}\xi)=C_n\mathrm{e}^{-\frac{\mathrm{i}k\xi^2}{2}}\mathrm{H}_n(\sqrt{\mathrm{i}k}\xi)$$

其中 C_n 是任意常数.

用同样的方法处理(27) 的第二个方程. 引进 $\eta_1=\mathrm{i}\sqrt{\mathrm{i}k}\eta$ 以代 η，我们可以把这第二个方程也变成(28) 的形式，并且参数 β_n 也是一样的. 回到老的变数，得

$$Y_n=D_n\psi_n(\eta_1)=D_n\mathrm{e}^{\frac{\mathrm{i}k\eta^2}{2}}\mathrm{H}_n(\mathrm{i}\sqrt{\mathrm{i}k}\eta)$$

这样，我们就得到方程(25) 的无限多个解，其形式如

$$U_n=A_n\psi_n(\sqrt{\mathrm{i}k}\xi)\psi_n(\mathrm{i}\sqrt{\mathrm{i}k}\eta)\quad(n=0,1,2,\cdots)\tag{31}$$

这些解成一完备的函数系统，和圆柱坐标下的贝塞尔函数的情形相类似. 和那里一样，我们也可以作出和汉开尔函数相当的函数来，并可借此解决关于抛物柱面的绕射问题.

160. 拉盖尔多项式

在[115] 中我们求方程

$$x\frac{\mathrm{d}^2y}{\mathrm{d}x^2}+(s+1-x)\frac{\mathrm{d}y}{\mathrm{d}x}+\mu y=0\tag{32}$$

的解而得到广义拉盖尔多项式(以后简称拉盖尔多项式 —— 译者).

由[115] 的(218)，(219) 和(222) 诸式可知若 μ 取数值 $\mu_n=n$，则方程(32) 有 n 次多项式的解，这解恰为拉盖尔多项式，其表示式如下

$$Q_n^{(s)}(x)=x^{-s}\mathrm{e}^x\frac{\mathrm{d}^n}{\mathrm{d}x^n}(x^{s+n}\mathrm{e}^{-x})\tag{33}$$

这样，拉盖尔多项式是方程

$$x\frac{\mathrm{d}^2y_n}{\mathrm{d}x^2}+(s+1-x)\frac{\mathrm{d}y_n}{\mathrm{d}x}+ny_n=0\tag{34}$$

的解，其中 s 常设为大于 -1 的实数.

回忆(32) 中的自变数 x 只和向径相差一个常数因子，由此可知这自变数的基本变动区间为$(0,+\infty)$. 拉盖尔多项式与埃尔米特多项式完全相类似，只是它们的基本区间不是$(-\infty,+\infty)$ 而是$(0,+\infty)$. 与埃尔米特函数类似，[115]

的式(216) 定义了拉盖尔函数

$$\omega_n^{(s)}(x)=\mathrm{e}^{-\frac{x}{2}}x^{\frac{s}{2}}Q_n^{(s)}(x)=x^{-\frac{s}{2}}\mathrm{e}^{\frac{x}{2}}\frac{\mathrm{d}^n}{\mathrm{d}x^n}(x^{s+n}\mathrm{e}^{-x}) \tag{35}$$

由[115] 的(213) 和式(222) 知道这些函数是方程

$$\frac{\mathrm{d}}{\mathrm{d}x}\left[x\frac{\mathrm{d}w}{\mathrm{d}x}\right]+\left(\lambda_n-\frac{x}{4}-\frac{s^2}{4x}\right)w=0 \tag{36}$$

的解,其中

$$\lambda_n=\frac{s+1}{2}+n \tag{37}$$

如常,容易导出这些函数的正交性

$$\int_0^{\infty}\omega_m^{(s)}(x)\omega_n^{(s)}(x)\mathrm{d}x=0\quad(m\neq n) \tag{38}$$

或由(35) 有

$$\int_0^{\infty}x^s\mathrm{e}^{-x}Q_m^{(s)}(x)Q_n^{(s)}(x)\mathrm{d}x=0\quad(m\neq n) \tag{39}$$

现在要计算当 $m=n$ 时积分(39) 的数值.由拉盖尔多项式的定义有

$$\mathrm{I}_n=\int_0^{\infty}x^s\mathrm{e}^{-x}[Q_n^{(s)}(x)]^2\mathrm{d}x=\int_0^{\infty}Q_n^{(s)}(x)\frac{\mathrm{d}^n}{\mathrm{d}x^n}(x^{s+n}\mathrm{e}^{-x})\mathrm{d}x$$

施行分部积分,得

$$\mathrm{I}_n=Q_n^{(s)}(x)\frac{\mathrm{d}^{n-1}}{\mathrm{d}x^{n-1}}(x^{s+n}\mathrm{e}^{-x})\Big|_{x=0}^{x=\infty}-\int_0^{\infty}\frac{\mathrm{d}Q_n^{(s)}(x)}{\mathrm{d}x}\frac{\mathrm{d}^{n-1}(x^{s+n}\mathrm{e}^{-x})}{\mathrm{d}x^{n-1}}\mathrm{d}x$$

和埃尔米特多项式的情形一样,积分出来的项等于零.施行多次分部积分以后,可得

$$\mathrm{I}_n=(-1)^n\int_0^{\infty}x^{s+n}\mathrm{e}^{-x}\frac{\mathrm{d}^nQ_n^{(s)}(x)}{\mathrm{d}x^n}\mathrm{d}x$$

但$\dfrac{\mathrm{d}^nQ_n^{(s)}(x)}{\mathrm{d}x^n}$是 $n!$ 与多项式 $Q_n^{(s)}(x)$ 中最高次项系数的乘积.应用莱布尼兹公式于式(33) 中的导数,易见这最高次项的系数等于$(-1)^n$,因此

$$\mathrm{I}_n=n!\int_0^{\infty}x^{s+n}\mathrm{e}^{-x}\mathrm{d}x$$

回忆函数 $\Gamma(z)$ 的定义,知

$$\mathrm{I}_n=\int_0^{\infty}x^s\mathrm{e}^{-x}[Q_n^{(s)}(x)]^2\mathrm{d}x=n!\ \Gamma(s+n+1) \tag{40}$$

和埃尔米特多项式的情形一样,也可以考察任意函数 $f(x)$ 在区间 $(0,+\infty)$ 中按照拉盖尔多项式展开的级数.

现在要寻求拉盖尔多项式的母函数.对式(33) 中函数 $x^{s+n}\mathrm{e}^{-x}$ 的 n 阶导数应用柯西公式,可得

$$x^s\mathrm{e}^{-x}Q_n^{(s)}(x)=\frac{n!}{2\pi\mathrm{i}}\int_{l_x}\frac{z^{s+n}\mathrm{e}^{-z}}{(z-x)^{n+1}}\mathrm{d}z$$

其中 l_x 是环绕 $z=x$ 这点的小的闭线路. 注意:函数 $z^{s+n}e^{-z}$ 为全平面正则,但若 s 非整数,则以 $z=0$ 为支点. 引进另一积分变数 t 以代 z,则

$$t=\frac{z-x}{z},z=\frac{x}{1-t}=\frac{xt}{1-t}+x$$

代入积分之中,然后约去等式两边的 $x^s e^{-x}$,得

$$\frac{1}{n!}Q_n^{(s)}(x)=\frac{1}{2\pi i}\int_{l_0}e^{-\frac{xt}{1-t}}\frac{1}{(1-t)^{s+1}}\frac{dt}{t^{n+1}}$$

其中 l_0 是环绕 $t=0$ 的小的闭线路.

由此可知 $\frac{1}{n!}Q_n^{(s)}(x)$ 是函数

$$e^{-\frac{xt}{1-t}}\frac{1}{(1-t)^{s+1}}$$

按 t 的幂展开为麦克劳临级数时 t^n 的系数,即

$$e^{-\frac{xt}{1-t}}\cdot\frac{1}{(1-t)^{s+1}}=\sum_{n=0}^{+\infty}\frac{1}{n!}Q_n^{(s)}(x)t^n \tag{41}$$

由这个公式容易导出拉盖尔多项式所满足的一些简单的关系式. 关于 x 微分式(41) 的两边,得

$$-e^{-\frac{xt}{1-t}}\cdot\frac{1}{(1-t)^{s+2}}=\sum_{n=0}^{+\infty}\frac{1}{n!}\frac{dQ_n^{(s)}(x)}{dx}t^n$$

或

$$-\sum_{n=0}^{+\infty}\frac{1}{n!}Q_n^{(s+1)}(x)t^{n+1}=\sum_{n=0}^{+\infty}\frac{1}{n!}\frac{dQ_n^{(s)}(x)}{dx}t^n$$

比较 t^n 的系数,得

$$\frac{dQ_n^{(s)}(x)}{dx}=-nQ_{n-1}^{(s+1)}(x) \tag{42}$$

完全类似的关于 t 微分式(41) 的两边,可得关系式

$$xQ_n^{(s)}(x)=(n+s)Q_n^{(s-1)}(x)-Q_{n+1}^{(s-1)}(x) \tag{43}$$

最后,若以 $1-t$ 乘式(41) 的两边,则可得关系式

$$Q_n^{(s-1)}(x)=Q_n^{(s)}(x)-nQ_{n-1}^{(s)}(x) \tag{44}$$

人们有时常代替多项式 $Q_n^{(s)}(x)$ 而考察多项式 $\frac{1}{n!}Q_n^{(s)}(x)$.

对式(33) 应用若干次的罗尔定理,可以证明 $Q_n^{(s)}(x)$ 的所有的零点都是互不相同的实数,且位于区间$(0,+\infty)$ 的内部.

161. 埃尔米特多项式与拉盖尔多项式间的关系

埃尔米特多项式可以借拉盖尔多项式 $Q_n^{(s)}(x)$ 简单地表示出来. 当 $s=-\frac{1}{2}$

时，$Q_n^{(s)}(x)$ 是方程

$$x\frac{\mathrm{d}^2 y_n}{\mathrm{d}x^2}+\left(\frac{1}{2}-x\right)\frac{\mathrm{d}y_n}{\mathrm{d}x}+ny_n=0 \tag{45}$$

的解．借公式 $x=\xi^2$ 引进新的变数 ξ 以代 x，由此

$$\frac{\mathrm{d}}{\mathrm{d}x}=\frac{1}{2\xi}\frac{\mathrm{d}}{\mathrm{d}\xi};\frac{\mathrm{d}^2}{\mathrm{d}x^2}=\frac{1}{2\xi}\frac{\mathrm{d}}{\mathrm{d}\xi}\left(\frac{1}{2\xi}\frac{\mathrm{d}}{\mathrm{d}\xi}\right)=\frac{1}{4\xi^2}\frac{\mathrm{d}^2}{\mathrm{d}\xi^2}-\frac{1}{4\xi^3}\frac{\mathrm{d}}{\mathrm{d}\xi}$$

代入方程(45)，得

$$\frac{\mathrm{d}^2 y_n}{\mathrm{d}\xi^2}-2\xi\frac{dy_n}{\mathrm{d}\xi}+4ny_n=0 \tag{46}$$

这样，式(46)就和方程(9)符合，如果在式(9)中改为 $2n$ 的话．我们已经说过方程(9)的第二个解不会是多项式，因此可以肯定 $Q_n^{(-\frac{1}{2})}(\xi^2)$ 除一常数因子外与 $\mathrm{H}_{2n}(\xi)$ 符合，即

$$\mathrm{H}_{2n}(\xi)=C_nQ_n^{(-\frac{1}{2})}(\xi^2)$$

要决定常数 C_n，可以比较上列等式两边最高次项的系数．如[156]中所知，等式左边的最高次项系数为 2^{2n}，而由[160]知等式右边的最高次项系数等于 $(-1)^nC_n$．因此 $C_n=(-1)^n2^{2n}$，故得

$$\mathrm{H}_{2n}(\xi)=(-1)^n2^{2n}Q_n^{(-\frac{1}{2})}(\xi^2) \tag{47}$$

现在导出关于 $\mathrm{H}_{2n+1}(\xi)$ 的类似的公式．函数 $Q_n^{(-\frac{1}{2})}(x)$ 满足方程

$$x\frac{\mathrm{d}^2 y_n}{\mathrm{d}x^2}+\left(\frac{3}{2}-x\right)\frac{\mathrm{d}y_n}{\mathrm{d}x}+ny_n=0$$

再施行变换 $x=\xi^2$，即得

$$\frac{\mathrm{d}^2 y_n}{\mathrm{d}\xi^2}+\left(\frac{2}{\xi}-2\xi\right)\frac{\mathrm{d}y_n}{\mathrm{d}\xi}+4ny_n=0$$

再由 $y_n=\frac{1}{\xi}z_n$ 引进另一未知函数 z_n 以代替 y_n．关于 ξ 微分这个关系式，代入方程中，得到 z_n 所满足的方程

$$\frac{\mathrm{d}^2 z_n}{\mathrm{d}\xi^2}-2\xi\frac{\mathrm{d}z_n}{\mathrm{d}\xi}+(4n+2)z_n=0$$

这个方程与式(9)符合，若改后者之中的 n 为 $2n+1$．由以上的演算立刻可得

$$\mathrm{H}_{2n+1}(\xi)=D_n\xi Q_n^{(\frac{1}{2})}(\xi^2)$$

比较最高次项的系数，得 $D_n=(-1)^n2^{2n+1}$，由是

$$\mathrm{H}_{2n+1}(\xi)=(-1)^n2^{2n+1}\xi Q_n^{(\frac{1}{2})}(\xi^2) \tag{48}$$

162. 埃尔米特多项式的渐近表示

埃尔米特函数

$$\psi_n(x)=e^{-\frac{1}{2}x^2}H_n(x)=(-1)^n e^{\frac{1}{2}x^2}\frac{d^n}{dx^n}(e^{-x^2}) \tag{49}$$

满足方程(11)，得

$$\psi''_n(x)+(2n+1-x^2)\psi_n(x)=0 \tag{50}$$

考察足号为偶数的情形.这时有

$$\psi''_{2n}(x)+(4n+1-x^2)\psi_{2n}(x)=0 \tag{51}$$

此外，由式(24)以及 $H_{2n}(x)$ 是 x^2 的多项式的事实可得如下的初始条件

$$\psi_{2n}(0)=(-1)^n 2^n\cdot 1\cdot 3\cdot 5\cdots(2n-1);\psi'_{2n}(0)=0 \tag{52}$$

当 n 甚大时可借方程(51)与初始条件(52)得到埃尔米特多项式的渐近表示.首先，回忆方程

$$y''+k^2y=f(x) \tag{53}$$

的解在 $x=0$ 满足初始条件 $y(0)=y'(0)=0$ 者其形式如[Ⅱ,28]

$$y=\frac{1}{k}\int_0^x f(u)\sin k(x-u)du \tag{54}$$

若以下列初始条件代替刚才的零初始条件

$$y(0)=a;y'(0)=b \tag{55}$$

则应于解(54)之后再加一个满足初始条件(55)的齐次方程的解，然后始可得到满足初始条件(55)的方程(53)的解，其形式如下

$$y=a\cos kx+\frac{b}{k}\sin kx+\frac{1}{k}\int_0^x f(u)\sin k(x-u)du \tag{56}$$

回到方程(51)，将它改写为

$$\psi''_{2n}(x)+(4n+1)\psi_{2n}(x)=x^2\psi_{2n}(x)$$

现在 $k^2=4n+1,f(x)=x^2\psi_{2n}(x)$，故由式(56)得

$$\psi_{2n}(x)=\psi_{2n}(0)\cos\sqrt{4n+1}\,x+\frac{1}{\sqrt{4n+1}}\int_0^x u^2\psi_{2n}(u)\sin\sqrt{4n+1}(x-u)du \tag{57}$$

可以证明当 n 甚大时上式右边第一项是函数 $\psi_{2n}(x)$ 的主要部分.为此，可设 $x>0$ 而估计等式右边的积分.应用布弱可夫斯基不等式及式(17)的结果，可得：

$$\left|\int_0^x u^2\psi_{2n}(u)\sin\sqrt{4n+1}(x-u)du\right|\leqslant$$

$$\sqrt{\int_0^x \psi_{2n}^2(u)\,\mathrm{d}u}\sqrt{\int_0^x u^4\sin^2\sqrt{4n+1}(x-u)\,\mathrm{d}u} <$$

$$\sqrt{\int_{-\infty}^{+\infty} \psi_{2n}^2(u)\,\mathrm{d}u}\sqrt{\int_0^x u^4\,\mathrm{d}u} = \sqrt{2^{2n}(2n)!\ \sqrt{\pi}\ \frac{x^5}{5}}$$

代入式(57),得

$$\psi_{2n}(x) = \psi_{2n}(0)\cos\sqrt{4n+1}x + \frac{2^n\sqrt{(2n)!}\ \sqrt[4]{\pi}\,x^{\frac{5}{2}}}{\sqrt{5}\sqrt{4n+1}}\theta_n(x)$$

其中 $\theta_n(x)$ 是 x 的函数,满足条件

$$-1 < \theta_n(x) < +1$$

将 $\psi_{2n}(0)$ 括出,记住它的表示式(52),即得

$$\psi_{2n}(x) = \psi_{2n}(0)\left[\cos\sqrt{4n+1}x + \frac{(-1)^n\sqrt{(2n)!}\ \sqrt[4]{\pi}\,x^{\frac{5}{2}}}{\sqrt{5}\sqrt{4n+1}\cdot 1\cdot 3\cdot\cdots\cdot(2n-1)}\theta_n(x)\right] \tag{58}$$

考察这式中 $\theta_n(x)$ 前面的因子

$$\frac{\sqrt[4]{\pi}\,x^{\frac{5}{2}}}{\sqrt{5}}\cdot\frac{\sqrt{1\cdot 2\cdot 3\cdot\cdots\cdot 2n}}{1\cdot 3\cdot 5\cdot\cdots\cdot(2n-1)} = \frac{\sqrt[4]{\pi}\,x^{\frac{5}{2}}}{\sqrt{5}}\cdot\frac{\sqrt{2\cdot 4\cdot 6\cdot\cdots\cdot 2n}}{1\cdot 3\cdot 5\cdot\cdots\cdot(2n-1)}$$

若令

$$\mathrm{I}_k = \int_0^{\frac{\pi}{2}} \sin^k x\,\mathrm{d}x$$

则如[Ⅰ,100]中所知

$$\mathrm{I}_{2n} = \frac{(2n-1)(2n-3)\cdots 1}{2n(2n-2)\cdots 2}\ \frac{\pi}{2}$$

$$\mathrm{I}_{2n+1} = \frac{2n(2n-2)\cdots 2}{(2n+1)(2n-1)\cdots 3}$$

但是显然知道 $\mathrm{I}_{2n+1} < \mathrm{I}_{2n}$,即

$$\frac{2n(2n-2)\cdots 2}{(2n+1)(2n-1)\cdots 3} < \frac{(2n-1)(2n-3)\cdots 1}{2n(2n-2)\cdots 2}\cdot\frac{\pi}{2}$$

或

$$\left(\frac{2n(2n-2)\cdots 2}{(2n-1)(2n-3)\cdots 1}\right)^2 < (2n+1)\ \frac{\pi}{2}$$

从而

$$\sqrt{\frac{2\cdot 4\cdot 6\cdot\cdots\cdot 2n}{1\cdot 3\cdot 5\cdot\cdots\cdot(2n-1)}} < \frac{\sqrt[4]{\pi}}{\sqrt[4]{2}}\sqrt[4]{2n+1}$$

因此知道 $\theta_n(x)$ 的系数为

$$\frac{\sqrt{\pi}}{\sqrt[4]{50}}\sqrt{\frac{2n+1}{4n+1}}x^{\frac{5}{2}}\ \frac{1}{\sqrt[4]{4n+1}}\theta'_n$$

其中 $0<\theta'_n<1$，丢去小于 1 的因子，可将上式写成

$$x^{\frac{5}{2}}\frac{1}{\sqrt[4]{4n+1}}\theta''_n$$

其中 $0<\theta''_n<1$. 代入式(58)，即得足号为偶数的埃尔米特函数的渐近表示

$$\psi_{2n}(x)=\psi_{2n}(0)\left[\cos\sqrt{4n+1}\,x+x^{\frac{5}{2}}\frac{1}{\sqrt[4]{4n+1}}\theta'''_n(x)\right]$$

其中 $-1<\theta'''_n(x)<+1$. 因此，对于已定的 x 当 n 无限增加时方括号中的第二项极限为零. 易知 $x>0$ 的限制显然是不必要的. 添加因子 $e^{\frac{1}{2}x^2}$，可得足号为偶数的埃尔米特多项式的渐近表示

$$H_{2n}(x)=(-1)^n 2^n\cdot 1\cdot 3\cdot 5\cdot\cdots\cdot(2n-1)e^{\frac{1}{2}x^2}\left[\cos\sqrt{4n+1}\,x+O\left(\frac{1}{\sqrt[4]{n}}\right)\right]$$

当足号为奇数时同样可得

$$H_{2n+1}(x)=(-1)^n 2^{n+\frac{1}{2}}\cdot 1\cdot 3\cdot 5\cdot\cdots\cdot$$
$$(2n-1)\sqrt{2n+1}\,e^{\frac{1}{2}x^2}\left[\sin\sqrt{4n+3}\,x+O\left(\frac{1}{\sqrt[4]{n}}\right)\right]$$

在这个式子中 $O\left(\frac{1}{\sqrt[4]{n}}\right)$ 表示一个数量，当 n 无限增加时 $\sqrt[4]{n}O\left(\frac{1}{\sqrt[4]{n}}\right)$ 为有限，只要 x 限制在它的变动范围的任何有限区间之中. 注意：在三角函数的符号之下我们可以取任意的 $\sqrt{4n+\alpha}\,x$ 为自变数，其中 α 是已给的实数. 实际上我们有

$$\cos\sqrt{4n+1}\,x-\cos\sqrt{4n+\alpha}\,x=$$
$$2\sin\frac{\sqrt{4n+1}+\sqrt{4n+\alpha}}{2}x\sin\frac{\sqrt{4n+\alpha}-\sqrt{4n+1}}{2}x=$$
$$2\sin\frac{\sqrt{4n+1}+\sqrt{4n+\alpha}}{2}x\sin\frac{\alpha-1}{2(\sqrt{4n+\alpha}+\sqrt{4n+1})}x$$

若限制 x 于有限区间之内，则等式右边的乘积显然为 $O\left(\frac{1}{\sqrt[4]{n}}\right)$，因此我们可以用 $\cos\sqrt{4n+\alpha}\,x$ 代替 $\cos\sqrt{4n+1}\,x$. 对正弦函数的情形也是一样. 利用以上的计算，我们还可以把剩余项 $O\left(\frac{1}{\sqrt[4]{n}}\right)$ 更加估计得精确一些.

163. 勒让德多项式的渐近表示

用完全类似的方法可以导出当 n 甚大时勒让德多项式的渐近表示. 这多项式满足微分方程

$$(1-x^2)\mathrm{P}''_n(x)-2x\mathrm{P}'_n(x)+n(n+1)\mathrm{P}_n(x)=0$$

借 $x=\cos t$ 引进变数 t 以代 x，又以函数

$$v_n(t)=\sqrt{\sin t}\,\mathrm{P}_n(\cos t)\ 或\ \mathrm{P}_n(\cos t)=\frac{v_n(t)}{\sqrt{\sin t}} \tag{59}$$

代替 $\mathrm{P}_n(x)$，代入前方程，即得 $v_n(t)$ 所满足的方程

$$v''_n(t)+\left[n(n+1)+\frac{\frac{1}{2}-\frac{1}{4}\cos^2 t}{\sin^2 t}\right]v_n(t)=0$$

或可改写为

$$v''_n(t)+\left(n+\frac{1}{2}\right)^2 v_n(t)=-\frac{1}{4\sin^2 t}v_n(t)$$

x 所在的区间 $-1\leqslant x\leqslant +1$ 对应于 $0\leqslant t\leqslant \pi$. 今取 $t=\frac{\pi}{2}$ 为始值，它对应于 $x=0$. 考察足号为偶数的情形

$$v''_{2n}(t)+\left(2n+\frac{1}{2}\right)^2 v_{2n}(t)=-\frac{1}{4\sin^2 t}v_{2n}(t) \tag{60}$$

回忆式(59) 及

$$\mathrm{P}_{2n}(0)=(-1)^n\frac{1\cdot 3\cdot \cdots \cdot (2n-1)}{2\cdot 4\cdot \cdots \cdot 2n},P'_{2n}(0)=0$$

的事实，即得 $v_{2n}(t)$ 所应满足的初始条件

$$v_{2n}\left(\frac{\pi}{2}\right)=(-1)^n\frac{1\cdot 3\cdot \cdots \cdot (2n-1)}{2\cdot 4\cdot \cdots \cdot 2n};v'_{2n}\left(\frac{\pi}{2}\right)=0 \tag{61}$$

若丢弃方程(60) 中等号右边的项，则所得齐次方程的一般积分为

$$C_1\cos\left(2n+\frac{1}{2}\right)t+C_2\cos\left(2n+\frac{1}{2}\right)t \tag{62}$$

如此选取 C_1 和 C_2，使上式满足条件(61)，则

$$C_1\cos\left(2n+\frac{1}{2}\right)\frac{\pi}{2}+C_2\sin\left(2n+\frac{1}{2}\right)\frac{\pi}{2}=v_{2n}\left(\frac{\pi}{2}\right)$$

$$-C_1\sin\left(2n+\frac{1}{2}\right)\frac{\pi}{2}+C_2\cos\left(2n+\frac{1}{2}\right)\frac{\pi}{2}=0$$

或由公式 $\cos(n\pi+\varphi)=(-1)^n\cos\varphi$ 和 $\sin(n\pi+\varphi)=(-1)^n\sin\varphi$ 可改写为

$$C_1\cos\frac{\pi}{4}+C_2\sin\frac{\pi}{4}=(-1)^n v_{2n}\left(\frac{\pi}{2}\right);-C_1\sin\frac{\pi}{4}+C_2\cos\frac{\pi}{4}=0$$

从而

$$C_1=C_2=\frac{(-1)^n}{\sqrt{2}}v_{2n}\left(\frac{\pi}{2}\right)=(-1)^n v_{2n}\left(\frac{\pi}{2}\right)\sin\frac{\pi}{4}$$

代入式(62)，得

$$(-1)^n v_{2n}\left(\frac{\pi}{2}\right)\cos\left[\left(2n+\frac{1}{2}\right)t-\frac{\pi}{4}\right]$$

因此知道在初始条件(61) 之下方程(60) 的解是

$$v_{2n}(t)=(-1)^n v_{2n}\left(\frac{\pi}{2}\right)\cos\left[\left(2n+\frac{1}{2}\right)t-\frac{\pi}{4}\right]-$$

$$\frac{1}{\left(2n+\frac{1}{2}\right)}\int_{\frac{\pi}{2}}^{t}\frac{1}{4\sin^2 u}v_{2n}(u)\sin\left(2n+\frac{1}{2}\right)(t-u)\mathrm{d}u \tag{63}$$

其中假设 $0\leqslant x<1$ 及 $0<t\leqslant\frac{\pi}{2}$. 注意,这里我们用到如下的事实:在初始条件 $y(a)=y'(a)=0$ 之下方程(53) 的解仍为(54),但积分的下限应改为 a. [Ⅱ,28].

考察式(63) 右边的积分,利用式(59) 可得

$$K_{2n}=\int_{\frac{\pi}{2}}^{t}\frac{1}{4\sin^2 u}\sin\left(2n+\frac{1}{2}\right)(t-u)\mathrm{P}_{2n}(\cos u)\sqrt{\sin u}\,\mathrm{d}u$$

由此应用布弱可夫斯基不等式

$$K_{2n}^2\leqslant\int_{t}^{\frac{\pi}{2}}\frac{\sin^2\left(2n+\frac{1}{2}\right)(t-u)}{16\sin^4 u}\mathrm{d}u\int_{t}^{\frac{\pi}{2}}\mathrm{P}_{2n}^2(\cos u)\sin u\mathrm{d}u$$

右边第一个积分小于

$$\int_{t}^{\frac{\pi}{2}}\frac{\mathrm{d}u}{16\sin^4 u}=\beta(t)$$

其中 $\beta(t)$ 当 t 已给时有一定的有限数值,且当 $0<\varepsilon_1<t\leqslant\frac{\pi}{2}$ 时 $\beta(t)$ 为有界,这里 ε_1 是已给的正数. 第二个积分小于

$$\int_{0}^{\frac{\pi}{2}}\mathrm{P}_{2n}^2(\cos u)\sin u\mathrm{d}u=\int_{0}^{1}P_{2n}^2(x)\mathrm{d}x=\frac{1}{4n+1}$$

这样,我们就得到如下的估计

$$|K_{2n}|<\frac{\alpha(x)}{\sqrt{4n+1}}$$

其中 $\alpha(x)$ 与 n 无关,且当 $0\leqslant x<1-\varepsilon$ 时为有界,ε 是任意已给正数. 代入式(63) 得

$$v_{2n}(t)=(-1)^n v_{2n}\left(\frac{\pi}{2}\right)\cos\left[\left(2n+\frac{1}{2}\right)t-\frac{\pi}{4}\right]+\frac{\gamma(x)}{(4n+1)^{\frac{3}{2}}}$$

其中 $\gamma(x)$ 当 $0\leqslant x<1-\varepsilon$ 且 n 无限增大时为有界. 应用式(61) 的结果,得

$$v_{2n}(t)=\frac{1\cdot 3\cdot\cdots\cdot(2n-1)}{2\cdot 4\cdot\cdots\cdot 2n}\left\{\cos\left[\left(2n+\frac{1}{2}\right)t-\frac{\pi}{4}\right]+\right.$$

$$\left.(-1)^n\frac{2\cdot 4\cdot\cdots\cdot 2n}{1\cdot 3\cdot\cdots\cdot(2n-1)(4n+1)^{\frac{3}{2}}}\gamma(x)\right\}$$

利用上一段中证明过的不等式

$$\frac{2\cdot 4\cdot 6\cdot\cdots\cdot 2n}{1\cdot 3\cdot 5\cdot\cdots\cdot(2n-1)}<\frac{\sqrt{\pi}}{\sqrt{2}}\sqrt{2n+1}$$

可得

$$v_{2n}(t)=\frac{1\cdot 3\cdot\cdots\cdot(2n-1)}{2\cdot 4\cdot\cdots\cdot 2n}\left\{\cos\left[\left(2n+\frac{1}{2}\right)t-\frac{\pi}{4}\right]+\sqrt{\frac{2n+1}{4n+1}}\frac{\delta(x)}{4n+1}\right\}$$

或

$$v_{2n}(t)=\frac{1\cdot 3\cdot\cdots\cdot(2n-1)}{2\cdot 4\cdot\cdots\cdot 2n}\left\{\cos\left[\left(2n+\frac{1}{2}\right)t-\frac{\pi}{4}\right]+\frac{\eta(x)}{4n+1}\right\}$$

其中 $\delta(x)$ 和 $\eta(x)$ 是 x 的函数，当 $0\leqslant x<1-\varepsilon$ 且 n 无限增大时为有界. 以上列计算为基础我们还可以给这两函数以比较更精确的估计.

最后，由式(59)可得

$$\mathrm{P}_{2n}(\cos t)=\frac{1}{\sqrt{\sin t}}\frac{1\cdot 3\cdot\cdots\cdot(2n-1)}{2\cdot 4\cdot\cdots\cdot 2n}\left\{\cos\left[\left(2n+\frac{1}{2}\right)t-\frac{\pi}{4}\right]+O\left(\frac{1}{n}\right)\right\}\tag{64}$$

完全类似的，当足号为奇数时有

$$\mathrm{P}_{2n+1}(\cos t)=\frac{1}{\sqrt{\sin t}}\frac{1\cdot 3\cdot\cdots\cdot(2n-1)}{2\cdot 4\cdot\cdots\cdot 2n}\left\{\cos\left[\left(2n+\frac{3}{2}\right)t-\frac{\pi}{4}\right]+O\left(\frac{1}{n}\right)\right\}\tag{65}$$

以上的结果对于负数值 $x=\cos t$ 也能成立. 其中 $O\left(\frac{1}{n}\right)$ 代表一个数量，使当 x 位于区间 $-1+\varepsilon<x<1-\varepsilon$ 之内而 n 又和 x 无关地无限增大时，乘积 $nO\left(\frac{1}{n}\right)$ 仍为有界. 这里 s 是个任意小的固定正数.

我们可以把上列式子写成更简单的形式. 为此，利用华力斯公式[75]

$$\frac{\pi}{2}=\lim_{n\to\infty}\frac{2^2\cdot 4^2\cdot\cdots\cdot(2n-2)^2\cdot 2n}{1^2\cdot 3^2\cdot\cdots\cdot(2n-1)^2}$$

由此可得

$$\lim_{n\to\infty}\frac{1\cdot 3\cdot\cdots\cdot(2n-1)}{2\cdot 4\cdot\cdots\cdot 2n}\sqrt{2n}=\sqrt{\frac{2}{\pi}}$$

或

$$\frac{1\cdot 3\cdot\cdots\cdot(2n-1)}{2\cdot 4\cdot\cdots\cdot 2n}\sqrt{2n}=\sqrt{\frac{2}{\pi}}+\eta_n$$

其中 $\eta_n\to 0$ 当 $n\to\infty$. 上式即

$$\frac{1\cdot 3\cdot\cdots\cdot(2n-1)}{2\cdot 4\cdot\cdots\cdot 2n}=\sqrt{\frac{1}{n\pi}}+\frac{\eta_n}{\sqrt{2n}}$$

借此可以改写式(64)为

$$P_{2n}(\cos t)=\sqrt{\frac{1}{n\pi\sin t}}\left\{\cos\left[\left(2n+\frac{1}{2}\right)t-\frac{\pi}{4}\right]+\eta''_{2n}\right\}$$

对于式(65)亦有类似的改变.易见对任何足号常成立

$$P_{n}(\cos t)=\sqrt{\frac{1}{n\pi\sin t}}\left\{\cos\left[\left(n+\frac{1}{2}\right)t-\frac{\pi}{4}\right]+\eta''_{n}\right\} \tag{66}$$

其中 $\eta''_n\to 0$ 一致地关于 $\varepsilon<t<\pi-\varepsilon$ 中的 t,当 $n\to\infty,\varepsilon>0$.

再写一个拉盖尔多项式的渐近表示,证明从略.设 x 的区间 $0<a\leqslant x\leqslant b$ 中变动,a 和 b 是任何有限数,则成立下面的渐近公式

$$Q_n^{(s)}(x)=\pi^{-\frac{1}{2}}n^{\frac{s}{2}-\frac{1}{4}}\cdot n!\ x^{-\frac{s}{2}-\frac{1}{4}}e^{\frac{x}{2}}\left\{\cos\left(2\sqrt{n}x-\frac{s\pi}{2}-\frac{\pi}{4}\right)+O\left(\frac{1}{\sqrt{n}}\right)\right\} \tag{67}$$

Ⅳ.椭圆积分和椭圆函数

164.化椭圆积分为规范形式

从本节开始我们要研究某种复变数函数,它们和线性微分方程没有什么关系,但却有另外的来源,就是这些函数和一些不能表示为有限形式的积分,即所谓椭圆积分有密切的关系.我们从前早已提到过这种积分[Ⅰ,199],现在要开始来研究它们了.

以前我们研究过形式如

$$\int R(x,\sqrt{P(x)})\mathrm{d}x \tag{1}$$

的积分,其中 $R(x,y)$ 是 x 和 y 的有理函数,$P(x)$ 是 x 的二次式.我们知道,这种积分可以用初等函数来表示.如果 $P(x)$ 是三次或四次多项式的话,积分(1)就叫作椭圆积分.一般地,它不能表示为有限形式.但在例外的情形它仍可以用初等函数来表示.例如,若取积分

$$\int\frac{x^{2n+1}\mathrm{d}x}{\sqrt{x^4+bx^2+c}}$$

其中 n 是整数.引进新的变数 $t=x^2$,可将它化成如下形式的积分

$$\frac{1}{2}\int\frac{t^n\mathrm{d}t}{\sqrt{t^2+bt+c}}$$

我们知道这样的积分是可以用初等函数表示出来的.若 $P(x)$ 为三次或四次多

项式,而积分(1) 可以用初等函数来表示,那么它有时就叫作假椭圆积分.

现在回头来研究椭圆积分. 首先要注意:$P(x)$ 是三次多项式的情形和 $P(x)$ 是四次多项式的情形没有根本上的差别. 一种情形可以借助于积分变数的简单变换化为另一种情形去. 实际上,设 $P(x)$ 为四次多项式

$$P(x)=ax^4+bx^3+cx^2+\mathrm{d}x+e \tag{2}$$

又设 $x=x_1$ 是这多项式的一个零点. 由

$$x=x_1+\frac{1}{t} \tag{3}$$

引进另一变数 t 以代 x. 代入式(2),得

$$P(x)=a\left(x_1+\frac{1}{t}\right)^4+b\left(x_1+\frac{1}{t}\right)^3+c\left(x_1+\frac{1}{t}\right)^2+d\left(x_1+\frac{1}{t}\right)+e$$

解开括号并利用 $x=x_1$ 是多项式(2) 的零点的事实,得

$$P(x)=\frac{P_1(t)}{t^4}$$

其中 $P_1(t)$ 是 t 的三次多项式. 这样,我们可以把四次多项式的情形化为三次多项式的情形. 注意:变换(3) 实际上是把多项式(2) 的一个零点 $x=x_1$ 变为 $t=\infty$.

反过来,设 $P(x)$ 为三次多项式,则由分式线性变换

$$x=\frac{\alpha t+\beta}{\gamma t+\delta}$$

可得

$$P(x)=\frac{P_2(t)}{(\gamma t+\delta)^4}$$

其中 $P_2(t)$,一般而论,是个四次多项式.

用和[Ⅰ,199] 中完全一样的论证可以证明椭圆积分(1) 最后必可化为形式如

$$\int\frac{\varphi(x)}{\sqrt{P(x)}}\mathrm{d}x \tag{4}$$

和

$$\int\frac{\mathrm{d}x}{(x-a)^k\sqrt{P(k)}} \tag{5}$$

的积分,其中 $\varphi(x)$ 是个多项式. 首先假设 $P(x)$ 是三次多项式,现在证明上列形式的积分可以化成三种标准形式. 为此,考察积分

$$I_k=\int\frac{x^k}{\sqrt{P(x)}}\mathrm{d}x \tag{6}$$

其中 k 是个整数,正的或负的. 令

$$P(x)=ax^3+bx^2+cx+d$$

施行微分，得

$$(x^m\sqrt{P(x)})'=mx^{m-1}\sqrt{P(x)}+x^m\frac{3ax^2+2bx+c}{2\sqrt{P(x)}}=$$

$$\frac{mx^{m-1}(ax^3+bx^2+cx+d)}{\sqrt{P(x)}}+\frac{x^m(3ax^2+2bx+c)}{2\sqrt{P(x)}}$$

由此积分，利用式(6)的记号，得

$$x^m\sqrt{P(x)}+C=maI_{m+2}+mbI_{m+1}+mcI_m+mdI_{m-1}+$$

$$\frac{3a}{2}I_{m+2}+bI_{m+1}+\frac{c}{2}I_m$$

或

$$a\left(m+\frac{3}{2}\right)I_{m+2}+b(m+1)I_{m+1}+c\left(m+\frac{1}{2}\right)I_m+dmI_{m-1}=$$

$$x^m\sqrt{P(x)}+C \tag{7}$$

其中 C 是任意常数.

当 $m=0$ 和 $m=1$ 时有

$$\frac{3}{2}aI_2+bI_1+\frac{c}{2}I_0=\sqrt{P(x)}+C$$

$$\frac{5}{2}aI_3+2bI_2+\frac{3}{2}cI_1+dI_0=x\sqrt{P(x)}+C$$

借此二式可以用 I_0 和 I_1 来表示 I_2 和 I_3. 在式(7)中令 $m=2$，有

$$\frac{7}{2}aI_4+3bI_3+\frac{5}{2}cI_2+2dI_1=x^2\sqrt{P(x)}+C$$

由此又可决定 I_4，其余依次类推. 因此，对于正整数 k 所有形式如(6)的积分都可以用 I_0 和 I_1 来表示. 显然，积分(4)也具有这个性质.

现在回到积分(5). 以 $t=x-a$ 代替 x，可以化(5)为

$$I'_k=\int\frac{t^k}{\sqrt{P_1(t)}}\mathrm{d}t\quad(k=-1,-2,\cdots) \tag{8}$$

其中 $P_1(t)$ 是三次多项式，k 是负整数. 于式(7)中令 $m=-1$，得

$$\frac{1}{2}a'I'_1-\frac{1}{2}c'I'_{-1}-d'I'_{-2}=t^{-1}\sqrt{P_1(t)}+C$$

其中 a', b', c' 和 d' 是 $P_1(t)$ 中的系数.

其次，令 $m=-2$，得

$$-\frac{1}{2}a'I'_0-b'I'_{-1}-\frac{3}{2}c'I'_{-2}-2d'I'_{-3}=t^{-2}\sqrt{P_1(t)}+C$$

其余类推. 由此立刻可见所有形式如(8)的积分都可以用 I'_1, I'_0 和 I'_{-1} 来表示，即可以用

$$\int \frac{x-a}{\sqrt{P(x)}}\mathrm{d}x;\int \frac{\mathrm{d}x}{\sqrt{P(x)}};\int \frac{\mathrm{d}x}{(x-a)\sqrt{P(x)}}$$

来表示.

因此我们可以肯定:若 $P(x)$ 为三次多项式,则所有的椭圆积分都可以化成下列三种形式的积分

$$\int \frac{\mathrm{d}x}{\sqrt{P(x)}};\int \frac{x\mathrm{d}x}{\sqrt{P(x)}};\int \frac{\mathrm{d}x}{(x-a)\sqrt{P(x)}} \tag{9}$$

它们依次称为第一类,第二类和第三类的椭圆积分.

注意:纵令我们从实的积分出发,上述演算仍可给我们带来复数.例如,若多项式 $P(x)$ 的四个零点都是复数,则式(3)中的 x_1 就是复数了.同样,由于化有理分式为最简分式而将积分化成(5)的形式时,其中的 a 也可能是复数.我们不再详细说明应该如何演算才可以避免复数出现.以后我们要部分地考虑这问题.

165.化椭圆积分为勒让德形式

现在我们只研究第一类和第二类椭圆积分,并且要证明它们可以化成新的形式,其中被积分函数只包含三角函数.先看第一类积分.显然可设 $P(x)$ 中最高次项的系数等于 ± 1,则

$$P(x)=\pm x^3+bx^2+cx+d$$

首先假设这个具实系数的多项式有三个实零点 α,β 和 γ.我们当然应该假设这些根是互不相同.否则的话,多项式 $P(x)$ 必包含一个平方因子 $(x-a)^2$,它可以拿到根号外去,这样,在根号里面就只剩下一次多项式了.如果 x^3 的符号是正的,则设 α 为最小零点,如果 x^3 的符号是负的,则设 α 为最大零点.又设 β 是中间零点.由下式引进变数 φ 以代 x,则

$$x=\alpha+(\beta-\alpha)\sin^2\varphi \tag{10}$$

将这变换代入多项式

$$P(x)=\pm x^3+bx^2+cx+d=\pm(x-\alpha)(x-\beta)(x-\gamma)$$

经过简单的计算,得

$$P(x)=|\gamma-\alpha|(\beta-\alpha)^2(1-k^2\sin^2\varphi)\sin^2\varphi\cos^2\varphi$$

其中

$$k^2=\frac{\beta-\alpha}{\gamma-\alpha} \tag{11}$$

由我们选取零点的方法可知 k^2 常在 0 和 1 之间,我们常设 $k>0$.又由(10)有

$$\mathrm{d}x=2(\beta-\alpha)\sin\varphi\cos\varphi\mathrm{d}\varphi$$

由此可知

$$\frac{\mathrm{d}x}{\sqrt{P(x)}} \tag{12}$$

和

$$\frac{\mathrm{d}\varphi}{\sqrt{1-k^2\sin^2\varphi}} \tag{13}$$

只差一个常数因子.

现在证明:如果具实系数的多项式 $P(x)$ 只有一个实零点 $x=\alpha$,则我们可以得到与上面一样的结果.这时可写

$$P(x)=\pm(x-\alpha)(x^2+px+q)$$

其中具实系数的三项式 x^2+px+q 没有实零点,因此对于 x 的实数值这三项式常为正.由下式引进变数 φ 以代 x,则

$$x=\alpha\pm\sqrt{\alpha^2+p\alpha+q}\tan^2\frac{\varphi}{2} \tag{14}$$

代入前式,得

$$\pm(x-\alpha)(x^2+px+q)=(\alpha^2+p\alpha+q)^{\frac{3}{2}}(1-k^2\sin^2\varphi)\frac{\tan^2\frac{\varphi}{2}}{\cos^4\frac{\varphi}{2}}$$

其中

$$k^2=\frac{1}{2}\left(1\mp\frac{\alpha+\frac{p}{2}}{\sqrt{\alpha^2+p\alpha+q}}\right) \tag{15}$$

现在证明 k^2 是在 0 和 1 之间.为此只需证上式括号中第二项的绝对值小于 1,即证明分母的平方大于分子的平方.我们显有

$$\alpha^2+p\alpha+q=\left(\alpha+\frac{p}{2}\right)^2+\left(q-\frac{1}{4}p^2\right)$$

上式右边第二项当然是正的,因由假设,三项式 x^2+px+q 只有虚零点的缘故.因此得证

$$\alpha^2+px+q>\left(\alpha+\frac{p}{2}\right)^2$$

其次,由式(14)有

$$\mathrm{d}x=\pm\sqrt{\alpha^2+p\alpha+q}\,\frac{\tan\frac{\varphi}{2}}{\cos^2\frac{\varphi}{2}}\mathrm{d}\varphi$$

所以现在的情形下式(12)经过变换以后也只和式(13)相差一个常数因子.

因此我们看到任何实的第一类积分常可借助于实变换化成如下形式的积

分

$$\int \frac{d\varphi}{\sqrt{1-k^2\sin^2\varphi}} \quad (0<k^2<1) \tag{16}$$

现在再看第二类积分

$$\int \frac{x}{\sqrt{P(x)}}dx$$

利用前面用过的变换之一可以把这积分化成积分(16) 以及下列两种积分中的一种

$$\int \frac{\sin^2\varphi}{\sqrt{1-k^2\sin^2\varphi}}d\varphi \text{ 和} \int \frac{\tan^2\frac{\varphi}{2}}{\sqrt{1-k^2\sin^2\varphi}}d\varphi \tag{17}$$

以常数因子 k^2 乘第一个积分,可能把它写成

$$k^2\int \frac{\sin^2\varphi}{\sqrt{1-k^2\sin^2\varphi}}d\varphi = \int \frac{d\varphi}{\sqrt{1-k^2\sin^2\varphi}} - \int \sqrt{1-k^2\sin^2\varphi}\,d\varphi$$

这样,它就可化成形式如(16) 的积分以及如下形式的积分

$$\int \sqrt{1-k^2\sin^2\varphi}\,d\varphi \tag{18}$$

现在证明(17) 中的第二个积分可以化成第一个积分. 为此,可以利用下面的公式,其证明极易

$$2d\left(\tan\frac{\varphi}{2}\sqrt{1-k^2\sin^2\varphi}\right) = \left[\left(1+\tan^2\frac{\varphi}{2}\right) - 2k^2\sin^2\varphi\right]\frac{d\varphi}{\sqrt{1-k^2\sin^2\varphi}}$$

将这个等式两边积分,即得所需的结果

$$\int \frac{\tan^2\frac{\varphi}{2}}{\sqrt{1-k^2\sin^2\varphi}}d\varphi = 2\tan\frac{\varphi}{2}\sqrt{1-k^2\sin^2\varphi} + 2k^2\int \frac{\sin^2\varphi}{\sqrt{1-k^2\sin^2\varphi}}d\varphi - \int \frac{d\varphi}{\sqrt{1-k^2\sin^2\varphi}}$$

由此得见第一类和第二类的椭圆积分常可化成如下两种形式的积分

$$\int \frac{d\varphi}{\sqrt{1-k^2\sin^2\varphi}};\int \sqrt{1-k^2\sin^2\varphi}\,d\varphi \tag{19}$$

这些积分有时称为第一类和第二类椭圆积分的勒让德形式.

若以另一变数 $t=\sin\varphi$ 代替 φ,则可将(19) 的两积分改写成别的形式.

这时

$$d\varphi = \frac{dt}{\sqrt{1-t^2}}$$

因此(19) 的第一个积分变成

$$\int \frac{\mathrm{d}t}{\sqrt{(1-t^2)(1-k^2t^2)}}$$

这里根号以内的四次多项式具有特殊的形式. 如果利用自变数的一般分式线性变换

$$x=\frac{\alpha t+\beta}{\gamma t+\delta}$$

的话,我们也可以从一般形式的椭圆积分转化而得上面的特殊形式的积分.

令(19) 中积分的下限为零,上限为变数 φ,其结果可以用特别的记号来表示

$$F(k,\varphi)=\int_0^{\varphi} \frac{\mathrm{d}\varphi}{\sqrt{1-k^2\sin^2\varphi}};E(k,\varphi)=\int_0^{\varphi}\sqrt{1-k^2\sin^2\varphi}\,\mathrm{d}\varphi \tag{20}$$

若上限取 $\varphi=\frac{\pi}{2}$,则两积分只是 k 的函数,记为

$$F(k)=\int_0^{\frac{\pi}{2}} \frac{\mathrm{d}\varphi}{\sqrt{1-k^2\sin^2\varphi}};E(k)=\int_0^{\frac{\pi}{2}}\sqrt{1-k^2\sin^2\varphi}\,\mathrm{d}\varphi \tag{21}$$

通常称为第一类和第二类的全椭圆积分.

式(20) 和式(21) 中诸积分的数值都有表可查. 最早问世的是公元 1826 年出版的勒让德所作的表. 在这些表之中还有 $F(k)$ 和 $E(k)$ 的对数数值的表,当 k 取各种不同的数值时;这时我们令 $k=\sin\theta$,而 θ 以十分之一度为单位. 至于 (20) 中两积分的表则有两个数值 k 和 φ 同时在变动. 这时也令 $k=\sin\theta$,而 φ 和 θ 分别取 0° 到 90° 间的所有整数度数. 积分的数值取九位十进小数. 在 E. 蒋克和 F. 爱姆特的书《有公式和曲线的函数表》一书中也有许多椭圆积分的表.

166. 例题

1. 长度为 l,振幅为 2α 的单摆的完全振动所需的时间是

$$T=\sqrt{\frac{2l}{g}}\int_0^{\alpha}\frac{\mathrm{d}\tau}{\sqrt{\cos\tau-\cos\alpha}} \tag{22}$$

其中 g 是重力加速度. 不难将积分(22) 表示为第一类的全椭圆积分. 为此,引进常数 $k=\sin\frac{\alpha}{2}$,并借 $\sin\frac{\tau}{2}=k\sin\varphi$ 引进新的变数 φ 以代 τ. 我们有

$$\cos\tau-\cos\alpha=2\left(\sin^2\frac{\alpha}{2}-\sin^2\frac{\tau}{2}\right)=2k^2\cos^2\varphi$$

又

$$\cos\frac{\tau}{2}\mathrm{d}\tau=2k\cos\varphi\mathrm{d}\varphi \text{ 或 } \mathrm{d}\tau=\frac{2k\cos\varphi\mathrm{d}\varphi}{\sqrt{1-k^2\sin^2\varphi}}$$

最后，由 $\sin\frac{\tau}{2}=\sin\frac{\alpha}{2}\sin\varphi$ 可知 φ 应从 0 变到 $\frac{\pi}{2}$，故得

$$T=2\sqrt{\frac{l}{g}}\int_0^{\frac{\pi}{2}}\frac{\mathrm{d}\varphi}{\sqrt{1-k^2\sin^2\varphi}}=2\sqrt{\frac{l}{g}}F(k)$$

2. 考察椭圆积分

$$\int_0^{\varphi_0}\frac{\mathrm{d}\varphi}{\sqrt{1-k^2\sin^2\varphi}}$$

其中 $k^2>1$，又设上限 φ_0 是在区间 $(0,\alpha)$ 中，α 是由方程 $\sin\alpha=\frac{1}{k}$ 所决定. 由 $\sin\psi=k\sin\varphi$ 引进另一变数 ψ 以代 φ，ψ 在区间 $(0,\psi_0)$ 中变动，其中 $\sin\psi_0=k\sin\varphi_0$. 于是这个积分就变成

$$\int_0^{\psi_0}\frac{1}{k}\frac{\mathrm{d}\psi}{\sqrt{1-\frac{1}{k_2}\sin^2\psi}}$$

从而

$$\int_0^{\varphi_0}\frac{\mathrm{d}\varphi}{\sqrt{1-k^2\sin^2\varphi}}=\frac{1}{k}F\left(\frac{1}{k},\psi_0\right)$$

若上限 $\varphi_0=\alpha$，则 $\psi_0=\frac{\pi}{2}$，则(21) 得

$$\int_0^{\alpha}\frac{\mathrm{d}\varphi}{\sqrt{1-k^2\sin^2\varphi}}=\frac{1}{k}F\left(\frac{1}{k}\right)$$

完全一样的办法可以用来研究当 $k^2>1$ 时积分

$$\int_0^{\varphi_0}\sqrt{1-k^2\sin^2\varphi}\,\mathrm{d}\varphi$$

的数值. 特别地，当 $\varphi_0=\alpha$ 时有

$$\int_0^{\alpha}\sqrt{1-k^2\sin^2\varphi}\,\mathrm{d}\varphi=\frac{1}{k}F\left(\frac{1}{k}\right)+kE\left(\frac{1}{k}\right)-kF\left(\frac{1}{k}\right)$$

3. 考察积分

$$\int\frac{\mathrm{d}x}{\sqrt{1-x^4}}$$

令 $x=\cos\varphi$ 即可将它化为标准形式

$$\int\frac{\mathrm{d}x}{\sqrt{1-x^4}}=-\frac{1}{\sqrt{2}}\int\frac{\mathrm{d}\varphi}{\sqrt{1-\frac{1}{2}\sin^2\varphi}}$$

用同一变换可得

$$\int\frac{x^2\mathrm{d}x}{\sqrt{1-x^4}}=\frac{1}{\sqrt{2}}\int\frac{\mathrm{d}\varphi}{\sqrt{1-\frac{1}{2}\sin^2\varphi}}-\sqrt{2}\int\sqrt{1-\frac{1}{2}\sin^2\varphi}\,\mathrm{d}\varphi$$

4. 对于积分

$$\int \frac{\mathrm{d}x}{\sqrt{x^3+1}}$$

可以应用[165]中讲过的方法处理，即由

$$x=-1+\sqrt{3}\tan^2\frac{\varphi}{2}$$

引进变数 φ 以代 x，可得

$$\int \frac{\mathrm{d}x}{\sqrt{x^3+1}}=\frac{1}{\sqrt[4]{3}}\int \frac{\mathrm{d}\varphi}{\sqrt{1-\left(\frac{1+\sqrt{3}}{2}\right)^2\sin^2\varphi}}$$

5. 将积分

$$\int \frac{\mathrm{d}x}{\sqrt{x^4+1}} \tag{23}$$

化为最简形式的步骤较为复杂. 这时根号内的多项式可以分解为两个实的二次因子

$$x^4+1=(x^2+1)^2-(\sqrt{2}x)^2=(x^2+\sqrt{2}x+1)(x^2-\sqrt{2}x+1)$$

一般地，如果根号内的四次式的零点全部为复数或虚数，并且它可以分解为两个实因子

$$P(x)=(x^2+px+q)(x^2+p'x+q')$$

则应由下面二式决定 λ 和 μ，则

$$(p-p')\lambda=q-q'-\sqrt{(q-q')^2+(p-p')(pq'-qp')}$$

$$(p-p')\mu=q-q'+\sqrt{(q-q')^2+(p-p')(pq'-qp')}$$

然后施行变换

$$x=\frac{\lambda+\mu m\tan\varphi}{1+m\tan\varphi}$$

其中 m 是二数

$$\sqrt{\frac{\lambda^2-p\lambda+q}{\mu^2-p\mu+q}} \text{ 和 } \sqrt{\frac{\lambda^2-p'\lambda+q'}{\mu^2-p'\mu+q'}}$$

中较小的一个数.

在此情形中这个变换有如下的形式

$$x=\frac{\tan\varphi-(1+\sqrt{2})}{\tan\varphi+(1+\sqrt{2})}$$

经过这个变换以后，积分(23)变为

$$\int \frac{\mathrm{d}x}{\sqrt{x^4+1}}=\int \frac{2+\sqrt{2}}{\sqrt{\sin^4\varphi+6(3+2\sqrt{2})\sin^2\varphi\cos^2\varphi+(3+2\sqrt{2})^2\cos^4\varphi}}\mathrm{d}\varphi$$

易见等式右边根号内的式子是

$$\sin^2\varphi+(3+2\sqrt{2})^2\cos^2\varphi=(3+2\sqrt{2})^2\left(1-\frac{4\sqrt{2}}{3+2\sqrt{2}}\sin^2\varphi\right)$$

和 $\sin^2\varphi+\cos^2\varphi$ 的乘积. 这样,我们就得到积分(23) 的规范形式

$$\int\frac{\mathrm{d}x}{\sqrt{x^4+1}}=\int\frac{(2-\sqrt{2})\mathrm{d}\varphi}{\sqrt{1-\frac{4\sqrt{2}}{3+2\sqrt{2}}\sin^2\varphi}}$$

167. 椭圆积分的反演

研究过椭圆积分以后,我们现在再来解释椭圆函数的意义. 在某些方面椭圆函数和三角函数相类似,并且是它的推广. 首先,说明一件事实,就是三角函数,例如 $x=\sin u$,可以借助于所谓积分的反演而得到. 考察一个初等的积分

$$u=\int_0^x\frac{\mathrm{d}x}{\sqrt{1-x^2}}=\arcsin x \tag{24}$$

积分的值 u 是上限 x 的函数. 现在要看它的反函数,即将上限 x 视为积分的值 u 的函数. 这样,我们就得到单值正则的周期函数 $x=\sin u$. 我们说,这个函数是由积分(24) 反演而得到的. 同样,若取第一类的椭圆积分

$$u=\int_0^x\frac{\mathrm{d}x}{\sqrt{P(x)}}$$

那么将它反演的结果就得到一个解析单值函数 $x=f(u)$. 这个函数不是整函数而是分函数,并且它不是只有一个,而是有两个基本上不相同的周期. 这个问题我们以后还要详细说明. 现在只考察第一类椭圆积分的勒让德形式

$$u=\int_0^z\frac{\mathrm{d}z}{\sqrt{(1-z^2)(1-k^2z^2)}} \tag{25}$$

假设其中的 k 是实数,并且满足不等式 $0<k<1$.

在研究将上半 z 平面保角变换为 u 平面中的长方形的问题时我们已经遇见过积分(25),[37]. 现在再回忆其中的重要结果,但记号可能有些更动. 式(25) 将上半 z 平面保角变换为 u 平面中的长方形 $ABCD$. 它的一边 AB 在实轴上,顶点 A 和 B 的坐标为

$$\pm K=\pm\int_0^1\frac{\mathrm{d}z}{\sqrt{(1-z^2)(1-k^2z^2)}} \tag{26}$$

又边长

$$AB=2\int_0^1\frac{\mathrm{d}z}{\sqrt{(1-z^2)(1-k^2z^2)}}=2K \tag{27}$$

另一边 BC 的长度为

$$BC=\int_1^{\frac{1}{k}}\frac{\mathrm{d}z}{\sqrt{(z^2-1)(1-k^2z^2)}}$$

若在这个式子中借 $z=\dfrac{1}{\sqrt{1-k'^2x^2}}$ 引进新的积分变数 x 以代 z，其中 $k'^2=1-k^2$，那么经过变换以后，像对于 AB 一样，我们也可以用一个第一类全椭圆积分来表示 BC 的长

$$BC=\int_0^1\frac{\mathrm{d}x}{\sqrt{(1-x^2)(1-k'^2x^2)}}=K' \tag{28}$$

其中 k' 由下式决定

$$k^2+k'^2=1 \tag{29}$$

k 通常称为积分(25) 的模数，而 k' 称为补模数，二者之间存在关系(29).

现在要作函数(25) 的解析延拓了. 假如由上半平面到下半平面的解析延拓是经过实轴上的线段 $\left(1,\dfrac{1}{k}\right)$ 而作的，那么所得到的函数也将下半平面保角变换为一个长方形，这个长方形可由 $ABCD$ 关于边 BC 反射而得，BC 就是上述实轴上的线段 $\left(1,\dfrac{1}{k}\right)$ 的像. 同样，以后每一由一个半平面到另一半平面的解析延拓所决定的函数 u 的数值充满了 u 平面中的一个长方形，这个长方形可由前一长方形关于它的一边反射而得，这一边就是我们作解析延拓时通过的实轴上某线段的像. 这样，函数(25) 在 z 平面上所有可能的解析延拓就决定 u 平面上无数个同样的长方形所成的网，它们充满了整个 u 平面，任何两个不相重叠. 这个网如图 78 所示，其中空白的长方形和上半 z 平面对应，有余线的长方形和下半 z 平面对应. 反之，假设 $z=f(u)$ 是(25) 的反演，沿一曲线 l 作这函数的解析延拓时，我们只要注意 l 曾和长方形的那些边相交，就可得到 z 平面上由一个半平面经过对应的实轴上的线段而达另一半平面的一段段的路线. 例如，若在 u 平面中环绕长方形网的任一顶点一周，则在 z 平面上得到的 z 的终值和始值相同. 因此知道函数 $f(u)$ 是整个 u 平面上的单值解析函数.

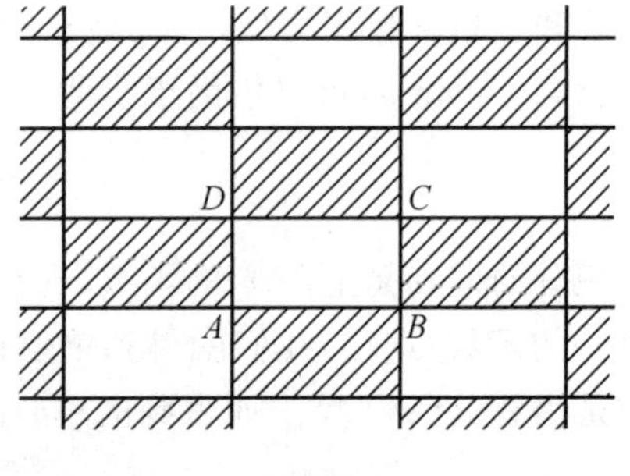

图 78

基本长方形 $ABCD$ 的边CD 的中点 $u=\mathrm{i}K'$ 和 $z=\infty$ 对应[37]，并且 $u=\mathrm{i}K'$ 的单叶邻域变为 $z=\infty$ 的单叶邻域，由此可知[23]，函数 $f(u)$ 以 $\mathrm{i}K'$ 这点为单极点. 同样，每一长方形中和 $\mathrm{i}K'$ 相当的点都是 $f(u)$ 的单极点，因此 $f(u)$ 是分函数.

最后,我们要证明 $f(u)$ 有实的周期 $4K$ 和纯虚数的周期 $\mathrm{i}2K'$. 将图 78 的长方形网中每四个有共同顶点的长方形合为一个大的长方形. 这样就得到一个大长方形所成的网,如图 79 所示. 每一大长方形中平行于实轴的边长为 $4K$,平行于虚轴的边长为 $2K'$.

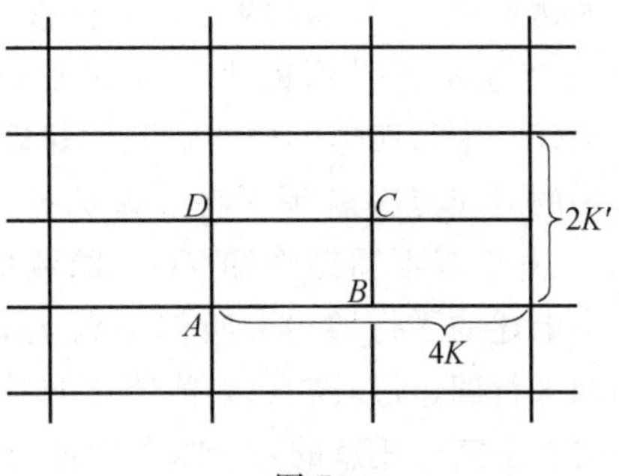

图 79

从 u 跑到 $u+4K$ 就是从 u 到 $u+\mathrm{i}2K'$ 在几何图形上就是从一个大长方形中的一点跑到邻接大长方形中的对应点. 经过这段路程以后,$f(u)$ 的数值不变. 例如(图 80) 从 u 跑到 $u+4K$ 就和先关于 BC 反射再关于 $A'D'$ 反射一样,这时在 z 平面上就是关于实轴反射两次,结果自然回到原值. 因此知道函数 $f(u)$ 有双重周期,可借下列二式表示

$$f(u+4K)=f(u)$$
$$f(u+\mathrm{i}2K')=f(u)$$

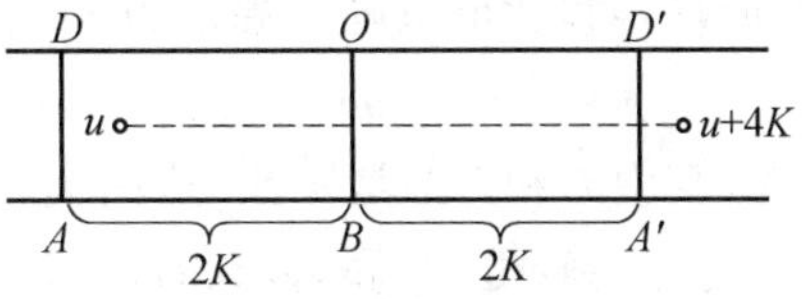

这样得到的单值函数因为在某些方面和 $\sin u$ 有相似之处,通常记为

$$z=\mathrm{sn}(u)$$

图 80

以后我们还要谈到它. 将其他的第一类椭圆积分反演我们可以得到其他的双重周期分函数. 下面要谈这种函数以及和它们有关的函数的一般理论,可能要更动以前用过的一些记号.

168. 椭圆函数的一般性质

设 ω_1 和 ω_2 是任意二复数,它们的比不是实数. 若函数 $f(u)$ 为分函数,且有两个周期 ω_1 和 ω_2,即

$$f(u+\omega_1)=f(u);f(u+\omega_2)=f(u) \tag{30}$$

对于任何的 u 都成立,则 $f(u)$ 称为椭圆函数. 有时我们也说,当变数 u 得到改变量 ω_1 或 ω_2 时函数的值不变. 从式(30) 可以导出更一般的式子

$$f(u+m_1\omega_1+m_2\omega_2)=f(u) \tag{31}$$

其中 m_1 和 m_2 是任意正的或负的整数.

下面要解释双重周期性的几何意义. 设从平面上任一点 A 引两个向量$\overrightarrow{AB}$和$\overrightarrow{AD}$,依次与复数 ω_1 和 ω_2 对应. 由假设 $\omega_2:\omega_1$ 不是实数,所以这两个向量位于不同的直线上,我们可以用它们为边作出一个平行四边形 $ABCD$ 来. 将这个

平行四边形沿 ω_1 和 ω_2 的方向平行移动，可以得到一个遮盖全平面的平行四边形的网(图81). 从任一平行四边形中的点跑到邻近平行四边形中的对应点去就等于将 u 改为 $u\pm\omega_1$ 或 $u\pm\omega_2$，由于双重周期性知 $f(u)$ 的数值不变. 每一个上述的平行四边形叫作函数 $f(u)$ 的一个周期平行四边形. 注意：如前所述的基本顶点 A 的选取是完全任意的. 例如，若取原点 O 为基本顶点，则所得平行四边形网的诸顶点的坐标为 $m_1\omega_1+m_2\omega_2$，即这些顶点的全体恰好给出函数 $f(u)$ 的周期的全体，如式(31) 所示(图82). 若取 u 平面中任一点 M，经过 M 画平行于向量 $\boldsymbol{\omega}_1$ 和 $\boldsymbol{\omega}_2$ 的直线，则从原点 O 到 M 的向量是两个向量的和，其中一个向量和 $\boldsymbol{\omega}_1$ 平行，另一个向量和 $\boldsymbol{\omega}_2$ 平行. 因此任一复数可以唯一表示为

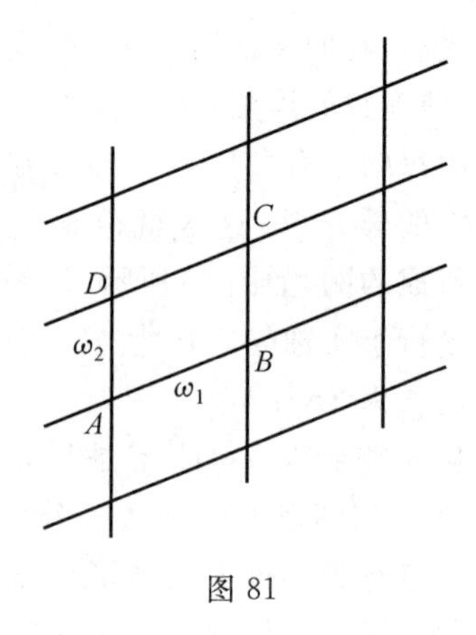

图 81

$$u=k\boldsymbol{\omega}_1+l\boldsymbol{\omega}_2$$

的形式，其中 k 和 l 都是实数. 这两个数是 u 这点的斜坐标，假如取和 ω_1 与 ω_2 对应的向量为两坐标轴上的单位向量. 上面我们用过两平行四边形中的对应点这一名词. 实际上，就是复坐标之差可以写成 $m_1\omega_1+m_2\omega_2$ 的两点，其中 m_1 和 m_2 是整数. 在这个意义下，平面上任一点必和基本平行四边形中的一点对应. 例如，若取图 82 中的平行四边形网，其基本顶点即原点，则平面上任一点 u 的坐标可以写成

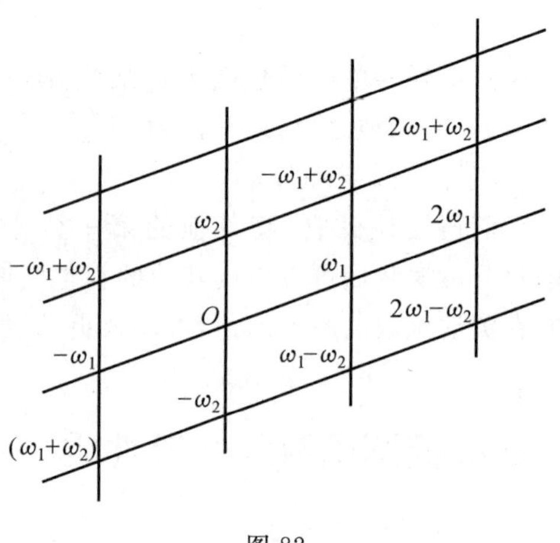

图 82

$$u=(k_1\omega_1+k_2\omega_2)+m_1\omega_1+m_2\omega_2$$

其中 k_1 和 k_2 是实数，满足条件 $0\leqslant k_1<1$ 和 $0\leqslant k_2<1$，而 m_1 和 m_2 是整数. 注意：对于第一个平行四边形我们只算它有一个顶点和从这个顶点出发的两条边. 其余的边和顶点可以由周期性而得到.

现在要说明椭圆函数的几个基本性质. 微分恒等式(31)n 次以后，得

$$f^{(n)}(u+m_1\omega_1+m_2\omega_2)=f^{(n)}(u)$$

就是说，椭圆函数的导数仍为有同样同期的椭圆函数. 其次，假设 $f(u)$ 没有极点，即 $f(u)$ 实际上不是分函数而是整函数. 它的周期平行四边形是平面中的有

限部分.在这个平行四边形中,连境界线也在内,函数为正则,当然是连续,因此必为有界,即存在一个正数 N,使得在基本周期平行四边形中 $|f(u)|<N$.在其余诸平行四边形中 $f(u)$ 的数值和基本平行四边形中的一样,因此上面的等式在全平面上成立,就是说,$f(u)$ 是个全平面为有界的整函数.由刘维尔定理知 $f(u)$ 必等于常数.于是我们得到下面的定理:

定理 1　若 $f(u)$ 为双重周期整函数,则 $f(u)$ 为常数.

由上述定理可以导出两个非常重要的推论,就是下面要说的.设 $f_1(u)$ 和 $f_2(u)$ 是两个有相同周期 ω_1 和 ω_2 的椭圆函数.又设它们在周期平行四边形中有相同的极点以及在极点的无限部分.这时差 $f_2(u)-f_1(u)$ 将是一个没有极点的双重周期函数,就是说,是个双重周期整函数.由定理1知道它应该是个常数.故得:

推论 1　若两个有相同周期的椭圆函数 $f_1(u)$ 和 $f_2(u)$ 的周期平行四边形中有相同的极点以及在极点的无限部分,那么它们只差一个常数项.

现在假设 $f_1(u)$ 和 $f_2(u)$ 在周期平行四边形中有同样的极点,其阶数亦相同,又有同样的零点,其重数亦相同,这时它们的比 $f_2(u):f_1(u)$ 在平行四边形中既无零点亦无极点,故应等于常数,即得:

推论 2　若两个有相同周期的椭圆函数 $f_1(u)$ 和 $f_2(u)$ 在周期平行四边形中有同样的极点和零点,并且极点的阶数和零点的重数也都相同,那么它们只差一个常数因子.

适当取函数 $f(u)$ 的周期平行四边形,使得函数的极点不在边界之上,考察函数 $f(u)$ 沿平行四边形周界的路积分

$$\int_{ABCD} f(u)\mathrm{d}u=\int_{AB} f(u)\mathrm{d}u+\int_{BC} f(u)\mathrm{d}u+\int_{CD} f(u)\mathrm{d}u+\int_{DA} f(u)\mathrm{d}u \quad (32)$$

考察 CD 边上的积分,引进新的积分变数 $v=u-\omega_2$ 以代 u.则在 v 平面上 CD 边处于 BA 边的位置.故由函数的周期性有

$$\int_{CD} f(u)\mathrm{d}u=\int_{BA} f(v+\omega_2)\mathrm{d}v=\int_{BA} f(v)\mathrm{d}v=-\int_{AB} f(v)\mathrm{d}v$$

就是说,式(32)右边第一项与第三项之和为零.同样可证第二项与第四项之和为零,从而

$$\int_{ABCD} f(u)\mathrm{d}u=0 \quad (33)$$

就是说,如果在平行四边形的周界上没有椭圆函数 $f(u)$ 的极点,则函数沿平行四边形周界的路积分等于零.

设 α 为一复数,使方程 $f(u)-\alpha=0$ 在平行四边形周界上没有根.应用以上的结果于椭圆函数

$$\varphi(u)=\frac{f'(u)}{f(u)-\alpha}$$

可得

$$\int_{ABCD}\frac{f'(u)}{f(u)-\alpha}\mathrm{d}u=0$$

如我们所知上面的积分表示函数 $f(u)-\alpha$ 的零点个数和极点个点之差[22]，因此，知道方程 $f(u)=\alpha$ 的根的个数等于 $f(u)-\alpha$ 的极点的个数，亦即 $f(u)$ 的极点的个数. 就是说，函数 $f(u)$ 在平行四边形内部取数值 α 与取数值 ∞ 次数相同.

在以上的证明中 α 虽为任意，但必须使方程 $f(u)=\alpha$ 在平行四边形的周界上没有根. 假如情形不是这样，那么可以将平行四边形稍稍移动，使得方程的根落在平行四边形的内部，并且 $f(u)-\alpha$ 的极点也仍旧在平行四边形的内部. 对于移动后的平行四边形而言，上面的结果成立. 易见这个结果对于原来的平行四边形也成立，只要在计算方程的根的个数时对于每一平行四边形我们算它有一个顶点和从这个顶点出发的两条边. 此外，要注意如果方程 $f(u)=\alpha$ 有一根 $u=u_0$，并且在 u_0 的附近 $f(u)$ 可以展开为

$$f(u)=\alpha+c_k(u-u_0)^k+c_{k+1}(u-u_0)^{k+1}+\cdots\quad(c_k\neq 0)$$

那么这个根应算作方程的 k 重根或是函数 $f(u)-\alpha$ 的 k 重零点. 在这种约定之下由以上的论断可得下面定理：

定理 2　椭圆函数在周期平行四边形中取任何数值(有限或无限) 的次数相同.

若 $f(u)$ 在周期平行四边形中取任何数值 m 次之多，则称为 m 阶椭圆函数. 这种函数变周期平行四边形为 m 叶的黎曼曲面. 变换的保角性只在 $f'(u)$ 的零点和 $f(u)$ 的多阶极点被破坏了. 这种 u 的数值对应于黎曼曲面上的支点.

现在证明正整数 m 不能等于 1. 实际上，由式(33) 立刻知道椭圆函数在周期平行四边形内各极点的留数之和等于零. 若 $m=1$，则函数 $f(u)$ 在平行四边形中只有一个单极点，这是和上述结果相矛盾的. 因此知道不存在一阶的椭圆函数. 以后我们要具体地造出二阶椭圆函数来. 可以证明二阶椭圆函数恰恰就是由第一类椭圆积分反演而得出的椭圆函数. 当然，也存在阶数更高的椭圆函数.

169. 基本辅助定理

考察初等函数 $\sin u$. 这是一个整函数，以 $u=k\pi(k=0,\pm1,\pm2,\cdots)$ 为单零点，它们都分布在实轴之上，相邻两点的距离等于 π. 另两个基本函数

$$\cot u=\frac{(\sin u)'}{\sin u}=\frac{\cos u}{\sin u}\text{ 和 }-(\cot u)'=\frac{1}{\sin^2 u}\tag{34}$$

则以这些点为单重和二重极点. 函数 $\sin u$ 可以表示为无穷乘积,函数(34) 则可展开为最简分数的级数. 在下一段里面我们要对以诸点

$$m_1\omega_1 + m_2\omega_2 \tag{35}$$

为单零点的整函数做完全类似的表示式,其中 ω_1 和 ω_2 是复数,它们的比不是实数,m_1 和 m_2 是任意整数.(35) 中诸点即图 82 中所绘平行四边形网的顶点. 要造出这个整函数我们可以应用魏尔斯特拉斯将整函数表示为无穷乘积的公式,但要应用这个公式时必须决定一个整数 p,使得

$$\sum_{m_1,m_2}{}' \frac{1}{|m_1\omega_1 + m_2\omega_2|^p} \tag{36}$$

为收敛级数. 求和符号右上角的一小撇表示其中没有对应于 $m_1 = m_2 = 0$ 的项. 以后如在求和符号或乘积符号的右上角遇到同样的小撇时,其意义都和现在所说的类似. 我们可以把(36) 中的和改写成

$$\sum_{m_1,m_2}{}' \frac{1}{\delta_{m_1,m_2}^p} \tag{37}$$

其中 δ_{m_1,m_2} 表示图 82 中从原点到复坐标为 $m_1\omega_1 + m_2\omega_2$ 的顶点间的距离. 假设 2δ 是这个网中从原点到非原点的顶点间的最短距离. 那么,显然,2δ 同时也是这个网中顶点与顶点之间的最短距离. 设想在图 82 中以原点为中心,n 和 $n+1$ 为半径画两个圆,其中 n 是正整数,满足条件 $n > \delta$. 设 K_n 为这两个圆周之间的闭环域. 现在要估计在 K_n 中的顶点个数.

假设这个数是 t_n,以 K_n 中每一个顶点为中心画一个半径等于 δ 的圆. 由 δ 的定义可知,这些圆互不相叠,并且它们的面积总和 $\pi\delta^2 t_n$ 小于内半径为 $n-\delta$ 外半径为 $n+1+\delta$ 的环域的圆积,即

$$\pi(n+1+\delta)^2 - \pi(n-\delta)^2 > \pi\delta^2 t_n$$

经过简单的计算可得

$$t_n < A_1 n + A_2 \quad \left(A_1 = \frac{4\delta+2}{\delta^2}, A_2 = \frac{2\delta+1}{\delta^2}\right)$$

对于 K_n 中每一个顶点而言,距离 δ_{m_1,m_2} 不会小于 n,因此级数(37) 中对应于 K_n 中诸顶点的各项的各常小于

$$\frac{A_1 n + A_2}{n^p} = \frac{A_1}{n^{p-1}} + \frac{A_2}{n^p}$$

这个估计对于级数(37) 中各项,其 δ_{m_1,m_2} 比 δ 大得相当多的,例如,$\delta_{m_1,m_2} > \delta + 1$,常能适用. 因为这时对应的顶点必定在某一环域 K_n 中,$n > \delta$. 丢掉级数(37) 中的有限项,而将其余各项以更大的数值来代替,即得这个级数的强胜级数

$$\sum_n \left(\frac{A_1}{n^{p-1}} + \frac{A_2}{n^p}\right)$$

如[Ⅰ,22]中所知,当 $p>2$ 时上面的级数收敛,特别地,当 $p=3$ 时为收敛.故得:

基本辅助定理 当 $p>2$,特别地,当 $p=3$ 时,级数(36)收敛.

170. 魏尔斯特拉斯函数

为书写方便起见,记

$$w=m_1\omega_1+m_2\omega_2 \tag{38}$$

应用基本辅助定理立刻可以作出一个以(38)中诸点为单重零点的整函数.这个函数由下式定义[69]

$$\sigma(u)=u\prod_{m_1,m_2}{}'\left(1-\frac{u}{w}\right)\mathrm{e}^{\frac{u}{w}+\frac{1}{2}\left(\frac{u}{w}\right)^2} \tag{39}$$

其中无穷乘积展布于所有的 m_1 和 m_2 的整数对,除了 $m_1=m_2=0$ 的特别情形以外.

如[68]中所已知,我们可以求这个乘积的对数导数,好像求有限乘积的对数导数一样.因为乘积中每一单独项的对数导数是

$$\frac{1}{w}+\frac{u}{w^2}-\frac{1}{w}\,\frac{1}{1-\frac{u}{w}}=\frac{1}{u-w}+\frac{1}{w}+\frac{u}{w^2}$$

所以就得到第二个函数

$$\zeta(u)=\frac{\sigma'(u)}{\sigma(u)}=\frac{1}{u}+\sum_{m_1,m_2}{}'\left(\frac{1}{u-w}+\frac{1}{w}+\frac{u}{w^2}\right) \tag{40}$$

它以(38)中诸点为单极点.这个函数由 $\sigma(u)$ 导出,恰像 $\cot u$ 之由 $\sin u$ 导出一样.注意级数

$$\sum_{m_1,m_2}{}'\frac{1}{|w|^3}$$

为收敛的事实,易证级数(40)在任何有限区域中一致收敛,如果除去其中有限个在这个区域中有极点的项以外.微分函数(40)再变其号,可得另一函数

$$\xi(u)=-\zeta'(u)=\frac{1}{u^2}+\sum_{m_1,m_2}{}'\left[\frac{1}{(u-w)^2}-\frac{1}{w^2}\right] \tag{41}$$

由 $\zeta(u)$ 导出这个新的函数恰像由 $\cot u$ 导出 $\frac{1}{\sin^2 u}$ 一样.它以诸点 w 为二阶极点.级数(41)在前述区域中亦为一致收敛[12].

现在说明上述诸函数的一些基本性质.写出 $\sigma(-u)$ 的展开式

$$\sigma(-u)=-u\prod_{m_1,m_2}{}'\left(1+\frac{u}{w}\right)\mathrm{e}^{-\frac{u}{w}+\frac{1}{2}\left(\frac{u}{w}\right)^2}$$

因为这个乘积是展示于所有的 m_1 和 m_2 的整数对，除了 $m_1=m_2=0$ 以外，故可改变等式右边 m_1 和 m_2 的符号，即改 w 为 $-w$，而不变函数的值，就得到

$$\sigma(-u)=-u\prod_{m_1,m_2}{}'\left(1-\frac{u}{w}\right)\mathrm{e}^{\frac{u}{w}+\frac{1}{2}\left(\frac{u}{w}\right)^2}=-\sigma(u)$$

就是说，$\sigma(u)$ 是个奇函数. 同样可证 $\zeta(u)$ 也是奇函数，而 $\xi(u)$ 是偶函数. 这由公式

$$\zeta(u)=\frac{\sigma'(u)}{\sigma(u)};\xi(u)=-\zeta'(u) \tag{42}$$

以及奇函数的导函数是偶函数，偶函数的导函数是奇函数的事实立刻可知. 此外，由定义诸函数的公式立刻可得

$$\left.\frac{\sigma(u)}{u}\right|_{u=0}=1;u\zeta(u)\,|_{u=0}=1;u^2\xi(u)\,|_{u=0}=1 \tag{43}$$

函数 $\sigma(u)$ 和 $\zeta(u)$ 不能有周期 ω_1 和 ω_2，因为前者是整函数，而后者在平行四边形中只有一个单极点. 现在证明函数 $\xi(u)$ 以 ω_1 和 ω_2 为周期. 为此，求它的导函数，得

$$\xi'(u)=-\frac{2}{u^3}-\sum_{m_1,m_2}{}'\frac{2}{(u-w)^3}$$

或
$$\xi'(u)=-2\sum_{m_1,m_2}\frac{1}{(u-w)^3}=-2\sum_{m_1,m_2}\frac{1}{(u-m_1\omega_1-m_2\omega_2)^3}$$

等式右边的和展示于所有的整数对 m_1 和 m_2 之上而无例外. 由此可得

$$\xi'(u+\omega_1)=-2\sum_{m_1,m_2}\frac{1}{(u_1+\omega_1-m_1\omega_1-m_2\omega_2)}=$$
$$-2\sum_{m_1,m_2}\frac{1}{[u-(m_1-1)\omega_1-m_2\omega_2]^3}$$

当 m_1 跑过所有的整数值时 m_1-1 亦如此，因此知道

$$\xi'(u+\omega_1)=\xi'(u)$$

同样可证 $\xi'(u+\omega_2)=\xi'(u)$. 故得

$$\xi'(u+\omega_k)=\xi'(u)\quad(k=1,2) \tag{44}$$

现在考虑当 u 得到改变量 ω_1 或 ω_2 以后函数 $\xi(u)$ 如何变化. 将(44)积分，得

$$\xi(u+\omega_k)=\xi(u)+C_k$$

其中 C_k 是个常数. 在这个等式中令 $u=-\frac{\omega_k}{2}$，并注意$\frac{\omega_k}{2}$ 不是 $\xi(u)$ 的极点，得

$$\xi\left(\frac{\omega_k}{2}\right)=\xi\left(-\frac{\omega_k}{2}\right)+C_k$$

因为 $\xi(u)$ 是偶函数，$\xi\left(-\frac{\omega_k}{2}\right)=\xi\left(\frac{\omega_k}{2}\right)$，从而 $C_k=0$，即

$$\xi(u+\omega_k)=\xi(u)\quad(k=1,2)\tag{45}$$

现在考察当 u 得到改变量 ω_k 时函数 $\zeta(u)$ 如何变化. 由(45) 与(42) 有

$$\zeta'(u+\omega_k)=\zeta'(u)$$

将这个式子积分,得到

$$\zeta(u+\omega_k)=\zeta(u)+\eta_k\quad(k=1,2)\tag{46}$$

其中 η_k 是常数,就是说,当 u 得到改变量 ω_k 时函数 $\zeta(u)$ 增加了一个常数项 η_k. 由式(46) 可以导出更一般的式子

$$\zeta(u+m_{\omega 1}+m_2\omega_2)=\zeta(u)+m_1\eta_1+m_2\eta_2\tag{47}$$

其中 m_1 和 m_2 是任意整数.

η_k 可以用函数 $\zeta(u)$ 的特别值来表示. 在式(46) 中令 $u=-\frac{\omega_k}{2}$,并注意 $\zeta(u)$ 是奇函数,即得

$$\eta_k=2\zeta\left(\frac{\omega_k}{2}\right)\tag{48}$$

现在回到函数 $\sigma(u)$. 由(46) 及(42) 可写

$$\frac{\sigma'(u+\omega_k)}{\sigma(u+\omega_k)}=\frac{\sigma'(u)}{\sigma(u)}+\eta_k$$

积分,得

$$\ln\sigma(u+\omega_k)=\ln\sigma(u)+\eta_k u+D_k$$

或

$$\sigma(u+\omega_k)=C_k\mathrm{e}^{\eta_k u}\sigma(u)$$

其中 $C_k=\mathrm{e}^{D_k}$ 是常数. 要决定这个常数可在上式中置 $u=-\frac{\omega_k}{2}$,则

$$\sigma\left(\frac{\omega_k}{2}\right)=C_k\mathrm{e}^{-\frac{\eta_k\omega_k}{2}}\sigma\left(-\frac{\omega_k}{2}\right)$$

但 $\sigma(u)$ 为奇函数,约去等式两边的公因子 $\sigma\left(\frac{\omega_k}{2}\right)$,即得

$$C_k=-\mathrm{e}^{\frac{\eta_k\omega_k}{2}}$$

从而

$$\sigma(u+\omega_k)=-\mathrm{e}^{\eta_k\left(u+\frac{\omega_k}{2}\right)}\sigma(u)\quad(k=1,2)\tag{49}$$

就是说,当 u 得到改变量 ω_k 时函数 $\sigma(u)$ 得到一个指数型的乘数. 代替式(49) 我们还可以得到与式(47) 类似的更一般的公式

$$\sigma(u+w)=\varepsilon\mathrm{e}^{\eta\left(u+\frac{w}{2}\right)}\sigma(u)\tag{50}$$

其中 $w=m_1\omega_1+m_2\omega_2$;$\eta=m_1\eta_1+m_2\eta_2$,又 $\varepsilon=+1$ 或 $\varepsilon=-1$ 看 m_1 和 m_2 是或不是同为偶数. 在后面一种情形下式(50) 可以立刻由式(47) 导出,恰像式(49) 可由式(46) 导出一样. 我们以后要用到的只是 $m_1=m_2=1$ 的情形.

在这一段的最后我们要导出一个联系常数 ω_k 和 η_k 的关系式.首先,确定两个周期 ω_1 和 ω_2 间的次序.考察图 81 中的基本平行四边形 $ABCD$.从它的一边 AB 到另一边 AD 是一个小于 π 的正的角度.以后我们常设开始计算这小于 π 的正角度的边 AB 对应于复数 ω_1,而计算终止的那一边 AD 对应于复数 ω_2.这时分数 $\frac{\omega_2}{\omega_1}$ 的辐角就在 0 和 π 之间,就是说,这个分数的虚数部分应该是正的.倒数 $\frac{\omega_1}{\omega_2}$ 的虚数部分显然是负的.总之,我们常常这样决定 ω_k 使得 $\frac{\omega_2}{\omega_1}$ 的虚数部分是正的.适当选取基本顶点 $A(u=u_0)$ 作平行四边形,使包含 $\zeta(u)$ 的极点在其内部.由(40)知 $\zeta(u)$ 在这个唯一的极点的留数等于 1,由留数理论的基本定理知 $\zeta(u)$ 沿平行四边形周界的积分等于 $2\pi\mathrm{i}$,即

$$\int_{u_0}^{u_0+\omega_1}\zeta(u)\mathrm{d}u+\int_{u_0+\omega_1}^{u_0+\omega_1+\omega_2}\zeta(u)\mathrm{d}u+\int_{u_0+\omega_1+\omega_2}^{u_0+\omega_2}\zeta(u)\mathrm{d}u+\int_{u_0+\omega_2}^{u_0}\zeta(u)\mathrm{d}u=2\pi\mathrm{i}$$

在第二个积分中改积分变数 u 为另一变数 $v_1=u-\omega_1$,在第三个积分中改积分变数 u 为另一变数 $v_2=u-\omega_2$,则得

$$\int_{u_0}^{u_0+\omega_1}\zeta(u)\mathrm{d}u+\int_{u_0}^{u_0+\omega_2}\zeta(v_1+\omega_1)\mathrm{d}v_1+\int_{u_0+\omega_1}^{u_0}\zeta(v_2+\omega_2)\mathrm{d}v_2+\int_{u_0+\omega_1}^{u_0}\zeta(u)\mathrm{d}u=2\pi\mathrm{i}$$

其中每一积分所在的路线皆为直线段.改变记号可以写成:

$$\int_{u_0}^{u_0+\omega_2}[\zeta(u+\omega_1)-\zeta(u)]\mathrm{d}u-\int_{u_0}^{u_0+\omega_1}[\zeta(u+\omega_2)-\zeta(u)]\mathrm{d}u=2\pi\mathrm{i}$$

由该式和式(46)立刻得到所要求的关系

$$\eta_1\omega_2-\eta_2\omega_1=2\pi\mathrm{i} \tag{51}$$

这个式子通常称为勒让德关系式.

魏尔斯特拉斯首先作出函数 $\sigma(u)$,$\zeta(u)$ 和 $\xi(u)$ 来.由它们的定义可知两个复数 ω_1 和 ω_2 可以任意选取,只要受到一个限制,即它们的比不等于实数好了.因此这些函数不仅是 u 的函数,并且也是复参数 ω_1 和 ω_2 的函数.因为这个缘故它们有时也记作

$$\sigma(u;\omega_1,\omega_2);\zeta(u;\omega_1,\omega_2);\xi(u;\omega_1,\omega_2) \tag{52}$$

171. $\xi(u)$ 所满足的微分方程

已经知道了魏尔斯特拉斯函数的基本性质以后,现在再来对函数 $\xi(u)$ 作

更详细的研究，特别地，要决定这个函数所满足的一阶微分方程. 首先，我们要求 $\xi(u)$ 在它的二阶极点 $u=0$ 邻近的展开式. 为此，回到基本公式(41) 上去. 在 $u=0$ 邻近有

$$\frac{1}{w-u}=\frac{1}{w}+\frac{u}{w^2}+\cdots+\frac{u^n}{w^{n+1}}+\cdots$$

关于 u 微分，得

$$\frac{1}{(w-u)^2}=\frac{1}{w^2}+\frac{2u}{w^3}+\cdots+\frac{(n+1)u^n}{w^{n+2}}+\cdots$$

代入式(41) 中即得 $\xi(u)$ 在 $u=0$ 邻近的展开式

$$\xi(u)=\frac{1}{u^2}+\sum_{n=1}^{+\infty}(n+1)u^n\sum_{m_1,m_2}{}'\frac{1}{w^{n+2}}$$

对于奇数的 n 上式右边关于 m_1 和 m_2 求和的级数的值为零，因为其中包含成对符号相反而数值相等的项. 因此有

$$\xi(u)=\frac{1}{u^2}+c_2u^2+c_3u^4+\cdots+c_nu^{2n-2}+\cdots \tag{53}$$

其中

$$c_n=(2n-1)\sum_{m_1,m_2}{}'\frac{1}{w^{2n}}\quad(n=2,3,\cdots) \tag{54}$$

由式(53) 出发容易求得 $\xi'^2(u)$ 和 $\xi^3(u)$ 的展开式. 显然有

$$\xi'(u)=-\frac{2}{u^3}+2c_2u+4c_3u^3+\cdots$$

$$\xi'^2(u)=\frac{4}{u^6}-\frac{8c_2}{u^2}-16c_3+\cdots$$

$$\xi^3(u)=\frac{1}{u^6}+\frac{3c_2}{u^2}+3c_3+\cdots$$

其中后二式中没有写出来的各项都含 u 的正幂. 由此可得

$$\xi'^2(u)-4\xi^3(u)+20c_2\xi(u)=-28c_3+\cdots \tag{55}$$

等式右边没有写出来的各项亦都含 u 的正幂. 因此知道 $u=0$ 并非等式左边的函数的极点. 但因函数 $\xi(u)$ 的仅有的极点即 $u=0$ 以及和 $u=0$ 相当的其他各平行四边形的顶点，所以知道式(55) 左边是一个在周期平行四边形中没有极点的椭圆函数，亦即在全平面没有极点的椭圆函数，故必等于常数. 但是该式右边当 $u=0$ 时等于 $-28c_3$，故必恒等于 $-28c_3$，即

$$\xi'^2(u)=4\xi^3(u)-20c_2\xi(u)-28c_3$$

现在引进下列记号

$$g_2=20c_2=60\sum_{m_1,m_2}{}'\frac{1}{w^4};g_3=28c_3=140\sum_{m_1,m_2}{}'\frac{1}{w^6} \tag{56}$$

总结以上的结果可得下面的定理：

定理 3 函数 $\varphi(u)$ 满足微分方程

$$\varphi'^2(u)=4\varphi^3(u)-g_2\varphi(u)-g_3 \tag{57}$$

g_2 和 g_3 称为函数 $\varphi(u)$ 的不变量.

函数 $\xi(u)$ 在以 $u=0$ 为基本顶点的周期平行四边形中只有一个二阶极点 $u=0$. 平行四边形的其他顶点我们算作是不属于这个平行四边形的,由此知道 $\xi(u)$ 是二阶椭圆函数,对任一已给复数 α 方程 $\xi(u)=\alpha$ 在周期平行四边形中有两个根.

若 $\xi(u_0)=\alpha$ 及 $\xi'(u_0)=0$,则 $u=u_0$ 至少应是方程 $\xi(u)=\alpha$ 的二重根. 但也不能高于二重,因为 $\xi(u)$ 是二阶椭圆函数. 所以在这个情形 $\xi(u)$ 只在平行四边形中一点 $u=u_0$ 取数值 α. 若 $\xi'(u_0)\neq 0$,则方程 $\xi(u)=\alpha$ 在平行四边形中有两个不同的单根. 现在研究哪一种 u 的数值可以使 $\xi'(u)=0$. 在恒等式

$$\xi'(u+\omega_k)=\xi'(u)$$

或

$$\xi'(u+\omega_1+\omega_2)=\xi'(u)$$

中令 $u=-\dfrac{\omega_k}{2}$ 或 $u=-\dfrac{\omega_1+\omega_2}{2}$,因为 $\xi'(u)$ 是奇函数,故得

$$\xi'\left(\frac{\omega_k}{2}\right)=0 \quad (k=1,2) \text{ 和 } \xi'\left(\frac{\omega_1+\omega_2}{2}\right)=0 \tag{58}$$

就是说,$\xi'(u)$ 在两边的中点以及平行四边形对角线的中点等于零. 考察函数 $\xi(u)$ 在这些点的数值,设

$$\xi\left(\frac{\omega_1}{2}\right)=e_1,\xi\left(\frac{\omega_1+\omega_2}{2}\right)=e_2,\xi\left(\frac{\omega_2}{2}\right)=e_3 \tag{59}$$

每一个方程 $\xi(u)=e_k$ 在对应的点都有二重根. 因 $\xi(u)$ 是二阶椭圆函数,故知诸数 e_k 互不相同.

现在回到式(57). 这个式子的右边是 $\xi(u)$ 的三次式. 令 $u=\dfrac{\omega_k}{2}$ 或 $u=\dfrac{\omega_1+\omega_2}{2}$,可知这个三次式当 $\xi(u)=e_k$ 时其值为零,由于这时等式左边等于零的缘故. 这样,将三次式分解因子,可以改写式(57)为

$$\xi'^2(u)=4[\xi(u)-e_1][\xi(u)-e_2][\xi(u)-e_3] \tag{60}$$

比较(57)和(60)两式的右边,得到诸数 e_k 和不变量 g_2 与 g_3 之间的关系

$$e_1+e_2+e_3=0,e_1e_2+e_2e_3+e_3e_1=-\frac{1}{4}g_2,e_1e_2e_3=\frac{1}{4}g_3 \tag{61}$$

若令 $x=\xi(u)$,则方程(57)可以改写成

$$\left(\frac{\mathrm{d}x}{\mathrm{d}u}\right)^2=4x^3-g_2x-g_3$$

当 $u=0$ 时 $x=\infty$,故将上式分离变数然后积分,即得

$$u=\int_{\infty}^{x}\frac{\mathrm{d}x}{\sqrt{4x^3-g_2x-g_3}} \tag{62}$$

就是说,函数 $\xi(u)$ 可以由第一类椭圆积分(62) 反演而得到. 反过来,可以证明对于任意选取的常数 g_2 和 g_3,只要根据里面的三次式没有重根,积分(62) 的反演常为证魏尔斯特拉斯函数 $\xi(u)$.

还可以证明任周期为 ω_1 和 ω_2 的椭圆函数必定是 $\xi(u)$ 和 $\xi'(u)$ 的有理函数,因此也就得知:$\xi'(u)$ 和 $\xi(u)$ 的有理函数的全体就是以 ω_1 和 ω_2 为周期的椭圆函数的全体.

172. 函数 $\sigma_k(u)$

由式(60) 知道该式右边的乘积是单值解析函数 $\xi'(u)$ 的完全平方. 现在要证明其中的每一个因子 $\xi(u)-e_k$ 也都是完全平方. 这和三角函数的情形完全相类似

$$(\cos u)'^2=\sin^2 u=(1-\cos u)(1+\cos u)$$

而等式右边每一个因子也是单值解析函数的完全平方

$$1-\cos u=2\sin^2\frac{u}{2} \text{ 和 } 1+\cos u=2\cos^2\frac{u}{2}$$

要证明 $\xi(u)-e_k$ 都是完全平方,我们先导出一个辅助公式. 考察一个 u 的函数

$$\xi(u)-\xi(v) \tag{63}$$

它在以 $u=0$ 为基本顶点的平行四边形中有一个二阶极点 $u=0$. 因为 $\xi(u)$ 是偶函数,(63) 的零点是平行四边形中复坐标为 $u=\pm v$ 的点,严格地说,是平行四边形中和 $\pm v$ 相差等于周期的点. 如果这种点之中有等于半周期的,那么上式两点就合为一个二重点. 与函数(63) 同时我们再来研究函数

$$f(u)=\frac{\sigma(u-v)\sigma(u+v)}{\sigma^2(u)} \tag{64}$$

首先证明 $f(u)$ 也以 ω_1 和 ω_2 为周期. 实际上,由(49) 有

$$f(u+\omega_k)=\frac{\sigma(u-v+\omega_k)\sigma(u+v+\omega_k)}{\sigma^2(u+\omega_k)}=$$

$$\frac{\mathrm{e}^{\eta_k\left(u-v+\frac{\omega_k}{2}\right)}\sigma(u-v)\mathrm{e}^{\eta_k\left(u+v+\frac{\omega_k}{2}\right)}\sigma(u+v)}{\mathrm{e}^{2\eta_k\left(u+\frac{\omega_k}{2}\right)}\sigma^2(u)}=$$

$$\frac{\sigma(u-v)\sigma(u+v)}{\sigma^2(u)}=f(u)$$

这就证明了 $f(u)$ 是以 ω_1 和 ω_2 为周期. 由式(64) 立刻知道 $f(u)$ 在基本平行四

边形中有二重极点 $u=0$ 和两个零点,它们是平行四边形中与 $\pm v$ 相差等于周期的点.实际上,我们知道这是因为函数 $\sigma(u)$ 只以诸点 $w=m_1\omega_1+m_2\omega_2$ 为单零点的缘故.这样,函数(63)和(64)同以 ω_1 和 ω_2 为周期,在基本平行四边形中有相同的极点和零点,并且阶数也相同,因此它们只差一个常数因子[168]

$$\xi(u)-\xi(v)=C\frac{\sigma(u-v)\sigma(u+v)}{\sigma^2(u)}$$

要决定常数 C 可以用 u^2 乘等式两边,然后再令 $u=0$,则

$$u^2\xi(u)-u^2\xi(u)\big|_{u=0}=\left.\frac{C\sigma(u-v)\sigma(u+v)}{\left[\frac{\sigma(u)}{u}\right]^2}\right|_{u=0}$$

由式(43)得

$$1=C\sigma(-v)\sigma(v)=-C\sigma^2(v)$$

于是得到我们所求的公式

$$\xi(u)-\xi(v)=-\frac{\sigma(u-v)\sigma(u+v)}{\sigma^2(v)\sigma^2(u)} \tag{65}$$

要证明 $\xi(u)-e_k$ 是完全平方,我们只要在式(65)中令

$$v=\frac{\omega_1}{2},v=\frac{\omega_1+\omega_2}{2}\text{ 和 }v=\frac{\omega_2}{2}$$

例如

$$\xi(u)-e_1=\xi(u)-\xi\left(\frac{\omega_1}{2}\right)=-\frac{\sigma\left(u-\frac{\omega_1}{2}\right)\sigma\left(u+\frac{\omega_1}{2}\right)}{\sigma^2\left(\frac{\omega_1}{2}\right)\sigma^2(u)} \tag{66}$$

或由式(49)有

$$\sigma\left(u+\frac{\omega_1}{2}\right)=\sigma\left(u-\frac{\omega_1}{2}+\omega_1\right)=-e^{\eta_1\left(u-\frac{\omega_1}{2}+\frac{\omega_1}{2}\right)}\sigma\left(u-\frac{\omega_1}{2}\right)$$

即

$$\sigma\left(u+\frac{\omega_1}{2}\right)=-e^{\eta_1 u}\sigma\left(u-\frac{\omega_1}{2}\right) \tag{67}$$

故式(66)可以改写为

$$\xi(u)-e_1=e^{\eta_1 u}\frac{\sigma^2\left(u-\frac{\omega_1}{2}\right)}{\sigma^2\left(\frac{\omega_1}{2}\right)\sigma^2(u)}$$

$$\xi(u)-e_1=\left[\frac{e^{\frac{1}{2}\eta_1 u}\sigma\left(\frac{\omega_1}{2}-u\right)}{\sigma\left(\frac{\omega_1}{2}\right)\sigma(u)}\right]^2$$

其余两个式子可以完全类似地得出来.这样,我们就将 $\xi(u)-e_k$ 表示为两

个整函数的商的平方

$$\xi(u)-e_k=\left[\frac{\sigma_k(u)}{\sigma(u)}\right]^2 \tag{68}$$

其中

$$\begin{cases}\sigma_1(u)=\mathrm{e}^{\frac{1}{2}\eta_1 u}\dfrac{\sigma\left(\dfrac{\omega_1}{2}-u\right)}{\sigma\left(\dfrac{\omega_1}{2}\right)}\\ \sigma_2(u)=\mathrm{e}^{\frac{1}{2}(\eta_1+\eta_2)u}\dfrac{\sigma\left(\dfrac{\omega_1+\omega_2}{2}-u\right)}{\sigma\left(\dfrac{\omega_1+\omega_2}{2}\right)}\\ \sigma_3(u)=\mathrm{e}^{\frac{1}{2}\eta_2 u}\dfrac{\sigma\left(\dfrac{\omega_2}{2}-u\right)}{\sigma\left(\dfrac{\omega_2}{2}\right)}\end{cases} \tag{69}$$

下面讲几点函数 $\sigma_k(u)$ 的性质.这些函数显然是整函数,令 $u=0$,得

$$\sigma_k(0)=1\quad(k=1,2,3) \tag{70}$$

改写式(67)为

$$\sigma\left(\frac{\omega_1}{2}-u\right)=\mathrm{e}^{-\eta_1 u}\sigma\left(\frac{\omega_1}{2}+u\right)$$

代入式(69)的第一式,得

$$\sigma_1(u)=\mathrm{e}^{-\frac{1}{2}\eta_2 u}\frac{\sigma\left(\dfrac{\omega_1}{2}+u\right)}{\sigma\left(\dfrac{\omega_1}{2}\right)}=\sigma_1(-u)$$

对于另外两个 $\sigma_k(u)$ 也有同样的情形,就是说,$\sigma_k(u)$ 是偶函数.

将式(68)代入式(60)的右边,开方,得

$$\xi'(u)=\pm 2\frac{\sigma_1(u)\sigma_2(u)\sigma_3(u)}{\sigma^3(u)}$$

要决定上式中的符号,可以用 u^3 乘等式两边,再令 $u=0$.由展开式

$$\xi'(u)=-\frac{2}{u^3}+2c_2u+4c_3u^3+\cdots$$

以及(70)和式(43)易知前式右边应取负号,即

$$\xi'(u)=-2\frac{\sigma_1(u)\sigma_2(u)\sigma_3(u)}{\sigma^3(u)} \tag{71}$$

173. 周期整函数的展开式

整函数 $\sigma(u)$ 根本没有周期.以后我们要证明,给它附上指数型的乘数以后可以变为一个有周期的整函数.现在我们先研究一般的周期整函数,并求其展开式.这个展开式具幂级数或傅里叶级数的形式[参考 119].

假设整函数 $\xi(u)$ 有周期 ω,即对任何复数 u 有

$$\xi(u+\omega)=\xi(u) \tag{72}$$

从原点引向量 ω,再画两条直线和这个向量垂直,分别通过它的起点和终点(图 83).这两条直线作成函数 $\xi(u)$ 的周期带.直线 CD 可以由直线 AB 经过变换 $u'=u+\omega$ 而得到.作变换 $\tau=\dfrac{u\cdot 2\pi\mathrm{i}}{\omega}$,则上述 u 平面中的周期带变为 $\tau=\tau_1+\mathrm{i}\tau_2$ 平面中由直线 $\tau_2=0$ 和 $\tau_2=2\pi$ 所围成的带域.如果我们再作变换

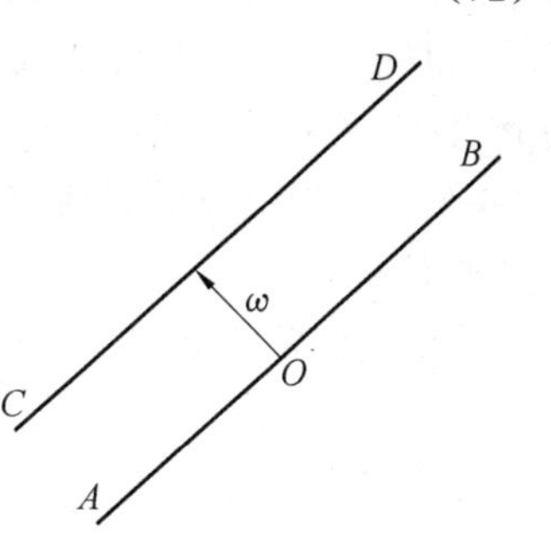

图 83

$$\zeta=\mathrm{e}^{\tau}=\mathrm{e}^{\frac{2\pi\mathrm{i}u}{\omega}}$$

那么这个 τ 平面中的带域就变为 ζ 平面的全部,除了 $\zeta=0$[19] 以及沿正实轴的割线.割线的两岸和原来 u 平面中带域的两境界直线相对应,割线两岸上位置相同的点对应于带域的境界直线上满足关系 $u'=u+\omega$ 的两点.由式(72)知道函数在割线两岸上位置相同的点取相同的数值,因此它的任何阶导数亦是如此,简言之,即函数不仅在具有割线的 ζ 平面中为正则单值,它根本在整个 ζ 平面中除了 $\zeta=0$ 这个点以外为正则单值.因此,它在这平面上就可展开为洛朗级数

$$\varphi(u)=\sum_{n=-\infty}^{+\infty}a_n\zeta^n=\sum_{n=-\infty}^{+\infty}a_n\mathrm{e}^{\frac{2\pi\mathrm{i}u}{\omega}n} \tag{73}$$

这样,就得到下面的定理.

定理 4　任一周期为 ω 的整函数 $\varphi(u)$ 可以在全平面上用级数来表示

$$\varphi(u)=\sum_{n=-\infty}^{+\infty}a_n\mathrm{e}^{\frac{2\pi\mathrm{i}u}{\omega}n} \tag{74}$$

上面的级数显然在平面中的任何有限部分为一致收敛.如果将其中与绝对值相同而符号相反的 n 对应的每两项并在一起,并应用欧拉公式,即得函数 $\varphi(u)$ 的三角级数表示式

$$\varphi(u)=a_0+\sum_{n=1}^{+\infty}\left(a'_n\cos\frac{2\pi un}{\omega}+b'_n\sin\frac{2\pi un}{\omega}\right) \tag{75}$$

其中

$$a'_n = a_n + a_{-n}; b'_n = \mathrm{i}(a_n - a_{-n}) \quad (n=1,2,\cdots) \tag{76}$$

174. 新的记号

要详细叙述椭圆函数的理论必须经过许多式子的演算，这些式子的演算在应用椭圆函数的时候也是必不可少的. 可惜许多数学家在写作的时候没有采用统一的记号. 我们这里只谈最基本的理论，不准备引进许多在椭圆函数论中常常是很有用的公式. 虽然如此，以后我们还是要遇到比现在更复杂的式子演算. 为此，我们将采用一些记号，它们主要是由雅可比首创，后来又在虎维兹的书《函数的一般理论与椭圆函数》中系统地被引用. 以下几段里面所讲的都取材于这本书中.

以后我们常会遇到 ω_1 和 ω_2 的一半，为了避免分数起见，改记

$$\omega_1 = 2\omega, \omega_2 = 2\omega' \tag{77}$$

与此对应改记

$$\eta_1 = 2\eta, \eta_2 = 2\eta' \tag{78}$$

建造以后要用的许多函数的基本元素不是 ω_1 和 ω_2 自己，好像对于函数 $\xi(u)$ 一般，而是它们的比

$$\tau = \frac{\omega_2}{\omega_1} = \frac{\omega'}{\omega} \tag{79}$$

或是与这个比密切相关的另一数量

$$h = \mathrm{e}^{\mathrm{i}\pi\tau} \tag{80}$$

变数 u 也将被另外两个变数

$$v = \frac{u}{2\omega}, z = \mathrm{e}^{\mathrm{i}\pi v} = \mathrm{e}^{\frac{\mathrm{i}\pi u}{2\omega}} \tag{81}$$

所代替.

以上的这些记号关于 ω 和 ω' 是非对称的，就是说，ω 和 ω' 在这些记号中将起不同的作用. 和从前一样，我们常假设在比值 $\frac{\omega'}{\omega}$ 中 i 的系数是正的，即若令 $\frac{\omega'}{\omega} = r + \mathrm{i}s$，则 $s > 0$，从而

$$|h| = \mathrm{e}^{-\pi s} < 1 \tag{82}$$

对于这样选取的 ω_1 和 ω_2 勒让德关系式(51) 成立，它在新的记号下改为下面的形式

$$\eta\omega' - \eta'\omega = \frac{1}{2}\pi\mathrm{i} \tag{83}$$

注意:由上面采用的这些记号容易得到下列几个关系.由式(81)有

$$\frac{u+\omega}{2\omega}=v+\frac{1}{2},\frac{u+2\omega}{2\omega}=v+1,\mathrm{e}^{\mathrm{i}\pi\left(v+\frac{1}{2}\right)}=\mathrm{i}z,\mathrm{e}^{\mathrm{i}\pi(v+1)}=-z$$

同样

$$\frac{u+\omega'}{2\omega}=v+\frac{\tau}{2},\frac{u+2\omega'}{2\omega}=v+\tau,\mathrm{e}^{\mathrm{i}\pi\left(v+\frac{\tau}{2}\right)}=h^{\frac{1}{2}}z,\mathrm{e}^{\mathrm{i}\pi(v+\tau)}=hz$$

就是说,例如,u 得到改变量 ω 相当于 v 得到改变量 $\frac{1}{2}$,或是用 i 乘 z;u 得到改变量 ω' 相当于 v 得到改变量 $\frac{\tau}{2}$,或是用 $h^{\frac{1}{2}}$ 乘 z.还要注意,我们常定义 h^{ρ} 和 z^{ρ} 的值为 $\mathrm{e}^{\mathrm{i}\pi\tau\rho}$ 和 $\mathrm{e}^{\mathrm{i}\pi v\rho}$.

175.函数 $\vartheta_1(v)$

在新记号之下函数 $\sigma(u)$ 的基本性质具如下的形式

$$\sigma(u+2\omega)=-\mathrm{e}^{2\eta(u+\omega)}\sigma(u);\sigma(u+2\omega')=-\mathrm{e}^{2\eta'(u+\omega')}\sigma(u) \tag{84}$$

给 $\sigma(u)$ 乘上一个指数型的乘数,得

$$\varphi(u)=\mathrm{e}^{au^2+bu}\sigma(u) \tag{85}$$

适当选取 a 和 b 可使函数 $\varphi(u)$ 具有周期 2ω.由(84)有

$$\begin{aligned}\varphi(u+2\omega)= & -\mathrm{e}^{a(u+2\omega)^2+b(u+2\omega)+2\eta(u+\omega)}\sigma(u)= \\ & -\mathrm{e}^{4a\omega u+4a\omega^2+2b\omega+2\eta(u+\omega)}\mathrm{e}^{au^2+bu}\sigma(u)\end{aligned}$$

或

$$\frac{\varphi(u+2\omega)}{\varphi(u)}=-\mathrm{e}^{2(2a\omega+\eta)(u+\omega)+2b\omega} \tag{86}$$

同样可得

$$\frac{\varphi(u+2\omega')}{\varphi(u)}=-\mathrm{e}^{2(2a\omega'+\eta')(u+\omega')+2b\omega'} \tag{87}$$

式(86)右边指数上是 u 的一次式.要使得右边对于任何的 u 常等于1,必须在指数上 u 的系数等于零,而常数项等于 $k\pi\mathrm{i}$,其中 k 是奇数.因此我们可以取

$$a=-\frac{\eta}{2\omega},b=\frac{\pi\mathrm{i}}{2\omega}$$

代入式(87)右边,由(83)有

$$\frac{\varphi(u+2\omega')}{\varphi(u)}=-\mathrm{e}^{-\frac{\pi\mathrm{i}}{\omega}(u+\omega')+\pi\mathrm{i}\frac{\omega'}{\omega}}=-\mathrm{e}^{-\frac{\pi\mathrm{i}u}{\omega}}=-z^{-2}$$

故知对于函数

$$\varphi(u)=\mathrm{e}^{-\frac{\eta u^2}{2\omega}+\frac{\mathrm{i}\pi u}{2\omega}}\sigma(u)=\mathrm{e}^{-\frac{\eta u^2}{2\omega}}z\sigma(u) \tag{88}$$

成立等式

$$\varphi(u+2\omega)=\varphi(u),\varphi(u+2\omega')=-z^{-2}\varphi(u) \tag{89}$$

因为 $\varphi(u)$ 是周期为 2ω 的整函数，故有如下形式的展开式[173]

$$\varphi(u)=\sum_{n=-\infty}^{+\infty}a_n\mathrm{e}^{\frac{2\pi\mathrm{i}u}{2\omega}}=\sum_{u=-\infty}^{+\infty}a_nz^{2n}$$

其次，我们知道 u 得到改变量 $2\omega'$ 时 z 得到乘数 h，即

$$\varphi(u+2\omega')=\sum_{n=-\infty}^{+\infty}a_nh^{2n}z^{2n}$$

代入(89)的第二式，得

$$\sum_{n=-\infty}^{+\infty}a_nh^{2n}z^{2n}=-\sum_{n=-\infty}^{+\infty}a_nz^{2n-2}$$

若改后一级数中的 n 为 $n+1$，则得

$$\sum_{n=-\infty}^{+\infty}a_nh^{2n}z^{2n}=-\sum_{n=-\infty}^{+\infty}a_{n+1}z^{2n}$$

比较 z 的同次幂的系数，得

$$a_{n+1}=-h^{2n}a_n=-h^{(n+\frac{1}{2})^2-(n-\frac{1}{2})^2}a_n$$

或可改写成下面的形式

$$(-1)^{n+1}h^{-(n+\frac{1}{2})^2}a_{n+1}=(-1)^nh^{-(n-\frac{1}{2})^2}a_n$$

因此知道

$$(-1)^nh^{-(n-\frac{1}{2})^2}a_n$$

对于所有的整数 n 其值常一定. 令

$$(-1)^nh^{-(n-\frac{1}{2})^2}a_n=C\mathrm{i}$$

其中 C 是常数. 由此得到函数 $\varphi(u)$ 的展开式中系数的表示式

$$a_n=(-1)^nh^{(n-\frac{1}{2})^2}C\mathrm{i}$$

从而

$$\varphi(u)=C\mathrm{i}\sum_{n=-\infty}^{+\infty}(-1)^nh^{(n-\frac{1}{2})^2}z^{2n} \tag{90}$$

式(88)将魏尔斯特拉斯函数 $\sigma(u)$ 表示为

$$\sigma(u)=\mathrm{e}^{\frac{\eta u^2}{2\omega}}z^{-1}\varphi(u) \tag{91}$$

这使我们自然地引进一个新的函数

$$\vartheta_1(v)=\mathrm{i}\sum_{n=-\infty}^{+\infty}(-1)^nh^{(n-\frac{1}{2})^2}z^{2n-1} \tag{92}$$

它和函数 $\sigma(u)$ 之间的关系是

$$\sigma(u)=\mathrm{e}^{\frac{\eta u^2}{2\omega}}C\vartheta_1(v) \tag{93}$$

现在要决定常数 C. 因 $u=2\omega v$, 由式(93) 知 $\vartheta_1(0)=0$, 又比值 $\frac{\vartheta_1(v)}{v}$ 当 $v=0$ 时等于 $\vartheta'_1(0)$, 故以 u 除式(93) 两边, 然后令 $u=0$, 得

$$1=\frac{1}{2\omega}C\vartheta'_1(0)$$

从而

$$\sigma(u)=e^{\frac{\eta u^2}{2\omega}}\frac{2\omega}{\vartheta'_1(0)}\vartheta_1(v) \tag{94}$$

现在将 $\vartheta_1(v)$ 的幂级数(92) 改写为三角级数. 为此, 我们必须将(92) 中含 z 的幂次绝对值相同而符号相反的每两项相加在一起. 以 v 记正的奇数, $v=2n-1(n=1,2,\cdots)$, 从而 $n=\frac{v+1}{2}$. 又当 $n=0,-1,-2,\cdots$ 时, 令 $v=-2n+1$, 从而 $n=\frac{-v+1}{2}$, 于是可写

$$\vartheta_1(v)=\mathrm{i}\left[\sum_{v}^{1,3,5,\cdots}(-1)^{\frac{v+1}{2}}h^{\frac{v^2}{4}}z^v+\sum_{v}^{1,3,5,\cdots}(-1)^{\frac{-v+1}{2}}h^{\frac{v^2}{4}}z^{-v}\right]$$

其中每一级数关于正奇数 $v=1,3,5,\cdots$ 相加. 因

$$(-1)^{\frac{v+1}{2}}=(-1)^v(-1)^{\frac{-v+1}{2}}=-(-1)^{\frac{-v+1}{2}}=-(-1)^{\frac{v-1}{2}}$$

及

$$z^v-z^{-v}=e^{\mathrm{i}v\pi v}-e^{-\mathrm{i}v\pi v}=2\mathrm{i}\sin v\pi v$$

上式可以改写为

$$\vartheta_1(v)=\mathrm{i}\sum_{v}^{1,3,5,\cdots}(-1)^{\frac{v-1}{2}}h^{\frac{v^2}{4}}(z^{-v}-z^v)$$

或

$$\begin{aligned}\vartheta_1(v)=2\sum_{v}^{1,3,5,\cdots}(-1)^{\frac{v-1}{2}}h^{\frac{v^2}{4}}\sin\nu\pi v=\\ 2[h^{\frac{1}{4}}\sin\pi v-h^{\frac{9}{4}}\sin 3\pi v+h^{\frac{25}{4}}\sin 5\pi v-\cdots]\end{aligned} \tag{95}$$

函数 $\vartheta_1(v)$, 通常称为第一个 ϑ 函数, 是 v 的奇整函数. 在作这个函数的时候我们只用到一个复数 τ, 由假设 τ 应该在上半平面中, 即有正的虚数部分, 而 $h=e^{\mathrm{i}\pi\tau}$. 因此 ϑ 函数有时也记作 $\vartheta_1(v;\tau)$.

176. 函数 $\vartheta_k(v)$

和函数 $\sigma(u)$ 一起我们曾经导出其他三个整数 $\sigma_k(u)$. 因此和函数 $\vartheta_1(v)$ 一起也自然就有另外三个 ϑ 函数.

在新的记号之下

$$\sigma_3(u)=\mathrm{e}^{\eta' u}\frac{\sigma(\omega'-u)}{\sigma(\omega')}$$

由(93) 有

$$\sigma_3(u)=\frac{C}{\sigma(\omega')}\mathrm{e}^{\eta' u+\frac{\eta(\omega'-u)^2}{2\omega}}\vartheta_1\left(\frac{\omega'-u}{2\omega}\right)$$

展开指数幂中的括号,改$\frac{u}{2\omega}$为v,$\frac{\omega'}{\omega}$为τ,得

$$\sigma_3(u)=C_3\mathrm{e}^{\frac{\eta u^2}{2\omega}}\mathrm{e}^{(\eta'\omega-\eta\omega')\frac{u}{\omega}}\vartheta_1\left(\frac{\tau}{2}-v\right)$$

其中C_3是个新的常数.最后,利用关系式(83),即得函数$\sigma_3(u)$和第一个ϑ函数间的关系

$$\sigma_3(u)=C_3\mathrm{e}^{\frac{\eta u^2}{2\omega}}z^{-1}\vartheta_1\left(\frac{\tau}{2}-v\right)\tag{96}$$

完全类似的对于$\sigma_2(u)$,有

$$\sigma_2(u)=\mathrm{e}^{\tilde{\eta}u}\frac{\sigma(\tilde{\omega}-i)}{\sigma(\tilde{\omega})}$$

其中

$$\tilde{\eta}=\eta+\eta',\tilde{\omega}=\omega+\omega'$$

由(93) 有

$$\sigma_2(u)=\frac{C}{\sigma(\tilde{\omega})}\mathrm{e}^{\tilde{\eta}u+\eta\frac{(\tilde{\omega}-u)^2}{2\omega}}\vartheta_1\left(\frac{\tilde{\omega}-u}{2\omega}\right)$$

经过和前面一样的计算最后得到

$$\sigma_2(u)=C_2\mathrm{e}^{\frac{\eta u^2}{2\omega}}z^{-1}\vartheta_1\left(\frac{1}{2}+\frac{\tau}{2}-v\right)\tag{97}$$

同样可得

$$\sigma_1(u)=C_1\mathrm{e}^{\frac{\eta u^2}{2\omega}}\vartheta_1\left(\frac{1}{2}-v\right)\tag{98}$$

现在再求函数$\sigma_k(u)$的表示式中ϑ函数的幂级数展开式.我们有

$$\vartheta_1\left(\frac{1}{2}-v\right)=-\vartheta_1\left(v-\frac{1}{2}\right)$$

但由(81) 知道从v减去$\frac{1}{2}$相当于用$-\mathrm{i}$乘z,因此由式(92) 得

$$\vartheta_1\left(\frac{1}{2}-v\right)=-\mathrm{i}\sum_{n=-\infty}^{+\infty}(-1)^n h^{\left(n-\frac{1}{2}\right)^2}(-\mathrm{i}z)^{2n-1}=$$

$$\sum_{n=-\infty}^{+\infty}h^{\left(n-\frac{1}{2}\right)^2}z^{2n-1}\tag{99}$$

同样

$$\vartheta_1\left(\frac{1}{2}+\frac{\tau}{2}-v\right)=-\vartheta_1\left(v-\frac{1}{2}-\frac{\tau}{2}\right)$$

从 v 减去$\frac{1}{2}+\frac{\tau}{2}$相当于用$-\mathrm{i}\cdot h^{-\frac{1}{2}}$ 乘 z. 于是

$$\vartheta_1\left(\frac{1}{2}+\frac{\tau}{2}-v\right)=-\mathrm{i}\sum_{n=-\infty}^{+\infty}(-1)^n h^{\left(n-\frac{1}{2}\right)^2}(-\mathrm{i}h^{-\frac{1}{2}}z)^{2n-1}=$$

$$h^{-\frac{1}{4}}z\sum_{n=-\infty}^{+\infty}h^{(n-1)^2}z^{2n-2}$$

或改级数中的 n 为 $n+1$,得

$$\vartheta_1\left(\frac{1}{2}+\frac{\tau}{2}-v\right)=h^{-\frac{1}{4}}z\sum_{n=-\infty}^{+\infty}h^{n^2}z^{2n} \tag{100}$$

同样

$$\vartheta_1\left(\frac{\tau}{2}-v\right)=h^{-\frac{1}{4}}iz\sum_{n=-\infty}^{+\infty}(-1)^n h^{n^2}z^{2n} \tag{101}$$

导入三个新的 ϑ 函数

$$\begin{cases}\vartheta_2(v)=\sum\limits_{n=-\infty}^{+\infty}h^{\left(n-\frac{1}{2}\right)^2}z^{2n-1}\\ \vartheta_3(v)=\sum\limits_{n=-\infty}^{+\infty}h^{n^2}z^{2n}\\ \vartheta_4(v)=\sum\limits_{n=-\infty}^{+\infty}(-1)^n h^{n^2}z^{2n}\end{cases} \tag{102}$$

这时以前关于 $\sigma_k(u)$ 的公式可以改写为

$$\sigma_1(u)=C_1\mathrm{e}^{\frac{\eta u^2}{2\omega}}\vartheta_2(v),\sigma_2(u)=\widetilde{C}_2\mathrm{e}^{\frac{\eta u^2}{2\omega}}\vartheta_3(v),\sigma_3(u)=\widetilde{C}_3\mathrm{e}^{\frac{\eta u^2}{2\omega}}\vartheta_4(v)$$

其中 $\widetilde{C}_2$ 和 $\widetilde{C}_3$ 是新的常数. 要决定这些常数可令 $v=0$. 这时 $u=0,\sigma_k(0)=1$,从而

$$C_1=\frac{1}{\vartheta_2(0)},\widetilde{C}_2=\frac{1}{\vartheta_3(0)},\widetilde{C}_3=\frac{1}{\vartheta_4(0)}$$

代入前式,得

$$\sigma_1(u)=\mathrm{e}^{\frac{\eta u^2}{2\omega}}\frac{\vartheta_2(v)}{\vartheta_2(0)},\sigma_2(u)=\mathrm{e}^{\frac{\eta u^2}{2\omega}}\frac{\vartheta_3(v)}{\vartheta_3(0)},\sigma_3(u)=\mathrm{e}^{\frac{\eta u^2}{2\omega}}\frac{\vartheta_4(v)}{\vartheta_4(0)} \tag{103}$$

有时也将 $\vartheta_4(v)$ 写成 $\vartheta_0(v)$.

式(102) 中诸 ϑ 函数的幂级数展开式很容易改写成三角级数,好像以前对函数 $\vartheta_1(v)$ 做的一样. 我们有

$$\begin{cases}\vartheta_2(v)=2h^{\frac{1}{4}}\cos\pi v+2h^{\frac{9}{4}}\cos 3\pi v+2h^{\frac{25}{4}}\cos 5\pi v+\cdots\\ \vartheta_3(v)=1+2h\cos 2\pi v+2h^4\cos 4\pi v+2h^9\cos 6\pi v+\cdots\\ \vartheta_4(v)=1-2h\cos 2\pi v+2h^4\cos 4\pi v-2h^9\cos 6\pi v+\cdots\end{cases} \tag{104}$$

以后为书写简便起见我们将简记 $\vartheta'_k(0)$ 为 ϑ'_k, $\vartheta_k(0)$ 为 ϑ_k. 由(95) 和(104)

可得下列展开式

$$
\begin{cases}
\vartheta'_1 = 2\pi(h^{\frac{1}{4}} - 3h^{\frac{9}{4}} + 5h^{\frac{25}{4}} - 7h^{\frac{49}{4}} + \cdots) \\
\vartheta_2 = 2h^{\frac{1}{4}} + 2h^{\frac{9}{4}} + 2h^{\frac{25}{4}} + 2h^{\frac{49}{4}} + \cdots \\
\vartheta_3 = 1 + 2h + 2h^4 + 2h^9 + \cdots \\
\vartheta_4 = 1 - 2h + 2h^4 - 2h^9 + \cdots
\end{cases}
\tag{105}
$$

这些级数收敛得很快,因为由假设 $|h| < 1$. 级数的和是上半平面中 τ 的正则函数.

现在不难求出魏尔斯特拉斯函数 $\xi(u)$ 和 ϑ 函数间的关系了. 我们从前有

$$\sqrt{\xi(u) - e_k} = \frac{\sigma_k(u)}{\sigma(u)}$$

将 $\sigma(u)$ 与 $\sigma_k(u)$ 的通过 ϑ 函数的表示式代入,得

$$\sqrt{\xi(u) - e_k} = \frac{1}{2\omega} \frac{\vartheta'_1}{\vartheta_{k+1}} \frac{\vartheta_{k+1}(v)}{\vartheta_1(v)} \tag{106}$$

177. ϑ 函数的性质

所有的 ϑ 函数都是 v 的整函数,建造 ϑ 函数基本元素是个上半平面中的复数 τ. 为了表示后一事实,有时也记 ϑ 函数为 $\vartheta_k(v;\tau)$. 在这些函数之中 $\vartheta_1(v)$ 是奇函数,而其余的是偶函数. 现在要看当 v 得到改变量 $\frac{1}{2}$ 时 ϑ 函数如何改变. 利用 ϑ 函数的三角级数展开式和三角函数的性质容易得到

$$\vartheta_1\left(v + \frac{1}{2}\right) = \vartheta_2(v), \vartheta_2\left(v + \frac{1}{2}\right) = -\vartheta_1(v)$$

$$\vartheta_3\left(v + \frac{1}{2}\right) = \vartheta_4(v), \vartheta_4\left(v + \frac{1}{2}\right) = \vartheta_3(v)$$

再看当 v 得到改变量 $\frac{\tau}{2}$ 时 ϑ 函数如何改变. 如我们所知,这就相当于用 $h^{\frac{1}{2}}$ 乘 z. 利用 ϑ 函数的幂级数表示式,例如由(92)有

$$\vartheta_1\left(v + \frac{\tau}{2}\right) = \mathrm{i}\sum_{n=-\infty}^{+\infty} (-1)^n h^{\left(n-\frac{1}{2}\right)^2} h^{\frac{2n-1}{2}} z^{2n-1} =$$

$$\mathrm{i}h^{-\frac{1}{4}} z^{-1} \sum_{n=-\infty}^{+\infty} (-1)^n h^{n^2} z^{2n}$$

或由(102)得

$$\vartheta_1\left(v + \frac{\tau}{2}\right) = \mathrm{i}m\vartheta_4(v)$$

其中

$$m = h^{-\frac{1}{4}} z^{-1} = h^{-\frac{1}{4}} e^{-i\pi v} \tag{107}$$

同样可以证明

$$\vartheta_2\left(v+\frac{\tau}{2}\right)=m\vartheta_3(v),\vartheta_3\left(v+\frac{\tau}{2}\right)=m\vartheta_2(v),\vartheta_4\left(v+\frac{\tau}{2}\right)=im\vartheta_1(v)$$

由此可得更一般的变换公式. 例如

$$\vartheta_1(v+\tau)=\vartheta_1\left(v+\frac{\tau}{2}+\frac{\tau}{2}\right)=ih^{-\frac{1}{4}}e^{-i\pi\left(v+\frac{\tau}{2}\right)}\vartheta_4\left(v+\frac{\tau}{2}\right)=$$

$$ih^{-\frac{1}{4}}e^{-i\pi\left(v+\frac{\tau}{2}\right)}ih^{-\frac{1}{4}}e^{-i\pi v}\vartheta_1(v)=-l\vartheta_1(v)$$

其中

$$l = h^{-1} z^{-2} \tag{108}$$

以上这些结果可以归纳成下面的一张表

	$v+\frac{1}{2}$	$v+\frac{\tau}{2}$	$v+\frac{1}{2}+\frac{\tau}{2}$	$v+1$	$v+\tau$	$v+1+\tau$
ϑ_1	ϑ_2	$im\vartheta_4$	$m\vartheta_3$	$-\vartheta_1$	$-l\vartheta_1$	$l\vartheta_1$
ϑ_2	$-\vartheta_1$	$m\vartheta_3$	$-im\vartheta_4$	$-\vartheta_2$	$l\vartheta_2$	$-l\vartheta_2$
ϑ_3	ϑ_4	$m\vartheta_2$	$im\vartheta_1$	ϑ_3	$l\vartheta_3$	$l\vartheta_3$
ϑ_4	ϑ_3	$im\vartheta_1$	$m\vartheta_2$	ϑ_4	$-l\vartheta_4$	$-l\vartheta_4$

(109)

举一个例子,如果我们想将 $\vartheta_3\left(v+\frac{1}{2}+\frac{\tau}{2}\right)$ 表示为以 v 做变数的 ϑ 函数,可以在第一行中找 ϑ_3,然后再找与 ϑ_3 同一列而在 $v+\frac{1}{2}+\frac{\tau}{2}$ 之下的函数,即得

$$\vartheta_3\left(v+\frac{1}{2}+\frac{\tau}{2}\right)=im\vartheta_1(v)$$

下面还要给一张 ϑ 函数的零点的表. 函数 $\vartheta_1(v)$ 和函数 $\sigma(u)$ 只差一个指数型的因子,这个因子永不为零,因此当且仅当 $\sigma(u)$ 等于零时 $\vartheta_1(v)$ 才等于零,$\sigma(u)$ 的零点是

$$u = n2\omega + n'2\omega'$$

其中 n 和 n' 为任意整数. 以 2ω 除之,得到函数 $\vartheta_1(v)$ 的零点的表示式

$$v = n + n'\tau$$

其余诸 ϑ 函数的零点可以利用表(109) 的第一列而求得. 例如,$\vartheta_3(v) = m^{-1}\vartheta_1\left(v+\frac{1}{2}+\frac{\tau}{2}\right)$,因此 $\vartheta_3(v)$ 的零点可由条件

$$v+\frac{1}{2}+\frac{\tau}{2}=n+n'\tau$$

决定，因为 $m^{-1}=h^{\frac{1}{4}}e^{i\pi v}$ 不等于零之故，上式即

$$v=\left(n-\frac{1}{2}\right)+\left(n'-\frac{1}{2}\right)\tau$$

其中 n 和 n' 是任意整数. 这样，我们得得到下面的表

	v
ϑ_1	$n+n'\tau$
ϑ_2	$n+n'\tau+\frac{1}{2}$
ϑ_3	$n+n'\tau+\frac{1}{2}+\frac{\tau}{2}$
ϑ_4	$n+n'\tau+\frac{\tau}{2}$

(110)

注意：由表(109) 的第五列立刻知道函数 ϑ_3 和 ϑ_4 的周期为 1，而函数 ϑ_1 和 ϑ_2 的周期为 2. 表(110) 则说明各个 ϑ 函数间没有相同的零点.

我们可以把 ϑ 函数看作是两个变数 v 和 τ 的函数. 对任一已给上半平面中的 τ，它们是 v 的整函数，对于任一已给的 v，它们是上半平面中 τ 的正则函数. 后一事实是由于级数(92) 和(102) 当 $|h|<\rho<1$ 时为一致收敛的缘故. 现在证明：作为两个变数 v 和 τ 的函数看待，四个 ϑ 函数都满足同一个二阶线性微分方程

$$\frac{\partial^2\vartheta_k(v)}{\partial v^2}=4\pi i\frac{\partial\vartheta_k(v)}{\partial\tau} \tag{111}$$

这个方程和我们在[Ⅱ,203] 中说过的热传导方程形式相类似. 试以 $\vartheta_3(v)$ 为例，证明它满足方程(111). 将式(104) 中 $\vartheta_3(v)$ 的级数的一般项 $2h^{n^2}\cos 2n\pi v=2e^{i\pi\tau n^2}\cos 2n\pi v$ 关于 v 微分两次，得

$$-8n^2\pi^2e^{i\pi\tau n^2}\cos 2n\pi v$$

将这个一般项关于 τ 微分一次，再乘 $4\pi i$，也得到

$$4\pi i(2in^2\pi e^{i\pi\tau n^2}\cos 2n\pi v)=-8n^2\pi^2e^{i\pi\tau n^2}\cos 2n\pi v$$

同样可证其余三个 ϑ 函数也满足这个方程.

178. 用 ϑ_s 表示 e_k

我们在研究魏尔斯特拉斯函数时曾导入三个数 $e_k(k=1,2,3)$. 在新的记号

之下,它们可由下列式子定义

$$e_1=\varphi(\omega),e_2=\varphi(\omega+\omega'),e_3=\varphi(\omega') \tag{112}$$

而函数 $\varphi(u)$ 则满足基本关系式

$$\varphi'^2(u)=4[\varphi(u)-e_1][\varphi(u)-e_2][\varphi(u)-e_3] \tag{113}$$

如我们所知,e_k 满足条件

$$e_1+e_2+e_3=0 \tag{114}$$

并且互不相等.这些数字在 $\varphi(u)$ 函数的理论中有基本的重要性.它们可以用来替代 2ω 和 $2\omega'$ 作为建造 $\varphi(u)$ 的基础.这时函数 $\varphi(u)$ 可以定义为第一类椭圆积分

$$u=\int_{\infty}^{x}\frac{\mathrm{d}x}{\sqrt{4(x-e_1)(x-e_2)(x-e_3)}} \tag{115}$$

的反演.

现在要用 ϑ 函数在 $v=0$ 的诸值 ϑ_s 来表示 e_k.由式(106)

$$\sqrt{\xi(u)-e_k}=\frac{1}{2\omega}\frac{\vartheta'_1}{\vartheta_{k+1}}\frac{\vartheta_{k+1}(v)}{\vartheta_1(v)}\quad\left(v=\frac{u}{2\omega}\right)$$

在这个式子中依次令 $u=\omega$ 和 $u=\omega+\omega'$,即 $v=\frac{1}{2}$ 和 $v=\frac{1}{2}+\frac{\tau}{2}$,由式(112)可得

$$\sqrt{e_1-e_k}=\frac{1}{2\omega}\frac{\vartheta'_1}{\vartheta_{k+1}}\frac{\vartheta_{k+1}\left(\frac{1}{2}\right)}{\vartheta_1\left(\frac{1}{2}\right)}$$

$$\sqrt{e_2-e_k}=\frac{1}{2\omega}\frac{\vartheta'_1}{\vartheta_{k+1}}\frac{\vartheta_{k+1}\left(\frac{1}{2}+\frac{\tau}{2}\right)}{\vartheta_1\left(\frac{1}{2}+\frac{\tau}{2}\right)}$$

应用(109)中的表简化上列二式,可得

$$\sqrt{e_1-e_2}=\frac{1}{2\omega}\frac{\vartheta'_1}{\vartheta_3}\frac{\vartheta_4}{\vartheta_2}$$

$$\sqrt{e_1-e_3}=\frac{1}{2\omega}\frac{\vartheta'_1}{\vartheta_4}\frac{\vartheta_3}{\vartheta_2}$$

$$\sqrt{e_2-e_3}=\frac{1}{2\omega}\frac{\vartheta'_1}{\vartheta_4}\frac{\vartheta_2}{\vartheta_3}$$

其次,再证明下面的重要恒等式

$$\vartheta'_1=\pi\vartheta_2\vartheta_3\vartheta_4 \tag{116}$$

利用这个式子可以把前面的三个式子改写成非常简单的形式

$$\sqrt{e_1-e_2}=\frac{\pi}{2\omega}\vartheta_4^2;\sqrt{e_1-e_3}=\frac{\pi}{2\omega}\vartheta_3^2;\sqrt{e_2-e_3}=\frac{\pi}{2\omega}\vartheta_2^2 \tag{117}$$

现在先证明式(116).由式(106)有

$$\sqrt{\xi(2\omega v)-e_k}=\frac{1}{2\omega}\frac{\vartheta'_1}{\vartheta_{k+1}}\frac{\vartheta_{k+1}(v)}{\vartheta_1(v)}$$

由此将 $\vartheta_1(v)$ 和 $\vartheta_{k+1}(v)$ 展开成麦克劳临级数,并注意 $\vartheta_1(v)$ 是奇函数而其余的 ϑ 函数是偶函数,即得

$$\sqrt{\xi(2\omega v)-e_k}=\frac{1}{2\omega}\frac{1+\dfrac{\vartheta''_{k+1}}{\vartheta_{k+1}}\dfrac{v^2}{2}+\cdots}{v+\dfrac{\vartheta'''_1}{\vartheta'_1}\dfrac{v^3}{6}+\cdots}$$

或从分母中分出一个因子 v,然后再求出两个级数的商,即得

$$\sqrt{\xi(2\omega v)-e_k}=\frac{1}{2\omega v}\left[1+\left(\frac{\vartheta''_{k+1}}{\vartheta_{k+1}}-\frac{1}{3}\frac{\vartheta'''_1}{\vartheta'_1}\right)\frac{v^2}{2}+\cdots\right]$$

或
$$\xi(2\omega v)-e_k=\frac{1}{4\omega^2 v^2}\left[1+\left(\frac{\vartheta''_{k+1}}{\vartheta_{k+1}}-\frac{1}{3}\frac{\vartheta'''_1}{\vartheta'_1}\right)\frac{v^2}{2}+\cdots\right]^2$$

如我们所知,$\xi(u)$ 在 $u=0$ 的邻近的展开式中不含常数项,因此将上式右边级数的平方算出来,将常数项集在一起,其值应等于 $-e_k$,即

$$e_k=\frac{1}{4\omega^2}\left(\frac{1}{3}\frac{\vartheta'''_1}{\vartheta'_1}-\frac{\vartheta''_{k+1}}{\vartheta_{k+1}}\right)\tag{118}$$

由此再用(114)的关系,即得

$$\frac{\vartheta'''_1}{\vartheta'_1}=\frac{\vartheta''_2}{\vartheta_2}+\frac{\vartheta''_3}{\vartheta_3}+\frac{\vartheta''_4}{\vartheta_4}\tag{119}$$

在所有以上各式中 ϑ 右上角的小撇表示关于变数 v 的导数,例如,ϑ'''_1 是 $\dfrac{\partial^3\vartheta_1(v)}{\partial v^3}$ 当 $v=0$ 时的数值.于式(111)中令 $v=0$,得

$$\vartheta''_k=4\pi\mathrm{i}\frac{\partial\vartheta_k}{\partial\tau}\quad(k=2,3,4)$$

同样,在方程(111)中令 $k=1$,关于 v 微分,然后再令 $v=0$,即得

$$\vartheta'''_1=4\pi\mathrm{i}\frac{\partial\vartheta'_1}{\partial\tau}$$

利用上面两个关系式我们可以把式(119)改写为

$$\frac{1}{\vartheta'_1}\frac{\partial\vartheta'_1}{\partial\tau}=\frac{1}{\vartheta_2}\frac{\partial\vartheta_2}{\partial\tau}+\frac{1}{\vartheta_3}\frac{\partial\vartheta_3}{\partial\tau}+\frac{1}{\vartheta_4}\frac{\partial\vartheta_4}{\partial\tau}$$

关于 τ 积分,即得

$$\vartheta'_1=C\vartheta_2\vartheta_3\vartheta_4$$

其中 C 是常数,它和 τ 无关,即和 h 无关.要决定这个常数可以把(105)中诸展开式代入上面的恒等式,我们只写出这些展开式的第一项

$$2\pi(h^{\frac{1}{4}}-\cdots)=C(2h^{\frac{1}{4}}+\cdots)(1+\cdots)(1-\cdots)$$

比较含 $h^{\frac{1}{4}}$ 的最低次项的系数，得 $C=\pi$，因此就证明了恒等式(116).

179. 雅可比的椭圆函数

代替魏尔斯特拉斯的椭圆函数 $\xi(u)$ 我们有时也用另外一种椭圆函数，它们是在魏尔斯特拉斯以前就被雅可比所发现了的. 如常，假设 τ 是上半平面中的任一复数，ω 和 ω' 是两个数，它们的比 $\frac{\omega'}{\omega}=\tau$. 应用这些元素我们可以造出 ϑ 函数来. 现在定义三个新的函数，每一个都是两个整函数的商，就是说，它们都是分函数

$$\begin{cases}\operatorname{sn}(u)=\dfrac{\sigma(u)}{\sigma_3(u)}=2\omega\dfrac{\vartheta_4}{\vartheta'_1}\dfrac{\vartheta_1(v)}{\vartheta_4(v)}\\ \operatorname{cn}(u)=\dfrac{\sigma_1(u)}{\sigma_3(u)}=\dfrac{\vartheta_4}{\vartheta_2}\dfrac{\vartheta_2(v)}{\vartheta_4(v)}\\ \operatorname{dn}(u)=\dfrac{\sigma_2(u)}{\sigma_3(u)}=\dfrac{\vartheta_4}{\vartheta_3}\dfrac{\vartheta_3(v)}{\vartheta_4(v)}\end{cases}\tag{120}$$

由已知的公式

$$\sqrt{\xi(u)-e_k}=\frac{\sigma_k(u)}{\sigma(u)}$$

可知这些新的函数和魏尔斯特拉斯函数 $\vartheta(u)$ 之间存在下列三个关系式

$$\sqrt{\xi(u)-e_3}=\frac{1}{\operatorname{sn}(u)};\sqrt{\xi(u)-e_1}=\frac{\operatorname{cn}(u)}{\operatorname{sn}(u)};\sqrt{\xi(u)-e_2}=\frac{\operatorname{dn}(u)}{\operatorname{sn}(u)}\tag{121}$$

从这个式关系式中消去函数 $\xi(u)$，可得两个存在于三个新的函数之间的关系

$$\operatorname{cn}^2(u)+(e_1-e_3)\operatorname{sn}^2(u)=1,\operatorname{dn}^2(u)+(e_2-e_3)\operatorname{sn}^2(u)=1\tag{122}$$

由上一段中的式(117)知

$$e_1-e_2=\left(\frac{\pi}{2\omega}\right)^2\vartheta_4^4,e_1-e_3=\left(\frac{\pi}{2\omega}\right)^2\vartheta_3^4,e_2-e_3=\left(\frac{\pi}{2\omega}\right)^2\vartheta_2^4\tag{123}$$

直到现在复数 ω 和 ω' 仍是完全任意的，只要它们的比 $\frac{\omega'}{\omega}=\tau$ 在上半平面中就好了. 在魏尔斯特拉斯函数的理论中这些数字不再受其他限制. 但在雅可比函数的理论中对于已给的 τ 还要求 ω，由 $e_1-e_3=1$ 这个条件来决定. 这时由(123) 的第二个关系式得

$$\omega=\frac{\pi}{2}\vartheta_3^2=\frac{\pi}{2}(1+2h+2h^4+2h^9+\cdots)^2\quad(h=\mathrm{e}^{\mathrm{i}\pi\tau})\tag{124}$$

当 τ 已定时 ω 可由这式子完全决定，然后 ω' 又可由 $\omega'=\omega\tau$ 来决定. 将式(124)

代入(123) 的各式中，得到

$$e_1 - e_2 = \frac{\vartheta_4^4}{\vartheta_3^4}, e_1 - e_3 = 1, e_2 - e_3 = \frac{\vartheta_4^4}{\vartheta_3^4} \tag{125}$$

各式右边只和 τ 有关系. 这时(122) 的两式可以改写如下

$$\mathrm{sn}^2(u) + \mathrm{cn}^2(u) = 1, \mathrm{dn}^2(u) + k^2 \mathrm{sn}^2(u) = 1 \tag{126}$$

其中简记

$$k^2 = \frac{\vartheta_2^4}{\vartheta_3^4} \tag{127}$$

雅可比函数是由一个数 τ 出发而造成的，所以有时也用下面的记号

$$\mathrm{su}(u;\tau);\mathrm{cn}(u;\tau);\mathrm{dn}(u;\tau)$$

由式(127) 定义的 k 称为雅可比函数的模数. 而由

$$k'^2 = \frac{\vartheta_4^4}{\vartheta_3^4} \tag{128}$$

所决定的 k' 则称为补模数.

将(125) 中的第一和第三式相加，得

$$k^2 + k'^2 = 1 \tag{129}$$

(127) 和(128) 两式定义 k^2 和 k'^2 为某些 τ 的单值函数的完全平方，取一定的开方的值，我们可以规定 k 和 k' 的值为

$$k = \frac{\vartheta_2^2}{\vartheta_3^2}; k' = \frac{\vartheta_4^2}{\vartheta_3^2} \tag{130}$$

回到式(120)，我们可以将等式右边各个与 v 无关的因子用 k 和 k' 来表示. 实际上，由式(130) 有

$$\sqrt{k} = \frac{\vartheta_2}{\vartheta_2}, \sqrt{k'} = \frac{\vartheta_4}{\vartheta_3}, \sqrt{\frac{k'}{k}} = \frac{\vartheta_4}{\vartheta_2}$$

由上列第一式，式(124) 和(116) 得

$$2\omega \frac{\vartheta_4}{\vartheta'_1} = \pi\vartheta_3^2 \frac{\vartheta_4}{\vartheta'_1} = \frac{\vartheta_3}{\vartheta_2} = \frac{1}{\sqrt{k}}$$

从而(120) 的三个式子可以改写如下

$$\mathrm{sn}(u) = \frac{1}{\sqrt{k}} \frac{\vartheta_1(v)}{\vartheta_4(v)}; \mathrm{cn}(u) = \sqrt{\frac{k'}{k}} \frac{\vartheta_2(v)}{\vartheta_4(v)}; \mathrm{dn}(u) = \sqrt{k'} \frac{\vartheta_3(v)}{\vartheta_4(v)} \tag{131}$$

$$\left(v = \frac{u}{2\omega}\right)$$

180. 雅可比函数的基本性质

式(131) 将雅可比函数表示为两个整函数的商. 因为 $\vartheta_1(v)$ 是奇函数，而其

余诸 $\vartheta_k(v)$ 是偶函数，所以知道 $\mathrm{sn}(u)$ 是奇函数，而 $\mathrm{cn}(u)$ 和 $\mathrm{dn}(u)$ 是偶函数.

此外，$\vartheta_1(0)=0$，又

$$\left.\frac{\vartheta_1(v)}{u}\right|_{v=0}=\left.\frac{\vartheta_1(v)}{2\omega v}\right|_{v=0}=\frac{1}{2\omega}\vartheta'_1$$

故由式(120)得

$$\left.\frac{\mathrm{sn}(u)}{u}\right|_{u=0}=1;\mathrm{cn}(0)=\mathrm{dn}(0)=1 \tag{132}$$

现在回到 ϑ 函数的简化公式表(109). 记住 v 得到改变量 $\frac{1}{2}$ 或 $\frac{\tau}{2}$ 时 u 得到改变量 ω 或 ω'，再利用(131)中诸基本关系式，可得下面的雅可比函数的简化公式表

	$u+\omega$	$u+\omega'$	$u+\omega+\omega'$	$u+2\omega$	$u+2\omega'$	$u+2\omega+2\omega'$
sn	$\frac{\mathrm{cn}(u)}{\mathrm{dn}(u)}$	$\frac{1}{k}\ \frac{1}{\mathrm{sn}(u)}$	$\frac{1}{k}\ \frac{\mathrm{dn}(u)}{\mathrm{cn}(u)}$	$-\mathrm{sn}(u)$	$\mathrm{sn}(u)$	$-\mathrm{sn}(u)$
cn	$-k'\ \frac{\mathrm{sn}(u)}{\mathrm{dn}(u)}$	$-\frac{\mathrm{i}}{k}\ \frac{\mathrm{dn}(u)}{\mathrm{sn}(u)}$	$-\mathrm{i}\frac{k'}{k}\ \frac{1}{\mathrm{cn}(u)}$	$-\mathrm{cn}(u)$	$-\mathrm{cn}(u)$	$\mathrm{cn}(u)$
dn	$k'\ \frac{1}{\mathrm{dn}(u)}$	$-\mathrm{i}\frac{\mathrm{cn}(u)}{\mathrm{sn}(u)}$	$\mathrm{i}k'\ \frac{\mathrm{sn}(u)}{\mathrm{cn}(u)}$	$\mathrm{dn}(u)$	$-\mathrm{dn}(u)$	$-\mathrm{dn}(u)$

(133)

上表的最后三列说明函数 $\mathrm{sn}(u)$ 以 4ω 和 $2\omega'$ 为周期，函数 $\mathrm{cn}(u)$ 以 4ω 和 $2\omega+2\omega'$ 为周期，函数 $\mathrm{dn}(u)$ 以 2ω 和 $4\omega'$ 为周期.

由决定 ϑ 函数的零点的表(110)可以导出决定雅可比函数的零点和极点的表来. 把各函数的周期也写成内，我们得到下面的表格

	零点	极点	周期
$\mathrm{sn}(u)$	$2n\omega+2n'\omega'$	$2n\omega+(2n'+1)\omega'$	4ω 和 $2\omega'$
$\mathrm{cn}(u)$	$(2n+1)\omega+2n'\omega'$	$2n\omega+(2n'+1)\omega'$	4ω 和 $2\omega+2\omega'$
$\mathrm{dn}(u)$	$(2n+1)\omega+(2n'+1)\omega'$	$2n\omega+(2n'+1)\omega'$	2ω 和 $4\omega'$

(134)

图 84 中画出这三个函数的周期平行四边形，其中小的圆圈表示零点，小的“×”号表示极点. 因为 ϑ 函数和函数 $\sigma(u)$ 都只有单极点，所以雅可比函数也只有单极点. 在下图每一个平行四边形中有两个极点，这说明所有三个雅可比函数都是具有单极点的二阶椭圆函数. 这和下面的事实有密切的关系，即所有这些函数都可以由第一类的椭圆积分反演而得到，这些椭圆积分的根号内含的是四次多项式. 我们下面就要说明其理由.

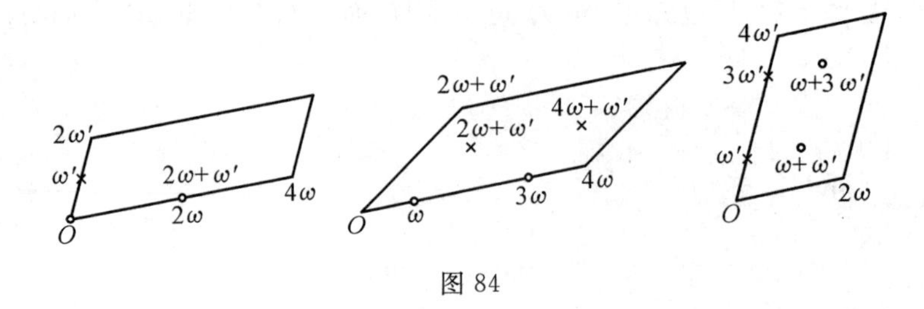

图 84

181. 雅可比函数所满足的微分方程

由(113) 和(121) 两式立刻可以得到

$$\xi'(u)=\pm\frac{2\mathrm{cn}(u)\mathrm{dn}(u)}{\mathrm{sn}^3(u)}$$

要决定等式右边的符号可以用 u^3 乘等式的两边，然后令 $u=0$. 记住当 $u=0$ 时 $u^3\xi'(u)=-2$，再利用(132) 的两式，可以知道在上面的式子的右边我们应当取负号. 当函数被解析延拓时这个符号显然不变，即有

$$\xi'(u)=-\frac{2\mathrm{cn}(u)\mathrm{dn}(u)}{\mathrm{sn}^3(u)}$$

另一方面，微分关系式

$$\xi(u)-e_3=\frac{1}{\mathrm{sn}^2(u)}$$

得到

$$\xi'(u)=-\frac{2[\mathrm{sn}(u)]'}{\mathrm{sn}^3(u)}$$

比较这两个式子，得

$$[\mathrm{sn}(u)]'=\mathrm{cn}(u)\mathrm{dn}(u) \tag{135}$$

再微分(126) 中两个恒等式，利用(135) 的结果，可得另外两个雅可比函数的微分公式

$$[\mathrm{cn}(u)]'=-\mathrm{su}(u)\mathrm{dn}(u),[\mathrm{dn}(u)]'=-k^2\mathrm{sn}(u)\mathrm{cn}(u) \tag{136}$$

把这些式子平方，利用式(126) 就可以得到雅可比函数所满足的微分方程

$$\begin{cases}\left(\dfrac{\mathrm{dsn}(u)}{\mathrm{d}u}\right)^2=[1-\mathrm{sn}^2(u)][1-k^2\mathrm{sn}^2(u)]\\ \left(\dfrac{\mathrm{dcn}(u)}{\mathrm{d}u}\right)^2=[1-\mathrm{cn}^2(u)][k'^2+k^2\mathrm{cn}^2(u)]\\ \left(\dfrac{\mathrm{ddn}(u)}{\mathrm{d}u}\right)^2=-[1-\mathrm{dn}^2(u)][k'^2-\mathrm{dn}^2(u)]\end{cases} \tag{137}$$

再深入研究一下函数 $\mathrm{sn}(u)$ 所满足的微分方程. 令 $x=\mathrm{sn}(u)$,这个方程可以改写为

$$\frac{\mathrm{d}x}{\mathrm{d}u}=\sqrt{(1-x^2)(1-k^2x^2)}$$

其中当 $u=0$ 时应有 $x=0$,且这时等式右边的根数应等于 1,因为由式(132)$\mathrm{sn}'(0)=1$ 的缘故. 分离变数,然后积分,即得

$$u=\int_0^x \frac{\mathrm{d}x}{\sqrt{(1-x^2)(1-k^2x^2)}} \tag{138}$$

由此可见,函数 $\mathrm{sn}(u)$ 可以由一个勒让德形式的第一类椭圆积分反演而得到. 反过来,可以证明:对于任一已给的复数 k^2,不等于 0 和 1,将积分(138) 反演的结果得到的是雅可比函数 $\mathrm{sn}(u)$. 这样,就可以用 k 来替代 τ 作为建造雅可比函数的元素. 当 k^2 取 0 和 1 之间的实数数值的特别情形,我们曾以保角变换的观点详细研究过积分(138). 这时函数有一个实周期和一个纯虚数的周期,我们分别以 $4K$ 和 $2\mathrm{i}K'$ 记之[167]. 和现在的记号比较,即得

$$K=\omega=\frac{\pi}{2}\vartheta_3^2,\mathrm{i}K'=\omega'=\omega\tau=\frac{\pi}{2}\vartheta_3^2\tau$$

182. 加法公式

考察变数 u 的三个函数:$\varphi_1(u)=\mathrm{sn}(u)\mathrm{sn}(u+v)$;$\varphi_2(u)=\mathrm{cn}(u)\mathrm{cn}(u+v)$;$\varphi_3(u)=\mathrm{dn}(u)\mathrm{dn}(u+v)$,其中 v 为任意定数. 利用(133) 表不难证明所有这些函数都以 2ω 和 $2\omega'$ 为周期. 在 $\mathrm{sn}(u)$ 或 $\mathrm{sn}(u+v)$ 的极点函数 $\varphi_1(u)$ 有单极点. 利用表(134) 知道这些极点就是和 ω' 或 $-v+\omega'$ 相差为周期的点,即相差形式为 $n2\omega+n'2\omega'$ 的点,其中 n 和 n' 是任意整数. 在以向量 $2\boldsymbol{\omega}$ 和 $2\boldsymbol{\omega}'$ 为边所作的基本周期平行四边形中,这种点当然只有两个. 对于其他两函数 $\varphi_k(u)$ 也有同样的结果,这说明所有三个函数都是以 2ω 和 $2\omega'$ 为周期的二阶椭圆函数,它们在周期平行四边形中各有两个单极点,其中一个是 ω'. 可以适当选取常数 A 和 B,使得下列两函数

$$\varphi_2(u)+A\varphi_1(u) \text{ 和 } \varphi_3(u)+B\varphi_1(u) \tag{139}$$

不以 $u=\omega'$ 为极点. 对于如此选取的常数 A 和 B,(139) 中每一函数在周期平行四边形内将只有一个一阶极点,因此它们必定都等于常数,因为不存在一阶椭圆函数的缘故[168]. 这样,我们可以知道:当选定常数 A 和 B 时下列两关系式成立

$$\begin{cases}\mathrm{cn}(u)\mathrm{cn}(u+v)+A\mathrm{sn}(u)\mathrm{sn}(u+v)=A_1\\ \mathrm{dn}(u)\mathrm{dn}(u+v)+B\mathrm{sn}(u)\mathrm{sn}(u+v)=B_1\end{cases} \tag{140}$$

A,B,A_1 和 B_1 对于变数 u 而言是常数,但它们的数值却和 v 的选取有关.现在我们来决定这些常数.于式(140)中令 $u=0$,立刻得到

$$A_1=\mathrm{cn}(v);B_1=\mathrm{dn}(v)$$

关于 u 微分式(140),然后再令 $u=0$,则由(135),(136)和(132)知有

$$\begin{cases}[\mathrm{cn}(v)]'+A\mathrm{sn}(v)=0\\ [\mathrm{dn}(v)]'+B\mathrm{sn}(v)=0\end{cases}$$

再用式(136),即得

$$A=\mathrm{dn}(v),B=k^2\mathrm{cn}(v)$$

将这些常数的数值代入(140)中,最后得到下列两关系式

$$\begin{cases}\mathrm{cn}(u)\mathrm{cn}(u+v)+\mathrm{dn}(v)\mathrm{sn}(u)\mathrm{sn}(u+v)=\mathrm{cn}(v)\\ \mathrm{dn}(u)\mathrm{dn}(u+v)+k^2\mathrm{cn}(v)\mathrm{sn}(u)\mathrm{sn}(u+v)=\mathrm{dn}(v)\end{cases}\tag{141}$$

这两式可以看作关于 u 和 v 的恒等式.改 u 为 $-u$,v 为 $v+u$,则得

$$\mathrm{cn}(u)\mathrm{cn}(v)-\mathrm{dn}(u+v)\mathrm{sn}(u)\mathrm{sn}(v)=\mathrm{cn}(u+v)$$

$$\mathrm{dn}(u)\mathrm{dn}(v)-k^2\mathrm{cn}(u+v)\mathrm{sn}(u)\mathrm{sn}(v)=\mathrm{dn}(u+v)$$

由上面二式可以求 $\mathrm{cn}(u+v)$ 和 $\mathrm{dn}(u+v)$.代入(141)的第一式可以求得 $\mathrm{sn}(u+v)$.这样,我们就得到下列三个加法公式,它们把两个变数 u 与 v 之和的雅可比函数用每一变数的雅可比函数表示出来

$$\begin{cases}\mathrm{sn}(u+v)=\dfrac{\mathrm{sn}(u)\mathrm{cn}(v)\mathrm{dn}(v)+\mathrm{sn}(v)\mathrm{cn}(u)\mathrm{dn}(u)}{1-k^2\mathrm{sn}^2(u)\mathrm{sn}^2(v)}\\ \mathrm{cn}(u+v)=\dfrac{\mathrm{cn}(u)\mathrm{cn}(v)-\mathrm{sn}(v)\mathrm{dn}(u)\mathrm{sn}(u)\mathrm{dn}(v)}{1-k^2\mathrm{sn}^2(u)\mathrm{sn}^2(v)}\\ \mathrm{dn}(u+v)=\dfrac{\mathrm{dn}(u)\mathrm{dn}(v)-k^2\mathrm{sn}(u)\mathrm{cn}(u)\mathrm{sn}(v)\mathrm{cn}(v)}{1-k^2\mathrm{sn}^2(u)\mathrm{sn}^2(v)}\end{cases}\tag{142}$$

前两式和通常三角函数的加法公式相类似,即正弦函数和余弦函数的加法公式.后者实际上就是 $k=0$ 时的雅可比函数.因为若在积分(138)中令 $k=0$,那么它的反演就是 $x=\sin u$.而由(126)和(132)可知这时 $\mathrm{cn}(u)$ 变为 $\cos u$.最后,(126)的第二式说明当 $k=0$ 时函数 $\mathrm{dn}(u)$ 恒等于1,因此没有和它相当的三角函数.

183. 函数 $\xi(u)$ 和 $\mathrm{sn}(u)$ 之间的关系

现在决定椭圆函数 $\xi(u)$ 和 $\mathrm{sn}(u)$ 之间的关系.取一个以 2ω 和 $2\omega'$ 为周期的函数 $\xi(u)$.利用上半平面中的复数 $\tau=\dfrac{\omega'}{\omega}$ 作出 ϑ 函数,再由(130)和(131)两式作函数 $\mathrm{sn}(u)$.一般而论,上述魏尔斯特拉斯函数的周期 2ω 和 $2\omega'$ 不一定满

足条件 $e_1 - e_3 = 1$. 由上列公式可得下面一些关系式(117)

$$\begin{cases} e_1 - e_2 = \left(\dfrac{\pi}{2\omega}\right)^2 \vartheta_4^4 ; e_1 - e_3 = \left(\dfrac{\pi}{2\omega}\right)^2 \vartheta_3^4 \\ e_2 - e_3 = \left(\dfrac{\pi}{2\omega}\right)^2 \vartheta_2^4 ; k^2 = \dfrac{\vartheta_2^4}{\vartheta_3^4} = \dfrac{e_2 - e_3}{e_1 - e_3} \end{cases} \tag{143}$$

对于函数 $\operatorname{sn}(u)$,代替 2ω 和 $2\omega'$ 应有新的数 $2\tilde{\omega}$ 和 $2\tilde{\omega}'$,如我们所知,它们是由下列条件所决定

$$2\tilde{\omega} = \pi\vartheta_3^2 ; 2\tilde{\omega}' = 2\tilde{\omega}\tau \tag{144}$$

记 $\lambda = \dfrac{\tilde{\omega}}{\omega} = \dfrac{\tilde{\omega}'}{\omega'}$,考察函数

$$f(u) = \frac{\lambda^2}{\operatorname{sn}^2(\lambda u)}$$

因 $\lambda 2\omega = 2\tilde{\omega}, \lambda 2\omega' = 2\tilde{\omega}'$,由表(133) 知函数 $f(u)$ 以 2ω 和 $2\omega'$ 为周期. 由表(134) 知 $f(u)$ 的极点为 $n2\omega + n'2\omega'$,其中 n 和 n' 是任意整数.

这样,函数 $f(u)$ 就和函数 $\xi(u)$ 一样以 2ω 和 $2\omega'$ 为周期,且在基本周期平行四边形中有唯一的二阶极点 $u = 0$. 现在证明 $f(u)$ 在这极点的无限部分也和 $\xi(u)$ 一样等于 $\dfrac{1}{u^2}$. 实际上,因为 $\operatorname{sn}(u)$ 是奇函数,由式(132) 知道它在 $u=0$ 的邻近可以展开为

$$\operatorname{sn}(u) = u + c_3 u^3 + c_5 u^5 + \cdots$$

从而

$$\frac{1}{\operatorname{sn}^2(u)} = \frac{1}{u^2} \cdot \frac{1}{(1 + c_3 u^2 + c_5 u^4 + \cdots)^2} = \frac{1}{u^2} + d_0 + d_2 u^2 + \cdots$$

故在 $u = 0$ 邻近

$$f(u) = \frac{\lambda^2}{\operatorname{sn}^2(\lambda u)} = \frac{1}{u^2} + \lambda^2 d_0 + \lambda^4 d_2 u^2 + \cdots$$

这就是我们所要证明的. 因此,函数 $f(u)$ 和函数 $\xi(u)$ 在周期平行四边形中有相同的极点以及相同的无限部分,所以它们只差一个常数项,即

$$\xi(u) = \frac{\lambda^2}{\operatorname{sn}^2(\lambda u)} + C \tag{145}$$

要决定常数 C 可令 $u = \omega$. 这时 $\xi(\omega) = e_1$,由表(133)

$$\operatorname{sn}(\lambda\omega) = \operatorname{sn}(\tilde{\omega}) = \frac{\operatorname{cn}(0)}{\operatorname{dn}(0)} = 1$$

代入式(145),得

$$C = e_1 - \lambda^2 \tag{146}$$

由(143) 和(144),可写

$$2\tilde{\omega} = 2\omega\sqrt{e_1 - e_3} ; 2\tilde{\omega}' = 2\omega'\sqrt{e_1 - e_3}$$

即

$$\lambda=\frac{\tilde{\omega}}{\omega}=\frac{\tilde{\omega}'}{\omega'}=\sqrt{e_1-e_3}$$

代入式(146),得 $C=e_3$.

应用等式(143) 和(114),可将常数 C 写成

$$C=-\frac{(1+k^2)\lambda^2}{3}$$

最后得到下面的联系函数 $\xi(u)$ 和 $\mathrm{sn}(u)$ 的关系式

$$\xi(u)=\frac{e_1-e_3}{\mathrm{sn}^2(\sqrt{e_1-e_3}\,u)}+e_3 \tag{147}$$

或

$$\xi(u)=\frac{\lambda^2}{\mathrm{sn}^2(\lambda u)}-\frac{(1+k^2)\lambda^2}{3}\quad(\lambda=\sqrt{e_1-e_3}) \tag{148}$$

184. 椭圆坐标

在力学问题中最常用到椭圆函数,现在只讲这种函数的一些最基本最简单的应用.首先是椭圆函数在研究空间椭圆坐标时的应用.我们在[Ⅱ,137]中已经遇到过椭圆坐标了,现在我们把一些要用到的东西再重复一下,并且再讲一点补充性质,把从前用过的记号改变一下,即改 a^2,b^2 和 c^2 为 $-a^2$,$-b^2$ 和 $-c^2$.写出方程

$$\frac{x^2}{\rho-a^2}+\frac{y^2}{\rho-b^2}+\frac{z^2}{\rho-c^2}-1=0 \tag{149}$$

这是一个关于 ρ 的三次方程.对于空间任一坐标为 (x,y,z) 的点方程(149) 有三个实根:λ,μ 和 ν,满足不等式

$$\lambda>a^2>\mu>b^2>\nu>c^2 \tag{150}$$

这三个数称为该点的椭圆坐标.为了避免出现等号,我们假设 x,y 和 z 都不等于零,例如,设 x,y 和 z 都是正的.若于方程(149) 中令 $\rho=\lambda$,则得一椭圆面,经过已给的点;令 $\rho=\mu$,得一单叶双曲面;令 $\rho=\nu$,得一双叶双曲面.我们从前知道坐标曲面 $\lambda=$常数,$\mu=$常数和 $\nu=$常数个个互相正交,就是说,椭圆坐标是正交坐标.现在要导出将直角坐标表示为椭圆坐标的公式.将方程(149) 的左边通分,注意分子应是 ρ 的三次多项式,最高次项的系数是 -1,三个零点是 λ,μ 和 ν,则得关于 ρ 的恒等式

$$\frac{x^2}{\rho-a^2}+\frac{y^2}{\rho-b^2}+\frac{z^2}{\rho-c^2}-1=\frac{-(\rho-\lambda)(\rho-\mu)(\rho-\nu)}{(\rho-a^2)(\rho-b^2)(\rho-c^2)} \tag{151}$$

以 $\rho-a^2$ 乘等式两边,然后令 $\rho=a^2$,即得 x^2 的表示式,同样方程可得 y^2 和 z^2 的表示式

$$\begin{cases}x^2=\dfrac{(\lambda-a^2)(\mu-a^2)(\nu-a^2)}{(a^2-b^2)(a^2-c^2)}\\y^2=\dfrac{(\lambda-b^2)(\mu-b^2)(\nu-b^2)}{(b^2-c^2)(b^2-a^2)}\\z^2=\dfrac{(\lambda-c^2)(\mu-c^2)(\nu-c^2)}{(c^2-a^2)(c^2-b^2)}\end{cases}\tag{152}$$

现在要导出椭圆坐标下弧单元的平方的公式.将(152)各式分别取对数再微分,即得

$$2\frac{\mathrm{d}x}{x}=\frac{\mathrm{d}\lambda}{\lambda-a^2}+\frac{\mathrm{d}\mu}{\mu-a^2}+\frac{\mathrm{d}\nu}{\nu-a^2}$$

$$2\frac{\mathrm{d}y}{y}=\frac{\mathrm{d}\lambda}{\lambda-b^2}+\frac{\mathrm{d}\mu}{\mu-b^2}+\frac{\mathrm{d}\nu}{\nu-b^2}$$

$$2\frac{\mathrm{d}z}{z}=\frac{\mathrm{d}\lambda}{\lambda-c^2}+\frac{\mathrm{d}\mu}{\mu-c^2}+\frac{\mathrm{d}\nu}{\nu-c^2}$$

依次以 x,y 和 z 乘上三式,平方相加,即得

$$\mathrm{d}s^2=L^2\mathrm{d}\lambda^2+M^2\mathrm{d}\mu^2+N^2\mathrm{d}\nu^2\tag{153}$$

其中,例如

$$4L^2=\frac{x^2}{(\lambda-a^2)^2}+\frac{y^2}{(\lambda-b^2)^2}+\frac{z^2}{(\lambda-c^2)^2}\tag{154}$$

注意:式(153)的右边不应含有 $\mathrm{d}\lambda\mathrm{d}\mu$ 等形式的乘积,因为椭圆坐标是正交坐标的缘故[Ⅱ,130].式(154)的右边现在可以这样改写:关于 ρ 微分恒等式(151),变号,然后再令 $\rho=\lambda$,即得

$$4L^2=\frac{\mathrm{d}}{\mathrm{d}\rho}\left.\frac{(\rho-\lambda)(\rho-\mu)(\rho-\nu)}{(\rho-a^2)(\rho-b^2)(\rho-c^2)}\right|_{\rho=\lambda}$$

关于 $\mathrm{d}s^2$ 的公式就可改写为

$$4\mathrm{d}s^2=\frac{(\lambda-\mu)(\lambda-\nu)}{(\lambda-a^2)(\lambda-b^2)(\lambda-c^2)}\mathrm{d}\lambda^2+\frac{(\mu-\lambda)(\mu-\nu)}{(\mu-a^2)(\mu-b^2)(\mu-c^2)}\mathrm{d}\mu^2+\frac{(\nu-\lambda)(\nu-\mu)}{(\nu-a^2)(\nu-b^2)(\nu-c^2)}\mathrm{d}\nu^2\tag{155}$$

已经知道了弧单元的表示式以后我们可以写出椭圆坐标下的拉普拉斯方程[Ⅱ,119].为简便计引进下面的记号

$$f(\rho)=(\rho-a^2)(\rho-b^2)(\rho-c^2)$$

由[Ⅱ,119]的记号,有

$$2H_1=\sqrt{\frac{(\lambda-\mu)(\lambda-\nu)}{f(\lambda)}},2H_2=\sqrt{\frac{(\mu-\lambda)(\mu-\nu)}{f(\mu)}},2H_3=\sqrt{\frac{(\nu-\lambda)(\nu-\mu)}{f(\nu)}}$$

其中诸 H_k 应取正值,又要记住 $f(\lambda)$ 和 $f(\nu)$ 是正的,而 $f(\mu)<0$.在椭圆坐标

下的拉普拉斯方程就是

$$\frac{\nu-\mu}{\sqrt{f(\mu)f(\nu)}}\frac{\partial}{\partial\lambda}\left(\sqrt{f(\lambda)}\frac{\partial U}{\partial\lambda}\right)+\frac{\lambda-\nu}{\sqrt{f(\nu)f(\lambda)}}\frac{\partial}{\partial\mu}\left(\sqrt{f(\mu)}\frac{\partial U}{\partial\mu}\right)+$$

$$\frac{\mu-\lambda}{\sqrt{f(\lambda)f(\mu)}}\frac{\partial}{\partial\nu}\left(\sqrt{f(\nu)}\frac{\partial U}{\partial\nu}\right)=0 \tag{156}$$

其中后两项可以由前一项经过关于 λ,μ 和 ν 的轮换而得.

185. 椭圆函数的导入

现在由下列公式导入新的变数 α,β 和 γ 以替代原来的变数 λ,μ 和 ν,则

$$\frac{d\lambda}{\sqrt{f(\lambda)}}=d\alpha,\frac{d\mu}{\sqrt{f(\mu)}}=d\beta,\frac{d\nu}{\sqrt{f(\nu)}}=d\gamma \tag{157}$$

就是说,α,β 和 γ 可以依次借 λ,μ 和 ν 表示为第一类椭圆积分的形式,反过来,后者则为前者的椭圆函数. 又由(157) 知有

$$\sqrt{f(\lambda)}\frac{\partial}{\partial\lambda}=\frac{\partial}{\partial\alpha}$$

等三式,从而式(156) 就可以改写为

$$(\nu-\mu)\frac{\partial^2 U}{\partial\alpha^2}+(\lambda-\nu)\frac{\partial^2 U}{\partial\beta^2}+(\mu-\lambda)\frac{\partial^2 U}{\partial\gamma^2}=0 \tag{158}$$

现在回到式(152),我们要证明 x,y 和 z 是新的变数 α,β 和 γ 的单值函数. 实际上,考察(157) 中出现的根号

$$\sqrt{f(\rho)}=\sqrt{(\rho-a^2)(\rho-b^2)(\rho-c^2)}$$

由

$$\rho=p+qt$$

引进变数 t 以代 ρ,其中 p 和 q 是常数. 我们有

$$(\rho-a^2)(\rho-b^2)(\rho-c^2)=q^3(t-e_1)(t-e_2)(t-e_3)$$

其中 e_k 是关于 t 的三次式的零点. 比较系数,得

$$a^2=p+qe_1,b^2=p+qe_2,c^2=p+qe_3$$

首先,选取常数 p,使得

$$e_1+e_2+e_3=0$$

易知应有

$$p=\frac{a^2+b^2+c^2}{3}$$

这样一来,诸数 e_k 除了一个常数因子 q 以外可以完全决定. 假设这个因子是正的,记为 s^2,于是有

$$\begin{cases}s^2e_1=a^2-\dfrac{a^2+b^2+c^2}{3}\\ s^2e_2=b^2-\dfrac{a^2+b^2+c^2}{3}\\ s^2e_3=c^2-\dfrac{a^2+b^2+c^2}{3}\end{cases}\tag{159}$$

由此可得

$$a^2-b^2=s^2(e_1-e_2),a^2-c^2=s^2(e_1-e_3),b^2-c^2=s^2(e_2-e_3)\tag{160}$$

又由 $\rho=p+qt$ 和以前的三个式子相减可得

$$\rho-a^2=s^2(t-e_1),\rho-b^2=s^2(t-e_2),\rho-c^2=s^2(t-e_3)$$

在新的变数之下多项式 $f(\rho)$ 可以写成

$$f(\rho)=s^6(t-e_1)(t-e_2)(t-e_3)$$

令

$$\lambda=\frac{a^2+b^2+c^2}{3}+s^2t\tag{161}$$

将(157)的第一式积分,得

$$\frac{2}{s}\int_{\infty}^{t}\frac{\mathrm{d}t}{\sqrt{4(t-e_1)(t-e_2)(t-e_3)}}=\alpha$$

其中等式右边略去一个无关紧要的任意常数项.

为书写简单计,令 $s=2$,将上面积分反演即得 $t=\xi(\alpha)$,因为由 $e_1+e_2+e_3=0$ 知道根号中的多项式有和[178]中同样的形式.

将 $t=\xi(\alpha)$ 代入式(161),得

$$\lambda=\frac{a^2+b^2+c^2}{3}+4\xi(\alpha)\tag{162}$$

同样可得

$$\mu=\frac{a^2+b^2+c^2}{3}+4\xi(\beta),\nu=\frac{a^2+b^2+c^2}{3}+4\xi(\gamma)\tag{163}$$

将(159)(160)(162)和(163)四式代入式(152),得

$$\begin{cases}x^2=4\dfrac{[\xi(\alpha)-e_1][\xi(\beta)-e_1][\xi(\gamma)-e_1]}{(e_1-e_2)(e_1-e_3)}\\ y^2=4\dfrac{[\xi(\alpha)-e_2][\xi(\beta)-e_2][\xi(\gamma)-e_2]}{(e_2-e_3)(e_2-e_1)}\\ z^2=4\dfrac{[\xi(\alpha)-e_3][\xi(\beta)-e_3][\xi(\gamma)-e_3]}{(e_3-e_1)(e_3-e_2)}\end{cases}\tag{164}$$

以上各式中分子内每一因子都是 α,β 或 γ 的单值函数的完全平方[170],因此这些式子就定义 x,y 和 z 为 α,β 和 γ 的单值解析函数. 由(162)和(163)知,在新的变数下拉普拉斯方程改为

$$[\xi(\gamma)-\xi(\beta)]\frac{\partial^2 U}{\partial\alpha^2}+[\xi(\alpha)-\xi(\gamma)]\frac{\partial^2 U}{\partial\beta^2}+[\xi(\beta)-\xi(\alpha)]\frac{\partial^2 U}{\partial\gamma^2}=0 \tag{165}$$

186. 来梅方程

对拉普拉斯方程(165) 应用通常的分离变数法，并要求其形式如

$$U=A(\alpha)B(\beta)C(\gamma) \tag{166}$$

的解，其中 $A(\alpha)$ 只是 α 的函数，$B(\beta)$ 只是 β 的函数，$C(\gamma)$ 只是 γ 的函数. 代入式(165)，再以 $A(\alpha)B(\beta)C(\gamma)$ 除之，得

$$[\xi(\gamma)-\xi(\beta)]\frac{A''(\alpha)}{A(\alpha)}+[\xi(\alpha)-\xi(\gamma)]\frac{B''(\beta)}{B(\beta)}+[\xi(\beta)-\xi(\alpha)]\frac{C''(\gamma)}{C(\gamma)}=0$$

易知若(166) 中的三个函数都满足同一个二阶微分方程，即

$$\frac{A''(\alpha)}{A(\alpha)}=-a\xi(\alpha)-b;\frac{B''(\beta)}{B(\beta)}=-a\xi(\beta)-b;\frac{C''(\gamma)}{C(\gamma)}=-a\xi(\gamma)-b$$

则(166) 显为(165) 的解. 为此，我们考察系数为双重周期函数的二阶微分方程

$$\frac{\mathrm{d}^2R(u)}{\mathrm{d}u^2}+[a\xi(u)+b]R(u)=0 \tag{167}$$

首先，我们要决定常数 a，使得方程(176) 的一般解是 u 的单值函数. 在 $u=0$ 的邻近系数 $a\xi(u)+b$ 可以展开为

$$\frac{a}{u^2}+b+\cdots$$

因此在这正则奇异点的判定方程是

$$\rho(\rho-1)+a=0 \tag{168}$$

要得到单值解必须让这个方程的根是整数. 因这个方程两根的和等于 $+1$，所以它的根应是 $-n$ 和 $n+1$，其中 n 是正整数或零. 这样，常数 a 的可能值应该是

$$a_n=-n(n+1)\quad(n=0,1,2\cdots) \tag{169}$$

严格说来，以上我们只证明了等式(169) 是一般解为单值的必要条件. 现在证明它也是充分条件. 由微分方程的一般理论知道当 $a=-n(n+1)$ 时方程(167) 的一个解在原点的附近可以展开为

$$R(u)=u^{n+1}(c_0+c_1u+c_2u^2+\cdots)\quad(c_n\neq 0) \tag{170}$$

但是当我们改 u 为 $-u$ 时方程(167) 不变，故知若改(170) 中的 u 为 $-u$，所得仍是(167) 的解. 这样得到的解应该和解(170) 只差一个常数因子，因为和(170) 互为线性独立的方程(167) 的另一解在 $u=0$ 的附近具有完全不同的另外

形式.由此论断可知式(170)中的幂级数应只含 u 的偶次幂,即

$$R_1(u)=u^{n+1}(c_0+c_2u^2+c_4u^4+\cdots) \tag{171}$$

如我们所已知,方程(167)的第二个解可以由下式得到[Ⅱ,24]

$$R_2(u)=R_1(u)\int\frac{\mathrm{d}u}{R_1^2(u)}$$

或
$$R_2(u)=R_1(u)\int\frac{1}{u^{2n+2}}(c_0+c_2u^2+c_4u^4+\cdots)^{-2}\mathrm{d}u$$

被积分函数在 $u=0$ 的附近的展开式只包含 u 的偶次幂,故没有含 u^{-1} 的项,从而 $R_2(u)$ 中不含 $\ln u$.因此方程(167)的两个独立解在 $u=0$ 的附近均为单值.以上的论证可以完全同样地应用于方程(167)的任一奇异点.这些奇异点是 $u=m_1\omega_1+m_2\omega_2$,其中 ω_1 和 ω_2 是 $\xi(u)$ 的周期,m_1 和 m_2 是任意整数.这样,方程(167)的任一解在方程的奇异点只可能有极点,所以确是 u 的单值函数.

将式(169)中的常数的值代入方程(167),得

$$\frac{\mathrm{d}^2R(u)}{\mathrm{d}u^2}+[-n(n+1)\xi(u)+b]R(u)=0 \tag{172}$$

通常称为来梅方程.常数 b 应如此决定,使得方程(172)的解或为 $\xi(u)$ 的多项式,或为这种多项式和下列形式的函数的乘积

$$\sqrt{\xi(u)-e_1},\sqrt{\xi(u)-e_2},\sqrt{\xi(u)-e_3}$$

这种形式的因子可能有一个,两个或三个.可以证明满足这种条件的常数 b 的数值有 $2n+1$ 个.若 $R_0(u)$ 是这样的方程(172)的解,则可证拉普拉斯方程的解

$$R_0(\alpha)R_0(\beta)R_0(\gamma)$$

是直角坐标 x,y 和 z 的 n 次多项式.对于固定的 n,这种解有 $2n+1$ 个,通常称为来梅函数.这些多项式显然和我们从前讲过的球函数有密切的关系.

187. 单摆

单摆运动的研究可以作为雅可比函数的应用的一个最简单的例子.假设有单位质量的质点沿着光滑的圆周运动.取坐标的 X 和 Z 轴在圆周所在的平面中,圆心为原点,Z 轴垂直向上,设 l 为圆的半径.当 $t=0$ 时质点从最低点 M_0 $(z=-l)$ 以初速 v_0 出发.因为动能的增加等于重力所做之功,故得

$$\frac{1}{2}v^2-\frac{1}{2}v_0^2=-gz-gl$$

或

$$v^2=2g(a-z)\quad\left(a=-l+\frac{v_0^2}{2g}\right) \tag{173}$$

又设直线 $z=a$ 和圆周交于两点 A 和 A'，即 $a<l$ 或 $v_0<2\sqrt{lg}$. 由式(173)知道应有 $z\leqslant a$，即运动应限于圆周上的 AM_0A' 弧上(图85). 我们有 $z=-l\cos\theta$，设 $a=-l\cos\alpha(0<\alpha<\pi)$. 因速度

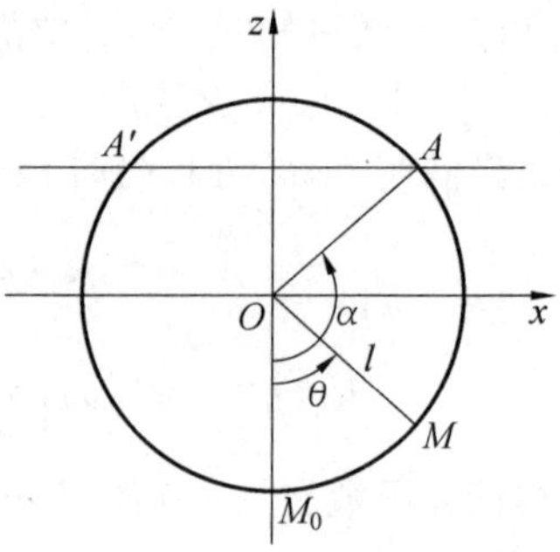

$$v=\frac{\mathrm{d}s}{\mathrm{d}t}=l\left|\frac{\mathrm{d}\theta}{\mathrm{d}t}\right|$$

从而方程(173)可以改写为

$$l^2\left(\frac{\mathrm{d}\theta}{\mathrm{d}t}\right)^2=2gl(\cos\theta-\cos\alpha)$$

图 85

或由半角公式

$$l\left(\frac{\mathrm{d}\theta}{\mathrm{d}t}\right)^2=4g\left(\sin^2\frac{\alpha}{2}-\sin^2\frac{\theta}{2}\right)$$

从而

$$2\sqrt{\frac{g}{l}}\mathrm{d}t=\frac{\mathrm{d}\theta}{\sqrt{\sin^2\frac{\alpha}{2}-\sin^2\frac{\theta}{2}}} \tag{174}$$

这里我们假设当 t 增加时 θ 也增加. 由

$$\sin\frac{\theta}{2}=\tau\sin\frac{\alpha}{2}$$

引进新的变数 τ 以代 θ，将这个关系式微分，得到

$$\mathrm{d}\theta=\frac{2\sin\frac{\alpha}{2}}{\cos\frac{\theta}{2}}\mathrm{d}\tau=\frac{2\sin\frac{\alpha}{2}}{\sqrt{1-\sin^2\frac{\theta}{2}}}\mathrm{d}\tau$$

即
$$\mathrm{d}\theta=\frac{2\sin\frac{\alpha}{2}}{\sqrt{1-\tau^2\sin^2\frac{\alpha}{2}}}\mathrm{d}\tau$$

代入式(174)，记住当 $t=0$ 时 $\theta=\tau=0$，则

$$\sqrt{\frac{g}{l}}t=\int_0^\tau\frac{\mathrm{d}\tau}{\sqrt{(1-\tau^2)(1-k^2\tau^2)}}\quad\left(k^2=\sin^2\frac{\alpha}{2}\right)$$

从而

$$\tau=\mathrm{sn}\left(\frac{g}{l}t\right) \tag{175}$$

应用雅可比函数已知的性质，有

$$\begin{cases}\sin\dfrac{\theta}{2}=\sin\dfrac{\alpha}{2}\operatorname{sn}\left(\sqrt{\dfrac{g}{l}}t\right)=k\operatorname{sn}\left(\sqrt{\dfrac{g}{l}}t\right)\\ \cos\dfrac{\theta}{2}=\sqrt{1-k^2\operatorname{sn}^2\left(\dfrac{g}{l}t\right)}=\operatorname{dn}\left(\sqrt{\dfrac{g}{l}}t\right)\end{cases}\tag{176}$$

其中平方根取正号,因为 $t=0$ 时应有 $\theta=0$. 由上两式可以把质点的坐标 x 和 z 表示为 t 的单值函数.

现在再看式(173) 中的常数 a 大于 l 的情形. 我们可以改写该式为

$$l^2\left(\frac{\mathrm{d}\theta}{\mathrm{d}t}\right)^2=2g(a+l\cos\theta)=2g(a+l-2l\sin^2\frac{\theta}{2})$$

或

$$l^2\left(\frac{\mathrm{d}\theta}{\mathrm{d}t}\right)^2=2g(a+l)\left(1-k^2\sin^2\frac{\theta}{2}\right)\tag{177}$$

其中

$$k^2=\frac{2l}{a+l}\tag{178}$$

显然有 $k^2<1$. 将式(177) 积分,得

$$\lambda t=\int_0^\theta\frac{\mathrm{d}\theta}{\sqrt{1-k^2\sin^2\dfrac{\theta}{2}}}$$

其中

$$\lambda=\frac{\sqrt{2g(a+l)}}{l}$$

引进新的变数 $\tau=\sin\dfrac{\theta}{2}$ 以代 θ,得

$$\lambda t=\int_0^\tau\frac{2\mathrm{d}\tau}{\sqrt{(1-\tau^2)(1-k^2\tau^2)}}$$

从而

$$\tau=\sin\frac{\theta}{2}=\operatorname{sn}\left(\frac{1}{2}\lambda t\right)$$

同样可得

$$\cos\theta=\sqrt{1-\operatorname{sn}^2\left(\frac{1}{2}\lambda t\right)}=\operatorname{cn}\left(\frac{1}{2}\lambda t\right)$$

即使在这种情形之下由这些公式仍可将坐标表示为时间的单值函数.

188. 保角变换的例子

我们从前知道当 $0<k<1$ 时函数

$$u=\int_0^z \frac{\mathrm{d}z}{\sqrt{(1-z^2)(1-k^2z^2)}} \tag{179}$$

将上半 z 平面变为 u 平面中的长方形，因此反函数 $z=\operatorname{sn}(u;k)$ 就将长方形变为上半平面.长方形的边长由积分

$$2\int_0^1 \frac{\mathrm{d}x}{\sqrt{(1-x^2)(1-k^2x^2)}} \text{ 和} \int_0^1 \frac{\mathrm{d}x}{\sqrt{(1-x^2)(1-k'^2x^2)}}$$

所决定[167]，其中 $k^2+k'^2=1$. 因此长方形的边长之比可以是任意的.给式(179)的右边添上一个常数因子 $\frac{1}{\lambda}$，可以得到任意边长的长方形，而 $z=\operatorname{sn}(\lambda u;k)$ 则将这个长方形变为半平面.现在要证明变长方形为圆的函数可以用魏尔斯特拉斯函数 $\sigma(u)$ 来表示.在平面上任取一长方形 K_1，其顶点的坐标为$(0,0)$，$(a,0)$，(a,b) 和$(0,b)$. 假设函数 $z=f(u)$ 变 K_1 为单位圆，变 K_1 内部的一点(ξ,η) 为圆心.若将 $f(u)$ 越过联结$(0,0)$ 和$(a,0)$ 的边解析延拓出去，则由对称原理，$f(u)$ 变另一长方形 K_2 为单位圆的外部，K_2 和 K_1 关于上述一边为对称.单位圆的外部即区域 $|z|>1$，K_2 中和(ξ,η) 对称的点$(\xi,-\eta)$ 变为该区域中的无限远点.由反射的单叶性可知 $f(u)$ 以 $\xi+\mathrm{i}\eta$ 为单零点，以 $\xi-\mathrm{i}\eta$ 为单极点.如果我们再作两个长方形 K_3 和 K_4，依次和 K_1，K_2 关于虚轴为对称，那么 K_3 将被 $f(u)$ 变为区域 $|z|>1$，而 K_3 将被 $f(u)$ 变为区域 $|z|<1$，同时 $z=-\xi-\mathrm{i}\eta$ 将是 $f(u)$ 的单零点. $z=-\xi+\mathrm{i}\eta$ 将是 $f(u)$ 的单极点.

和[167]中完全一样可以证明 $f(u)$ 是个以 $2a$ 和 $2b\mathrm{i}$ 为周期的椭圆函数，基本周期平行四边形(长方形)是由上述四个长方形所组成，前面说过的那些零点和极点就是 $f(u)$ 在周期平行四边形中零点和极点的全部.

令 $\omega_1=2a$，$\omega_2=2b\mathrm{i}$，作魏尔斯特拉斯函数 $\sigma(u)$ 以及另一函数

$$\varphi(u)=\frac{\sigma(u-\xi-\mathrm{i}\eta)\sigma(u+\xi+\mathrm{i}\eta)}{\sigma(u-\xi+\mathrm{i}\eta)\sigma(u+\xi-\mathrm{i}\eta)} \tag{180}$$

在上述周期平行四边形中它有和 $f(u)$ 同样的单零点和单极点.现在要证这个函数也以 ω_1 和 ω_2 为周期，从而 $\varphi(u)$ 和 $f(u)$ 将只差一个常数因子.应用式(49)所示函数 $\sigma(u)$ 的性质，可写

$$\varphi(u+\omega_k)=\frac{\mathrm{e}^{\eta_k\left(u-\xi-\mathrm{i}\eta+\frac{\omega_k}{2}\right)+\eta_k\left(u+\xi+\mathrm{i}\eta+\frac{\omega_k}{2}\right)}\sigma(u-\xi-\mathrm{i}\eta)\sigma(u+\xi+\mathrm{i}\eta)}{\mathrm{e}^{\eta_k\left(u-\xi+\mathrm{i}\eta+\frac{\omega_k}{2}\right)+\eta_k\left(u+\xi-\mathrm{i}\eta+\frac{\omega_k}{2}\right)}\sigma(u-\xi+\mathrm{i}\eta)\sigma(u+\xi-\mathrm{i}\eta)}=$$

$$\frac{\sigma(u-\xi-\mathrm{i}\eta)\sigma(u+\xi+\mathrm{i}\eta)}{\sigma(u-\xi+\mathrm{i}\eta)\sigma(u+\xi-\mathrm{i}\eta)}=\varphi(u)\quad(k=1,2)$$

这就是我们所要证明的.因此

$$f(u)=C\frac{\sigma(u+\xi+\mathrm{i}\eta)\sigma(u-\xi-\mathrm{i}\eta)}{\sigma(u-\xi+\mathrm{i}\eta)\sigma(u+\xi-\mathrm{i}\eta)}$$

要决定常数 C 可令 $u=0$，改写上式为

$$f(0)=C\frac{\sigma(-\xi-\mathrm{i}\eta)}{\sigma(-\xi+\mathrm{i}\eta)}\cdot\frac{\sigma(\xi+\mathrm{i}\eta)}{\sigma(\xi-\mathrm{i}\eta)} \tag{181}$$

由函数 $\sigma(u)$ 的定义

$$\sigma(u)=u\prod_{m_1,m_2}{}'\left(1-\frac{u}{w}\right)\mathrm{e}^{\frac{u}{w}+\frac{1}{2}\left(\frac{u}{w}\right)^2}$$

其中 $w=m_1 2a+m_2 2b\mathrm{i}$. 假设 u 是实的,因为乘积展布于所有 m_1 和 m_2 的整数值除了 $m_1=m_2=0$ 以外,故可将其中每两因子,对应于同一 m_1 而符号相反的 m_2 者,先合并起来. 若 $m_2=0$,则对应的因子是实的.

因此在这样的情形之下,即当 ω_1 为实数而 ω_2 为纯虚数时,对于实数 u 函数 $\sigma(u)$ 常取实值. 由对称原理,对于 u 的共轭值函数 $\sigma(u)$ 的值亦为共轭. 因此知道式(181) 右边每一分数的分子和分母是共轭的,从而每一分数的绝对值都等于 1. 再看该式的左边. $u=0$ 是基本长方形 K_1 的顶点,位于长方形的周界上,所以 $f(0)$ 位于单位圆周上,即 $|f(0)|=1$. 由式(181) 知 $|C|=1$,即 $C=\mathrm{e}^{\mathrm{i}\vartheta}$,其中 ϑ 是个实数. 最后即得变长方形 K_1 为单位圆的函数

$$f(u)=\mathrm{e}^{\mathrm{i}\vartheta}\frac{\sigma(u-\xi-\mathrm{i}\eta)\sigma(u+\xi+\mathrm{i}\eta)}{\sigma(u-\xi+\mathrm{i}\eta)\sigma(u+\xi-\mathrm{i}\eta)} \tag{182}$$

ϑ 的选取无关紧要,其值变更时单位圆绕着圆心转动一个角度.

方阵的规范形式

附录 I

189. 预备知识

这个附录的目的是要证明我们在[Ⅲ$_1$,27]中提到过而没有证明的一个命题.首先,让我们写出这个命题.假设A是一个方阵,那么常可找到一个行列式不等于零的方阵V使得方阵VAV^{-1}和A相似,且有拟对角线(或对角线)方阵的形式

$$VAV^{-1}=[I_{\rho_1}(\lambda_1),I_{\rho_2}(\lambda_2),\cdots,I_{\rho_p}(\lambda_p)] \tag{1}$$

其中方阵$I_\rho(\lambda)$的形式如下

$$I_\rho(\lambda)=\begin{Vmatrix}\lambda, & 0, & 0, & \cdots, & 0, & 0\\ 1, & \lambda, & 0, & \cdots, & 0, & 0\\ 0, & 1, & \lambda, & \cdots, & 0, & 0\\ \vdots & \vdots & \vdots & & \vdots & \vdots\\ 0, & 0, & 0, & \cdots, & \lambda, & 0\\ 0, & 0, & 0, & \cdots, & 1, & \lambda\end{Vmatrix} \tag{2}$$

足号ρ表示方阵的阶数,λ是主对角线上的元素.若$\rho=1$,则方阵$I_1(\lambda)$退化为一数λ.证明了这个命题以后,我们再在若干主要之处与以补充.

首先,让我们回忆一下相似方阵的几何意义.n阶方阵A可以视为n维空间中的一种运算,它使得这个空间经过一次线性变换.由[Ⅲ$_1$,21]我们知道方阵A的形式紧于坐标,即基本

骨架的选取.设 A 代表某一定坐标系统下的一个线性变换,又设将空间经过一个坐标变换,使得每一向量的各个新分量可以由它的各个旧分量借变换 V 而得到,那么在新坐标系统下我们的线性变换该由方阵 VAV^{-1} 来代表.这样,基本上说来,我们前面的问题就归结到,对于旧坐标系统下由方阵 A 所代表的线性变换要选一个最适当的坐标系统,就是要选取一个坐标系统,使得我们的线性变换在这个坐标系统下可以用形式如式(1) 右边的方阵来代表.

在解决这个问题之前,我们先讲一点以后要用到的预备知识.其中大部分是我们从前讲过的,但是为了完备起见,把它们都聚集在一起.

首先,说明我们以前常用到的子空间的概念.设 $\boldsymbol{x}_1,\cdots,\boldsymbol{x}_k$ 是空间 k 个线性独立的向量,其中 $k<n$,那么由

$$c_1\boldsymbol{x}_1+\cdots+c_k\boldsymbol{x}_k \tag{3}$$

所决定的向量的全体,其中 c_s 是些任意常数,称为由这 k 个向量所决定的 k 维子空间.还可以给一个与此相抵的子空间的定义.即:子空间是满足下列两个条件的向量全体所成的集合:如果某一向量 $\boldsymbol{x}$ 属于这个集合,那么对于任一常数 c,向量 $c\boldsymbol{x}$ 也属于这个集合,如果两向量 $\boldsymbol{x}_1$ 和 $\boldsymbol{x}_2$ 都属于这个集合,那么它们的和 $\boldsymbol{x}_1+\boldsymbol{x}_2$ 也属于这个集合.换言之,以数字乘这个集合中的向量或将集合中两向量相加,结果仍旧得到这个集合中的向量.

以后我们要用到下列两种定义子空间的方法.设 P 为一 n 阶方阵,$\boldsymbol{x}$ 是 n 维空间中任一变向量.由公式

$$\boldsymbol{\xi}=P\boldsymbol{x} \tag{4}$$

所决定的向量的全体显然成一子空间,它有时可以等于全空间.实际上,若某一向量 $\boldsymbol{\xi}_1=P\boldsymbol{x}_1$ 属于这个集合,则向量 $c_1\boldsymbol{\xi}_1=P(c_1\boldsymbol{x}_1)$ 也属于这个集合,若两向量 $\boldsymbol{\xi}_1=P\boldsymbol{x}_1$ 和 $\boldsymbol{\xi}_2=P\boldsymbol{x}_2$ 属于这个集合,则其和 $\boldsymbol{\xi}_1+\boldsymbol{\xi}_2=P(\boldsymbol{x}_1+\boldsymbol{x}_2)$ 显然也属于这个集合,因此,当 $\boldsymbol{x}$ 任意变动时,由(4) 所决定的向量全体确为一子空间.如我们所知[Ⅲ$_1$,16],这个子空间的维数等于方阵 P 的秩数.

现在再讲第二种定义子空间的方法.设 Q 是个 n 阶方阵,考察满足方程

$$Q\boldsymbol{x}=0 \tag{5}$$

的向量的全体.和前面完全一样可以证明这个向量的集合是一个子空间.如[Ⅲ$_1$,14] 所知,这是一个 k 维的子空间,如果方阵 Q 的秩数等于 $n-k$ 的话.

说到子空间时我们当然假设这个向量的集合不是空集,就是说,它的确包含不为零的向量.现在要看在什么情形下式(4) 决定一个空的向量集合,就是要问在什么时候,对于空间中任一向量 $\boldsymbol{x}$,由式(4) 所得到的常为零向量.由线性变换的形式易知当且仅当 P 为零方阵时,即其每一元素都等于零时,上面的事实才能成立.

假设 $E_1,\cdots,E_m$ 是一些子空间.我们称这为一套完全的子空间系统,如果

空间任一向量 $\boldsymbol{x}$ 常可用唯一的方法表示为向量之和

$$\boldsymbol{x}=\boldsymbol{\xi}_1+\cdots+\boldsymbol{\xi}_m \tag{6}$$

其中 $\boldsymbol{\xi}_i$ 属于子空间 E_i. 注意表示法的唯一性这个条件的重要意义. 由这个条件立刻可以知道零向量不能表示为形式如(6) 的和,使其中有些 $\boldsymbol{\xi}_i$ 是非零向量. 而这就说明一件事实,即上述诸子空间中的向量不能互为线性相关. 试以原点为 O 的实三维空间为例. 我们可以取任一通过 O 的平面 L 和任一通过 O 而不在平面 L 内的直线 l 作为完全的子空间系统,第一个子空间是个二维空间,可以由 L 中任两不在同一直线上的向量产生. 第二个子空间是一维空间,可以由直线 l 上的任一向量产生. 三维空间中的任一向量可以唯一地表示为平面 L 中的向量与直线 l 上的向量的和.

假设 A 是一个方阵,代表空间一个线性变换. 又设我们已经找到一套完全子空间系统 $E_1,\cdots,E_m$,依次为 $\rho_1,\cdots,\rho_m$ 维空间,使得每一子空间在线性变换 A 之下皆为不变,换言之,即子空间 $E_s(t=1,2,\cdots,m)$ 中任一向量经过线性变换 A 以后仍旧属于这个空间. 这时我们自然就可以按照下法选取坐标系统,使得在这样的坐标系统下方阵 A 具有结构为 $\{\rho_1,\cdots,\rho_m\}$ 的拟对角线方阵的形式:先取子空间 E_1 中 ρ_1 个互为线性独立的向量作为最先 ρ_1 条坐标轴,然后再取子空间 E_2 中 ρ_2 个互为线性独立的向量作为其次的 ρ_2 条坐标轴,其余类推. 既然诸子空间 E_s 作成一套完全子空间系统,显然就有 $\rho_1+\cdots+\rho_m=n$. 不难知道,在这样的坐标系统之下,方阵 A 确具有拟对角线方阵的形式. 为简单起见,取 $m=2$ 的情形再详细说明一下. 设 $(x_1,\cdots,x_n)$ 为一向量,经过我们的线性变换以后它变为向量 $(x'_1,\cdots,x'_n)$. 由于子空间 E_1 的不变性以及其中已选定的坐标系统,当 $x_{\rho_1+1}=x_{\rho_1+2}=\cdots=x_n=0$ 时,应有 $x'_{\rho_1+1}=x'_{\rho_1+2}=\cdots=x'_n=0$. 同样,由于 E_2 的不变性,当 $x_1=\cdots=x_{\rho_1}=0$ 时,应有 $x'_1=\cdots=x'_{\rho_1}=0$. 由此立刻可知,在如此选定的坐标系统下,我们的线性变换可由下面的对角线方阵来代表

$$\left\|\begin{matrix} a_{11}, & a_{12}, & \cdots, & a_{1\rho_1}, & 0, & 0, & \cdots, & 0 \\ a_{21}, & a_{22}, & \cdots, & a_{2\rho_1}, & 0, & 0, & \cdots, & 0 \\ \vdots & \vdots & & \vdots & \vdots & \vdots & & \vdots \\ a_{1\rho_1}, & a_{1\rho_2}, & \cdots, & a_{\rho_1\rho_1}, & 0, & 0, & \cdots, & 0 \\ 0, & 0, & \cdots, & 0, & b_{11}, & b_{12}, & \cdots, & b_{1\rho_2} \\ 0, & 0, & \cdots, & 0, & b_{21}, & b_{22}, & \cdots, & b_{2\rho_2} \\ \vdots & \vdots & & \vdots & \vdots & \vdots & & \vdots \\ 0, & 0, & \cdots, & 0, & b_{\rho_2 1}, & b_{\rho_2 2}, & \cdots, & b_{\rho_2\rho_2} \end{matrix}\right\|=[A',B'] \tag{7}$$

还要注意:每一子空间中坐标轴的选取仍是任意的,以后我们就要利用这种任意性适当地选取坐标轴使得方阵(7) 中的两小方阵 A' 和 B' 具有在某种意

义之下可称为最简单的形式.

现在我们要讲到下面的一个在以后非常有用的命题：

设 $f(z)$ 是一个多项式

$$f(z)=a_0z^p+a_1z^{p-1}+\cdots+a_{p-1}z+a_p$$

以一个方阵 A 代 z，得到方阵多项式

$$f(A)=a_0A^p+a_1A^{p-1}+\cdots+a_{p-1}A+a_p \tag{8}$$

等式右边各项经过运算以后得到一个新的方阵，就是说，任一方阵多项式 $f(A)$ 仍为一方阵. 注意：多项式的系数 a_s 都是数字. 因为同一方阵 A 的正整数幂 A^k 和任何的数相乘时与先后次序无关，易知不但是方阵多项式间的加法，而且同一方阵的多项式间的乘法也可以像通常数字变数的多项式的加法和乘法一样地演算. 因此，如果我们有一个联系若干数字变数的多项式的恒等式，其中只含加法和乘法两种运算，那么以任一方阵 A 代替其中的变数 z，立刻就得到一个关于方阵 A 的恒等式了.

特征方程

$$\varphi(\lambda)=\begin{vmatrix} a_{11}-\lambda, & a_{12}, & \cdots, & a_{1n} \\ a_{21}, & a_{22}-\lambda, & \cdots, & a_{2n} \\ \vdots & \vdots & & \vdots \\ a_{n1}, & a_{n2}, & \cdots, & a_{nn}-\lambda \end{vmatrix} \tag{9}$$

在化方阵为规范形式的问题中有基本的重要性，其中 a_{ik} 是方阵 A 的元素. 这个方程可以写成

$$D(A-\lambda)=0 \tag{10}$$

其中 $D(U)$ 表示方阵 U 的行列式. 如[90]中所知，成立下面的开雷恒等式

$$\varphi(A)=0 \tag{11}$$

就是说，若以方阵 A 代替它的特征多项式 $\varphi(\lambda)$ 中的 λ，则所得为零方阵.

我们还要提到两个简单的命题. 大家知道方程(9)的根称为方阵 A 的特征数. 现在要证明：若方阵 A 的特征数为 $\lambda_1,\cdots,\lambda_n$，则对任一正整数 s，方阵 A^s 的特征数为 $\lambda_1^s,\cdots,\lambda_n^s$.

注意多项式 $\varphi(\lambda)$ 的最高次项等于 $(-\lambda)^n$，可得关于 λ 的恒等式

$$D(A-\lambda)=\prod_{k=1}^{n}(\lambda_k-\lambda) \tag{12}$$

设 $\varepsilon=e^{\frac{2\pi i}{s}}$ 为1的 s 次根，则显然成立恒等式[Ⅰ,175]

$$(z-\lambda)(z-\varepsilon\lambda)\cdots(z-\varepsilon^{s-1}\lambda)=z^s-\lambda^s \tag{13}$$

因为方阵乘积的行列式等于诸方阵的行列式的乘积，由(12)和(13)有

$$D(A^s-\lambda^s)=\prod_{k=1}^{n}(\lambda_k-\lambda)\prod_{k=1}^{n}(\lambda_k-\varepsilon\lambda)\cdots\prod_{k=1}^{n}(\lambda_k-\varepsilon^{s-1}\lambda)$$

或 $$D(A^s-\lambda^s)=\prod_{k=1}^{n}[(\lambda_k-\lambda)(\lambda_k-\varepsilon\lambda)\cdots(\lambda_k-\varepsilon^{s-1}\lambda)]$$

再由式(13) 即得

$$D(A^s-\lambda^s)=\prod_{k=1}^{n}(\lambda_k^s-\lambda^s)$$

即 $$D(A^s-\mu)=\prod_{k=1}^{n}(\lambda_k^s-\mu)$$

这就是我们所要证明的.

以后我们还要计算拟对角线方阵

$$A=[A_1,A_2,\cdots,A_k]$$

的行列式. 不难知道,A 的行列式等于诸方阵 A_k 的行列式的乘积,即

$$D(A)=D(A_1)D(A_2)\cdots D(A_k) \tag{14}$$

为简便起见就 $k=2$ 的情形来说明一下. 由乘法的规则

$$[A_1,A_2]=[A_1,I][I,A_2]$$

从而 $$D(A)=D([A_1,I])([I,A_2])$$

将右边每一行列式依某一行或某一列展开,可得

$$D([A_1,I])=D(A_1),D([I,A_2])=D(A_2)$$

因此式(14) 成立.

最后再注意一件事:相似方阵有相同的特征数.

190. 特征方程有单根的情形

当方阵的特征数互不相同时我们以前曾经详尽地研究过化方阵为规范形式的问题. 现在稍稍改变叙述的方法,则可由此导出在一般情形下,即特征数可以相同时的类似的论证.

设方阵 A 有互不相同的特征数 $\lambda_1,\lambda_2,\cdots,\lambda_n$. 我们知道,这时存在 n 个线性独立的向量 $\boldsymbol{v}_k$,满足方程

$$A\boldsymbol{v}_k=\lambda_k\boldsymbol{v}_k \quad (k=1,2,\cdots,n)$$

或

$$(A-\lambda_k)\boldsymbol{v}_k=0 \tag{15}$$

每一个向量 $\boldsymbol{v}_k$ 产生一个一维子空间 E_k,诸子空间 E_k 构成一套完全子空间系统. 每一形式为 $c_k\boldsymbol{v}_k$ 的向量,其中 c_k 是数字,显然满足方程 $Ac_k\boldsymbol{v}_k=\lambda_kc_k\boldsymbol{v}_k$,就是说,它经过变换 A 以后只乘上一个常数 λ_k. 换言之,每一子空间 E_k 都是方阵 A 所代表的线性变换下的不变空间. 取诸向量 $\boldsymbol{v}_k$ 为坐标轴时,我们不但化方阵 A 为对角线方阵的形式,并且实际就是对角线形式,因为这时每一子空间 E_k 都是

一维空间.

方程

$$(A-\lambda_k)\boldsymbol{x}=0 \quad (k=1,2,\cdots,n) \tag{16}$$

显然可被子空间 E_k 中的向量所满足.不难知道,这个方程除了形式如 $c_k\boldsymbol{v}_k$ 的解以外也不再有其他的解,就是说,方程(16) 定义一个一维子空间.实际上,如果它定义一个高于一维的子空间,设为二维子空间,则如[Ⅲ$_1$,27]中所证,这个子空间中的每一向量必定和其余诸子空间 E_k 中的向量互为线性独立.从而在 n 维空间中就可得到 $n+1$ 个线性独立的向量,这是不可能的.因此,在目前的情形下,方程(16) 定义子空间 E_k.

这些子空间也可以另外想法来定义.为此,考察$\dfrac{1}{\varphi(z)}$的最简分数展开式

$$\frac{1}{\varphi(z)}=\sum_{k=1}^{n}\frac{a_k}{z-\lambda_k}$$

或

$$\sum_{k=1}^{n}a_k\frac{\varphi(z)}{z-\lambda_k}=1$$

其中 a_k 都是不等于零的数.以方阵 A 代 z,得

$$\sum_{k=1}^{n}a_k\frac{\varphi(A)}{A-\lambda_k}=1 \tag{17}$$

现在考察由下列式子所定义的子空间 E'_k,有

$$\boldsymbol{\xi}=a_k\frac{\varphi(A)}{A-\lambda_k}\boldsymbol{x} \quad (k=1,2,\cdots,n) \tag{18}$$

其中 $\boldsymbol{x}$ 是全空间中的任意变向量.式(18) 中的常数因子 a_k 显然不关紧要.由式(17) 可得任一向量 $\boldsymbol{x}$ 的展开式

$$\boldsymbol{x}=\sum_{k=1}^{n}a_k\frac{\varphi(A)}{A-\lambda_k}\boldsymbol{x} \tag{19}$$

其中等式右边的各项分别属于子空间 E'_k.现在证明由式(18) 所定义的这些子空间 E'_k 与由方程(16) 所定义的子空间 E_k 全同.实际上,设 $\boldsymbol{\xi}$ 是由式(18) 所定义的 E'_k 中的一个向量,则由开雷公式有

$$(A-\lambda_k)\boldsymbol{\xi}=a_k\varphi(A)\boldsymbol{x}=0$$

就是说,E'_k 中任一向量必属于 E_k.反过来,要证明 E_k 中任一向量 $\boldsymbol{\eta}_k$ 常可由适当选取的 $\boldsymbol{x}$ 代入式(18) 而得到.为此,以向量 $\boldsymbol{\eta}_k$ 代式(19) 中的 $\boldsymbol{x}$.当 $s\neq k$ 时每一多项式$\dfrac{\varphi(A)}{A-\lambda_s}$ 都含有因子 $A-\lambda_k$,故由 E_k 的定义方程(16) 知

$$\frac{\varphi(A)}{A-\lambda_s}\boldsymbol{\eta}_k=0 \quad (\text{当 } s\neq k \text{ 时})$$

这样,以 $\boldsymbol{\eta}_k$ 代式(19) 中的 $\boldsymbol{x}$ 后即得

$$\boldsymbol{\eta}_k = c_k \frac{\varphi(A)}{A-\lambda_k}\boldsymbol{\eta}_k$$

就是说,向量 $\boldsymbol{\eta}_k$ 确可由式(18)得到,只要取该式中的 $\boldsymbol{x}$ 为 $\boldsymbol{\eta}_k$ 即可.

当特征方程有重根的时候可以用和上面完全类似的论证.这样,我们就可以将全空间分解为一套完全的子空间系统,使得每一子空间在由方阵 A 所代表的线性变换下是不变的.并且每一子空间所对应的子方阵的特征方程都有完全相同的根.而再下面一步我们就要研究在各子空间中如何适当选取坐标系统,应可将 A 化为规范形式(1).

191. 特征方程有重根时的第一个变换步骤

设特征方程(9)以 α_1 为 r_1 重根,α_2 为 r_2 重根,…,最后,以 α_s 为 r_s 重根.将 $\dfrac{1}{\varphi(z)}$ 展开为最简分数式

$$\frac{1}{\varphi(z)} = \sum_{k=1}^{n} \frac{g_k(z)}{(z-\alpha_k)^{r_k}}$$

其中 $g_k(z)$ 是次数不高于 $r_k - 1$ 的 z 的多项式,$g_k(\alpha_k) \neq 0$.考察多项式

$$f_k(z) = g_k(z)\frac{\varphi(z)}{(z-\alpha_k)^{r_k}} \tag{20}$$

显见成立恒等式

$$1 = \sum_{k=1}^{s} f_k(z)$$

以方阵 A 代 z,得

$$1 = \sum_{k=1}^{s} f_k(A)$$

这样,任一向量 $\boldsymbol{x}$ 就可以表示为 s 个向量之和

$$\boldsymbol{x} = \sum_{k=1}^{s} f_k(A)\boldsymbol{x} \tag{21}$$

现在再来定义一些子空间 $E_1 \cdots, E_s$,即设 E_k 是由

$$\boldsymbol{\xi} = f_k(A)\boldsymbol{x} \quad (k=1,2,\cdots,s) \tag{22}$$

所定义的子空间.

以后会知道每一个这样的子空间都不是空的.以 $\boldsymbol{x}_k$ 记子空间 E_k 中的任一向量.首先,我们证明下列二式

$$f_p(A)\boldsymbol{x}_q = 0 \quad (\text{当 } p \neq q \text{ 时}) \text{ 和 } f_p(A)\boldsymbol{x}_p = \boldsymbol{x}_p \tag{23}$$

实际上,由定义有

$$\boldsymbol{x}_q = f_q(A)\boldsymbol{x}$$

其中 $\boldsymbol{x}$ 是全空间中任一向量.由式(20)有

$$f_p(A)\boldsymbol{x}_q = g_p(A)g_q(A)\frac{[\varphi(A)]^2}{(A-\alpha_p)^{r_p}(A-\alpha_q)^{r_q}}\boldsymbol{x}$$

若 $p \neq q$,则等式右边的分数是一个含有因子 $\varphi(A)$ 的多项式,故由开雷恒等式,这个多项式本身是个零方阵,这就证明了(23) 的第一式.要证明其中的第二式,可以在式(21) 中置 $\boldsymbol{x}=\boldsymbol{x}_p$,然后应用(23) 的第一式,立刻就得到结果.现在再证明这些子空间构成一套完全子空间系统.式(21) 说明任一向量可以表示为诸子空间 E_k 中的向量的和.因此剩下来只要证明诸子空间中的向量之间不存在线性关系好了.假设存在一个线性关系

$$C_1\boldsymbol{x}_1 + C_2\boldsymbol{x}_2 + \cdots + C_s\boldsymbol{x}_s = 0 \tag{24}$$

其中向量 $\boldsymbol{x}_k$ 属于子空间 E_k.我们只要证明如果 $\boldsymbol{x}_k$ 不等于零向量,那么系数 C_k 必定等于零.对等式(24) 的两边施行线性变换 $f_k(A)$,由(23) 得

$$C_k\boldsymbol{x}_k = 0$$

这就是我们所要证明的.

既然诸子空间 E_k 构成一套完全子空间系统,它们的维数相加自然就等于 n,即全空间的维数.

如前一段一样,子空间 E_k 也可以用另一种方法定义,即 E_k 可以由方程

$$(A-\alpha_k)^{r_k}\boldsymbol{x} = 0 \tag{25}$$

定义,就是说,E_k 是满足这个方程的向量的全体.先设有一向量 $\boldsymbol{\xi}$ 是由式(22) 所定义,我们要证明它必定满足方程(25).实际上,以

$$\boldsymbol{\xi} = f_k(A)\boldsymbol{x}$$

代入方程(25) 的左边,得到

$$(A-\alpha_k)^{r_k}f_k(A)\boldsymbol{x} = g_k(A)\varphi(A)\boldsymbol{x}$$

由开雷恒等式 $\varphi(A)=0$ 知道其值为零.反过来,要证明方程(25) 的任一解 $\boldsymbol{\eta}$ 可以由式(22) 适当选取 $\boldsymbol{x}$ 而得到.更准确一些,我们要证明由方程

$$(A-\alpha_k)^{r_k}\boldsymbol{\eta} = 0 \tag{26}$$

可得

$$\boldsymbol{\eta} = f_k(A)\boldsymbol{\eta} \tag{27}$$

实际上,由式(21) 有

$$\boldsymbol{\eta} = \sum_{p=1}^{s} f_p(A)\boldsymbol{\eta}$$

但当 $p \neq k$ 时每一多项式 $f_p(A)$ 中包含因子 $(A-\alpha_k)^{r_k}$,故由式(26) 有 $f_p(A)\boldsymbol{\eta}=0$ 当 $p \neq k$.从而式(27) 成立.

回到[Ⅲ$_1$,27].若 $\lambda=\alpha_k$ 是特征方程的一个根,则将这个 λ 的值代入该节方程组(105) 的系数中去,我们就得到一个行列式等于零的齐次方程组,因此必有一个不等于零的解.这个解 $\boldsymbol{v}_k$ 要满足方程

$$(A-\alpha_k)\boldsymbol{v}_k=0$$

因此 $\boldsymbol{v}_k$ 当然也满足方程(25),这就证明了每一子空间 E_k 都不是空集.

由方程(25)立刻知道每一子空间 E_k 都是方阵 A 所代表的线性变换下的不变空间. 实际上,若向量 $\boldsymbol{x}$ 满足方程(25),那么显见向量 $A\boldsymbol{x}$ 也满足这个方程,因为

$$(A-\alpha_k)^{r_k}A\boldsymbol{x}=A(A-\alpha_k)^{r_k}\boldsymbol{x}=0$$

设 $E_1,\cdots,E_s$ 依次为 $q_1,\cdots,q_s$ 维空间. 如前一段中所指示的一样,在这些子空间中选取基本骨架,我们就可化方阵 A 为一个和它相似的,具有拟对角线形式的方阵

$$S_1AS_1^{-1}=[A_1,A_2,\cdots,A_s] \tag{28}$$

其中子方阵 A_k 的阶数是 q_k. 现在要证明 $q_k=r_k$,并且每一方阵 A_k 的特征方程以 α_k 为 r_k 重根.

取子空间 E_k 中的任一向量 $\boldsymbol{\xi}$,它应该满足方程(25). 在新的坐标系统下这个方程变为

$$S_1(A-\alpha_k)^{r_k}S_1^{-1}\boldsymbol{\xi}=0$$

但是

$$S_1(A-\alpha_k)^2S_1^{-1}=S_1(A-\alpha_k)S_1^{-1}S_1(A-\alpha_k)S_1^{-1}=(S_1AS_1^{-1}-\alpha_k)^2$$

等等,由此易知上面的方程可以改写为

$$(S_1AS_1^{-1}-\alpha_k)^{r_k}\boldsymbol{\xi}=0$$

或

$$[A_1-\alpha_k,A_2-\alpha_k,\cdots,A_s-\alpha_k]^{r_k}\boldsymbol{\xi}=0 \tag{29}$$

现在考察 $k=1$ 的情形.

这时向量 $\boldsymbol{\xi}$ 除了最先 q_1 个分量以外,其余的分量都应等于零,故方程(29)可以改写为

$$(A_1-\alpha_1)^{r_1}\boldsymbol{\xi}'=0 \tag{30}$$

其中 $\boldsymbol{\xi}'$ 表示 q_1 维空间中的任一向量,方程 $(A_1-\alpha_1)^{r_1}$ 是个 q_1 阶方阵. 因为方程(30)可被任意的向量 $\boldsymbol{\xi}'$ 所满足,故必

$$(A_1-\alpha_1)^{r_1}=0$$

当然,方阵 $(A_1-\alpha_1)^{r_1}$ 的所有特征数都应等于零. 但是这些特征数可以由方阵 $A_1-\alpha_1$ 的特征数自乘 r_1 次而得到,从而知道所有方阵 $A_1-\alpha_1$ 的特征数都应等于零,即方阵 A_1 的所有特征数都应等于 α_1. 同样可证一般的情形,即 q_k 阶方阵 A_k 的所有特征数都等于 α_k。但是方阵(28)和 A 相似,它们应该有相同的特征数. 方阵(28)的特征方程是

$$D([A_1-\lambda,A_2-\lambda,\cdots,A_s-\lambda])=0$$

或[189]

$$D(A_1-\lambda)D(A_2-\lambda)\cdots D(A_s-\lambda)=0$$

由此立刻知道 q_k 应等于 r_k，而方阵 A_k 有唯一的 r_k 重特征数 α_k.

192. 化方阵为规范形式

由上一段知道每一方阵 A_k 有唯一的 r_k 重特征数 α_k. 要把这种方阵化为我们开始时所讲的规范形式只须在子空间 E_k 中选取适当的坐标系统好了. 这样，我们以后只须研究有唯一的特征数的方阵即可. 一般地，设 D 为一 r 阶方阵，以 α 为唯一的 r 重特征数. 则方阵 $B=D-\alpha$ 将以零为唯一的 r 重特征数. 而这个方阵就是以后我们要研究的.

显然方阵 B 的特征方程是 $(-1)^r\lambda^r=0$，由开雷恒等式知有 $B^r=0$. 但有时对于小于 r 的正整数 l 也可能有 $B^l=0$. 现在假设 l 是使

$$B^l=0 \tag{31}$$

成立的最小正整数.

例如，若 B 本身是零方阵，则 $l=1$. 若 B 是

$$B=\begin{Vmatrix}0, & 0, & 0, & 0\\ 0, & 0, & 0, & 0\\ 0, & 0, & 0, & 0\\ 1, & 0, & 0, & 0\end{Vmatrix}$$

易见 $B^2=0$.

若 B 是零方阵，则 $D=B+\alpha$ 已经是对角线方阵了

$$D=[\alpha,\alpha,\cdots,\alpha]$$

这就是规范形式. 因此只要考察 $l>1$ 的情形.

由条件(31) 知方程

$$B^l\boldsymbol{x}=0$$

定义一个 r 维空间，以后记这个空间为 ω. 现在考察方程

$$B^{l-1}\boldsymbol{x}=0$$

因方阵 B^{l-1} 不等于零方阵，这个方程定义一个小于 r 维的子空间. 一般地，由下列方程可以定义一列的子空间

$$B^l\boldsymbol{x}=0, B^{l-1}\boldsymbol{x}=0,\cdots,B\boldsymbol{x}=0 \tag{32}$$

以 F_m 记方程 $B^m\boldsymbol{x}=0$ 所定义的子空间，其维数设为 τ_m. 如上所述，F_l 就是全空间 ω，$\tau_l=r$，而 $\tau_{l-1}<\tau_l$. 如果某一向量 $\boldsymbol{\xi}$ 属于子空间 F_m，即满足方程 $B^n\boldsymbol{\xi}=0$，则向量 $B\boldsymbol{\xi}$ 必满足方程 $B^{m-1}(B\boldsymbol{\xi})=0$，即 $B\boldsymbol{\xi}$ 属于子空间 F_{m-1}. 其次，显知子空间 F_m 中任一向量必属于子空间 F_{m+1}，就是说，子空间 F_m 是子空间 F_{m+1} 的一部

分.以后我们会知道,子空间 F_m 的维数常不上于子空间 F_{m+1} 的维数,即子空间 F_m 不能与 F_{m+1} 全同,而是 F_{m+1} 的一个真子集.换句话说,我们将要证明在不等式

$$\tau_l > \tau_{l-1} \geqslant \tau_{l-2} \geqslant \cdots \geqslant \tau_1 \tag{33}$$

中所有的等号一概都不能成立.

记 $\tau_l - \tau_{l-1} = r_l$,$r_l$ 是个正整数.我们可以在子空间 F_l(换言之,即在全空间 ω)中取 r_l 个线性独立的向量 $\boldsymbol{\xi}_1,\cdots,\boldsymbol{\xi}_{r_l}$ 使得它们的任何线性结合都不属于 F_{l-1}.于是 F_l 中任一向量就可以表示为诸向量 $\boldsymbol{\xi}_1,\cdots,\boldsymbol{\xi}_{r_l}$ 以及 F_{l-1} 中的一个向量的线性结合.要作出这些向量 $\boldsymbol{\xi}_1,\cdots,\boldsymbol{\xi}_{r_l}$,我们可以在子空间 F_{l-1} 中任意选取 τ_{l-1} 个线性独立的向量,而补足这 τ_{l-1} 个向量使之成为全空间 ω 中的完全线性独立系统的 r_l 个向量就可以取作 $\boldsymbol{\xi}_1,\cdots,\boldsymbol{\xi}_{r_i}$.完全一样,记 $\tau_{l-1} - \tau_{l-2} = r_{l-1}$,其中 r_{l-1} 是个非负整数.在子空间 F_{l-1} 中取 r_{i-1} 个线性独立的向量,使得它们的任何线性结合都不属于子空间 F_{l-2}.称这些向量以及任何它们的线性结合为 $\boldsymbol{\eta}$ 向量.现在考察向量

$$B\boldsymbol{\xi}_1,\cdots,B\boldsymbol{\xi}_{r_l} \tag{34}$$

它们全部都属于子空间 F_{l-1}.可证它们的任何线性结合都不能属于子空间 F_{l-2}.实际上,如若不然,则有

$$B^{l-2}(c_1B\boldsymbol{\xi}_1 + \cdots + c_{r_l}B\boldsymbol{\xi}_{r_l}) = 0$$

或

$$B^{l-1}(c_1\boldsymbol{\xi}_1 + \cdots + c_{r_l}\boldsymbol{\xi}_{r_l}) = 0$$

就是说,诸向量 $\boldsymbol{\xi}_1,\cdots,\boldsymbol{\xi}_{r_l}$ 的线性结合可以属于子空间 F_{l-1},这是和从前的假设相矛盾的.这样,诸向量(34)必为子空间 F_{l-1} 中的线性独立向量,并且是这个子空间中的 $\boldsymbol{\eta}$ 向量,就是说,它们的任何线性结合不属于 F_{l-2}.由此立刻知道 $r_{l-1} \geqslant r_l$.同样,记 $\tau_{l-2} - \tau_{l-3} = r_{l-2}$,则可证 $r_{l-2} \geqslant r_{l-1}$,一般地,记 $\tau_m - \tau_{m-1} = r_m$,有

$$0 < r_l \leqslant r_{l-1} \leqslant r_{l-2} \leqslant \cdots \leqslant r_1 \quad (r_1 = \tau_1) \tag{35}$$

由此同时可知在式(33)中处处成立“>”的关系,即

$$\tau_l > \tau_{l-1} > \cdots > \tau_1 \tag{36}$$

r_l 可以称为子空间 F_l 相对于子空间 F_{l-1} 的维数,后者是 F_l 中的一部分.严格些说,r_l 是 F_l 中这种线性独立的向量的个数,它们的任何线性结合都不属于 F_{l-1}.这些向量产生一个子空间 G_l,包含在 F_l 之内.同样,r_{l-1} 是 F_{l-1} 相对于 F_{l-2} 的维数,与前面类似可得一个子空间 G_{l-1},包含在 F_{l-1} 之内.一般地,r_m 是 F_m 相对于 F_{m-1} 的维数,F_m 中存在 r_m 个线性独立的向量,它们的任何线性结合都不属于 F_{m-1},这些向量产生一个子空间 G_m,包含在 F_m 之内.子空间 G_1 和 F_1 全同.若 $\boldsymbol{\xi}$ 是 G_m 中一向量,当然也是 F_m 中的向量,则 $B\boldsymbol{\xi}$ 应该属于 F_{m-1}.$B\boldsymbol{\xi}$ 不能属于 F_{m-2},否则,将有 $B^{m-2}(B\boldsymbol{\xi})=0$,从而 $\boldsymbol{\xi}$ 不但要属于 F_m,而且还要属于 F_{m-1},

这是和子空间 G_m 的定义相矛盾的. 因此,子空间 G_m 经过线性变换 B 以后成为子空间 G_{m-1} 的一部分(或全部),且 G_m 中线性独立的向量仍变为 G_{m-1} 中线性独立的向量. 由

$$r_m = \tau_m - \tau_{m-1} \quad (r_1 = \tau_1)$$

立刻知道

$$r_l + r_{l-1} + \cdots + r_1 = \tau_l = r$$

从而显然可见 $G_l, \cdots, G_1$ 构成一套完全子空间系统.

最后,我们要作出在由方阵 B 所代表的线性变换之下为不变的诸子空间. 取 G_l 中一向量 $\boldsymbol{\xi}_1$ 为第一条坐标轴,再取

$$\boldsymbol{\xi}_2 = B\boldsymbol{\xi}_1; \boldsymbol{\xi}_3 = B\boldsymbol{\xi}_2, \cdots, \boldsymbol{\xi}_l = B\boldsymbol{\xi}_{l-1} \quad (B\boldsymbol{\xi}_l = B^l\boldsymbol{\xi}_1 = 0)$$

为其次 $l-1$ 条坐标轴.

由以前的论证可知这些向量确实互为线性独立,并且依次属于子空间 G_l, $G_{l-1}, \cdots, G_1$. 不难知道,它们产生一个在线性变换 B 之下为不变的子空间. 实际上,由上式知道对于任意选取的常数 c_k,有

$$B(c_1\boldsymbol{\xi}_1 + c_2\boldsymbol{\xi}_2 + \cdots + c_l\boldsymbol{\xi}_l) = c_1\boldsymbol{\xi}_2 + c_2\boldsymbol{\xi}_3 + \cdots + c_{l-1}\boldsymbol{\xi}_l$$

由此知道,在这样的不变子空间中,若取诸向量 $\boldsymbol{\xi}_k$ 为坐标轴,那么代表线性变换 B 的方阵将是 l 阶的规范方阵

$$I_l(0) = \begin{Vmatrix} 0, & 0, & 0, & \cdots, & 0, & 0 \\ 1, & 0, & 0, & \cdots, & 0, & 0 \\ 0, & 1, & 0, & \cdots, & 0, & 0 \\ \vdots & \vdots & \vdots & & \vdots & \vdots \\ 0, & 0, & 0, & \cdots, & 1, & 0 \end{Vmatrix}$$

现在再在 G_l 中另取一个和 $\boldsymbol{\xi}_1$ 互为线性独立的向量 $\boldsymbol{\eta}_1$,由 $\boldsymbol{\eta}_1$ 出发再做出 $l-1$ 个向量

$$\boldsymbol{\eta}_2 = B\boldsymbol{\eta}_1; \boldsymbol{\eta}_3 = B\boldsymbol{\eta}_2, \cdots, \boldsymbol{\eta}_l = B\boldsymbol{\eta}_{l-1}$$

这 l 个向量不仅互为线性独立,并且也和诸向量 $\boldsymbol{\xi}_k$ 为线性独立. 这是由于 G_m 中的线性独立向量经过变换 B 以后仍为 G_{m-1} 中的线性独立向量的缘故. 若取诸向量 $\boldsymbol{\eta}_k$ 为坐标轴,则得一不变子空间,在这个子空间中线性变换 B 可借方阵 $I_l(0)$ 来代表. 利用子空间 G_l 中所有 r_l 个线性独立的向量可以作出 r_l 个 l 维不变子空间,在每一子空间中线性变换 B 可借方阵 $I_l(0)$ 来代表.

现在转到下面一个子空间 G_{l-1},它是 r_{l-1} 维空间,而 $r_{l-1} \geqslant r_l$. 在这个子空间中已经有 r_l 个向量被选为坐标轴. 和前面一样,利用其余的 $r_{l-1} - r_l$ 个向量可以作出 $r_{l-1} - r_l$ 个不变子空间,在每一个这种子空间中已经选定的坐标系统下,线性变换 B 常可借 $l-1$ 阶的规范方阵 $I_{l-1}(0)$ 来代表.

一般地,当我们讨论到子空间 G_m 时,其中还有 $r_m - r_{m+1}$ 个没有用过的线性独立的向量. 对每一个这种向量逐次施行变换 B,可以另外再得到 $m-1$ 个向

量，取这些向量为坐标轴，可得 $r_m - r_{m+1}$ 列的坐标轴. 每一列包含 m 条坐标轴，故可定义一个 m 维的不变子空间，在这个子空间中线性变换可借 m 阶的规范方阵 $I_m(0)$ 来代表.

当我们讨论到最后一个子空间 G_1 时，剩下来没有用到的只有 $r_1 - r_2$ 个线性独立的向量了，其中每一个都满足方程 $B\boldsymbol{\xi}=0$. 取每一向量为坐标轴，就可以定义 $r_1 - r_2$ 个一维的不变子空间. 在每一子空间中线性变换可借一阶的零方阵来代表. 最后，我们可以用一个线性变换 σ 来代表在这个全空间中由旧坐标系统到新坐标系统的坐标变换，经过这个变换以后，原来由方阵 B 所代表的线性变换现在可以由一个和 B 相似的拟对角线方阵

$$\sigma B\sigma^{-1} = [I_{\beta_1}(0), I_{\beta_2}(0), \cdots, I_{\beta_r}(0)] \tag{37}$$

来代表了. 等式右边方括号中的足号 β_i 有 r_l 个等于 l，$r_{l-1} - r_l$ 个等于 $(l-1)$，…，$(r_1 - r_2)$ 个等于 1. 对于方阵 $D = B + \alpha$ 显然有

$$\sigma D\sigma^{-1} = \sigma B\sigma^{-1} + \sigma\alpha\sigma^{-1} = \sigma B\sigma^{-1} + \alpha$$

由(37)即得

$$\sigma D\sigma^{-1} = [I_{\beta_1}(\alpha), I_{\beta_2}(\alpha), \cdots, I_{\beta_\tau}(\alpha)] \tag{38}$$

现在回到我们最初出发的方阵 A. 由上一段式(28)知道它和一个拟对角线方阵相似，其中每一子方阵 A_k 有唯一的 r_k 重特征数 α_k. 每一个这种子方阵 A_k 可以用本节的方法借助于一个 r_k 阶的方阵 σ_k 化成规范形式(38). 今设

$$S_2 = [\sigma_1, \sigma_2, \cdots, \sigma_s]$$

则有

$$S_2[A_1, A_2, \cdots, A_s]S_2^{-1} = [\sigma_1 A_1\sigma_1^{-1}, \sigma_2 A_2\sigma_2^{-1}, \cdots, \sigma_S A_S\sigma_S^{-1}]$$

最后，方阵 A 可以借 S_2S_1 化为规范形式

$$(S_2S_1)A(S_2S_1)^{-1} = [I_{\rho_1}(\lambda_1), I_{\rho_2}(\lambda_2), \cdots, I_{\rho_p}(\lambda_p)] \tag{39}$$

诸数 λ_j 应与诸数 α_k 全同. 等式右边满足 $\lambda_j = \alpha_k$ 的子方阵 $I_{\rho_j}(\lambda_j)$ 的足号 ρ_j 之和应等于 r_k.

式(39) 完全解决了化已给方阵 A 为规范形式的问题. 现在还有表示式的唯一性的问题，就是要证明当 ρ_j 和 λ_j 的数值确定时，不论用哪一种方法化方阵 A 为规范形式(39)，该式右边子方阵 $I_{\rho_j}(\lambda_j)$ 的个数也是一定的. 为此，假设已经用某种方法将方阵 A 化为规范形式

$$VAV^{-1} = [I_{\rho_1}(\lambda_1), I_{\rho_2}(\lambda_2), \cdots, I_{\rho_p}(\lambda_p)]$$

因为相似方阵应该有相同的特征方程，故知 A 的特征方程为

$$D\{[I_{\rho_1}(\lambda_1), I_{\rho_2}(\lambda_2), \cdots, I_{\rho_p}(\lambda_p)] - \lambda\} = 0$$

或 $$D\{[I_{\rho_1}(\lambda_1 - \lambda), I_{\rho_2}(\lambda_2 - \lambda), \cdots, I_{\rho_p}(\lambda_p - \lambda)]\} = 0$$

由[189] 知上式即

$$D[I_{\rho_1}(\lambda_1 - \lambda)]D[I_{\rho_2}(\lambda_2 - \lambda)]\cdots D[I_{\rho_p}(\lambda_p - \lambda)] = 0$$

但由方阵 $I_\rho(a)$ 的形式可知

$$D[I_\rho(a-\lambda)]=(a-\lambda)^\rho \tag{40}$$

这样,诸数 λ_j 就一定要和方阵 A 的诸特征数 α_k 相符合,而使 $\lambda_j=\alpha_k$ 的诸足号 ρ_j 之和应该等于特征数 α_k 的重数 r_k. 剩下来要证明这些 ρ_j 都应有确定的数值. 这个事实的证明仍可从几何意义方面去考虑,主要的就是要研究在化方阵为规范形式的过程中所导出的那些不变子空间. 但我们不准备用这个证法,在下一段中我们将要证明一个代数学上的定理,用这个定理可以完全决定对应于一个已给方阵 A 的各个足号 ρ_j 的数值. 这个定理已经在[Ⅲ$_1$,27]中提到过,但没有证明,其基础在于研究方阵 $A-\lambda$ 的一定阶数的诸子行列式的最高公因式. 显然,它也帮助我们证明了方阵的规范形式的唯一性.

193. 决定规范形式的构造

首先,证明两个辅助定理.

辅助定理 1 若 A 和 B 为两个 n 阶方阵,$C=AB$ 是它们的乘积,则对 $t\leqslant n$,方阵 C 中任一 t 阶行列式可以表示为一些方阵 A 中的 t 阶行列式和方阵 B 中的 t 阶行列式的乘积的和.

这个辅助定理由[Ⅲ$_1$,6]中的一个定理立刻可以推出.

推论 假设方阵 $A(\lambda)$ 的元素是 λ 的多项式,而方阵 B 的元素不含 λ,但是 B 的行列式不等于零. 以 $d_t(\lambda)$ 记方阵 $A(\lambda)$ 中所有 t 阶行列式的最高公因式,$d'_t(\lambda)$ 记方阵 $A(\lambda)B$ 中所有 t 阶行列式的最高公因式. 由辅助定理 1 知道 $d_t(\lambda)$ 应该是 $d'_t(\lambda)$ 的因子. 但可写

$$A(\lambda)=[A(\lambda)B]B^{-1}$$

故同样可知 $d'_t(\lambda)$ 应该是 $d_t(\lambda)$ 的因子,就是说,$d_t(\lambda)$ 应和 $d'_t(\lambda)$ 全同. 若以 $BA(\lambda)$ 代替 $A(\lambda)B$,可得同样的结果.

由此可知方阵 $A(\lambda)$ 和它的相似方阵 $BA(\lambda)B^{-1}$ 有相同的 $d_t(\lambda)$.

我们还要讲到最高公因式 $d_t(\lambda)$ 的一个性质. 为此,引进一个新的定义.

定义 设方阵 $A(\lambda)$ 的元素是 λ 的多项式,我们称借助于有限次数的下列三种运算的变换为方阵 $A(\lambda)$ 的初等变换:

(1) 将两列(或两行) 交换.

(2) 以一个不等于零的数乘某一列(或某一行) 的所有元素.

(3) 以同一数或同一 λ 的多项式乘某一列(或某一行) 的所有元素,而将它们加到另一列(或另一行) 的对应元素上去.

如果方阵 $A_1(\lambda)$ 可以从 $A(\lambda)$ 经过初等变换而得到的话,那么,显然,反过

来，$A(\lambda)$ 也可以由 $A_1(\lambda)$ 经过初等变换而得到. 两个可以相互由初等变换而得到的方阵称为相抵方阵.

辅助定理 2 相抵方阵有相同的最高公因式 $d_t(\lambda)(t=1,2,\cdots,n)$.

只须证明：如果方阵 $A(\lambda)$ 中所有的 t 阶行列式都以多项式 $\varphi(\lambda)$ 为因子，那么相抵方阵 $A_1(\lambda)$ 中所有的 t 阶行列式也以 $\varphi(\lambda)$ 为公因子. 前述第一种和第二种变换只给 t 阶行列式添加一个不等于零的常数因子，因此辅助定理 2 对于这两种变换是显然能够成立的. 剩下来要证明公因子 $\varphi(\lambda)$ 在第三种变换下保持不变. 假设这种变换是用多项式 $\psi(\lambda)$ 乘方阵的第 q 列的各元素，然后加到第 p 列$(p\neq q)$ 的各对就元素上去. 每一不包含第 p 列的 t 阶行列式，或同时包含第 p 列和第 q 列的元素的 t 阶行列式都不因这个变换而变更它的数值，这由[Ⅲ$_1$，3] 中行列式的第六个性质可知. 一个包含第 p 列的元素而不含第 q 列的元素的 t 阶行列式经过这个变换以后成为 $A'(\lambda)\pm\psi(\lambda)A''(\lambda)$，其中 $A'(\lambda)$ 和 $A''(\lambda)$ 是方阵 $A(\lambda)$ 中某两个 t 阶行列式. 由此可知方阵 $A(\lambda)$ 中各 t 阶行列式的公因子 $\varphi(\lambda)$ 也必定是方阵 $A_1(\lambda)$ 中诸 t 阶行列式的公因子.

辅助定理 3 任一 ρ 阶方阵

$$I_\rho(a-\lambda)=\begin{Vmatrix} a-\lambda, & 0, & 0, & \cdots, & 0, & 0 \\ 1, & a-\lambda, & 0, & \cdots, & 0, & 0 \\ 0, & 1, & a-\lambda, & \cdots, & 0, & 0 \\ \vdots & \vdots & \vdots & & \vdots & \vdots \\ 0, & 0, & 0, & \cdots, & 1, & a-\lambda \end{Vmatrix} \tag{41}$$

常可借助于初等变换化为对角线方阵$[1,1,\cdots,1,(a-\lambda)^\rho]$.

当 $\rho=1$ 时辅助定理显然成立. 考察 $\rho=2$ 的情形. 将两列互换，然后以 $-(a-\lambda)$ 乘第一行而加到第二行去，再以 $-(a-\lambda)$ 乘第一列加到第二列去，最后，以(-1) 乘第二列，则

$$\begin{Vmatrix} a-\lambda, & 0 \\ 1, & a-\lambda \end{Vmatrix}\to\begin{Vmatrix} 1, & a-\lambda \\ a-\lambda, & 0 \end{Vmatrix}\to\begin{Vmatrix} 1, & 0 \\ a-\lambda, & -(a-\lambda)^2 \end{Vmatrix}\to$$

$$\to\begin{Vmatrix} 1, & 0 \\ 0, & -(a-\lambda)^2 \end{Vmatrix}\to[1,(a-\lambda)^2]$$

当 $\rho=3$ 时，经过以上所述各变换，方阵变为

$$\begin{Vmatrix} a-\lambda, & 0, & 0 \\ 1, & a-\lambda, & 0 \\ 0, & 1, & a-\lambda \end{Vmatrix}\to\begin{Vmatrix} 1, & 0, & 0 \\ 0, & (a-\lambda)^2, & 0 \\ 0, & -1, & a-\lambda \end{Vmatrix}$$

将第二列和第三列互换，再经过一些初等变换，可得

$$\begin{Vmatrix} 1, & 0, & 0 \\ 0, & (a-\lambda)^2, & 0 \\ 0, & -1, & a-\lambda \end{Vmatrix}\to\begin{Vmatrix} 1, & 0, & 0 \\ 0, & -1, & (a-\lambda) \\ 0, & (a-\lambda)^2, & 0 \end{Vmatrix}\to$$

$$\begin{Vmatrix}1, & 0, & 0\\0, & -1, & 0\\0, & (a-\lambda)^2, & (a-\lambda)^3\end{Vmatrix}\to\begin{Vmatrix}1, & 0, & 0\\0, & -1, & 0\\0, & 0, & (a-\lambda)^3\end{Vmatrix}$$

再以 -1 乘第二行,即得$[1,1,(a-\lambda)^3]$.这样,我们就可逐步证明对于任何阶的方阵,辅助定理 3 皆能成立.

现在开始证明[Ⅲ$_1$,27]中关于方阵A的规范形式的构造的定理.由辅助定理 1 的推论,要找方阵$A-\lambda$的t阶行列式的最高公因式$d_t(\lambda)$只须找相似方阵

$$V(A-\lambda)V^{-1}=VAV^{-1}-\lambda=[I_{\rho_1}(\lambda_1-\lambda),\\I_{\rho_2}(\lambda_2-\lambda),\cdots,I_{\rho_p}(\lambda_p-\lambda)]\tag{42}$$

中t阶行列式的最高公因式即可.

应用辅助定理 3 于上述拟对角线方阵中的每一子方阵,代替方阵(42)我们只要找寻一个纯对角线方阵中t阶行列式的最高公因式好了.这方阵的对角线上最先是ρ_1-1上 1,然后是$(\lambda_1-\lambda)^{\rho_1}$,其次是$\rho_2-1$个 1,再次是$(\lambda_2-\lambda)^{\rho_2}$,其余类推.此外,要注意:如果在这个方阵中选取某一t阶行列式时被划去的各列的次第不全与被划去各行的次第相同,那么这个t阶行列式中至少必有一列或一行的元素全部为零,从而这个行列式的值也等于零.因此,在取这个对角线方阵中的各阶行列式时,我们常可划去相同次第的行和列,简言之,即划去对角线上某些元素,而余下诸元素的乘积即所求的行列式的数值.

为确定起见,考察特征方程的一个k重根$\lambda=\alpha$.在n阶行列式中显然有因子$(\lambda-\alpha)^k$.设所有$n-1$阶行列式的最高公因式中只含$(\lambda-\alpha)^{k_1}$.这就说明在这个对角线方阵中$\lambda-\alpha$的最高次数等于$k-k_1$,就是说,方阵的规范表示有一个子方阵$I_{k-k_1}(\alpha)$.同样可以讨论下面一步.设所有$n-2$阶行列式的最高公因式中只含$(\lambda-\alpha)^{k_2}$,那么在这个对角线方阵中$\lambda-\alpha$的次高次数等于k_1-k_2,就是说,在规范方阵中除了$I_{k-k_1}(\alpha)$以外还有$I_{k_1-k_2}(\alpha)$.这样继续做下去,如果最后有某阶行列式不含$\lambda-\alpha$的因子,那么在A的规范形式中关于$\lambda=\alpha$这一部分的讨论就告完结.这样,我们就证明了[Ⅲ$_1$,27]中未证明的关于规范形式构造的定理.注意,由以上的论断,不仅有

$$k>k_1>k_2>\cdots>k_m$$

而且有

$$l_1\geqslant l_2\geqslant\cdots\geqslant l_m\geqslant l_{m+1}$$

其中

$$l_1=k-k_1,l_2=k_1-k_2,\cdots,l_m=k_{m-1}-k_m,l_{m+1}=k_m$$

194. 例题

如果我们能够解出已给方阵 A 的特征方程,则由上节所证代数学上的定理立刻可以决定它的规范形式.现在剩下来的问题是:如何去找那个行列式不等于零的,化 A 为规范形式的方阵 V.以前我们把化方阵为规范形式的问题转变为逐步选取新坐标系统的问题.后一问题解决了,方阵也就化为规范形式了.但在[Ⅲ$_1$,21]中我们知道如何由已给的坐标变换来求化方阵 A 为新形式的变换 U,即若 T 为坐标系统所受到的线性变换,则在新坐标系统下方阵 A 具有形式 UAU^{-1},其中 $U=T^{(*)-1}$,就是说,把 T 的行和列互换,然后再求逆方阵,即得 U.

现在来讲找寻方阵 V 的办法.首先,我们应如此选取新坐标系统,使得方阵 A 在这新坐标系统下个有[191]中所说的那种拟对角线方阵的形式,其中各个子方阵 A_k 对应于 A 的不同特征数 α_k.在我们的情形,新坐标系统的选取问题归结于解一次方程组 $(A-\alpha_k)^{r_k}\boldsymbol{x}=0$.其次,就是怎样把一个特征数全都等于零的方阵 B 化为规范形式的问题.这里,首先需要决定一个最小的正整数 l 使得 $B^l=0$,然后再作一次方程组

$$B^{l-1}\boldsymbol{x}=0$$

决定这个方程组的秩数以后,我们取那些不满足这个方程组的向量来,逐次给它们施行变换 B,可以得出一列的新坐标轴来.这样做了以后,如果在由上面方程组所定义的子空间中还有向量的话,又可以给它们逐次施行变换 B 而得新的坐标轴,等等.这样,我们就遇到第二次的坐标变换,同时方阵 A 也就经过第二次的相似变换,其结果就是我们所要的规范形式.现在用一个数字例题说明这种一般的办法.

考察五阶方阵

$$A=\begin{Vmatrix} -2, & -1, & -1, & 3, & 2 \\ -4, & 1, & -1, & 3, & 2 \\ 1, & 1, & 0, & -3, & -2 \\ -4, & -2, & -1, & 5, & 1 \\ 4, & 1, & 1, & -3, & 0 \end{Vmatrix}$$

由通常求特征方程的规则知道 A 的特征方程是

$$(\lambda-2)^3(\lambda+1)^2=0$$

就是说,这个方程以 $\lambda=2$ 为三重根,$\lambda=-1$ 为二重根.作方阵 $(A-2)^2$ 和 $(A+1)^2$.方程 $(A-2)^3\boldsymbol{x}=0$ 应该决定一个三维子空间,就是说,方阵 $(A-2)^3$ 的秩数应该等于 2.

同样,方阵$(A+1)^2$的秩数应该等于3.借助于初等变换可得

$$(A-2)^3=\begin{Vmatrix} -54, & 0, & -27, & 27, & 27 \\ -54, & 0, & -27, & 27, & 27 \\ 27, & 0, & 0, & -27, & -27 \\ -54, & 0, & -27, & 27, & 27 \\ 54, & 0, & 27, & -27, & -27 \end{Vmatrix}$$

方程组$(A-2)^3\boldsymbol{x}=0$归结于下列两个方程

$$-54x_1-27x_3+27x_4+27x_5=0$$

$$27x_1-27x_4-27x_5=0$$

其中(x_1,x_2,x_3,x_4,x_5)是$\boldsymbol{x}$的诸分量.

这样,我们就有

$$x_1=x_4+x_5$$

$$x_3=-x_4-x_5$$

而x_2,x_4和x_5是任意的.令这三者中之一等于1,而其余的等于零,即得三条新坐标轴,它们在旧坐标系统下的分量为

$$(0,1,0,0,0);(1,0,-1,1,0);(1,0,-1,0,1) \tag{43}$$

同样,经过一些初等变换可得

$$(A+1)^2=\begin{Vmatrix} 0, & -6, & 0, & 9, & 3 \\ -9, & 3, & 0, & 9, & 3 \\ 0, & 6, & 0, & -9, & -3 \\ -9, & -12, & 0, & 18, & -3 \\ 9, & 6, & 0, & -9, & 6 \end{Vmatrix}$$

而方程组$(A+1)^2\boldsymbol{x}=0$归结于下列三个联立方程

$$-2x_2+3x_4+x_5=0$$

$$-3x_1+x_2+3x_4+x_5=0$$

$$3x_1+2x_2-3x_4+2x_5=0$$

或

$$x_2=x_1,x_4=x_1,x_5=-x_1$$

而x_1和x_3是任意的.由此仿照前面可得两条新坐标轴

$$(1,1,0,1,-1)\text{ 和}(0,0,1,0,0) \tag{44}$$

新坐标轴(43)和(44)可由下列各式用旧坐标轴来表示

$$e'_1=e_2$$

$$e'_2=e_1-e_3+e_4$$

$$e'_3=e_1-e_3+e_5$$

$$e'_4=e_1+e_2++e_4-e_5$$

$$e'_5 = e_3$$

这个线性变换的方阵为

$$T = \begin{Vmatrix} 0, & 1, & 0, & 0, & 0 \\ 1, & 0, & -1, & 1, & 0 \\ 1, & 0, & -1, & 0, & 1 \\ 1, & 1, & 0, & 1, & -1 \\ 0, & 0, & 1, & 0, & 0 \end{Vmatrix}$$

将 T 的行和列互换以后，再求逆方阵

$$S_1^{-1} = T^{(*)} = \begin{Vmatrix} 0, & 1, & 1, & 1, & 0 \\ 1, & 0, & 0, & 1, & 0 \\ 0, & -1, & -1, & 0, & 1 \\ 0, & 1, & 0, & 1, & 0 \\ 0, & 0, & 1, & -1, & 0 \end{Vmatrix}$$

$$S_1 = T^{(*)-1} = \begin{Vmatrix} -1, & 1, & 0, & 1, & 1 \\ -1, & 0, & 0, & 2, & 1 \\ 1, & 0, & 0, & -1, & 0 \\ 1, & 0, & 0, & -1, & -1 \\ 0, & 0, & 1, & 1, & 1 \end{Vmatrix}$$

从而由通常方阵乘法规则可将方阵 A 化为拟对角线形式，由一个三阶子方阵和一个二阶子方阵所构成

$$S_1 A S_1^{-1} = \begin{Vmatrix} 1, & 0, & -1, & 0, & 0 \\ -2, & 2, & -2, & 0, & 0 \\ 1, & 0, & 3, & 0, & 0 \\ 0, & 0, & 0, & -2, & -1 \\ 0, & 0, & 0, & 1, & 0 \end{Vmatrix} \tag{45}$$

三阶方阵

$$D_1 = \begin{Vmatrix} 1, & 0, & -1 \\ -2, & 2, & -2 \\ 1, & 0, & 3 \end{Vmatrix}$$

应以 $\lambda = 2$ 为三重特征数. 作另一方阵

$$B_1 = D_1 - 2 = \begin{Vmatrix} -1, & 0, & -1 \\ -2, & 0, & -2 \\ 1, & 0, & 1 \end{Vmatrix}$$

则 B_1 以 $\lambda = 0$ 为三重特征数. 平方，得 $B_1^2 = 0$. 因此，现在 $l = 2$，而方程 $B_1 \boldsymbol{x} = 0$ 中唯一的独立方程为

$$x_1 + x_3 = 0$$

照从前的记号,子空间 F_2 合于整个三维空间.而子空间 F_1 可以由向量(1,0,-1)和(0,1,0)所产生.取一个不属于 F_1 的向量(1,0,0),它产生子空间 G_2.施行变换 B_1 于其上,得到

$$B_1(1,0,0) = (-1,-2,1)$$

向量(1,0,0)和(-1,-2,1)产生第一列的新坐标轴.和它们对应的规范方阵是

$$\begin{Vmatrix} 0, & 0 \\ 1, & 0 \end{Vmatrix}$$

我们应该取 F_1 中一个和向量(-1,-2,1)互为线性独立的向量作为第三条坐标轴,设取向量(0,1,0),和它对应的是一阶规范零方阵.新坐标轴可由下列各式用旧坐标轴来表示

$$\begin{aligned} e''_1 &= e'_1 \\ e''_2 &= -e'_1 - 2e'_2 + e'_3 \\ e''_3 &= e'_2 \end{aligned}$$

现在取拟对角线方阵(45)中的二阶方阵

$$D_2 = \begin{Vmatrix} -2, & -1 \\ 1, & 0 \end{Vmatrix}$$

D_2 应以 $\lambda = -1$ 为二重特征数.作方阵

$$B_2 = D_2 + 1 = \begin{Vmatrix} -1, & -1 \\ 1, & 1 \end{Vmatrix}$$

则 B_2 以 $\lambda = 0$ 为二重特征数.由开雷公式显见 $B_2^2 = 0$.方程组 $B_2\boldsymbol{x} = 0$ 与 $x_4 + x_5 = 0$ 相抵,其中 x_4 和 x_5 是 $\boldsymbol{x}$ 在我们现在考虑的二维空间中的分量.取向量(1,0)为第一条坐标轴,即 $x_4 = 1, x_5 = 0$,这个向量不满足方程组 $B_2\boldsymbol{x} = 0$,对它施行变换 B_2,得

$$B_2(1,0) = (-1,1)$$

这样,两条新坐标轴就是(1,0)和(-1,1),它们可以由下列两式用旧坐标轴来表示

$$e''_4 = e'_4;\ e''_5 = -e'_4 + e'_5$$

和以前三式合并可得

$$\begin{aligned} e''_1 &= e'_1 \\ e''_2 &= -e'_1 - 2e'_2 + e'_3 \\ e''_3 &= e'_2 \\ e''_4 &= e'_4 \\ e''_5 &= -e'_4 + e'_5 \end{aligned} \tag{46}$$

最后两坐标轴所对应的规范方阵是 $I_2(0)$.

前两个规范方阵的对角线元素应加上 2,后一规范方阵的对角线元素应加上 -1,最后即得方阵 A 的规范方阵为

$$\begin{Vmatrix} 2, & 0, & 0, & 0, & 0 \\ 1, & 2, & 0, & 0, & 0 \\ 0, & 0, & 2, & 0, & 0 \\ 0, & 0, & 0, & -1, & 0 \\ 0, & 0, & 0, & 1, & -1 \end{Vmatrix} = [I_2(2), I_1(2), I_2(-1)] \tag{47}$$

现在再找变 A 为(47) 的方阵 V. 我们知道,它等于 S_2S_1,其中 S_1 已经求出来了,而 S_2 可由

$$S_2 = T_1^{(*)-1}$$

求得. T_1 即线性变换(46) 的方阵. 我们有

$$T_1^{(*)} = \begin{Vmatrix} 1, & -1, & 0, & 0, & 0 \\ 0, & -2, & 1, & 0, & 0 \\ 0, & 1, & 0, & 0, & 0 \\ 0, & 0, & 0, & 1, & -1 \\ 0, & 0, & 0, & 0, & 1 \end{Vmatrix} \text{和 } S_2 = T_1^{(*)-1} = \begin{Vmatrix} 1, & 0, & 1, & 0, & 0 \\ 0, & 0, & 1, & 0, & 0 \\ 0, & 1, & 2, & 0, & 0 \\ 0, & 0, & 0, & 1, & 1 \\ 0, & 0, & 0, & 0, & 1 \end{Vmatrix}$$

由此,将 S_2 与 S_1 相乘,得

$$V = S_2S_1 = \begin{Vmatrix} 0, & 1, & 0, & 0, & 1 \\ 1, & 0, & 0, & -1, & 0 \\ 1, & 0, & 0, & 0, & 1 \\ 1, & 0, & 1, & 0, & 0 \\ 0, & 0, & 1, & 1, & 1 \end{Vmatrix}$$

最后

$$VAV^{-1} = [I_2(2), I_1(2), I_2(-1)]$$

俄国大众数学传统——过去和现在

附录 Ⅱ

本附录的作者为 A. B. Sossinsky，译者为吴雅萍. A. B. Sossinsky 现为莫斯科电子学与数学研究所高级研究员及莫斯科独立大学讲师.

对西方观察家来说，下述事实令他们深感奇怪：在赫鲁晓夫与勃列日涅夫的极权统治年代里，几乎处于完全孤立的情形下繁荣一时的俄国数学学派，在国家向民主和正规市场经济迈进的今天却面临消亡的威胁. 当然，至少对目前正发生的空前的数学人才外流现象，有其明显的经济原因. 然而如果人们想解释这一矛盾现象，还应了解这一问题的一些更深层的、不那么明显的方面，在西方这是鲜为人知的.

其中一个方面可称作"非正规的大众化数学的传统"——正是本附录的主题.

社会和文化范畴

苏联的大众数学传统的特定形式，只能在俄罗斯文化遗产的框架内以及苏联政体的政治范畴内才能理解. 前者包括俄国科学职业在长时期内的威望，它把东方人对"宗教领袖"的尊崇与德国人对"绅士教授"的尊敬融合起来；同时它还包括传统的对自谦的钦佩,以及优秀的公民、贵族或知识分子通过"走向人民"和与大众分享其文化遗产以增进社会的公正所做出的常常是天真的努力.

这一背景对所有的学科都是相同的,但由于起决定作用的政治性原因,其对数学的影响却是独特的:几十年来在苏联,数学是唯一的一门其自身发展不受意识形态权威人物的严密监督和左右的科学,这一事实是众所周知的.有才能的年轻人很快就认识到学习生物学就意味着要遵从李森科的荒谬原理,研究历史则意味着要遵循马克思主义的一家之言.而数学却保持其独立和纯洁:一条定理,一旦被证明了,则不管党魁们喜欢与否都是正确的.事实上,直到20世纪60年代末,党魁们不仅对定理而且对证明它们的人都并不是特别介意.

因此苏联数学家有极好的机遇来吸引最有才能的学生从事他们的职业,并且他们抓住了这一机遇,并为此建立了新的非官方的机构.

奥林匹克竞赛与数学兴趣小组

首届数学奥林匹克竞赛是在1936年由B. N. Delone在列宁格勒组织的,他在第二年还发起了莫斯科数学奥林匹克竞赛. B. N. Delone是一位多面手,他既是数论专家、几何学家,又是有成就的登山运动员、说书人及讲师.他自己设计这些数学竞赛的形式——现今在很多文明国家中已很流行,且使这些竞赛有了成功的开始.他得到了权威数学家们的支持,特别是A. N. Kolmogorov和I. G. Petrovsky.就其特色而言,近40年来,数学奥林匹克竞赛一直是非官方的,在没有重大经济资助下发挥了作用,并且是靠年轻数学家的无私热情来完成的.

在因第二次世界大战而中断一段时间后,奥林匹克竞赛扩展到全国,并形成了金字塔式结构:首届全俄数学奥林匹克竞赛在1961年举行,首届全苏决赛则于1967年在第比利斯举行.直到20世纪70年代中期,它基本上仍是一项非官方的活动,并从Petrovsky所在的莫斯科大学得到一些经济资助,还从当地一些数学家那里获得帮助.奥林匹克数学竞赛是一种多阶段性竞赛,它从学校一级开始,一个有才能的高中生要在城市、地区以及共和国等各种级别的竞赛中取胜,才可以参加权威性的全苏决赛甚至于有资格参加国际竞赛.

从20世纪40年代后期起,大城市的奥林匹克竞赛与所谓的"数学兴趣小组"密切相关,数学兴趣小组是非常规的解题数学班,通常在周末由年轻的专业研究数学家来指导并向所有有兴趣的高中生开放.俄国的这一非常规的学习小组的传统可追溯到19世纪,小组(在圣彼得堡的列宁的"马克思主义小组")活动的内容从政治宣传到文学、科学或艺术,以及手工艺等.实际上,对这种非常规的活动没有历史的记载,但为了了解我们这一代的每一个主要的苏联数学家是怎样产生的,那么了解他们参加的是哪个小组和说明谁是他们的论文导师可能同样重要.

从统计数据看,当时 50 多岁的苏联最好的数学家中,几乎所有的人都参加了数学小组及奥林匹克竞赛. Novikov,Arnold,Kirillov 及 Fuchs 都是 20 世纪 50 年代的奥林匹克竞赛获奖者.

数学学校及数学班

20 世纪 60 年代可能是苏联数学发展中最值得称道的时期. 尽管"赫鲁晓夫的春天"没有达到预期的效果,俄国知识分子从斯大林时期的由恐惧造成的麻木中觉醒过来,而且艺术及科学活动通常能在政治允许的范围内得以重新恢复. 数学家们利用这个有利形势创立新的机构以吸引有才能的年轻人投身数学事业.

第一个也最具雄心的是"物理和数学寄宿学校". 第一所学校是 1961 年在新西伯利亚附近,由有"科学城的沙皇"之称的 M. I. Lavrentiev 创建的;他是来自莫斯科的一流数学家,承担了在西伯利亚传播科学这一重要计划的实施. 第二年,A. N. Kolmogorov 及 I. K. Kikoin(氢弹物理学家)在莫斯科建立了类似的学校,随后有人在列宁格勒、基辅及埃里温也仿效了这一做法.

Lavrentiev 和 Kolmogorov 认为,未来的数学家未必来自社会及知识界的精英阶层,在全国各地,特别是在小城镇,有巨大的民间人才宝库. 大城市里有才能的年轻人已经得到了广为宣传的奥林匹克竞赛及数学小组的关怀,而小城镇里的年轻人既缺少称职的数学教师又完全没有与年轻的研究人员 —— 其任务是塑造成杰出的未来数学家 —— 接触的机会. 为挑选最有才能的高中生,来自莫斯科、列宁格勒、基辅及科学城的年轻数学家,游历全国的所有边远地区以帮助组织当地的奥林匹克竞赛,同时指导物理和数学寄宿学校的入学考试.

几乎同时,几个杰出的数学家(例如 A. Cronrod,E. Dynkin,I. M. Gelfand)决定为较大的城市居民组办数学学校(注意,确切地说是为那些上中学的最后二或三年的孩子举办的). 于是,莫斯科的第 2,7,9,444 中学成为具有强化数学课程的一流学校.

同时出现的另一个不那么雄心勃勃的机构,称为"普通"学校里的数学班,在那里,有兴趣的高中生可学到更多的(且更高等的)数学知识.

归功于 I. M. Gelfand 的另一个重要的创造,是在 1964 年创立的全苏数学函授学校. 这一著名的机构(只有几个领(低)报酬的长期合作者),借助于莫斯科大学数学专业的人才始终如一的帮助(几年以后,大部分帮助来自函授学校的毕业生),设法吸引成千上万的高中生学习课程以外的数学.当然,大部分学生来自那些不能提供上述常规及非常规的数学学习条件的地方.

随着函授学校的工作的推进,又演化出一种新形式的功能,称为“集体学生”,这与当地教师直接相关.即一组学生在本校一名教师的指导下做函授学校指定的作业,每月提交一份共同完成的作业论文.个人及集体这两类工作形式经证明都是卓有成效的.

在20世纪60年代中期,为愿意从事数学研究的有才能的年轻人提供了一个很广阔的供选择的天地.数学兴趣小组、奥林匹克竞赛,多种特殊的班以及学校,其中包括寄宿学校及函授学校,用以满足各种潜在的人才的需要.所有这些机构,在某种意义上,都是外围组织(不是由上面权力机关强加的,也不是由教育体系派生的).幸亏由于投入该事业的人(大多是青年数学家)的热情,使它有效地发挥了作用.这些机构还趋于自我再生:例如数学寄宿学校的校友常常在他们成为研究生后(有时在之前)回到数学寄宿学校当教师.

实际上所有在20世纪60年代上学的领头数学家都进过上面提到的人才学校之一.在他们的班里,他们受到很强的激励去取得成功.环绕在大城市数学奥林匹克竞赛优胜者周围的热烈气氛,可与美国高中篮球队队长周围的气氛相比.下面将简单列举一下 Kolmogorov 寄宿学校培养的一些校友的名字,他们是:Varchenko,Matiyasevich,Levin,Nikulin 及 Krichever.

大众数学书及 *Kvant* 杂志

苏联科学事业中最值得称颂的成就之一是大众科学出版业的成就.在20世纪50,60及70年代中,用买两杯柠檬水(或半个冰激凌)的钱,你便可买到诸如:Khinchin 的《数论的3个宝石》或 Kirillov 的《极限》那样的数学科普书籍.甚至在20世纪80年代,Boltyansky Efremovich 的绝妙的介绍拓扑的科普书或 Arnold 的《突变理论》一书,售价不及一个橘子或半个香蕉.

但对出版业在数学普及中所做的这些事,Kolmogorov 感到还不够.他与 Kikoin 在1969年协力创办了 *Kvant*(《量子》杂志),一个由科学院资助的、面向高中学生的物理和数学方面的科普月刊.结果它成为出版业的一次不寻常的成功:(尽管仅能通过按年的订阅来销售)到1972年(这期间可描述为数学事业的繁荣时期)销售量达到令人难以置信的370 000份,其后有所下降,在20世纪80年代保持在200 000份左右.

该杂志的经常性撰稿人是 A. N. Kolmogorov,A. D. Alexandrov,

L. S. Pontryagin, V. A. Rokhlin, S. Gindikin, D. B. Fuchs, M. Bashmakov, V. I. Arnold, A. Kushnirenko, A. A. Kirillov, N. Vaguten(= N. Vassiliev + V. Gutenmakher), Yu. P. Soloviev, V. M. Tikhomirov 等. 西方读者通过阅读由“自然科学教师协会”在华盛顿出版的基于 *Kvant* 过刊的美国版本的《量子》(*Quantum*) 杂志,便可了解 *Kvant* 杂志的主要内容.

数学事业中的停滞

20 世纪 60 年代的数学繁荣未能持续很久,在不祥的 1968 年(苏联坦克滞留布拉格) 以后,勃列日涅夫及其密友严厉加强了对意识形态领域的控制,特别是对科学界,再一次强烈主张科学的党性原则. 这一时期是数学界发生最惹人注目的变化的时期,原因可能是在此之前数学是一片被偶然遗忘在沙漠中的绿洲.

在莫斯科,从 1968 年开始,伴随着“Esenin Volpin 案件”,即所谓的“99 人信件” 以及随后的发展,发生了一系列事件:莫斯科大学力学数学系行政管理方面的变化,反对犹太人进入莫斯科大学的政策的重新执行(本来自 1955 年已中止执行),对数学家的铁幕又一次拉上了(除了那些对共产党或克格勃有特殊贡献的人). 这些事实众所周知,然而,人们并不总是清楚地认识到,当时执政的政策不仅是种族歧视的一种特殊的丑恶形式,而且更一般的是试图对人的自尊心及公正的遏制,以及对科学事业中的卓越人才及成就的摧残,随后,迟钝与驯服成为在学术事业中成功的主要因素.

可以预料,当时会对前文中提到的所有从事大众数学的外围机构采取些行动,实际也确实如此.

在莫斯科,莫斯科大学的力学数学系党组织控制了 Kolmogorov 寄宿学校,清除了“不合需要” 的教师(包括本附录作者),解雇了思想自由化的导师,引入禁止犹太人入学的政策.

就全苏联而言,教育部控制了数学奥林匹克竞赛. 1976 年在第比利斯举行的第 13 届全苏数学奥林匹克决赛是评委会以重大的牺牲而换取的一次胜利,他们成功地保留了竞赛的传统(通过与那些想管理及毁掉竞赛的教育部官僚们进行的为外人所不知晓的斗争):第二年,忠实的官僚们几乎全部地用那些更容易驾驭的数学家来替换原全苏评委会.

很多数学学校被迫关闭或被重新组织. 著名的莫斯科 2 中和 7 中及很多(特别是那些最有创新精神的教师指导的) 数学班被迫中断.

并非对这些机构的所有打击都是成功的. Gelfand 的数学函授学校在意识

形态上好像是无懈可击的.然而,力学数学系新的领导班子组织了一个相应的与之竞争的学校,叫作"Malyĭ 力学数学学校",并诱惑性地向其学生许诺:他们更易进入该系且劝阻该系大学生不要帮助 Gelfand 学校.但这些并未起很大作用,Gelfand 学校依然办得很成功.

由 Pontryagin 及 Vinogradov 负责执行的另一接管任务也失败了,他们要从太自由化的 Kolmogorov 和 Kikoin 手中争到 *Kvant* 杂志的控制权.

也许更典型的例子是过去在传统上由莫斯科大学的数学家们指导的莫斯科数学奥林匹克竞赛的命运.曾在 1978 年被选为奥林匹克委员会领导人的 Kirillov,根据力学数学系主任签署的一项行政命令而被调离此职位,该系主任指派 Mishchenko 担任这一职务且完全改变了管理此竞赛的队伍.这导致了竞赛氛围的根本变化:它变得非常刻板且开始模仿莫斯科大学的入学考试.

另一鲜为人知但具戏剧性的故事与 Bella Muchnik 的数学讲习班(被人挖苦地称作"人民大学")有关.它开办于 1979 年,旨在为那些未能通过莫斯科大学的具种族歧视性入学考试的学生提供学习最高水平数学知识的机会.在它的 3 年开办期内,很多很好的数学家在那里执教而没有任何物质报酬.当克格勃逮捕了两名学生后该校才停办.Bella Muchnik 在被克格勃审讯后,一天深夜不幸死于一次车祸,肇事者逃离,很多人相信这不是一次偶然的事故.

但这只是一个极端情形.大多数半官方的大众数学机构未被破坏,相反它们变得更官方化了.靠机构的再生,在很多情形下它们保持了高度专业化水平,但同时失去了很多原有的非常规的特点.值得注意的例外是 *Kvant* 杂志和 Gelfand 函授学校,它们均设法保持其专业质量和办学精神.

新竞赛、新纪元

一般来说,20 世纪 70 年代及 80 年代初是令人沮丧的时期,当时大众对数学的兴趣逐渐下降,而且 20 世纪 50 年代及 60 年代创立的机构失去了很多吸引力.但至少有一个人没有陷入这种沮丧中,他就是 Konstantinov.尽管他从全苏奥林匹克评委会及莫斯科奥林匹克评委会被解职,而且他的数学学校被关闭,但他又重新行动起来:为中学生创立了一非正规的数学暑期讲习班,按惯例应在爱沙尼亚举办;把莫斯科 57 中学办成数学人才学校直至今日;又在莫斯科发起 Lomonosov 竞赛(一种受欢迎的中学多学科的群众性竞赛)且创立了非常成功的城市间竞赛(现为一种国际竞赛).

Konstantinov 是俄罗斯数学竞赛史上一位真正的传奇人物,然而在莫斯科、圣彼得堡、车里雅宾斯克等地还有很多不如他知名但同样致力于此事业的教师. 例如 B. Davidovich, A. Shen 及 A. Vaintrob, 他们帮助把莫斯科 57 中学办成一个杰出的学校且保持其最高水平, 尽管受到官方机构的行政方面的困扰.

这些以及其他的"手持火炬的人", 穿过勃列日涅夫时期的重重封锁把大众化数学的传统一直延续到"改革"的来临时. 在西方观察家看来, 符合逻辑的应是标榜自由化的政权会立即引发生机勃勃的对最好的民主传统的恢复, 特别是在科学和教育方面, 但这并未出现. 主要原因是(不是西方人通常想的那样)政治机构最高层的急剧变化并未伴随着低层的行政人事的变化. 那些在极权体制下曾竭力反对任何革新及自由化的官僚们, 今天仍在这么做, 而且又补充了新的能量: 这么做, 不单单是为维护旧体制, 而且是为他们自己的生存而斗争. 同时很多本可以在恢复最好传统中起积极作用的数学家, 在条件允许时情愿移居国外, 他们有理由把为他们的家人提供舒适的生活及良好的研究条件, 看得比这里的不确定的前途及拯救濒临消亡的传统更重要. 这主要是指那些当时处在 30 至 40 岁的数学家, 这一代人最好的年华不幸正处在那令人沮丧的停滞时期(1968 ~ 1986 年).

莫斯科独立大学的数学学院

然而, 那些仍根植于莫斯科的领头数学家们又精力充沛地创立了一个雄心勃勃的新机构, 称为莫斯科独立大学(IUM)的数学学院, 一个培养未来数学研究工作者的小型人才学校. 它的创建人感到, 莫斯科国立大学的力学数学系由于受 20 年的错误管理的破坏, 且从根本上讲, 现在仍受那些招致该系衰退的强硬路线人的领导; 它对造就新的数学人才已不再发挥作用. 从观念及教学方面看, 创建数学学院的带头人是 Arnold, 而在实际执行中, 其机构由 Konstantinov 管理. 在 1991 年 7 月进行了非常难的笔试(一种从 0 分到 120 分的评分制), 在 9 月开学, 首批注册的是 45 名学生. Konstantinov 成功地在莫斯科大学附近的一个学校借到了办公室及教室, 甚至从莫斯科的资助者那里得到一些钱, 以给学院的教师一些酬劳, 并为一些学生提供奖学金.

当时在俄罗斯还没有办私立(非公立)教育机构的立法. 特别是, 这意味着莫斯科独立大学不能使其学生免于兵役, 使得大多数男生不得不同时也进入莫斯科国立大学. 于是莫斯科独立大学只能在晚上上课, 该校大部分学生有双份的学习负担.

尽管有这样或那样的困难, 莫斯科独立大学的数学学院正在成功地发挥作用, 它现有 25 个二年级学生及 35 个一年级新生. 美国数学会已向该校教师提供了一些资助, 教师中包括 D. V. Alekseevsky, B. L. Feigin, A. L. Gorodentsev,

S. M. Gusein-Zade, A. A. Kirillov, Elena Korkina, S. K. Lando, Yu. A. Neretin, V. P. Palamodov, V. S. Retakh, A. N. Rudakov, V. M. Tikhomirov, V. A. Vassiliev, E. B. Vinberg 及本附录的作者. 教师们感到他们有能力把莫斯科数学学派最好的传统传给他们的学生(到现在为止,他们已被证明是有才能的及可培养的),并希望莫斯科独立大学的数学学院能克服目前的困难(需要一所永久性教学场所及好的图书馆),成为(不仅面向苏联学生的)一个具有一流水平研究生院的人才大学.

现在怎么样

现在让我们估计一下当今的形势. 圣彼得堡的数学学派无论从象征性意义上还是字面上已不复存在. 就莫斯科及圣彼得堡国立大学的数学系来说,修修补补已无济于事. 实际上所有 40 岁以下的领头数学家已经或正打算移居国外. 在莫斯科,大学教授的月工资不够维持一周的生活.

另一方面,我们这一代的很多领头数学家,尽管经常居住在国外,但还没有永久地移居国外:Novikov, Arnold, Maslov, Anosov, Faddeev, Vershik, Kirillov, Vinberg, Sinai 及 Zakharov 仍扎根于这里. 下一代的一些数学家也是如此:Ilyashenko, Helemsky, Feigin, Vassiliev, Khovansky, Rudakov, Soloviev, Fomenko, Drinfeld 及 Krichever. 文化的数学传统至今仍充满活力,但不是靠国立大学及公办奥林匹克竞赛,而是以其新的、非正规的机构来传授下去. 仍有很多数学班及数学兴趣小组,莫斯科数学奥林匹克竞赛正努力以重新获得其传统的价值,*Kvant* 杂志正为生存而顽强地奋斗着,Konstantinov 负责的城市间竞赛及 Lomonosov 竞赛仍在很好地进行. 莫斯科数学会也仍在发挥其质朴的凝聚作用,且出现了一些试验性新机构:在圣彼得堡的以 Faddeev 为首的欧拉研究所,在莫斯科的独立大学及以 Khovansky 为首的数学研究所.

这些足够了吗? 从现在起 5 年或 10 年里,当我们这一代人太老了以致不能把从事数学研究的乐趣传给有才能的学生时,是否有人会接过这一火炬呢? 显然逻辑推理告诉我们这两个问题的答案是"不". 但在此宁愿无视所有的逻辑,而祝愿美好的数学文化传统,其中一些是这里已描述过的,将不会消亡.

编辑手记

本丛书在中国的第一次出版距今已有半个世纪.

时光留予人的,从来不仅是它决然的背影,更有负载其上的努力、挣扎,以及由此生发出的意义与希望.

如果读一下我国老一代数学家和工程技术专家的回忆录,就会发现许多人在谈到读书生涯时都会提到斯米尔诺夫的这套高等数学教程.

其实俄罗斯几乎同时代有两位数学家都叫斯米尔诺夫.一位是V.I.斯米尔诺夫(Vladimir Ivanovič Smirnov(Владимир Иванович Смирнов),1887—1974).1887年生于彼得堡.1910年毕业于彼得堡大学.1912年至1930年任彼得堡交通道路工程学院教授.1936年获博士学位.1943年被选为苏联科学院院士.

斯米尔诺夫在数学上的主要贡献有:

1.他与索波列夫一道从事固体力学和数学物理方程的研究,得到了带平面边界条件的弹性介质中波传播理论某些问题的新解法,并引入了欧几里得空间中共轭函数的概念;在偏微分方程、变分学、应用数学方面也取得了重要成果;他还开创了地震学理论的新的研究方向.

2.斯米尔诺夫长期领导物理数学史委员会工作,为出版奥斯特罗格拉德斯基、李雅普诺夫(1857—1918)、克雷洛夫等的著作,做出了巨大的努力.

3.斯米尔诺夫是位数学教育家,非常重视高等数学教材建设.他著的《高等数学教程》(共5卷),重印了20多次.还被翻译成几种国家的文字出版,中文版也重印过多次(高等教育出版社从1952年起出版各卷).

斯米尔诺夫曾获斯大林奖金;1967年获苏联社会主义劳动英雄称号;还曾获列宁勋章和其他许多勋章、奖章.

另一位是N.V.斯米尔诺夫(Nikolai Vasil'evič Smirnov(Николай Васильевич Смирнов),1900—1966).1900年10月17日生于莫斯科.第一次世界大战期间在前线做医疗救护工作.十月革命后加入红军.1921年复员后考入莫斯科大学,毕业后在莫斯科一些高校工作.1938年获数学物理学博士学位.同年开始在苏联科学院数学研究所从事研究.1939年成为教授.1960年成为苏联科学院通讯院士,同年开始主持该院数理统计研究室的工作.1966年6月2日逝世.

斯米尔诺夫主要研究数理统计和概率论.在非参数统计、变分级数的项的分布以及其他概率论、数理统计问题上取得了许多成果;对概率论的极限定理理论,提出了斯米尔诺夫判别法.他所编著的涉及概率论及数理统计的应用的教材和教学参考书在苏联和许多其他国家被广泛采用.他与鲍尔舍夫合作编制的多种数理统计表继承了斯卢茨基开创的这一重要工作,为现代计算数学做出了贡献.1970年由鲍尔舍夫主持出版了他的著作选.

斯米尔诺夫是苏联国家奖金获得者,并曾被授予劳动红旗勋章和多种奖章.本书作者是第一位斯米尔诺夫.

作为本书的策划编辑,理应在书后介绍一点重版的理由,其实就是要说明为什么我们要向俄罗斯学习,要对俄罗斯优秀的数学传统表示敬畏.正在为此捻断数根须之际,在微信公众号“赛先生”2016年6月25日上的一篇由数学家张羿写的题为《顶级俄国数学家是怎样炼成的》的文章,正好回答了这一疑问.经作者同意转录于后.

顶级俄国数学家是怎样炼成的?

在过去的半个世纪中,俄国的顶尖大学产生了全世界近25%的菲尔兹奖得主.科研与教学相结合是俄式教育的一大亮点,也是其能培养出大批非常年轻的顶尖科学家的原因之一.此外,俄国的科研院所气氛宽松自由,所谓领导的任务就是制造环境、创造气氛,使研究人员不受外部环境的干扰,全力投入到研究中去.20世纪50年代,中国基本照搬了苏联的科研教育体系,但我们只抄来了形式,并没有真正地将如何协调、配合、鼓励创新的俄国精髓学到手.

俄国的精英教育起源于彼得大帝时代.我们熟知的莫斯科大学、圣彼得堡大学,包括今日的列宾美术学院等①,从建成的第一天起,其目标就很明确,即培养西式精英人才.这使得俄国在过去一段时间里,在科技、艺术、文化等几乎各个领域都产生了大量的明星,成为世界上唯一一个可以和美国拿奖数量相接近的超级大国.其在昔日帝国时代提出的"我们要向欧洲学习,但我们一定要超越欧洲"的口号激励着一代又一代的俄国青年在各个领域努力成为精英.

俄国的精英教育基本上学自法国模式,只是它的规模更大、更系统,且目标更明确.俄国人把这一系统用在人文、艺术、体育,乃至科学等各个方面,尽管因为专业的不同而略有调整,但基本思想是一致的.

下面笔者将以数学为例,简述这一教育系统.对于数学精英,俄国人大致是这样定义的:

• 首先,他应该在约22岁时解决一个众多著名数学家都不能解决的大问题(即证明大定理),并将成果公开发表出来.这个问题或定理有多大,也多少决定了他未来的成就有多大.

• 在30～35岁时,在前面解决各种实际问题的基础上建立自己的理论,并为同行接受.

• 在40～45岁,在国际学术界建立自己的学派,有相当数量的跟随者.

培养数学精英,从初中开始

俄国中学、大学的精英教育基本上是为学生能够达到第一步而设计的.但同时,它有各类的文化教育、社会教育等为后两步打基础.

俄罗斯的精英教育始于初中阶段.以数学为例,在学生小学即将毕业时,他

① 俄国在彼得大帝改革之时,早就有着自己的文化传统,然而彼得大帝的改革是要将俄国拉向西方,建立大学也是为了培养西式人才.俄国大学(如莫斯科大学、圣彼得堡大学等)从一开始就与旧的俄国传统文化无关,而且从一开始,就定位在培养顶级精英人才.在学生来源上也是这样,宁缺毋滥.据笔者所知,圣彼得堡大学刚开始创办时,学生的人数少得可怜,只有7人.但同时,为了培养真正的人才,学校的大门又是向全社会敞开的,即便是农奴,只要有才能,也可以进入大学学习,并得到各类资助而成为大师.例如,18～19世纪的Andrey Veronikin就是农奴出身,最终因其在建筑、艺术等多方面的成就而被选为俄罗斯科学院的院士,成为永垂史册的人物.类似的例子很多,这是笔者知道的最典型的一例.从大学创建之初直至今日,对传统俄国文化的学习仍在继续,但大学等当时的新生事物建立在圣彼得堡,所以新、旧两种教育体系基本相安无事,但切割得很清楚,没有利益上的冲突.新的大学尽管起步艰难,但最后终于成为主流,成为俄国乃至世界科学文化明星的摇篮.

们可以从全国公开发行的一本数学物理科普杂志 *Quant*(KBAHT)[①] 中得到一份试题. 学生可以把自己做好的试题答案寄到其所在城市的指定部门,再由专家评阅试卷,成绩得出之后,城市的指定部门再组织对通过笔试的同学进行口试. 对学生进行口试的人员包括中学教师、大学教授及科学研究所的研究人员. 被选中的同学将进入所谓的"专业中学"(如果是数学,即数学中学)学习,三年以后初中升高中时,将有一次考试(淘汰),弱者将转入普通高中.

在莫斯科或圣彼得堡这样的城市中,一般都有四五所这种以数学为主的中学. 在这里,学生们将接受普通的中学教育(包括相当多的文化、艺术以及其他的基本科学知识课程)以完成其人生必备的基本知识,但一半左右的时间将花在数学学习上. 每周他们还有两个下午去城市少年宫,在那里,有俄国的顶级数学大师[②],如柯尔莫戈洛夫(Andrey Kolmogorov,1903—1987)、盖尔范特(Iserale Gelfand,1913—2009)、马蒂雅谢维奇(Yuri Matiyasevich,1947—)等,为他们讲授数学课. 这些课程的讲稿经过整理后也大都会发表在 *Quant* 这一类科普性质的数学物理杂志上. 这一杂志影响极广,在欧美国家有着众多的读者,包括大学教授、中学老师、学生等. 这种少年宫课程一般都设计得深入浅出,与前沿数学研究中重大问题的提出、现在发展的阶段乃至其解决紧密相连. 为了让学生理解并掌握好内容,科学院联合大学一起为这一类课程配备了大量的助教,这些助教一般包括大学三年级以上的数学系学生和各级大学教师、科研人员等,并且他们以前也都是毕业于这种数学专业中学的学生,基本上每三位中学生配备一位助教,这特别类似于法国巴黎高师中的辅导员(tutor).

夏天时,数学中学的同学们还将在老师的带领下去黑海海滨等地的度假胜地参加夏令营. 在那里,他们一边学习提高,一边玩耍. 同时,他们会遇到国内其他城市地区乃至部分外国来的数学中学生,大家可以彼此增进了解,几年下来,慢慢会形成一个所谓的圈子[③]. 在夏令营中,还有众多来教课、辅导的科研人员、大学生、中学老师等. 笔者认识的许多俄国著名数学家(有的已在 20 世纪 90 年代移民西方了)都会在夏天时去这些夏令营辅导学生、认识学生,同时去发现那些有才华、有潜力的中学生,以吸引他们进入数学研究领域. 有些极有才华的中学生正是通过这种方式在高中时就和科学院或大学中的科研人员建立联系,并进入他们的讨论班开始做研究工作的.

因为这一制度,有许多知名的俄国数学家在 18 岁上大学一年级时(或在此之前)就取得了重要的成果,并且将论文发表在国际顶级数学杂志上. 该制度

---

① 这是一份创立于 1970 年,以数学和物理为主要专业的科普杂志,其对象是普通大众和学生. 该杂志在俄国、欧美都有众多读者.

② 俄国的顶级数学大师也是世界的顶级数学大师.

③ 这一圈子可以说对他们终身都有很大影响,尤其是在学术职业生涯上的互相帮助等方面.

激发了优秀"天才"少年的活力,使他们能有用武之地,这一点是极其重要的!俄式教育强调基础,无论是在科学,还是在体育、表演、艺术等诸多方面都非常出色,这一点也为中国人所熟知,但它还有我们不了解的另一面,就是更注重实践.在数学(乃至大多数科学领域)上就是鼓励研究、创新,去解决实际问题、大问题.另一点值得指出的是,数学中学与少年宫、数学夏令营的教育本身也是一个系统工程.它把中学数学知识、奥林匹克性质的数学竞赛技巧、大学各门数学课程的基本数学理念与思想、前沿问题等巧妙地结合在了一起.它使得一小部分学生从高中转入大学以后,立刻就能进入研究状态并开始实质性有意义的研究,即攻克著名数学难题.从高中进入大学以后,这些数学学生中只有少数人能剩下来,继续作为潜在的专业数学家被培养.在我们熟悉的莫斯科大学、圣彼得堡大学等部分高校里,每个学校会有一个由大约三十人组成的"精英"数学班来继续这部分人的数学学习与研究.笔者在此想指出,这些大学的数学系中当然还有众多别的数学学生,但他们的培养方向、要求等各方面都是不一样的①,甚至他们将来的毕业文凭都是不一样的②.

对于这些所谓的精英学生(乃至一般的普通学生),他们在选课学习上有相当大的自由度.例如,莫斯科大学、圣彼得堡大学的学生,可以去科学院的斯捷克洛夫(Steklov)数学研究所的专业讨论班中去学习,还可以去别的大学中修习一些本校没有开设的课程,甚至可以去别的学校(科研院所)选择自己喜欢的教师的课程等.同时,他们也可以在一入大学(甚至在入大学之前),就跟从科学院的研究所中的一些科研人员进行研究、写论文等.这种科研与教学相结合的模式是俄式教育的一大亮点,也是为什么俄国能够培养出大批非常年轻的科学家的原因之一.

等大学二年级结束时,这三十几位精英学生的大部分已在学习过程中被淘汰了,只有五六名能剩下来,此时他们基本都已证明了可以令他们终生为之骄傲的定理,并开始撰写论文,且都已将论文发表出来了.他们活跃在名师的讨论班里,向着新的目标前进.他们的前程在此时也已基本上根据这时的成就而多少确定下来,即成为研究型的数学工作者.

笔者想在此指出,在俄国研究型大学的数学系中,有相当数量的课程供学生自由选择,绝非像我们的学校那样强迫学生去学那些必修课、限制性选修课

---

① 他们的培养方式有些类似于我们20世纪50年代从苏联学到的那一套比较正规的、严格的数学教育.如今这套教育在中国已经大大缩了水,原因是我们大学的数学系不断扩招,且20世纪90年代以后又开始向美国学习其大众教育模式,所以目前我国高等学校的数学教育完全就不是为了打造精英而设置的.

② 俄国的大学文凭(Diploma)相当于美国或中国的硕士,有普通文凭和红色文凭两种,极少数优秀学生能拿到红色文凭.

乃至公共课[1]. 而许多做出过好的科研工作的数学学生甚至可以免掉大部分的课程,以保证他们在黄金创造期间不停地去深入研究学术. 许多俄国大数学家是在副博士毕业以后留校任教期间通过教书来学习普通大学生必须掌握的数学知识的[2].

攻克难题,成为精英的关键一步

在俄制大学中,被选入精英小组的学生在二年级下半学年(第二学期)将按要求在一个学期左右的时间内完成他们的第一篇学术论文. 对数学而言,这篇论文的结果必须是解决学科中的某个重要公开问题,而回顾、综述之类的论文是不允许的. 论文成绩的好坏也基本上决定了该学生的学术前途,即是否能进入科学院的顶级研究所成为研究人员,或进入俄国顶级大学成为教师,等等. 值得强调的是,在俄式数学精英教育体制中,要求学生(或未来的精英数学家)必须在22岁左右公开发表论文正是由这一在二年级下半学年结束时写出论文的措施决定的. 该措施能够得以施行,对老师、学生的质量都有相当高的要求[3].

这里例子有很多,比如柯尔莫戈洛夫将希尔伯特第13问题给了阿诺德(Arnold,1937—2010,曾获克拉福德奖、沃尔夫奖),马斯洛夫(Sergey Maslov)将希尔伯特第10问题给了马蒂雅谢维奇等. 解决这类数学问题本身是任何一

---

① 我们的学校应该学着尊重学生的选择,而不是强迫他们接受学校的安排. 笔者在美国的Rutgers大学哲学系念书时,在数学系、语言学系、心理学系、计算机系乃至艺术史系都修习过研究生课程,从来没觉得Rutgers大学强迫我学过任何一门课程. 我们国内的许多做法(如学校的课程安排、教学管理等)是为了便于外行进行管理,而不是为了培养人才而设立的.

② 其实,许多欧美顶级大学都有类似的情况. 例如笔者的博士导师Simon Thomas在伦敦大学博士毕业以后还没学过"泛函分析"课,那时他才23岁,已解决了简单群分类这一重要问题,并因此拿到了耶鲁大学的教职.

③ 这里所说的精英学生在第二学年下半年用一学期左右完成第一篇学术论文,在完成论文的时间长短方面是有一定弹性的,有时为了彻底解决一个大问题,会拖上一两年的时间. 这一时间尺度基本上由学生的导师和他(她)所在的研究室主任来把握,如果时间过长,导师与研究室主任将不得不承受巨大的压力. 例如,笔者曾经听到著名的逻辑学家沙宁(Shanin)讲起过马蒂雅谢维奇用了近两年的时间才解决了希尔伯特第10问题. 在接近问题最终解决的关键时刻,大学乃至研究所里的行政人员开始不停地找沙宁谈话,希望马蒂雅谢维奇拿出"应有"的成果. 对于沙宁来说,这种压力是巨大的,他不得不要求马蒂雅谢维奇找一些在解决希尔伯特第10问题之前所做的小结果以应付来自各方的压力. 但同时,沙宁觉得马蒂雅谢维奇绝对有希望拿下希尔伯特第10问题,因此尽全力保护马蒂雅谢维奇,使他能够不受干扰并最终将问题解决掉. 在精英教育中,对导师乃至导师的上级领导的素质都有着很高的要求,如何协调行政与科研教学的关系是我们的大学中亟待解决的问题,如果我们要发展精英教育,这一点则更为重要.

位数学家都想得到的荣誉,我们完全可以相信柯尔莫戈洛夫和马斯洛夫本人对如何解答希尔伯特第13、第10问题是根本不知道的,但他们对自己的学生的数学能力有着相当的了解,故此可以直截了当将问题告诉学生.对学生而言,拿到这类问题之后的前途基本上有两种:一是把前人有关该问题的部分结果做些修补,再添些新的部分结果;二是直截了当地将问题彻底解决掉.选择后者的学生很难从老师那里得到真正"具体"的帮助,因为老师也不可能知道答案,但作为老师,他知道前人失败的教训,知道问题难在哪里,为什么有些路走不通(或者可能走得通,但在什么地方必须克服什么样的困难).更重要的是,这些伟大的数学导师们作为国际数学家核心圈子的成员,他们对问题是否到了该被解决的时刻本身有着敏锐的洞察力与基本直觉,这一点对圈外的人而言是很难觉察到的.因此他们可以在对学生有相当了解的情况下将问题在合适的时机告诉某个学生,并期望他(她)能成功地解决问题①.

对于精英小组的学生们而言,二年级下半学年的论文选题是他们步入学术界最关键的几步之一.可以说,他们为此已经做了多年的准备.此时,他们要在自己诸多非常熟悉的老师们当中选择一位作为自己今后多年的导师.一般来说,每个学生会在听课、讨论班,以及私下接触的基础上先去和三位(有时甚至是四位)老师进行接触,慎重考虑他们给出的研究问题,并同时要考虑多种其他因素,如自己是否愿意和某位老师长期共事,大家性格是否合得来,等等.当然,学生此时首先考虑的是自己的兴趣,然后是从老师那里得到的题目的难度,以及自己有多少把握,等等.但老师的非学术因素,如人品、性格、爱好,在此时也对学生的选择起着重要作用.

在经过极其慎重的考虑之后,学生最终自己做出最后的决定.对于一位18～19岁的青年人来说,这一选择并不容易.其实,在俄国的知识分子家庭(或世家)中,在这样的关键时刻,许多时候学生父母的意见是很重要的.有的

---

① 笔者这样写,也许多少有些唯心论的味道,但在数学界,许多大问题在解决之前的确是有先兆的,而这种先兆可以多少被圈内的大数学家(们)觉察到(只不过这些大数学家本人在该问题上已是"江郎才尽",没有什么新主意、新思想去克服解决该问题所要面临的诸多困难).

我们可以举几个现成的例子.美国数学家马丁·戴维斯(Martin Davis)在20世纪60年代末即感觉到希尔伯特第10问题应该快被解决了,他甚至有直觉这一问题可能会被一位极年轻的俄国数学家解决,他唯一没猜到的是马蒂雅谢维奇的名字.群论中的Burnside问题被俄国数学家Peter Novikov和他的学生Sergey Adian及英国数学家共同猜到,而最终由Peter Novikov和Sergey Adian联合解决.在20世纪50年代初期,20世纪最伟大的逻辑学家哥德尔(K.Godel)就已模模糊糊地猜到了乔治·康托的连续统假设(即希尔伯特第1问题)的独立性,并为此写了一篇结合数学和哲学的颇具科普色彩的文章来阐释他的观点.最后这一问题在20世纪50年代末、60年代初由年轻的Paul Colien在发明了新的数学工具——力迫法的基础上将其解决.在我国吵得沸沸扬扬的庞加莱猜想(Poincaré Conjecture),丘成桐、汉密尔顿(Hamiton)等人都猜到了它有可能将被解决掉,最后由俄罗斯圣彼得堡的佩雷尔曼(G.Perelman)将其成功解决.

时候，学生也会听取他本人从中学时形成的那个精英学生圈子内的“学生长辈”或是他(她)曾经的辅导员们的意见.选择什么样的题目、进入什么样的领域或哪一个分支等，这些对学生来说，有时候是很难把握的.尤其对于某个学科将来的走向，或者某些新兴学科的前途，学生不仅要经过慎重思考，许多时候也不得不多方咨询之后，才能做出决定.另一方面，有的学生不仅志向高远，而且有极其超常的能力和解决问题的欲望，他们会选择最艰难的著名问题，如我们前面提到的阿诺德、马蒂雅谢维奇等人.但我们必须指出，这种选择是有其冒险性的，我们知道的只是成功者的姓名.笔者遇到过一些失败者，他们早已被普通人忘记了，只有他们过去的同学或曾经的学生们还记得甚至欣赏他们的才华和勇气.尽管对某些人来说，俄国精英教育机制是残酷的，但无可否认，这一制度产生了大量的年轻精英人才，成就了20世纪苏联科学界一个群星灿烂的时代.

在拿到副博士学位以后，俄国的科学家们开始进入大学或研究所“正式”工作.与法国一样，如果他们要拿到相当于大学教授的高级职位，必须要再继续努力，写出所谓的“科学博士”论文.需要指出的是，俄国的科学博士论文水平极高，如果不是解决行业中的顶尖大问题(从数学上讲，应是拿到菲尔兹奖级别的工作)，则必须是建立理论体系的大工程.以数学为例，美国数学学会专门组织专家将所有俄国数学方面的科学博士论文翻译成英文，可见对它的重视程度，同时，也是对俄国数学的尊敬[①].

俄国的大学与科研院所是一个大型的系统工程，为俄国精英在毕业以后的发展，也为年轻精英的培养提供了舞台、条件及各种职业上的保障.中国在20世纪50年代时从苏联基本照搬了俄国模式，但是，我们只抄来了形式，并没有真正地将如何协调、配合、鼓励创新的精髓学到.

在俄国的主要高等教育发达城市(如莫斯科、圣彼得堡、新西伯利亚、喀山等)中，都有大学(包括综合性大学、师范类院校、理工大学，以及各类更专业的工科、文科、艺术院校)以及一些科学院的研究所.大学担负着教学任务，而各种研究所是科研潮流与时尚的引领者.俄国大学中的许多老师一般都在研究所中担任一定的正式职位(有半职的，有四分之一职的)，在完成教学任务以后，他们都主动去研究所参加各种科研活动，并辅导在所里学习、研究的年轻学生们.这一办法使得研究所里的老师和大学里的学生都有了更多的选择，比如圣彼得堡大学的数学老师可以通过斯捷克洛夫研究所来正式辅导圣彼得堡师范大学的数学系学生写作论文，指导其进行研究；斯捷克洛夫研究所的研究人员可以

① 其实，美国数学学会、伦敦数学学会联合起来，将俄国几乎所有的知名综合数学杂志，以及众多的专业数学杂志一字不漏地全部翻译成英文，这本身就说明问题.同时，大量的俄国教科书被翻译成英文等多种文字在全世界发行并应用，也说明了人们对这一教育、科研体系的认可.

指导俄国各大学的数学系学生进行论文写作、研究，这样可以使有限的教师资源得到更合理的配置与利用.

从另一方面讲，科学院的研究所里的科研人员大都会在当地的大学中兼职授课，有的资深学术大师同时还是大学里的教研室主任，通过教学(包括对大学教师的直接影响、接触等)来传授他们的学术见解与理念. 通过在大学中教课，他们也可以及时发现有潜力的学生，将他们及早地吸收到科研队伍中来. 与此同时，研究所本身还举办各种讨论班、演讲、系列课程等，这些活动大都安排在下午5点以后，使得周边的大学、中学的专业教师和有兴趣的学生能够找到时间来参加这些活动，为他们提高自己的科研水平创造机会. 研究所与大学既竞争又合作的互动关系是我们当年没能从苏联学到的东西[①].

中国在20世纪50年代向苏联学习，照搬照抄了苏联的高等教育模式，将苏联的教材、课程设置等一律搬过来. 然而，我们好像没有学到俄式教育的灵魂[②]. 其实，俄国大学尽管设置了这些课程，用的教材我们也曾用过，但如何教、怎么教才是最关键的. 比如在圣彼得堡大学，学生的基础课都是由一流的有过辉煌科研成果的资深教授来讲授的(比如逻辑入门课常常由马蒂雅谢维奇讲授，几何介绍由布莱格(Yuri Burago)讲授，传统分析由Sergey Kisliyakov讲授等). 他们在讲授这些大学入门课时，也绝不是照本宣科，而是结合着当代的研究潮流与最新成果一起来讲授. 同时，他们在讲课时对所讲的内容不时做出判断、评价，并指出新的研究问题，这才是课程真正的精彩之处，这些也是课程的核心和灵魂. 对于书上的内容，学生自己要花时间去读去想，每门课程还配有习题课，习题课的老师一般是中年或青年教师，他们在专业研究领域极其活跃，具有过硬的专业技术，同时也愿意花大量的时间与学生去想一些艰难的技术问题. 在学习正常基础课的同时，学生可以自由地去修习各种讨论班. 在莫斯科大学、圣彼得堡大学这些顶级学校的数学系中，各种专业的数学讨论班每年有不下一百个，为学生提供了丰富的选择[③]. 正是这种自由的学术氛围激发着年轻学生的热情，同时，也为教师的科研提供着动力.

无论是在科学院还是大学，教课或领导研究的老师要对学生(尤其是精英学生)有足够的了解，即对他们的科研潜力、兴趣等都要有正确的估计. 如前所

---

① 如何发展大学与科学院下属研究院所的功能，使之更有效地联合起来为培养中国高端人才做出实质贡献是我们今天所面临的一个严肃而且紧迫的课题.

② 笔者想指出，在过去的半个世纪中，俄国的顶尖大学(如莫斯科大学、圣彼得堡大学、新西伯利亚大学等)产生了全世界近25%的菲尔兹奖得主，每个大学都有多名诺贝尔奖得主(不包括文学奖、和平奖).

③ 当然，我们不得不看到，能够组织如此众多的讨论班需要学校本身拥有众多的人才，这些人才可以全身心地投入到他们的科研事业(外加部分组织工作)中.

述,俄国学生如果要进入职业数学家的圈子,就必须在22岁左右拿下大问题(这个问题一定是行业内的著名难题,且被别的名家试过而没被做出来的).学生固然要战胜挑战,但老师在这里的作用(包括选题等)是必不可少的,如何指导学生达到这一步,对老师的智慧也是极大的挑战.

而在另一方面,大学与科研院所也要在制度上提供各种保障.尽管我们看每位成功的俄国数学家(科学家)好像各有各的故事,有些人甚至还常常与领导发生各类冲突,但总的来说,俄国的科研院所是相当宽松自由的,而科研院所的所谓领导们的任务就是制造环境、创造气氛,使研究人员不受外部环境的干扰,全力投入到研究中去.以著名的斯捷克洛夫研究所为例,该所五年才考核一次,常有人五年什么成果也没有,甚至十年过去了还没有,如果一个研究人员十年没有一篇论文,他(她)也只不过到所长那里去解释一下,他(她)在这段时间里到底在做什么,思考什么问题,遇到了什么困难,等等.据说斯捷克洛夫研究所还没有出过一个一事无成的研究人员,如果有什么人写的文章不多,他必定是做出了可以载入史册的工作(如马蒂雅谢维奇、佩雷尔曼),或者他培养出了一群星光燦烂的学生(如布莱格).

不难看出,源于苏联的俄式精英教育系统要远远比法国的复杂,并且它是一个牵涉到中学、大学、科学院乃至许多政府职能部门的一个庞大的系统工程,它的投入以及对各种人力资源的调用是相当巨大的.如果我们要学习这一系统,不可能是某个大学、某个地方(大概除北京以外)可以去仿效的.尽管我们在建国初期模仿了苏联的教育系统、科研院所模式,但直到现在,我们也没能积聚起如此大量的高级人力资源.所以,我们能做的也只能是像美国或其他欧洲国家,如英、法、德乃至日本那样,以各种方式引进其高端人力资源为我们的科研和教学服务.

有一个胖子的自嘲是这样的:书,买过等于读过;化妆品,摸过等于化过;健身卡,办过等于练过;唯有吃的,买了肯定吃完.

不过对于这套书一定要知道,买过、读过才能算自己的.

刘培杰

2017.2.4

于哈工大

刘培杰数学工作室
已出版(即将出版)图书目录——高等数学

书　　名	出版时间	定　价	编号
距离几何分析导引	2015－02	68.00	446
大学几何学	2017－01	78.00	688
关于曲面的一般研究	2016－11	48.00	690
近世纯粹几何学初论	2017－01	58.00	711
拓扑学与几何学基础讲义	2017－04	58.00	756
物理学中的几何方法	2017－06	88.00	767
几何学简史	2017－08	28.00	833
微分几何学历史概要	2020－07	58.00	1194
解析几何学史	2022－03	58.00	1490
复变函数引论	2013－10	68.00	269
伸缩变换与抛物旋转	2015－01	38.00	449
无穷分析引论(上)	2013－04	88.00	247
无穷分析引论(下)	2013－04	98.00	245
数学分析	2014－04	28.00	338
数学分析中的一个新方法及其应用	2013－01	38.00	231
数学分析例选:通过范例学技巧	2013－01	88.00	243
高等代数例选:通过范例学技巧	2015－06	88.00	475
基础数论例选:通过范例学技巧	2018－09	58.00	978
三角级数论(上册)(陈建功)	2013－01	38.00	232
三角级数论(下册)(陈建功)	2013－01	48.00	233
三角级数论(哈代)	2013－06	48.00	254
三角级数	2015－07	28.00	263
超越数	2011－03	18.00	109
三角和方法	2011－03	18.00	112
随机过程(Ⅰ)	2014－01	78.00	224
随机过程(Ⅱ)	2014－01	68.00	235
算术探索	2011－12	158.00	148
组合数学	2012－04	28.00	178
组合数学浅谈	2012－03	28.00	159
分析组合学	2021－09	88.00	1389
丢番图方程引论	2012－03	48.00	172
拉普拉斯变换及其应用	2015－02	38.00	447
高等代数.上	2016－01	38.00	548
高等代数.下	2016－01	38.00	549
高等代数教程	2016－01	58.00	579
高等代数引论	2020－07	48.00	1174
数学解析教程.上卷.1	2016－01	58.00	546
数学解析教程.上卷.2	2016－01	38.00	553
数学解析教程.下卷.1	2017－04	48.00	781
数学解析教程.下卷.2	2017－06	48.00	782
数学分析.第1册	2021－03	48.00	1281
数学分析.第2册	2021－03	48.00	1282
数学分析.第3册	2021－03	28.00	1283
数学分析精选习题全解.上册	2021－03	38.00	1284
数学分析精选习题全解.下册	2021－03	38.00	1285
函数构造论.上	2016－01	38.00	554
函数构造论.中	2017－06	48.00	555
函数构造论.下	2016－09	48.00	680
函数逼近论(上)	2019－02	98.00	1014
概周期函数	2016－01	48.00	572
变叙的项的极限分布律	2016－01	18.00	573
整函数	2012－08	18.00	161
近代拓扑学研究	2013－04	38.00	239
多项式和无理数	2008－01	68.00	22
密码学与数论基础	2021－01	28.00	1254

刘培杰数学工作室

已出版(即将出版)图书目录——高等数学

书　　名	出版时间	定　价	编号
模糊数据统计学	2008－03	48.00	31
模糊分析学与特殊泛函空间	2013－01	68.00	241
常微分方程	2016－01	58.00	586
平稳随机函数导论	2016－03	48.00	587
量子力学原理.上	2016－01	38.00	588
图与矩阵	2014－08	40.00	644
钢丝绳原理:第二版	2017－01	78.00	745
代数拓扑和微分拓扑简史	2017－06	68.00	791
半序空间泛函分析.上	2018－06	48.00	924
半序空间泛函分析.下	2018－06	68.00	925
概率分布的部分识别	2018－07	68.00	929
Cartan 型单模李超代数的上同调及极大子代数	2018－07	38.00	932
纯数学与应用数学若干问题研究	2019－03	98.00	1017
数理金融学与数理经济学若干问题研究	2020－07	98.00	1180
清华大学"工农兵学员"微积分课本	2020－09	48.00	1228
力学若干基本问题的发展概论	2020－11	48.00	1262
受控理论与解析不等式	2012－05	78.00	165
不等式的分拆降维降幂方法与可读证明(第 2 版)	2020－07	78.00	1184
石焕南文集:受控理论与不等式研究	2020－09	198.00	1198
实变函数论	2012－06	78.00	181
复变函数论	2015－08	38.00	504
非光滑优化及其变分分析	2014－01	48.00	230
疏散的马尔科夫链	2014－01	58.00	266
马尔科夫过程论基础	2015－01	28.00	433
初等微分拓扑学	2012－07	18.00	182
方程式论	2011－03	38.00	105
Galois 理论	2011－03	18.00	107
古典数学难题与伽罗瓦理论	2012－11	58.00	223
伽罗华与群论	2014－01	28.00	290
代数方程的根式解及伽罗瓦理论	2011－03	28.00	108
代数方程的根式解及伽罗瓦理论(第二版)	2015－01	28.00	423
线性偏微分方程讲义	2011－03	18.00	110
几类微分方程数值方法的研究	2015－05	38.00	485
分数阶微分方程理论与应用	2020－05	95.00	1182
N 体问题的周期解	2011－03	28.00	111
代数方程式论	2011－05	18.00	121
线性代数与几何:英文	2016－06	58.00	578
动力系统的不变量与函数方程	2011－07	48.00	137
基于短语评价的翻译知识获取	2012－02	48.00	168
应用随机过程	2012－04	48.00	187
概率论导引	2012－04	18.00	179
矩阵论(上)	2013－06	58.00	250
矩阵论(下)	2013－06	48.00	251
对称锥互补问题的内点法:理论分析与算法实现	2014－08	68.00	368
抽象代数:方法导引	2013－06	38.00	257
集论	2016－01	48.00	576
多项式理论研究综述	2016－01	38.00	577
函数论	2014－11	78.00	395
反问题的计算方法及应用	2011－11	28.00	147
数阵及其应用	2012－02	28.00	164
绝对值方程—折边与组合图形的解析研究	2012－07	48.00	186
代数函数论(上)	2015－07	38.00	494
代数函数论(下)	2015－07	38.00	495

刘培杰数学工作室

已出版(即将出版)图书目录——高等数学 

书　　名	出版时间	定　价	编号
偏微分方程论:法文	2015－10	48.00	533
时标动力学方程的指数型二分性与周期解	2016－04	48.00	606
重刚体绕不动点运动方程的积分法	2016－05	68.00	608
水轮机水力稳定性	2016－05	48.00	620
Lévy 噪音驱动的传染病模型的动力学行为	2016－05	48.00	667
铣加工动力学系统稳定性研究的数学方法	2016－11	28.00	710
时滞系统:Lyapunov 泛函和矩阵	2017－05	68.00	784
粒子图像测速仪实用指南:第二版	2017－08	78.00	790
数域的上同调	2017－08	98.00	799
图的正交因子分解(英文)	2018－01	38.00	881
图的度因子和分支因子:英文	2019－09	88.00	1108
点云模型的优化配准方法研究	2018－07	58.00	927
锥形波入射粗糙表面反散射问题理论与算法	2018－03	68.00	936
广义逆的理论与计算	2018－07	58.00	973
不定方程及其应用	2018－12	58.00	998
几类椭圆型偏微分方程高效数值算法研究	2018－08	48.00	1025
现代密码算法概论	2019－05	98.00	1061
模形式的 p－进性质	2019－06	78.00	1088
混沌动力学:分形、平铺、代换	2019－09	48.00	1109
微分方程,动力系统与混沌引论:第 3 版	2020－05	65.00	1144
分数阶微分方程理论与应用	2020－05	95.00	1187
应用非线性动力系统与混沌导论:第 2 版	2021－05	58.00	1368
非线性振动,动力系统与向量场的分支	2021－06	55.00	1369
遍历理论引论	2021－11	46.00	1441
动力系统与混沌	2022－05	48.00	1485
Galois 上同调	2020－04	138.00	1131
毕达哥拉斯定理:英文	2020－03	38.00	1133
模糊可拓多属性决策理论与方法	2021－06	98.00	1357
统计方法和科学推断	2021－10	48.00	1428
有关几类种群生态学模型的研究	2022－04	98.00	1486
加性数论:典型基	2022－05	48.00	1491
乘性数论:第三版	2022－07	38.00	1528
交替方向乘子法及其应用	2022－08	98.00	1553
吴振奎高等数学解题真经(概率统计卷)	2012－01	38.00	149
吴振奎高等数学解题真经(微积分卷)	2012－01	68.00	150
吴振奎高等数学解题真经(线性代数卷)	2012－01	58.00	151
高等数学解题全攻略(上卷)	2013－06	58.00	252
高等数学解题全攻略(下卷)	2013－06	58.00	253
高等数学复习纲要	2014－01	18.00	384
数学分析历年考研真题解析.第一卷	2021－04	28.00	1288
数学分析历年考研真题解析.第二卷	2021－04	28.00	1289
数学分析历年考研真题解析.第三卷	2021－04	28.00	1290
超越吉米多维奇.数列的极限	2009－11	48.00	58
超越普里瓦洛夫.留数卷	2015－01	28.00	437
超越普里瓦洛夫.无穷乘积与它对解析函数的应用卷	2015－05	28.00	477
超越普里瓦洛夫.积分卷	2015－06	18.00	481
超越普里瓦洛夫.基础知识卷	2015－06	28.00	482
超越普里瓦洛夫.数项级数卷	2015－07	38.00	489
超越普里瓦洛夫.微分、解析函数、导数卷	2018－01	48.00	852
统计学专业英语(第二版)	2012－07	48.00	176
统计学专业英语(第三版)	2015－04	68.00	465
代换分析:英文	2015－07	38.00	499

刘培杰数学工作室
已出版(即将出版)图书目录——高等数学

书　　名	出版时间	定　价	编号
历届美国大学生数学竞赛试题集.第一卷(1938—1949)	2015-01	28.00	397
历届美国大学生数学竞赛试题集.第二卷(1950—1959)	2015-01	28.00	398
历届美国大学生数学竞赛试题集.第三卷(1960—1969)	2015-01	28.00	399
历届美国大学生数学竞赛试题集.第四卷(1970—1979)	2015-01	18.00	400
历届美国大学生数学竞赛试题集.第五卷(1980—1989)	2015-01	28.00	401
历届美国大学生数学竞赛试题集.第六卷(1990—1999)	2015-01	28.00	402
历届美国大学生数学竞赛试题集.第七卷(2000—2009)	2015-08	18.00	403
历届美国大学生数学竞赛试题集.第八卷(2010—2012)	2015-01	18.00	404
超越普特南试题:大学数学竞赛中的方法与技巧	2017-04	98.00	758
历届国际大学生数学竞赛试题集(1994-2020)	2021-01	58.00	1252
历届美国大学生数学竞赛试题集:1938—2017	2020-11	98.00	1256
全国大学生数学夏令营数学竞赛试题及解答	2007-03	28.00	15
全国大学生数学竞赛辅导教程	2012-07	28.00	189
全国大学生数学竞赛复习全书(第2版)	2017-05	58.00	787
历届美国大学生数学竞赛试题集	2009-03	88.00	43
前苏联大学生数学奥林匹克竞赛题解(上编)	2012-04	28.00	169
前苏联大学生数学奥林匹克竞赛题解(下编)	2012-04	38.00	170
大学生数学竞赛讲义	2014-09	28.00	371
大学生数学竞赛教程——高等数学(基础篇、提高篇)	2018-09	128.00	968
普林斯顿大学数学竞赛	2016-06	38.00	669
考研高等数学高分之路	2020-10	45.00	1203
考研高等数学基础必刷	2021-01	45.00	1251
考研概率论与数理统计	2022-06	58.00	1522
越过211,刷到985:考研数学二	2019-10	68.00	1115
初等数论难题集(第一卷)	2009-05	68.00	44
初等数论难题集(第二卷)(上、下)	2011-02	128.00	82,83
数论概貌	2011-03	18.00	93
代数数论(第二版)	2013-08	58.00	94
代数多项式	2014-06	38.00	289
初等数论的知识与问题	2011-02	28.00	95
超越数论基础	2011-03	28.00	96
数论初等教程	2011-03	28.00	97
数论基础	2011-03	18.00	98
数论基础与维诺格拉多夫	2014-03	18.00	292
解析数论基础	2012-08	28.00	216
解析数论基础(第二版)	2014-01	48.00	287
解析数论问题集(第二版)(原版引进)	2014-05	88.00	343
解析数论问题集(第二版)(中译本)	2016-04	88.00	607
解析数论基础(潘承洞,潘承彪著)	2016-07	98.00	673
解析数论导引	2016-07	58.00	674
数论入门	2011-03	38.00	99
代数数论入门	2015-03	38.00	448
数论开篇	2012-07	28.00	194
解析数论引论	2011-03	48.00	100
Barban Davenport Halberstam 均值和	2009-01	40.00	33
基础数论	2011-03	28.00	101
初等数论 100 例	2011-05	18.00	122
初等数论经典例题	2012-07	18.00	204
最新世界各国数学奥林匹克中的初等数论试题(上、下)	2012-01	138.00	144,145
初等数论(Ⅰ)	2012-01	18.00	156
初等数论(Ⅱ)	2012-01	18.00	157
初等数论(Ⅲ)	2012-01	28.00	158

刘培杰数学工作室
已出版(即将出版)图书目录——高等数学

书　名	出版时间	定　价	编号
Gauss,Euler,Lagrange 和 Legendre 的遗产:把整数表示成平方和	2022－06	78.00	1540
平面几何与数论中未解决的新老问题	2013－01	68.00	229
代数数论简史	2014－11	28.00	408
代数数论	2015－09	88.00	532
代数、数论及分析习题集	2016－11	98.00	695
数论导引提要及习题解答	2016－01	48.00	559
素数定理的初等证明.第 2 版	2016－09	48.00	686
数论中的模函数与狄利克雷级数(第二版)	2017－11	78.00	837
数论:数学导引	2018－01	68.00	849
域论	2018－04	68.00	884
代数数论(冯克勤　编著)	2018－04	68.00	885
范氏大代数	2019－02	98.00	1016
新编 640 个世界著名数学智力趣题	2014－01	88.00	242
500 个最新世界著名数学智力趣题	2008－06	48.00	3
400 个最新世界著名数学最值问题	2008－09	48.00	36
500 个世界著名数学征解问题	2009－06	48.00	52
400 个中国最佳初等数学征解老问题	2010－01	48.00	60
500 个俄罗斯数学经典老题	2011－01	28.00	81
1000 个国外中学物理好题	2012－04	48.00	174
300 个日本高考数学题	2012－05	38.00	142
700 个早期日本高考数学试题	2017－02	88.00	752
500 个前苏联早期高考数学试题及解答	2012－05	28.00	185
546 个早期俄罗斯大学生数学竞赛题	2014－03	38.00	285
548 个来自美苏的数学好问题	2014－11	28.00	396
20 所苏联著名大学早期入学试题	2015－02	18.00	452
161 道德国工科大学生必做的微分方程习题	2015－05	28.00	469
500 个德国工科大学生必做的高数习题	2015－06	28.00	478
360 个数学竞赛问题	2016－08	58.00	677
德国讲义日本考题.微积分卷	2015－04	48.00	456
德国讲义日本考题.微分方程卷	2015－04	38.00	457
二十世纪中叶中、英、美、日、法、俄高考数学试题精选	2017－06	38.00	783
博弈论精粹	2008－03	58.00	30
博弈论精粹.第二版(精装)	2015－01	88.00	461
数学 我爱你	2008－01	28.00	20
精神的圣徒　别样的人生——60 位中国数学家成长的历程	2008－09	48.00	39
数学史概论	2009－06	78.00	50
数学史概论(精装)	2013－03	158.00	272
数学史选讲	2016－01	48.00	544
斐波那契数列	2010－02	28.00	65
数学拼盘和斐波那契魔方	2010－07	38.00	72
斐波那契数列欣赏	2011－01	28.00	160
数学的创造	2011－02	48.00	85
数学美与创造力	2016－01	48.00	595
数海拾贝	2016－01	48.00	590
数学中的美	2011－02	38.00	84
数论中的美学	2014－12	38.00	351
数学王者　科学巨人——高斯	2015－01	28.00	428
振兴祖国数学的圆梦之旅:中国初等数学研究史话	2015－06	98.00	490
二十世纪中国数学史料研究	2015－10	48.00	536
数字谜、数阵图与棋盘覆盖	2016－01	58.00	298
时间的形状	2016－01	38.00	556
数学发现的艺术:数学探索中的合情推理	2016－07	58.00	671
活跃在数学中的参数	2016－07	48.00	675

刘培杰数学工作室
已出版(即将出版)图书目录——高等数学

书　　名	出版时间	定　价	编号
格点和面积	2012－07	18.00	191
射影几何趣谈	2012－04	28.00	175
斯潘纳尔引理——从一道加拿大数学奥林匹克试题谈起	2014－01	28.00	228
李普希兹条件——从几道近年高考数学试题谈起	2012－10	18.00	221
拉格朗日中值定理——从一道北京高考试题的解法谈起	2015－10	18.00	197
闵科夫斯基定理——从一道清华大学自主招生试题谈起	2014－01	28.00	198
哈尔测度——从一道冬令营试题的背景谈起	2012－08	28.00	202
切比雪夫逼近问题——从一道中国台北数学奥林匹克试题谈起	2013－04	38.00	238
伯恩斯坦多项式与贝齐尔曲面——从一道全国高中数学联赛试题谈起	2013－03	38.00	236
卡塔兰猜想——从一道普特南竞赛试题谈起	2013－06	18.00	256
麦卡锡函数和阿克曼函数——从一道前南斯拉夫数学奥林匹克试题谈起	2012－08	18.00	201
贝蒂定理与拉姆贝克莫斯尔定理——从一个拣石子游戏谈起	2012－08	18.00	217
皮亚诺曲线和豪斯道夫分球定理——从无限集谈起	2012－08	18.00	211
平面凸图形与凸多面体	2012－10	28.00	218
斯坦因豪斯问题——从一道二十五省市自治区中学数学竞赛试题谈起	2012－07	18.00	196
纽结理论中的亚历山大多项式与琼斯多项式——从一道北京市高一数学竞赛试题谈起	2012－07	28.00	195
原则与策略——从波利亚“解题表”谈起	2013－04	38.00	244
转化与化归——从三大尺规作图不能问题谈起	2012－08	28.00	214
代数几何中的贝祖定理(第一版)——从一道 IMO 试题的解法谈起	2013－08	18.00	193
成功连贯理论与约当块理论——从一道比利时数学竞赛试题谈起	2012－04	18.00	180
素数判定与大数分解	2014－08	18.00	199
置换多项式及其应用	2012－10	18.00	220
椭圆函数与模函数——从一道美国加州大学洛杉矶分校(UCLA)博士资格考题谈起	2012－10	28.00	219
差分方程的拉格朗日方法——从一道 2011 年全国高考理科试题的解法谈起	2012－08	28.00	200
力学在几何中的一些应用	2013－01	38.00	240
高斯散度定理、斯托克斯定理和平面格林定理——从一道国际大学生数学竞赛试题谈起	即将出版		
康托洛维奇不等式——从一道全国高中联赛试题谈起	2013－03	28.00	337
西格尔引理——从一道第 18 届 IMO 试题的解法谈起	即将出版		
罗斯定理——从一道前苏联数学竞赛试题谈起	即将出版		
拉克斯定理和阿廷定理——从一道 IMO 试题的解法谈起	2014－01	58.00	246
毕卡大定理——从一道美国大学数学竞赛试题谈起	2014－07	18.00	350
贝齐尔曲线——从一道全国高中联赛试题谈起	即将出版		
拉格朗日乘子定理——从一道 2005 年全国高中联赛试题的高等数学解法谈起	2015－05	28.00	480
雅可比定理——从一道日本数学奥林匹克试题谈起	2013－04	48.00	249
李天岩一约克定理——从一道波兰数学竞赛试题谈起	2014－06	28.00	349
整系数多项式因式分解的一般方法——从克朗耐克算法谈起	即将出版		

刘培杰数学工作室
已出版(即将出版)图书目录——高等数学

书　　名	出版时间	定　价	编号
布劳维不动点定理——从一道前苏联数学奥林匹克试题谈起	2014－01	38.00	273
伯恩赛德定理——从一道英国数学奥林匹克试题谈起	即将出版		
布查特－莫斯特定理——从一道上海市初中竞赛试题谈起	即将出版		
数论中的同余数问题——从一道普特南竞赛试题谈起	即将出版		
范·德蒙行列式——从一道美国数学奥林匹克试题谈起	即将出版		
中国剩余定理:总数法构建中国历史年表	2015－01	28.00	430
牛顿程序与方程求根——从一道全国高考试题解法谈起	即将出版		
库默尔定理——从一道 IMO 预选试题谈起	即将出版		
卢丁定理——从一道冬令营试题的解法谈起	即将出版		
沃斯滕霍姆定理——从一道 IMO 预选试题谈起	即将出版		
卡尔松不等式——从一道莫斯科数学奥林匹克试题谈起	即将出版		
信息论中的香农熵——从一道近年高考压轴题谈起	即将出版		
约当不等式——从一道希望杯竞赛试题谈起	即将出版		
拉比诺维奇定理	即将出版		
刘维尔定理——从一道《美国数学月刊》征解问题的解法谈起	即将出版		
卡塔兰恒等式与级数求和——从一道 IMO 试题的解法谈起	即将出版		
勒让德猜想与素数分布——从一道爱尔兰竞赛试题谈起	即将出版		
天平称重与信息论——从一道基辅市数学奥林匹克试题谈起	即将出版		
哈密尔顿－凯莱定理:从一道高中数学联赛试题的解法谈起	2014－09	18.00	376
艾思特曼定理——从一道 CMO 试题的解法谈起	即将出版		
一个爱尔特希问题——从一道西德数学奥林匹克试题谈起	即将出版		
有限群中的爱丁格尔问题——从一道北京市初中二年级数学竞赛试题谈起	即将出版		
糖水中的不等式——从初等数学到高等数学	2019－07	48.00	1093
帕斯卡三角形	2014－03	18.00	294
蒲丰投针问题——从 2009 年清华大学的一道自主招生试题谈起	2014－01	38.00	295
斯图姆定理——从一道“华约”自主招生试题的解法谈起	2014－01	18.00	296
许瓦兹引理——从一道加利福尼亚大学伯克利分校数学系博士生试题谈起	2014－08	18.00	297
拉姆塞定理——从王诗宬院士的一个问题谈起	2016－04	48.00	299
坐标法	2013－12	28.00	332
数论三角形	2014－04	38.00	341
毕克定理	2014－07	18.00	352
数林掠影	2014－09	48.00	389
我们周围的概率	2014－10	38.00	390
凸函数最值定理:从一道华约自主招生题的解法谈起	2014－10	28.00	391
易学与数学奥林匹克	2014－10	38.00	392
生物数学趣谈	2015－01	18.00	409
反演	2015－01	28.00	420
因式分解与圆锥曲线	2015－01	18.00	426
轨迹	2015－01	28.00	427
面积原理:从常庚哲命的一道 CMO 试题的积分解法谈起	2015－01	48.00	431
形形色色的不动点定理:从一道 28 届 IMO 试题谈起	2015－01	38.00	439
柯西函数方程:从一道上海交大自主招生的试题谈起	2015－02	28.00	440

刘培杰数学工作室
已出版(即将出版)图书目录——高等数学

书　　名	出版时间	定　价	编号
三角恒等式	2015－02	28.00	442
无理性判定:从一道2014年"北约"自主招生试题谈起	2015－01	38.00	443
数学归纳法	2015－03	18.00	451
极端原理与解题	2015－04	28.00	464
法雷级数	2014－08	18.00	367
摆线族	2015－01	38.00	438
函数方程及其解法	2015－05	38.00	470
含参数的方程和不等式	2012－09	28.00	213
希尔伯特第十问题	2016－01	38.00	543
无穷小量的求和	2016－01	28.00	545
切比雪夫多项式:从一道清华大学金秋营试题谈起	2016－01	38.00	583
泽肯多夫定理	2016－03	38.00	599
代数等式证题法	2016－01	28.00	600
三角等式证题法	2016－01	28.00	601
吴大任教授藏书中的一个因式分解公式:从一道美国数学邀请赛试题的解法谈起	2016－06	28.00	656
易卦——类万物的数学模型	2017－08	68.00	838
"不可思议"的数与数系可持续发展	2018－01	38.00	878
最短线	2018－01	38.00	879
从毕达哥拉斯到怀尔斯	2007－10	48.00	9
从迪利克雷到维斯卡尔迪	2008－01	48.00	21
从哥德巴赫到陈景润	2008－05	98.00	35
从庞加莱到佩雷尔曼	2011－08	138.00	136
从费马到怀尔斯——费马大定理的历史	2013－10	198.00	Ⅰ
从庞加莱到佩雷尔曼——庞加莱猜想的历史	2013－10	298.00	Ⅱ
从切比雪夫到爱尔特希(上)——素数定理的初等证明	2013－07	48.00	Ⅲ
从切比雪夫到爱尔特希(下)——素数定理100年	2012－12	98.00	Ⅲ
从高斯到盖尔方特——二次域的高斯猜想	2013－10	198.00	Ⅳ
从库默尔到朗兰兹——朗兰兹猜想的历史	2014－01	98.00	Ⅴ
从比勃巴赫到德布朗斯——比勃巴赫猜想的历史	2014－02	298.00	Ⅵ
从麦比乌斯到陈省身——麦比乌斯变换与麦比乌斯带	2014－02	298.00	Ⅶ
从布尔到豪斯道夫——布尔方程与格论漫谈	2013－10	198.00	Ⅷ
从开普勒到阿诺德——三体问题的历史	2014－05	298.00	Ⅸ
从华林到华罗庚——华林问题的历史	2013－10	298.00	Ⅹ
数学物理大百科全书.第1卷	2016－01	418.00	508
数学物理大百科全书.第2卷	2016－01	408.00	509
数学物理大百科全书.第3卷	2016－01	396.00	510
数学物理大百科全书.第4卷	2016－01	408.00	511
数学物理大百科全书.第5卷	2016－01	368.00	512
朱德祥代数与几何讲义.第1卷	2017－01	38.00	697
朱德祥代数与几何讲义.第2卷	2017－01	28.00	698
朱德祥代数与几何讲义.第3卷	2017－01	28.00	699

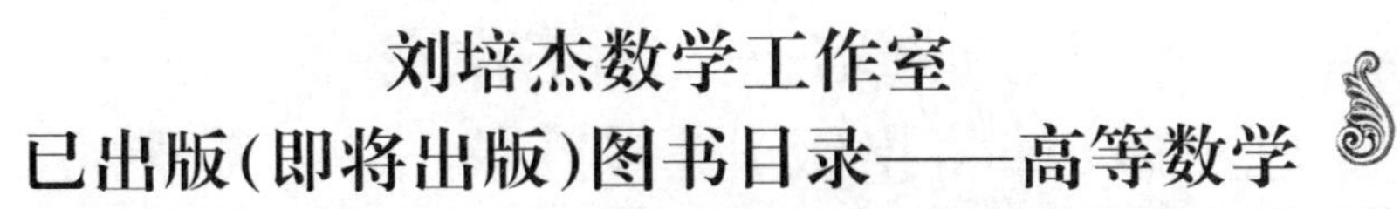

刘培杰数学工作室
已出版(即将出版)图书目录——高等数学

书　　名	出版时间	定　价	编号
闵嗣鹤文集	2011－03	98.00	102
吴从炘数学活动三十年(1951～1980)	2010－07	99.00	32
吴从炘数学活动又三十年(1981～2010)	2015－07	98.00	491
斯米尔诺夫高等数学.第一卷	2018－03	88.00	770
斯米尔诺夫高等数学.第二卷.第一分册	2018－03	68.00	771
斯米尔诺夫高等数学.第二卷.第二分册	2018－03	68.00	772
斯米尔诺夫高等数学.第二卷.第三分册	2018－03	48.00	773
斯米尔诺夫高等数学.第三卷.第一分册	2018－03	58.00	774
斯米尔诺夫高等数学.第三卷.第二分册	2018－03	58.00	775
斯米尔诺夫高等数学.第三卷.第三分册	2018－03	68.00	776
斯米尔诺夫高等数学.第四卷.第一分册	2018－03	48.00	777
斯米尔诺夫高等数学.第四卷.第二分册	2018－03	88.00	778
斯米尔诺夫高等数学.第五卷.第一分册	2018－03	58.00	779
斯米尔诺夫高等数学.第五卷.第二分册	2018－03	68.00	780
zeta 函数,q-zeta 函数,相伴级数与积分(英文)	2015－08	88.00	513
微分形式:理论与练习(英文)	2015－08	58.00	514
离散与微分包含的逼近和优化(英文)	2015－08	58.00	515
艾伦・图灵:他的工作与影响(英文)	2016－01	98.00	560
测度理论概率导论,第 2 版(英文)	2016－01	88.00	561
带有潜在故障恢复系统的半马尔柯夫模型控制(英文)	2016－01	98.00	562
数学分析原理(英文)	2016－01	88.00	563
随机偏微分方程的有效动力学(英文)	2016－01	88.00	564
图的谱半径(英文)	2016－01	58.00	565
量子机器学习中数据挖掘的量子计算方法(英文)	2016－01	98.00	566
量子物理的非常规方法(英文)	2016－01	118.00	567
运输过程的统一非局部理论:广义波尔兹曼物理动力学,第 2 版(英文)	2016－01	198.00	568
量子力学与经典力学之间的联系在原子、分子及电动力学系统建模中的应用(英文)	2016－01	58.00	569
算术域(英文)	2018－01	158.00	821
高等数学竞赛:1962—1991 年的米洛克斯・史怀哲竞赛(英文)	2018－01	128.00	822
用数学奥林匹克精神解决数论问题(英文)	2018－01	108.00	823
代数几何(德文)	2018－04	68.00	824
丢番图逼近论(英文)	2018－01	78.00	825
代数几何学基础教程(英文)	2018－01	98.00	826
解析数论入门课程(英文)	2018－01	78.00	827
数论中的丢番图问题(英文)	2018－01	78.00	829
数论(梦幻之旅):第五届中日数论研讨会演讲集(英文)	2018－01	68.00	830
数论新应用(英文)	2018－01	68.00	831
数论(英文)	2018－01	78.00	832
测度与积分(英文)	2019－04	68.00	1059
卡塔兰数入门(英文)	2019－05	68.00	1060
多变量数学入门(英文)	2021－05	68.00	1317
偏微分方程入门(英文)	2021－05	88.00	1318
若尔当典范性:理论与实践(英文)	2021－07	68.00	1366

刘培杰数学工作室
已出版(即将出版)图书目录——高等数学

书　名	出版时间	定　价	编号
湍流十讲(英文)	2018－04	108.00	886
无穷维李代数:第3版(英文)	2018－04	98.00	887
等值、不变量和对称性(英文)	2018－04	78.00	888
解析数论(英文)	2018－09	78.00	889
《数学原理》的演化:伯特兰·罗素撰写第二版时的手稿与笔记(英文)	2018－04	108.00	890
哈密尔顿数学论文集(第4卷):几何学、分析学、天文学、概率和有限差分等(英文)	2019－05	108.00	891
数学王子——高斯	2018－01	48.00	858
坎坷奇星——阿贝尔	2018－01	48.00	859
闪烁奇星——伽罗瓦	2018－01	58.00	860
无穷统帅——康托尔	2018－01	48.00	861
科学公主——柯瓦列夫斯卡娅	2018－01	48.00	862
抽象代数之母——埃米·诺特	2018－01	48.00	863
电脑先驱——图灵	2018－01	58.00	864
昔日神童——维纳	2018－01	48.00	865
数坛怪侠——爱尔特希	2018－01	68.00	866
当代世界中的数学.数学思想与数学基础	2019－01	38.00	892
当代世界中的数学.数学问题	2019－01	38.00	893
当代世界中的数学.应用数学与数学应用	2019－01	38.00	894
当代世界中的数学.数学王国的新疆域(一)	2019－01	38.00	895
当代世界中的数学.数学王国的新疆域(二)	2019－01	38.00	896
当代世界中的数学.数林撷英(一)	2019－01	38.00	897
当代世界中的数学.数林撷英(二)	2019－01	48.00	898
当代世界中的数学.数学之路	2019－01	38.00	899
偏微分方程全局吸引子的特性(英文)	2018－09	108.00	979
整函数与下调和函数(英文)	2018－09	118.00	980
幂等分析(英文)	2018－09	118.00	981
李群,离散子群与不变量理论(英文)	2018－09	108.00	982
动力系统与统计力学(英文)	2018－09	118.00	983
表示论与动力系统(英文)	2018－09	118.00	984
分析学练习.第1部分(英文)	2021－01	88.00	1247
分析学练习.第2部分.非线性分析(英文)	2021－01	88.00	1248
初级统计学:循序渐进的方法:第10版(英文)	2019－05	68.00	1067
工程师与科学家微分方程用书:第4版(英文)	2019－07	58.00	1068
大学代数与三角学(英文)	2019－06	78.00	1069
培养数学能力的途径(英文)	2019－07	38.00	1070
工程师与科学家统计学:第4版(英文)	2019－06	58.00	1071
贸易与经济中的应用统计学:第6版(英文)	2019－06	58.00	1072
傅立叶级数和边值问题:第8版(英文)	2019－05	48.00	1073
通往天文学的途径:第5版(英文)	2019－05	58.00	1074

刘培杰数学工作室
已出版(即将出版)图书目录——高等数学

书　　名	出版时间	定　价	编号
拉马努金笔记.第1卷(英文)	2019－06	165.00	1078
拉马努金笔记.第2卷(英文)	2019－06	165.00	1079
拉马努金笔记.第3卷(英文)	2019－06	165.00	1080
拉马努金笔记.第4卷(英文)	2019－06	165.00	1081
拉马努金笔记.第5卷(英文)	2019－06	165.00	1082
拉马努金遗失笔记.第1卷(英文)	2019－06	109.00	1083
拉马努金遗失笔记.第2卷(英文)	2019－06	109.00	1084
拉马努金遗失笔记.第3卷(英文)	2019－06	109.00	1085
拉马努金遗失笔记.第4卷(英文)	2019－06	109.00	1086
数论:1976年纽约洛克菲勒大学数论会议记录(英文)	2020－06	68.00	1145
数论:卡本代尔1979:1979年在南伊利诺伊卡本代尔大学举行的数论会议记录(英文)	2020－06	78.00	1146
数论:诺德韦克豪特1983:1983年在诺德韦克豪特举行的Journees Arithmetiques数论大会会议记录(英文)	2020－06	68.00	1147
数论:1985－1988年在纽约城市大学研究生院和大学中心举办的研讨会(英文)	2020－06	68.00	1148
数论:1987年在乌尔姆举行的Journees Arithmetiques数论大会会议记录(英文)	2020－06	68.00	1149
数论:马德拉斯1987:1987年在马德拉斯安娜大学举行的国际拉马努金百年纪念大会会议记录(英文)	2020－06	68.00	1150
解析数论:1988年在东京举行的日法研讨会会议记录(英文)	2020－06	68.00	1151
解析数论:2002年在意大利切特拉罗举行的C.I.M.E.暑期班演讲集(英文)	2020－06	68.00	1152
量子世界中的蝴蝶:最迷人的量子分形故事(英文)	2020－06	118.00	1157
走进量子力学(英文)	2020－06	118.00	1158
计算物理学概论(英文)	2020－06	48.00	1159
物质,空间和时间的理论:量子理论(英文)	即将出版		1160
物质,空间和时间的理论:经典理论(英文)	即将出版		1161
量子场理论:解释世界的神秘背景(英文)	2020－07	38.00	1162
计算物理学概论(英文)	即将出版		1163
行星状星云(英文)	即将出版		1164
基本宇宙学:从亚里士多德的宇宙到大爆炸(英文)	2020－08	58.00	1165
数学磁流体力学(英文)	2020－07	58.00	1166
计算科学:第1卷,计算的科学(日文)	2020－07	88.00	1167
计算科学:第2卷,计算与宇宙(日文)	2020－07	88.00	1168
计算科学:第3卷,计算与物质(日文)	2020－07	88.00	1169
计算科学:第4卷,计算与生命(日文)	2020－07	88.00	1170
计算科学:第5卷,计算与地球环境(日文)	2020－07	88.00	1171
计算科学:第6卷,计算与社会(日文)	2020－07	88.00	1172
计算科学.别卷,超级计算机(日文)	2020－07	88.00	1173
多复变函数论(日文)	2022－06	78.00	1518
复变函数入门(日文)	2022－06	78.00	1523

刘培杰数学工作室

已出版(即将出版)图书目录——高等数学

书　　名	出版时间	定　价	编号
代数与数论:综合方法(英文)	2020－10	78.00	1185
复分析:现代函数理论第一课(英文)	2020－07	58.00	1186
斐波那契数列和卡特兰数:导论(英文)	2020－10	68.00	1187
组合推理:计数艺术介绍(英文)	2020－07	88.00	1188
二次互反律的傅里叶分析证明(英文)	2020－07	48.00	1189
旋瓦兹分布的希尔伯特变换与应用(英文)	2020－07	58.00	1190
泛函分析:巴拿赫空间理论入门(英文)	2020－07	48.00	1191
典型群,错排与素数(英文)	2020－11	58.00	1204
李代数的表示:通过 gln 进行介绍(英文)	2020－10	38.00	1205
实分析演讲集(英文)	2020－10	38.00	1206
现代分析及其应用的课程(英文)	2020－10	58.00	1207
运动中的抛射物数学(英文)	2020－10	38.00	1208
2－扭结与它们的群(英文)	2020－10	38.00	1209
概率,策略和选择:博弈与选举中的数学(英文)	2020－11	58.00	1210
分析学引论(英文)	2020－11	58.00	1211
量子群:通往流代数的路径(英文)	2020－11	38.00	1212
集合论入门(英文)	2020－10	48.00	1213
酉反射群(英文)	2020－11	58.00	1214
探索数学:吸引人的证明方式(英文)	2020－11	58.00	1215
微分拓扑短期课程(英文)	2020－10	48.00	1216
抽象凸分析(英文)	2020－11	68.00	1222
费马大定理笔记(英文)	2021－03	48.00	1223
高斯与雅可比和(英文)	2021－03	78.00	1224
π 与算术几何平均:关于解析数论和计算复杂性的研究(英文)	2021－01	58.00	1225
复分析入门(英文)	2021－03	48.00	1226
爱德华·卢卡斯与素性测定(英文)	2021－03	78.00	1227
通往凸分析及其应用的简单路径(英文)	2021－01	68.00	1229
微分几何的各个方面.第一卷(英文)	2021－01	58.00	1230
微分几何的各个方面.第二卷(英文)	2020－12	58.00	1231
微分几何的各个方面.第三卷(英文)	2020－12	58.00	1232
沃克流形几何学(英文)	2020－11	58.00	1233
彷射和韦尔几何应用(英文)	2020－12	58.00	1234
双曲几何学的旋转向量空间方法(英文)	2021－02	58.00	1235
积分:分析学的关键(英文)	2020－12	48.00	1236
为有天分的新生准备的分析学基础教材(英文)	2020－11	48.00	1237

刘培杰数学工作室
已出版(即将出版)图书目录——高等数学

书　名	出版时间	定　价	编号
数学不等式.第一卷.对称多项式不等式(英文)	2021—03	108.00	1273
数学不等式.第二卷.对称有理不等式与对称无理不等式(英文)	2021—03	108.00	1274
数学不等式.第三卷.循环不等式与非循环不等式(英文)	2021—03	108.00	1275
数学不等式.第四卷.Jensen 不等式的扩展与加细(英文)	2021—03	108.00	1276
数学不等式.第五卷.创建不等式与解不等式的其他方法(英文)	2021—04	108.00	1277
冯·诺依曼代数中的谱位移函数:半有限冯·诺依曼代数中的谱位移函数与谱流(英文)	2021—06	98.00	1308
链接结构:关于嵌入完全图的直线中链接单形的组合结构(英文)	2021—05	58.00	1309
代数几何方法.第 1 卷(英文)	2021—06	68.00	1310
代数几何方法.第 2 卷(英文)	2021—06	68.00	1311
代数几何方法.第 3 卷(英文)	2021—06	58.00	1312
代数、生物信息和机器人技术的算法问题.第四卷,独立恒等式系统(俄文)	2020—08	118.00	1119
代数、生物信息和机器人技术的算法问题.第五卷,相对覆盖性和独立可拆分恒等式系统(俄文)	2020—08	118.00	1200
代数、生物信息和机器人技术的算法问题.第六卷,恒等式和准恒等式的相等 问题、可推导性和可实现性(俄文)	2020—08	128.00	1201
分数阶微积分的应用:非局部动态过程,分数阶导热系数(俄文)	2021—01	68.00	1241
泛函分析问题与练习:第 2 版(俄文)	2021—01	98.00	1242
集合论、数学逻辑和算法论问题:第 5 版(俄文)	2021—01	98.00	1243
微分几何和拓扑短期课程(俄文)	2021—01	98.00	1244
素数规律(俄文)	2021—01	88.00	1245
无穷边值问题解的递减:无界域中的拟线性椭圆和抛物方程(俄文)	2021—01	48.00	1246
微分几何讲义(俄文)	2020—12	98.00	1253
二次型和矩阵(俄文)	2021—01	98.00	1255
积分和级数.第 2 卷,特殊函数(俄文)	2021—01	168.00	1258
积分和级数.第 3 卷,特殊函数补充:第 2 版(俄文)	2021—01	178.00	1264
几何图上的微分方程(俄文)	2021—01	138.00	1259
数论教程:第 2 版(俄文)	2021—01	98.00	1260
非阿基米德分析及其应用(俄文)	2021—03	98.00	1261

刘培杰数学工作室
已出版(即将出版)图书目录——高等数学

书　名	出版时间	定　价	编号
古典群和量子群的压缩(俄文)	2021—03	98.00	1263
数学分析习题集.第3卷,多元函数:第3版(俄文)	2021—03	98.00	1266
数学习题:乌拉尔国立大学数学力学系大学生奥林匹克(俄文)	2021—03	98.00	1267
柯西定理和微分方程的特解(俄文)	2021—03	98.00	1268
组合极值问题及其应用:第3版(俄文)	2021—03	98.00	1269
数学词典(俄文)	2021—01	98.00	1271
确定性混沌分析模型(俄文)	2021—06	168.00	1307
精选初等数学习题和定理.立体几何.第3版(俄文)	2021—03	68.00	1316
微分几何习题:第3版(俄文)	2021—05	98.00	1336
精选初等数学习题和定理.平面几何.第4版(俄文)	2021—05	68.00	1335
曲面理论在欧氏空间 En 中的直接表示	2022—01	68.00	1444
维纳—霍普夫离散算子和托普利兹算子:某些可数赋范空间中的诺特性和可逆性(俄文)	2022—03	108.00	1496
Maple 中的数论:数论中的计算机计算(俄文)	2022—03	88.00	1497
贝尔曼和克努特问题及其概括:加法运算的复杂性(俄文)	2022—03	138.00	1498
复分析:共形映射(俄文)	2022—07	48.00	1542
微积分代数样条和多项式及其在数值方法中的应用(俄文)	2022—08	128.00	1543
蒙特卡罗方法中的随机过程和场模型:算法和应用(俄文)	2022—08	88.00	1544

书　名	出版时间	定　价	编号
狭义相对论与广义相对论:时空与引力导论(英文)	2021—07	88.00	1319
束流物理学和粒子加速器的实践介绍:第2版(英文)	2021—07	88.00	1320
凝聚态物理中的拓扑和微分几何简介(英文)	2021—05	88.00	1321
混沌映射:动力学、分形学和快速涨落(英文)	2021—05	128.00	1322
广义相对论:黑洞、引力波和宇宙学介绍(英文)	2021—06	68.00	1323
现代分析电磁均质化(英文)	2021—06	68.00	1324
为科学家提供的基本流体动力学(英文)	2021—06	88.00	1325
视觉天文学:理解夜空的指南(英文)	2021—06	68.00	1326
物理学中的计算方法(英文)	2021—06	68.00	1327
单星的结构与演化:导论(英文)	2021—06	108.00	1328
超越居里:1903年至1963年物理界四位女性及其著名发现(英文)	2021—06	68.00	1329
范德瓦尔斯流体热力学的进展(英文)	2021—06	68.00	1330
先进的托卡马克稳定性理论(英文)	2021—06	88.00	1331
经典场论导论:基本相互作用的过程(英文)	2021—07	88.00	1332
光致电离量子动力学方法原理(英文)	2021—07	108.00	1333
经典域论和应力:能量张量(英文)	2021—05	88.00	1334
非线性太赫兹光谱的概念与应用(英文)	2021—06	68.00	1337
电磁学中的无穷空间并矢格林函数(英文)	2021—06	88.00	1338
物理科学基础数学.第1卷,齐次边值问题、傅里叶方法和特殊函数(英文)	2021—07	108.00	1339
离散量子力学(英文)	2021—07	68.00	1340
核磁共振的物理学和数学(英文)	2021—07	108.00	1341
分子水平的静电学(英文)	2021—08	68.00	1342
非线性波:理论、计算机模拟、实验(英文)	2021—06	108.00	1343
石墨烯光学:经典问题的电解解决方案(英文)	2021—06	68.00	1344
超材料多元宇宙(英文)	2021—07	68.00	1345
银河系外的天体物理学(英文)	2021—07	68.00	1346
原子物理学(英文)	2021—07	68.00	1347

刘培杰数学工作室
已出版(即将出版)图书目录——高等数学

书　　名	出版时间	定　价	编号
将光打结:将拓扑学应用于光学(英文)	2021—07	68.00	1348
电磁学:问题与解法(英文)	2021—07	88.00	1364
海浪的原理:介绍量子力学的技巧与应用(英文)	2021—07	108.00	1365
多孔介质中的流体:输运与相变(英文)	2021—07	68.00	1372
洛伦兹群的物理学(英文)	2021—08	68.00	1373
物理导论的数学方法和解决方法手册(英文)	2021—08	68.00	1374
非线性波数学物理学入门(英文)	2021—08	88.00	1376
波:基本原理和动力学(英文)	2021—07	68.00	1377
光电子量子计量学.第1卷,基础(英文)	2021—07	88.00	1383
光电子量子计量学.第2卷,应用与进展(英文)	2021—07	68.00	1384
复杂流的格子玻尔兹曼建模的工程应用(英文)	2021—08	68.00	1393
电偶极矩挑战(英文)	2021—08	108.00	1394
电动力学:问题与解法(英文)	2021—09	68.00	1395
自由电子激光的经典理论(英文)	2021—08	68.00	1397
曼哈顿计划——核武器物理学简介(英文)	2021—09	68.00	1401
粒子物理学(英文)	2021—09	68.00	1402
引力场中的量子信息(英文)	2021—09	128.00	1403
器件物理学的基本经典力学(英文)	2021—09	68.00	1404
等离子体物理及其空间应用导论.第1卷,基本原理和初步过程(英文)	2021—09	68.00	1405
伽利略理论力学:连续力学基础(英文)	2021—10	48.00	1416
拓扑与超弦理论焦点问题(英文)	2021—07	58.00	1349
应用数学:理论、方法与实践(英文)	2021—07	78.00	1350
非线性特征值问题:牛顿型方法与非线性瑞利函数(英文)	2021—07	58.00	1351
广义膨胀和齐性:利用齐性构造齐次系统的李雅普诺夫函数和控制律(英文)	2021—06	48.00	1352
解析数论焦点问题(英文)	2021—07	58.00	1353
随机微分方程:动态系统方法(英文)	2021—07	58.00	1354
经典力学与微分几何(英文)	2021—07	58.00	1355
负定相交形式流形上的瞬子模空间几何(英文)	2021—07	68.00	1356
广义卡塔兰轨道分析:广义卡塔兰轨道计算数字的方法(英文)	2021—07	48.00	1367
洛伦兹方法的变分:二维与三维洛伦兹方法(英文)	2021—08	38.00	1378
几何、分析和数论精编(英文)	2021—08	68.00	1380
从一个新角度看数论:通过遗传方法引入现实的概念(英文)	2021—07	58.00	1387

刘培杰数学工作室
已出版(即将出版)图书目录——高等数学

书　　名	出版时间	定　价	编号
动力系统:短期课程(英文)	2021－08	68.00	1382
几何路径:理论与实践(英文)	2021－08	48.00	1385
广义斐波那契数列及其性质(英文)	2021－08	38.00	1386
论天体力学中某些问题的不可积性(英文)	2021－07	88.00	1396
对称函数和麦克唐纳多项式:余代数结构与 Kawanaka 恒等式	2021－09	38.00	1400
杰弗里·英格拉姆·泰勒科学论文集:第 1 卷.固体力学(英文)	2021－05	78.00	1360
杰弗里·英格拉姆·泰勒科学论文集:第 2 卷.气象学、海洋学和湍流(英文)	2021－05	68.00	1361
杰弗里·英格拉姆·泰勒科学论文集:第 3 卷.空气动力学以及落弹数和爆炸的力学(英文)	2021－05	68.00	1362
杰弗里·英格拉姆·泰勒科学论文集:第 4 卷.有关流体力学(英文)	2021－05	58.00	1363
非局域泛函演化方程:积分与分数阶(英文)	2021－08	48.00	1390
理论工作者的高等微分几何:纤维丛、射流流形和拉格朗日理论(英文)	2021－08	68.00	1391
半线性退化椭圆微分方程:局部定理与整体定理(英文)	2021－07	48.00	1392
非交换几何、规范理论和重整化:一般简介与非交换量子场论的重整化(英文)	2021－09	78.00	1406
数论论文集:拉普拉斯变换和带有数论系数的幂级数(俄文)	2021－09	48.00	1407
挠理论专题:相对极大值,单射与扩充模(英文)	2021－09	88.00	1410
强正则图与欧几里得若尔当代数:非通常关系中的启示(英文)	2021－10	48.00	1411
拉格朗日几何和哈密顿几何:力学的应用(英文)	2021－10	48.00	1412
时滞微分方程与差分方程的振动理论:二阶与三阶(英文)	2021－10	98.00	1417
卷积结构与几何函数理论:用以研究特定几何函数理论方向的分数阶微积分算子与卷积结构(英文)	2021－10	48.00	1418
经典数学物理的历史发展(英文)	2021－10	78.00	1419
扩展线性丢番图问题(英文)	2021－10	38.00	1420
一类混沌动力系统的分歧分析与控制:分歧分析与控制(英文)	2021－11	38.00	1421
伽利略空间和伪伽利略空间中一些特殊曲线的几何性质(英文)	2022－01	48.00	1422

刘培杰数学工作室

已出版(即将出版)图书目录——高等数学

书　　名	出版时间	定　价	编号
一阶偏微分方程:哈密尔顿—雅可比理论(英文)	2021—11	48.00	1424
各向异性黎曼多面体的反问题:分段光滑的各向异性黎曼多面体反边界谱问题:唯一性(英文)	2021—11	38.00	1425
项目反应理论手册.第一卷,模型(英文)	2021—11	138.00	1431
项目反应理论手册.第二卷,统计工具(英文)	2021—11	118.00	1432
项目反应理论手册.第三卷,应用(英文)	2021—11	138.00	1433
二次无理数:经典数论入门(英文)	2022—05	138.00	1434
数,形与对称性:数论,几何和群论导论(英文)	2022—05	128.00	1435
有限域手册(英文)	2021—11	178.00	1436
计算数论(英文)	2021—11	148.00	1437
拟群与其表示简介(英文)	2021—11	88.00	1438
数论与密码学导论:第二版(英文)	2022—01	148.00	1423
几何分析中的柯西变换与黎兹变换:解析调和容量和李普希兹调和容量、变化和振荡以及一致可求长性(英文)	2021—12	38.00	1465
近似不动点定理及其应用(英文)	2022—05	28.00	1466
局部域的相关内容解析:对局部域的扩展及其伽罗瓦群的研究(英文)	2022—01	38.00	1467
反问题的二进制恢复方法(英文)	2022—03	28.00	1468
对几何函数中某些类的各个方面的研究:复变量理论(英文)	2022—01	38.00	1469
覆盖、对应和非交换几何(英文)	2022—01	28.00	1470
最优控制理论中的随机线性调节器问题:随机最优线性调节器问题(英文)	2022—01	38.00	1473
正交分解法:涡流流体动力学应用的正交分解法(英文)	2022—01	38.00	1475
芬斯勒几何的某些问题(英文)	2022—03	38.00	1476
受限三体问题(英文)	2022—05	38.00	1477
利用马利亚万微积分进行 Greeks 的计算:连续过程、跳跃过程中的马利亚万微积分和金融领域中的 Greeks(英文)	2022—05	48.00	1478
经典分析和泛函分析的应用:分析学的应用(英文)	2022—05	38.00	1479
特殊芬斯勒空间的探究(英文)	2022—03	48.00	1480
某些图形的施泰纳距离的细谷多项式:细谷多项式与图的维纳指数(英文)	2022—05	38.00	1481
图论问题的遗传算法:在新鲜与模糊的环境中(英文)	2022—05	48.00	1482
多项式映射的渐近簇(英文)	2022—05	38.00	1483

刘培杰数学工作室
已出版(即将出版)图书目录——高等数学

书　　名	出版时间	定　价	编号
一维系统中的混沌:符号动力学,映射序列,一致收敛和沙可夫斯基定理(英文)	2022—05	38.00	1509
多维边界层流动与传热分析:粘性流体流动的数学建模与分析(英文)	2022—05	38.00	1510
演绎理论物理学的原理:一种基于量子力学波函数的逐次置信估计的一般理论的提议(英文)	2022—05	38.00	1511
R^2 和 R^3 中的仿射弹性曲线:概念和方法(英文)	2022—08	38.00	1512
算术数列中除数函数的分布:基本内容、调查、方法、第二矩、新结果(英文)	2022—05	28.00	1513
抛物型狄拉克算子和薛定谔方程:不定常薛定谔方程的抛物型狄拉克算子及其应用(英文)	2022—07	28.00	1514
黎曼-希尔伯特问题与量子场论:可积重正化、戴森-施温格方程(英文)	2022—08	38.00	1515
代数结构和几何结构的形变理论(英文)	2022—08	48.00	1516
概率结构和模糊结构上的不动点:概率结构和直觉模糊度量空间的不动点定理(英文)	2022—08	38.00	1517
反若尔当对:简单反若尔当对的自同构	2022—07	28.00	1533
对某些黎曼—芬斯勒空间变换的研究:芬斯勒几何中的某些变换	2022—07	38.00	1534
内诣零流形映射的尼尔森数的阿诺索夫关系	即将出版		1535
与广义积分变换有关的分数次演算:对分数次演算的研究	即将出版		1536
强子的芬斯勒几何和吕拉几何(宇宙学方面):强子结构的芬斯勒几何和吕拉几何(拓扑缺陷)	即将出版		1537
一种基于混沌的非线性最优化问题:作业调度问题	即将出版		1538
广义概率论发展前景:关于趣味数学与置信函数实际应用的一些原创观点	即将出版		1539
纽结与物理学:第二版(英文)	2022—09	118.00	1547
正交多项式和 q—级数的前沿(英文)	即将出版		1548
算子理论问题集(英文)	即将出版		1549
抽象代数:群、环与域的应用导论:第二版(英文)	即将出版		1550
菲尔兹奖得主演讲集:第三版(英文)	即将出版		1551
多元实函数教程(英文)	即将出版		1552

联系地址:哈尔滨市南岗区复华四道街 10 号　哈尔滨工业大学出版社刘培杰数学工作室
网　　址:http://lpj.hit.edu.cn/
邮　　编:150006
联系电话:0451—86281378　　13904613167
E-mail:lpj1378@163.com